中国石油测井简史

《中国石油测井简史》编委会 ◎ 编

石油工业出版社

图书在版编目（CIP）数据

中国石油测井简史/《中国石油测井简史》编委会编.—北京：石油工业出版社，2022.11
ISBN 978-7-5183-5661-4

Ⅰ.①中… Ⅱ.①中… Ⅲ.①油气测井–技术史–中国–1939–2022 Ⅳ.① TE151-092

中国版本图书馆 CIP 数据核字（2022）第 186152 号

中国石油测井简史
Zhongguo Shiyou Cejing Jianshi

出版发行：石油工业出版社
　　　　　（北京安定门外安华里2区1号　100011）
网　　址：www.petropub.com
图书营销中心：（010）64523731
编　辑　部：（010）64523592
电子邮箱：nianjian@cnpc.com.cn
经　　销：全国新华书店
印　　刷：北京中石油彩色印刷有限责任公司

2022年11月第1版　2022年11月第1次印刷
787×1092毫米　开本：1/16　印张：25　插页：16
字数：500千字

定　价：168.00元

（如出现印装质量问题，我社图书营销中心负责调换）
版权所有，侵权必究

《中国石油测井简史》编委会

顾　　问：李　宁　李越强　张明禄　李国欣　匡立春　李剑浩
　　　　　李爱民　王春利　王界益　卞德智　范士洪　欧阳健
　　　　　曾文冲　王志信　运华云　张　筠　初燕群

主　　编：金明权

副 主 编：胡启月　吴柏志　卢　涛　郭海敏　刘向君　汤天知
　　　　　谢荣华　石玉江

编　　委：（按姓氏笔画排列）

中国石油集团

马东明　王　炜　王　勇　王慧军　文晓峰　刘　晖
刘　鹏　刘国强　刘俊东　孙　亮　李庆峰　杨　虹
肖承文　张　镇　张志伟　张辛耘　陈　斌　陈文辉
武宏亮　范红卫　金　鼎　周灿灿　贾向东　董银梦
程维营　曾树峰

中国石化集团

冯亦江　李　军　李万才　李吉建　李红欣　李国锋
李健伟　张　波　张　钰　张新华　陆黄生　陈　敏
夏　宁　郭云峰　梁　波　董经利

中国海油集团

牛德成　冯　进　刘建新　杨玉卿　何胜林　尚　捷
胡向阳　秦瑞宝　黄　琳　黄志洁　崔云江　蔡　军

延长油田

李　旦　周　鹏　高新奎

石油高校

仵　杰　肖立志　宋延杰　张占松　范宜仁　赵　军

《中国石油测井简史》编写组

组　　长：石玉江
副 组 长：马东明　李吉建　杨玉卿
成　　员：

中国石油集团

马东明　李勇江　宗立民　刘立军　阚玉泉　王恩德
刘祥文　付代轩　罗菊兰　刘友光　刘国华　王新龙
董占桥　张春丽　吴保国　李华溢　张思琪　刘英明
田　瀚　刘　岩　徐建峰

中国石化集团

李吉建　李国良　刘　增　李绍霞　韩永军　鲁德英
王长光　陈志强　刘树勤　陈　松　张世懋　龚诚实

中国海油集团

杨玉卿　吴兴方　秦瑞宝　王明辉　姜　东　张秋松
王　猛　盛　达　盛廷强

延长油田

周　鹏　王晶朴

石油高校

廖广志　谭宝海　邓　瑞　张庆国　陈　猛　仵　杰

《中国石油测井简史》
咨询专家

（按姓氏笔画排列）

中国石油集团

王成来　王寿美　王晓明　王绿水　石德勤　乔贺堂　刘凤惠
刘成志　闫伟林　安　涛　孙宝佃　孙宝喜　李华章　李进旺
杨玉征　邱玉春　何亿成　张　维　赵舒平　侯哲国　姚声贤
顾伟康　高　良　陶宏根　曹宇欣　龚厚生　董国成　蔡　山
蔡　兵　谭增驹　魏震球

中国石化集团

王圣春　王京平　王学元　田太华　田海涛　冉利民　邢汝立
朱　江　刘庆龙　刘景富　刘锐熙　李阳兵　李红欣　李宝同
李孟来　何传亮　张正玉　张晋言　陈清业　周　同　赵开良
赵永刚　赵伟祥　赵全忠　饶海涛　袁明前　高　俊　郭同政
席习力　黄书坤　宿振国　葛　祥　谢金平　廖　勇　潘瑾台

中国海油集团

田　洪　吕洪志　吴洪深　陈延录　陈尚明　林树福　单用寅
段　康

延长油田

张绍芳

石油高校

汉泽西　刘子云　张超谟　陈科贵　谈德辉　蔺景龙　谭成仟

领导调研

▶ 1960年，石油工业部部长余秋里（左二）视察西安石油仪器仪表制造厂

▲ 1985年11月23日，国务委员康世恩（前排右二）到胜利测井公司视察

领导调研

▲ 1985年12月1日，石油工业部部长王涛（前排右三）、副部长李敬（前排右二）到胜利测井公司检查指导工作

▲ 2015年8月31日，全国政协副主席、国家科学技术部部长万钢（右二）一行到中国石油集团测井公司调研

▲ 1989年1月10日，翁文波为测井创建50周年题词

国产测井地面仪器演变

▲ 20世纪40年代，国产半自动电测仪

▲ 1954年，研制的多线式电测仪样机

▲ 1957年，JD-571型多线式电测仪

▲ 1958年，研制的中国第一代JD-581多线式自动电测仪

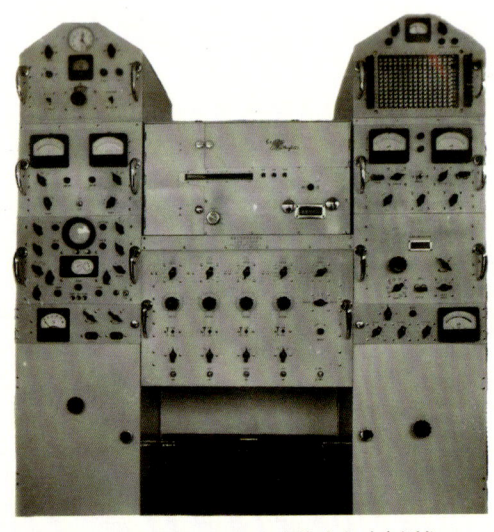

▲ 1963年，改进的JD-581多线式自动电测仪

▲ 20世纪80年代初，国产SJD-83测井系列地面仪器

国产测井地面仪器演变

▲ 20世纪80年代中期，改进的JD-581测井系统地面仪器

▲ 20世纪80年代后期，改造的JD-581数字地面仪器

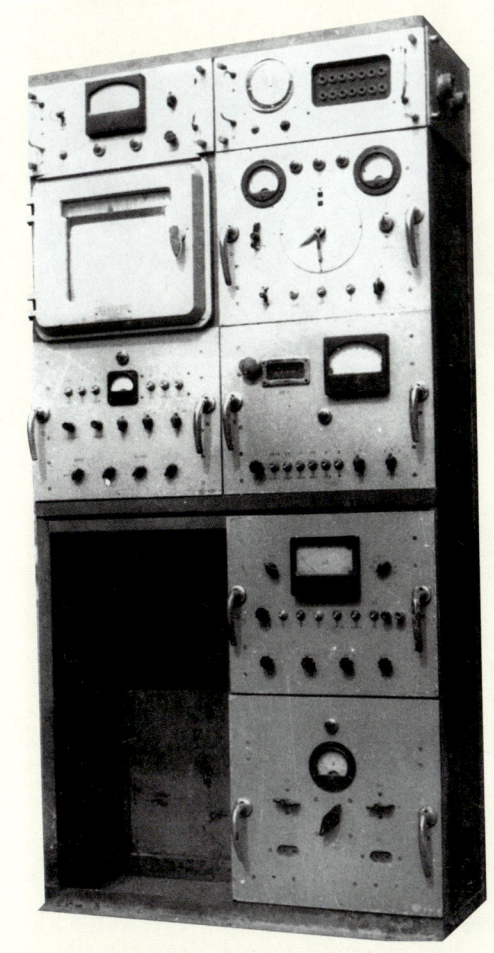

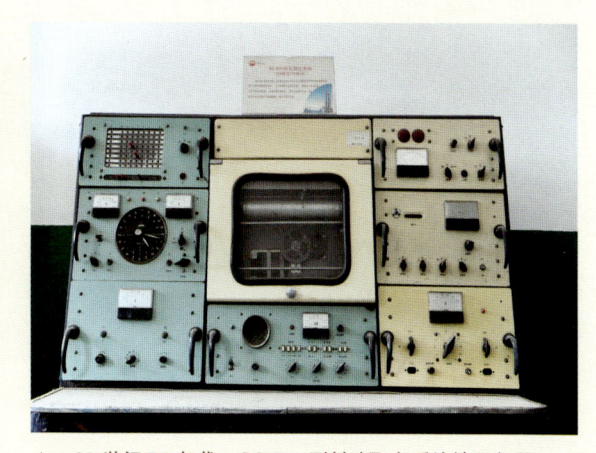

▲ 20世纪70年代，SQ691型射孔取心系统地面仪器

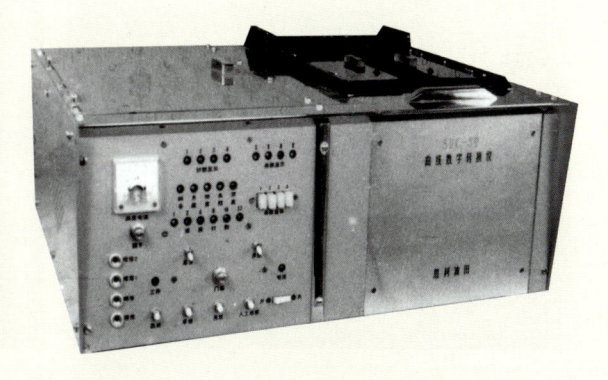

▲ 20世纪60年代，GSQ-652型跟踪射孔取心仪地面仪器

▲ 20世纪70年代，SDC-3型曲线数字转换仪

国产测井地面仪器演变

▲ 1985年,中国海洋石油测井公司研制的HCS-87型数控测井地面系统

▲ 1989年,大庆测井公司研制的DQ-8900型数字测井地面系统

▲ 1990年10月30日,西安石油勘探仪器总厂研制的SKC3700数控测井仪通过中国石油天然气总公司技术评定

▲ 1990年11月2日,西安石油勘探仪器总厂举办引进SKC3700数控测井仪生产线验收仪式

▲ 1991年,胜利测井公司研制的SL91-1型数字测井系统地面仪器

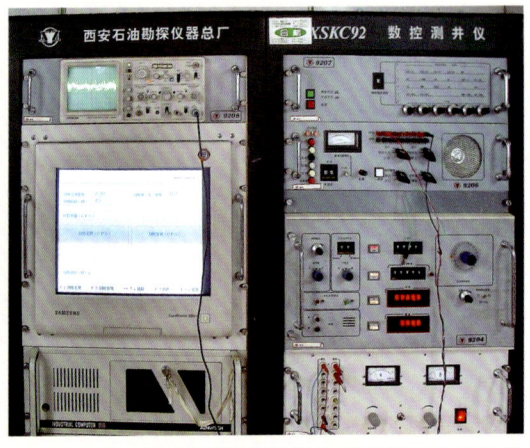

▲ 1992年,西安石油勘探仪器总厂研制的XSKC92数控测井系统地面仪器

国产测井地面仪器演变

▲ 1998年,西安石油勘探仪器总厂研制的SKC9800数控测井仪

▲ 2000年11月,中国海洋石油测井公司研制的ELIS测井系统地面仪器

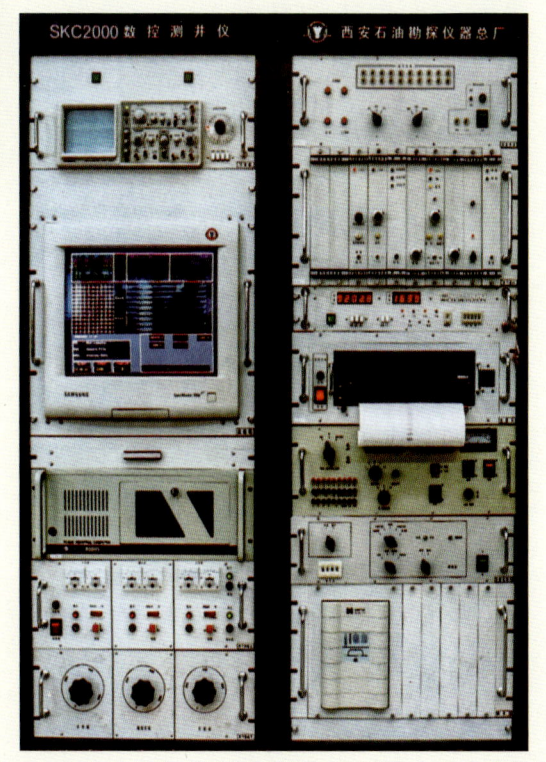

▲ 1998年,中国石化集团胜利测井公司研制的SL-3000型数控测井系统地面仪器

▲ 1999年,西安石油勘探仪器总厂研制的YSZC-99有线随钻测量仪

▲ 2001年5月,西安石油勘探仪器总厂研制的SKC2000数控测井系统

国产测井地面仪器演变

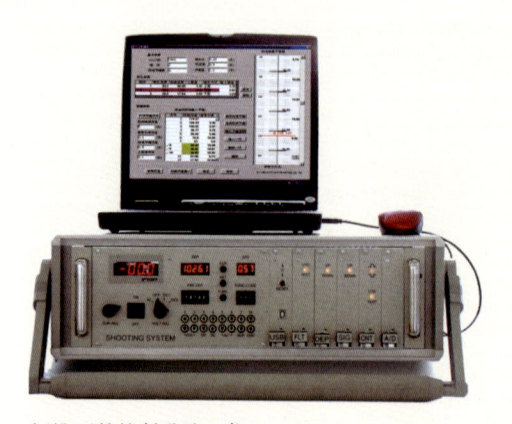

便携型数控射孔取心仪 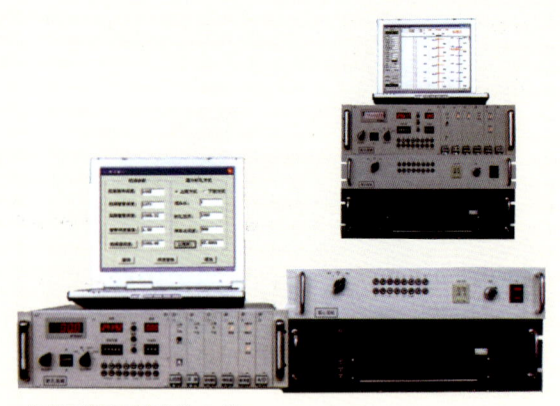　　　　　　　车载型数控射孔取心仪

▲ 2002年，西安石油勘探仪器总厂研制的 SSQ-C 数控射孔取心仪

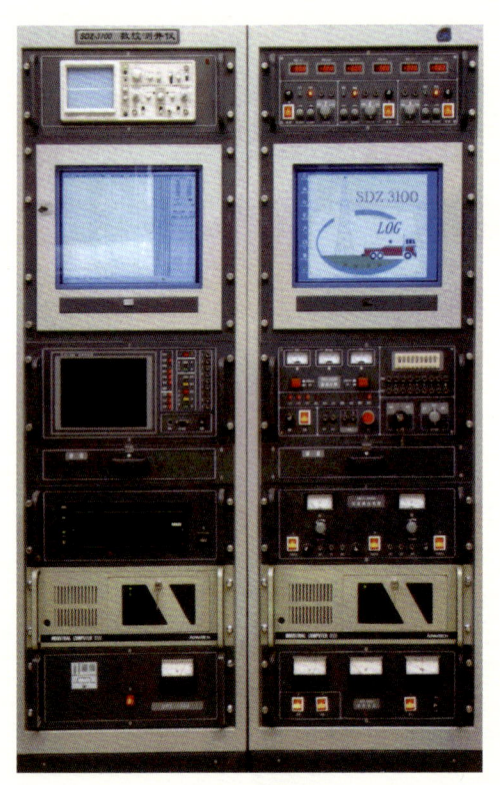

▲ 2003年，中国电子科技集团第二十二研究所研制的 SDZ-3000 快速测井平台

▲ 2004年，中国石化集团胜利测井公司研制的 SL-6000 型高分辨率多任务测井系统地面仪器

▲ 2004年10月，中国石油集团测井公司研制的 EILog 快速与成像测井系统地面仪器

国产测井地面仪器演变

▲ 2009年,中国石油集团大庆测试技术服务分公司研制的EXCEED(超越)生产测井系统地面仪器

▲ 2010年11月,中国石油集团长城钻探测井公司研制的LEAP800测井系统地面仪器

▲ 2012年,中国石油集团大庆测井公司研制的慧眼2000测井系统地面仪器

▲ 2014年,中国石油集团西部钻探测井公司研制的猎鹰套管井成像测井系统(KCLog)地面仪器

国产测井地面仪器演变

▲ 2014年，中海油服研制的旋转导向钻井与随钻测井系统地面仪器

▲ 2019年，中国石化集团胜利测井公司研制的MVLog900网络成像测井系统地面仪器

◀ 2019年，中国石油集团测井公司研制的MIPS多功能射孔地面仪器

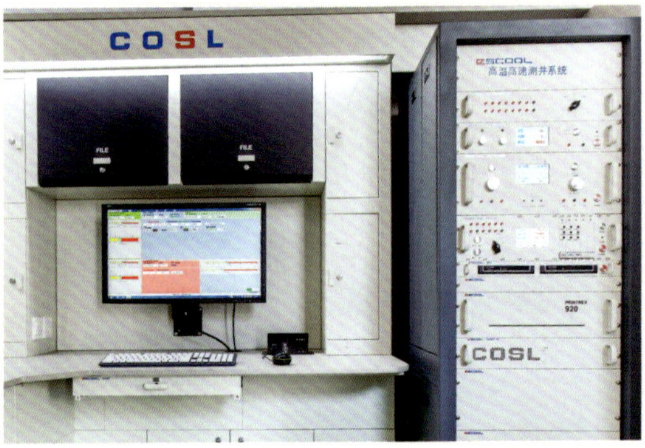

▲ 2019年，中海油服研制的ESCOOL高温高速测井系统地面仪器

▶ 2019年，中国石油集团测井公司研制的SK8000S集成化射孔地面仪器

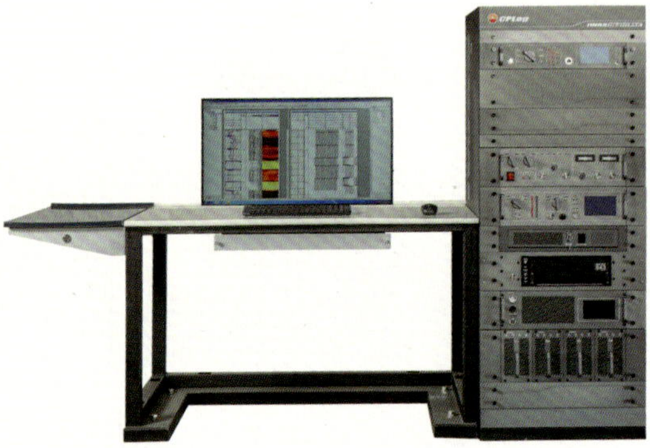

▲ 2021年，中国石油集团测井公司研制的IWAS智能测井系统地面仪器

测井装备演变

▲ 20 世纪 50 年代，JD-581 测井仪器车

▲ 1978 年，引进的 3600 测井装备

▲ 20 世纪 80 年代，引进的 CLS-3700 测井装备

▲ 20 世纪 80 年代，引进的 DDL-Ⅲ生产测井装备

▲ 20 世纪 80 年代，引进的 CSU 测井装备

▲ 1990 年，西安石油勘探仪器总厂研制的 SKC3700 测井装备

▲ 20 世纪 90 年代，引进的 EXCELL-2000 测井装备

▲ 20 世纪 90 年代，引进的 ECLIPS-5700 测井装备

▲ 2000 年，中海油服自主研发的 ELIS 测井装备

测井装备演变

▲ 2004 年，中国石油集团测井公司自主研发成功 EILog 测井成套装备

▲ 2019 年，中国石油集团测井公司自主研发成功 CPLog 测井成套装备

▲ 2019 年，中国石化集团胜利测井公司自主研发成功 MVLog 900 网络成像测井装备

射孔弹演变

▲ 1972年，国产火炬-Ⅰ型玻璃壳无枪身射孔弹

▲ 1979年，WS-1型85胶木射孔弹

▲ 1980年，WS-600型过油管无枪身陶瓷射孔弹

▲ 20世纪80年代初，四川井下作业处生产的铝壳射孔弹

▲ 20世纪90年代，四川石油管理局测井公司研制的有枪身射孔弹

▲ 1993年，西安石油勘探仪器总厂研制的无枪身射孔器

▲ 2007年，川庆钻探测井公司研制的复合增效射孔弹

▲ 2010年，川庆钻探测井公司研制的127型"先锋"超深穿透射孔弹

▲ 2018年，中国石油集团测井公司西南分公司研制的89型等孔径射孔弹

测井现场

▲ 1956年9月11日，中国第一次放射性和中子测井在玉门油田试验

▲ 20世纪70年代，测井现场

▲ 20世纪50年代，测井现场

▲ 1976年，长庆女子测井队班前会

▲ 20世纪80年代，测井现场

测井现场

▲ 20世纪90年代，CLS-3700测井现场

▲ 2009年，中国石油集团测井公司在鄂尔多斯盆地黄土高原测井现场

▲ 2011年，中国石油集团测井公司在吐哈盆地现场作业

▲ 2014年，中国石化集团胜利测井公司在涪陵进行泵送桥塞与射孔联作

▲ 中海油服在海上测井作业

生产生活基地

▲ 20世纪70年代，胜利测井河口会战前线

▲ 20世纪60年代初期，新疆石油人自己动手建地窝子

▲ 20世纪80年代，长庆测井安塞前线指挥部

▲ 20世纪60年代，大庆石油地质学校

▲ 20世纪70年代初期，长庆测井人自己动手建干打垒

▲ 2004年9月，中国石油集团测井公司投资改建的青海事业部花土沟基地办公楼落成

生产生活基地

▶ 2010 年，中国石化集团胜利测井公司新疆基地

▶ 2010 年，川庆钻探测井公司射孔器材公司生产基地

▶ 2020 年，长城钻探国际测井公司乍得基地

▶ 2021 年，中海油服湛江基地

学术交流

▲ 1954年3月，石油管理总局钻探局第一届钻探地质电测会议

▲ 1979年10月，中国石油学会测井新技术报告会

学术交流

▲ 1982年12月，中国石油学会核测井技术学术讨论会

▲ 1982年12月，石油工业部测井专业标准化第一届全体会议

学术交流

▲ 1985 年 1 月，石油工业部在长庆举办普宜 3230 计算机软件学习班

▲ 1985 年 5 月，中国石油学会在乐山召开全国电法测井学术研讨会

▲ 1985年12月，石油工业部核测井标准刻度装置技术鉴定会

▲ 1986年5月27日，中国石油学会石油测井委员会第一届第一次全委会在沈阳召开

学术交流

◀ 1991年，中国石油天然气总公司射孔器材鉴定会在北京召开

◀ 2015年8月19日，中国石油学会第十九届测井年会在大庆召开

◀ 2021年9月22日，中国石油集团测井公司建立中国石油测井院士工作站，并在北京举办揭牌仪式暨专家交流研讨会

测井专业化重组

▲ 1995年1月18日，中油测井有限责任公司在北京成立

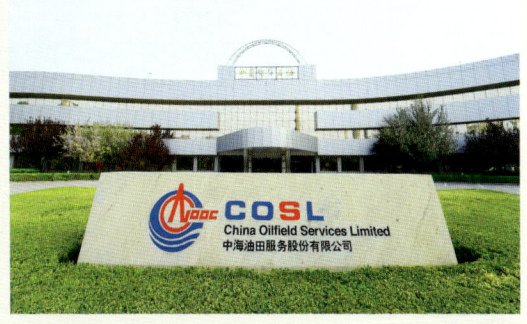

▲ 2001年，中国海洋石油测井公司划入中海油田服务股份有限公司

◀ 2002年12月6日，中国石油集团测井有限公司在北京成立

◀ 2021年4月16日，中国石化集团经纬有限公司在青岛成立

技术成果发布

- 2006 年 12 月，中国石油集团测井公司自主研制的 EILog 测井成套装备在北京正式发布

- 2014 年 12 月，中国海油海洋石油测井解释软件 EGPS 发布

- 2018 年 1 月，中国石油集团国家油气重大专项"十二五"重大装备——CIFLog2.0 多井评价软件在北京发布

- 2021 年 3 月 25 日，中国石油集团测井公司多维高精度成像测井装备发布

科技奖励

▲ 1965年2月10日，JD581-A型多线式自动井下电测仪获国家发明证书

▲ 1978年，测井曲线数字转换仪获全国科学大会奖

▲ 1980年3月，GSQ-652型跟踪射孔取芯仪获国家发明奖二等奖

▲ 1987年7月，放射性同位素示踪技术在油田开发中的应用获国家科学技术进步奖二等奖

▲ 1991年，中国海洋石油测井公司研制的HCS-87数控测井地面系统获国家重大技术装备成果奖二等奖

科技奖励

▲ 2008年,中海油田服务股份有限公司"海洋石油测井系统(ELIS)研制与产业化"项目获国家科学技术进步奖二等奖

▲ 2014年12月,中国石油天然气股份有限公司勘探开发研究院"大型复杂储层高精度测井处理解释系统CIFLog及其工业化应用"项目获国家科学技术进步奖二等奖

▲ 2015年,中国石油集团测井有限公司参加的"5000万吨级特低渗透—致密油气田勘探开发与重大理论技术创新"项目获国家科学技术进步奖一等奖

▲ 2018年,中国石油集团测井有限公司参加的"凹陷区砾岩油藏勘探理论技术与玛湖特大型油田发现"项目获国家科学技术进步奖一等奖

序

中国石油测井简史

习近平总书记指出，修史立典，存史启智，以文化人，是中华民族延续了几千年的优良传统。2021年12月，中国石油集团测井有限公司倡议联合中国石油集团、中国石化集团、中国海油集团、延长油田有关单位和高校院所勠力同心，共同编写中国首部测井行业简史——《中国石油测井简史》，为测井行业存史、为测井工作者立言，传承和弘扬石油精神，共同开创中国测井事业高质量发展新局面。这部简史是中国测井行业全面系统总结发展历程的首次尝试，是中国测井行业学史力行诠释石油精神的实践成果，是中国测井工作者献礼党的二十大的一次集体答卷。

《中国石油测井简史》从动议到完成初稿历时不到9个月的时间，编写了一部回顾历史、记述发展、探索规律的行业发展简史，凝聚了全体参编人员和测井界老领导、老专家的集体智慧和力量，浓缩了中国测井行业83载忠诚担当、拼搏奉献、创新跨域、勇毅前行的奋斗历程，实现了中国几代测井人的夙愿。概括来讲，这部测井简史主要有以下四个特征。

一是客观性。编写人员坚持辩证唯物主义和历史唯物主义立场、观点和方法，按照"尊重历史、遵循体例、史实充分、客观公正"的原则，本着对历史、对发展、对后人负责的态度，以经得起历史和时间检验为标准，充分梳理历史资料，去粗取精、求实存真，力争用准确翔实的史料还原历史、阐释历史。同时，客观真实、公平公正地展示了中国石油、中国石化、中国海油、延长油田以及高校院所测井事业从小到大、由弱到强，不断发展壮大的奋进历程。

二是系统性。本书按照"先分期、后分类"原则，参照中国石油工业发展历史沿革，以测井技术发展为主线，辅以测井机构沿革和产学研两条辅线，按照时间维度将中国测井行业83年的发展历程划分为5个时期，每章节以重要历史事件为节点，既记录测井技术的进步与迭代，又记录测井在油气田勘探开发中发挥的作用和贡献；既记录测井机构的历史沿革，又总结测井学科的建设发展；既系统梳理不同时期的发展成果，又积极探索管理创新的发展规律；既突出主题，又前后呼应，较好体现出中国石油工业测井发展历史的系统性、延续性和整体性。

三是权威性。中国测井界的领导、专家、学者高度重视本书的编写。李宁院士给予了悉心指导。数十位测井老领导、老专家提出了指导性的意见和建议，有的还提供了珍贵的文献、物件、图片等历史资料。编审人员本着严谨细致、精益求精的态度，做了大量材料补充完善、档案文献查阅和资料印证考证等工作，深入开展了史料调研、专家访谈和集体研讨等活动，为准确记述发展历程、提高简史的权威性打下了坚实的基础。

四是科普性。本书编写过程中，秉持"存史、资政、育人"，突出知识性、资料性和故事性，力求用质朴简练的篇章、平实顺畅的语言、图文并茂的内容、鲜活生动的细节，激发起每名测井人深藏心底的事业情愫，让"知史、爱企、敬业"成为读者最真切的阅读体验，让本书成为传播测井知识的科普读本。

翻开这部测井简史，一段段历程、一件件大事、一个个成就、一张张图片，老一辈测井奠基人、灿若星辰的测井群英，共同铺就了中国石油工业测井发展的辉煌历程。总结这部简史，主要成果体现在以下四方面：

充分彰显了中国测井行业兴油报国的使命担当。中国测井行业诞生于民族救亡之时，始终与祖国共奋进、与时代同发展。一代代测井人大力弘扬石油精神和大庆精神铁人精神，矢志不渝听党话跟党走，胸怀报国之志、恪尽兴油之责，写下了一部爱党爱国的奋斗史诗，在石油工业发展史册上留下了浓墨重彩的一笔。一部中国石油工业测井发展史，就是一部艰苦奋斗的创业史、波澜壮阔的发展史、找油找气的光荣史、无私奉献的报国史、勇于创新的改革史、石油精神的传承史，中国测井人矢志不渝、历久弥新的使命担当贯穿书中。

全面记录了中国测井行业自立自强的发展历程。从模拟测井、数字测井、数控测井到成像测井，行业的每个发展时期都留下中国测井人自立自强的奋斗足迹。中国测井历经引进、消化、吸收、创新，奋发图强、攻坚克难，自主研发出一代代具有时代特征的测井装备和先进技术。在书中，测井行业的技术密集型特性、自立自强的奋进历程、一批自主标志性创新成果得到了全面展现。

突出体现了中国测井行业五湖四海的良好生态。作为中国测井行业主力军之一，中国石油集团测井公司大力倡导"天南地北测井人、五湖四海一家亲"的理念，与测井行业企业单位、高校院所共同搭建交流合作的平台和载体，积极推动构建"五湖四海、共商共建、合作共赢"发展生态，凝聚五指成拳的合力，推动中国测井行业稳健高质量可持续发展。书中记录的发展成果，得益于良好生态形成的强力保障。本次简史的编写，是中国测井行业又一次集中力量干大事的成功实践。

集中展现了中国测井行业开拓创新的精神风貌。回顾中国测井行业发展历程，集中体现了中国测井人忠诚担当、爱岗敬业、履职尽责、攻坚克难的精神风貌，充分展现了中国测井人的志气、底气和骨气，闪耀的精神品质是一笔弥足珍贵的精神财富。透过本书，我们共同回望出发点、理清走过的路、辨明脚下的路、认准前行的路，自觉担起弘扬石油精神的历史使命，把中国测井行业的历史总结好，把中国测井人的精神传承好，把中国测井的共同事业发展好，推动中国测井行业基业长青、蓬勃发展。

　　古人云："度之往事，验之来事，参之平素，可则决之""观今宜鉴古，无古不成今"。了解历史才能看得远，理解历史才能走得远，铭记历史才能砥砺前行。以史为鉴，开创未来。让我们牢记习近平总书记"能源的饭碗必须端在自己手里"的殷殷嘱托，从中国测井行业的发展历史中坚定历史自信、赓续精神血脉、把握时代大势、汲取前行力量，持续推进测井科技进步、学科发展、行业壮大，实现更高质量、更高水平、更可持续的发展，走好中国道路，续写新时代中国测井行业更加辉煌灿烂的发展诗篇，为保障国家能源安全贡献测井力量！

中国石油集团测井有限公司党委书记、执行董事：

2022 年 9 月 16 日于西安

编写说明

《中国石油测井简史》编纂工作以马克思列宁主义、毛泽东思想、邓小平理论、"三个代表"重要思想、科学发展观和习近平新时代中国特色社会主义思想为指导，坚持辩证唯物主义和历史唯物主义立场、观点和方法，按照"尊重历史、实事求是、客观公正"的原则，在较为充分地收集、查阅、学习和研究历史资料的基础上，全面地回顾测井行业历史、记述发展历程和探索发展规律，力求客观真实公平、论述有据有度。久远历史因事及人，临近历史以事件为主，未涉及当代人物评价。

本书记述时间上限为1939年，下限至2021年，按照中国石油工业发展时期特点和测井行业标志性事件，将测井行业83年的历史分为5个历史时期记述：1939—1949年石油工业测井起步时期、1949—1958年石油工业测井艰苦创业时期、1958—1978年石油工业测井快速发展时期、1978—1998年石油工业测井改革发展时期、1998—2021年石油工业测井专业化发展时期。为全面记述1998年中国石油、中国石化重组分立后，与中国海油、延长石油及石油高校的发展历史，兼顾整体章节架构均衡，特将1939—1998年设为上编，1998—2021年设为下编，全书以测井技术发展和应用为主线，辅以测井机构沿革和产学研两条辅线，纵述史实，上编一脉相承，下编对中国石油集团、中国石化集团、中国海油集团、延长油田和石油高校的测井发展历程，各表一章。

83年来，中国测井行业各时期英雄辈出，可载入史册的时代精英灿若繁星、劳苦功高者不胜枚举、科研成果更是浩瀚如云，本应全面考证、客观评价，但由于工作组编写时间紧迫，研究不够深入，故对各家所提供资料中的人物和诸如"国际先进水平、国内第一、首次、创造纪录"等评价性表述较少采用，重记述、轻评价、慎定论，对各个时期科技工作者获得的省部级一等奖及以上成果，以提供的相关证件复印件或扫描件为据，收录在本书的大事记之中，尽可能地保留历史事件和技术资料，以期后来者深入研究。

本书编写体例采用编年体、纪事本末体等多种体裁相结合，按照编、章、节、目等编排，由序、上下编、大事记等组成，表述方式以文为主，辅以照片、图等，记述内容主要引自相关文献、志书、年鉴、史料、档案、图书和著名专家发表的回顾性文章，引用统计数据来源有关文献资料和统计年报资料等，具有真实性、可靠性。

本书涉及的各时期各个机构、单位和团体名称，首次出现时用全称，随后出现一般用简称或做标注说明，用单位名称做标题时采用这个时期末的单位名称。中国石油天然气集团有限公司简称"中国石油集团"、中国石油天然气股份有限公司简称"中国石油股份"、中国石油化工集团有限公司简称"中国石化集团"、中国海洋石油集团有限公司简称"中国海油集团"；诸如"大庆石油管理局""胜利石油管理局"等各油田单位简称"大庆油田""胜利油田"等。由于各油田的测井单位名称变更频繁，故首次出现时用当时全称，之后一律用简称，1958—1978年一律简称诸如"大庆测井""胜利测井"等；1978—1998年，一律简称诸如"大庆测井公司""中原测井公司"等。中国石油集团测井有限公司简称"中国石油集团测井公司"，对诸如"川庆钻探工程有限公司测井公司"等简称为"川庆钻探测井公司"；对诸如"中国石油化工集团胜利公司"等简称为"中国石化集团胜利公司"，对诸如"中石化经纬有限公司江汉测录井分公司"等一律简称为"中石化经纬江汉测录井分公司"；中海油田服务股份有限公司油田技术事业部简称"中海油服油田技术事业部"。

由于编写过程仓促、收集资料有限，编写工作人员对测井的历史研究不够深入，以及能力所限，本书难免存在不足之处，敬请各位测井同仁和读者批评指正。

目 录

上 编

第一章　在石油工业起步中开创测井事业（1939—1949 年）……………002

　　第一节　中国第一次电测井试验…………………………………………004

　　第二节　中国第一台电测仪试制…………………………………………005

　　第三节　中国的第一电测站诞生…………………………………………007

　　第四节　玉门油田早期的测井工作………………………………………008

　　第五节　石油沟电测站的建立……………………………………………012

　　第六节　中国石油工业测井奠基人………………………………………012

第二章　在石油工业艰苦奋斗中探索测井自主创业（1949—1958 年）…016

　　第一节　新中国成立初期测井机构的建立………………………………018

　　第二节　国外测井设备的引进……………………………………………022

　　第三节　JD-581 型多线式自动井下电测仪的研制………………………024

　　第四节　新中国成立初期的测井工作……………………………………028

　　第五节　中国地球物理测井专业的创建…………………………………032

第三章　在石油工业崛起中成为"地下探宝的眼睛"（1958—1978 年）…035

　　第一节　测井队伍在石油大会战中快速成长……………………………037

　　第二节　测井科技发展的早期规划………………………………………044

i

第三节　测井装备自主攻关实现规模化生产 …………………………… 046

　　　第四节　测井技术进步助力油田快速发展 ……………………………… 052

　　　第五节　测井解释满足油田生产建设 …………………………………… 058

　　　第六节　射孔技术发展促进油田开发 …………………………………… 068

　　　第七节　石油测井研究机构和高校测井专业 …………………………… 073

第四章　技术进步和管理改革加快测井发展（1978—1998 年）………… 078

　　　第一节　改革管理体制转换经营机制 …………………………………… 080

　　　第二节　引进国外先进测井技术和装备 ………………………………… 088

　　　第三节　国内测井装备研制更新换代 …………………………………… 093

　　　第四节　加快先进测井技术推广应用 …………………………………… 099

　　　第五节　探索市场化测井服务 …………………………………………… 104

　　　第六节　发展测井数据处理解释评价技术 ……………………………… 110

　　　第七节　测井科技发展与学术交流 ……………………………………… 121

下　　编

第五章　中国石油测井深化重组改革推动自主创新高质量发展
　　　（1998—2021 年）……………………………………………………… 132

　　　第一节　持续深化重组改革实现专业化一体化发展 …………………… 134

　　　第二节　创新驱动引领测井成套装备自主研制 ………………………… 138

　　　第三节　自主开发大型国产化测井软件 ………………………………… 155

　　　第四节　加强应用基础研究建设测井原创技术策源地 ………………… 162

第五节　发展成像测井技术助力非常规油气勘探开发 …………… 180

　　第六节　生产测井技术进步助力油气田综合治理 ………………… 188

　　第七节　优化提升射孔工艺技术释放油气田产能 ………………… 193

　　第八节　打造精细评价体系助力油气田增储上产 ………………… 198

　　第九节　开拓海外市场打造中国石油测井国际品牌 ……………… 212

　　第十节　全面建设世界一流测井公司 ……………………………… 221

第六章　中国石化测井开辟一体化基础上的专业化发展之路
　　　　（1998—2021年） ……………………………………………… 231

　　第一节　中国石化测井专业改革重组之路 ………………………… 232

　　第二节　积极拓展内外部市场 ……………………………………… 235

　　第三节　持续加强科技创新 ………………………………………… 244

　　第四节　大力发展测井新技术 ……………………………………… 252

　　第五节　全面推进射孔技术进步 …………………………………… 266

　　第六节　全面提升复杂储层测井精细评价水平 …………………… 274

　　第七节　奋力打造世界领先地质测控技术公司 …………………… 293

第七章　中国海油测井定向井五位一体发展道路（1998—2021年） …… 300

　　第一节　从集成创新走向自主创新 ………………………………… 302

　　第二节　自主研发成像系列仪器 …………………………………… 303

　　第三节　高端电缆测井产品发展成族 ……………………………… 306

　　第四节　自主研发随钻测井和旋转导向系统 ……………………… 309

　　第五节　一体化发展有力支撑海洋油气勘探走向深层深海 ……… 313

　　第六节　射孔技术快速发展保障海洋油气勘探开发 ……………… 323

　　第七节　自营勘探中测井助力建成"海上大庆油田" ……………… 327

第八章 延长测井纵向深入横向拓展坚定高质量发展 ………………… 332

第一节 延长测井专业化发展道路 ……………………………… 334
第二节 测井新工艺助力油田勘探开发 ………………………… 336
第三节 科技创新助力延长测井高效发展 ……………………… 337
第四节 精准解释助力油气田增储上产 ………………………… 337
第五节 打造一流绿色可持续发展测井队伍 …………………… 338

第九章 石油院校的改革与测井学科发展（1998—2021年） ………… 339

第一节 石油院校的管理体制改革 ……………………………… 340
第二节 石油院校的机构变化 …………………………………… 341
第三节 石油院校测井学科的建设 ……………………………… 341
第四节 校企合作的科研成果 …………………………………… 346

大 事 记

中国石油测井发展大事记 …………………………………………………… 354

参考文献 ………………………………………………………………………… 383
编后记 …………………………………………………………………………… 385
《中国石油测井简史》提供资料人员 ………………………………………… 387

上编

第一章

在石油工业起步中开创测井事业

1939—1949 年

第一章　在石油工业起步中开创测井事业

　　1949年以前，中国近代石油工业已经在艰难起步中走过长达70余年的曲折发展历程。在这个漫长的历史过程，陕西延长油矿、新疆独山子油矿及四川自流井地区、玉门老君庙地区等相继使用新式机器钻凿石油天然气井，产生了近代的石油开采业。1907年，延长石油厂成立，钻凿出中国大陆第一口近代油井——延一井。1924年，在四川自流井大坟包地区钻凿成功第一口天然气井。1936年，国民政府资源委员会设立四川油矿探勘处，下设达县、巴县两个矿区，还在甘肃、青海、新疆三省相继开发石油。1937年1月，在新疆独山子钻探第一口探井并获工业油流。1938年12月，地质学家孙健初、严爽等到甘肃玉门老君庙进行石油地质调查；1939年8月，在老君庙钻探第一口探井遇到油层。20世纪三四十年代，在四川盆地巴县石油沟、飞仙岩、威远臭水河、隆昌圣灯山、江油海棠铺5处钻探井。1946年6月，国民政府资源委员会在上海成立中国石油有限公司。中国近代石油工业历尽挫折，维艰前行，发展缓慢，在70年的时间里钻了134口井（包括没有油气开采价值的井），总进尺63973.88米。截至1949年中华人民共和国成立，共有石油职工16227人，其中工程技术和管理人员1700多人，石油地质勘探技术人员仅48人，年产天然石油不到7万吨，其生产力极其低下，规模仍然很小。❶

　　地球物理测井，也称油矿地球物理或矿场地球物理测井，简称测井。在石油天然气勘探开发的油气井未下套管之前所进行的测井作业，通常称为勘探测井或裸眼测井；在油气井下完套管后所进行的一系列测井作业，称为生产测井或开发测井。在油气田的勘探与开发过程中，测井资料的计算解释成果是确定和评价油气层的重要方法之一，同时也是解决一系列地质和工程问题的重要手段，被誉为"地质家的眼睛"，成为现代勘探与开发技术的一个重要组成部分。

　　石油测井技术的发展起源于1921年，康拉德·斯仑贝谢在法国诺曼底半岛上的瓦尔里切庄园进行首次人工电场测量实验获得成功，直到1927年，乔治·多尔等人在法国阿尔萨斯州成功地测出了第一条电阻率曲线，从而诞生了在井眼内进行"电测井"的地球物理测井技术。1939年，中国著名地球物理学家翁文波和几位石油界前辈在四川石油沟一号井测出了中国第一条自然电位和视电阻率曲线，成为中国测井的开端。之后，翁文波、赵仁寿、童宪章、刘永年和王曰才等人先后在玉门油矿开展中国早期的测井工作。

---

❶ 本书编写组. 中国石油工业百年发展史[M]. 北京：中国石化出版社，2021.

1947年，中国石油有限公司探勘室第一电测站成立，试制成功中国第一台半自动电测仪，开创了中国测井事业新纪元，为发展我国测井学科奠定了基础。

第一节　中国第一次电测井试验

1937年以前，中国军需、民用石油产品几乎全部依赖进口。抗战全面爆发后，沿海港口城市相继陷落，仅有滇缅、滇越两条国际通道与外界联系，至太平洋战争爆发，日军切断了所有援华的国际通道，国内石油进口陷入停顿，大后方的石油与燃油严重短缺。没有燃油，部队就无法大规模调动，重型军事装备难以发挥威力，后方生产难以维持，甚至不少汽车、轮船只得改烧酒精、木炭。中日两国军队综合力量对比出现更大差距。由此，抗战军民为保障燃油供给，喊出"一滴汽油一滴血"的悲壮口号。全面抗战期间，面对石油短缺的严峻形势，国民政府加紧寻找石油资源。当时，在国内能生产石油的地方，只有陕西延长石油厂和甘肃玉门油矿，但对于距离2500多千米之外的陪都重庆来说，却是远水解不了近渴。

1937年10月28日，中华民国政府资源委员会中国石油公司四川油矿探勘处使用从德国购买的G70旋转式钻机在巴县石油沟打了一口探井（后称巴1井），期望能有大的发现，以解大后方的缺油之急。1939年11月25日，巴1井钻进至井深1402.2米遇气流而完钻。

在中央大学执教的翁文波教授，受中华民国政府资源委员会主任翁文灏和副主任孙越崎邀请，到巴1井进行科学试验。1939年

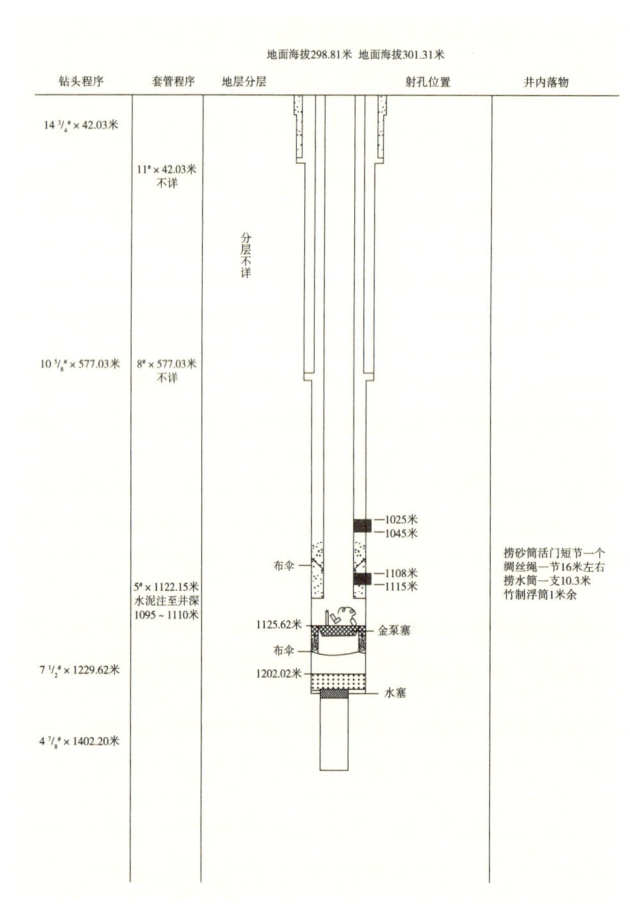

1939年，巴1井井深结构图

12月20日，翁文波与助教高叔哿（jiɑ），利用从中央大学物理教研室借来的一般电工仪表、零位指示检流计、电流表、电压表以及自制简易电位差计等作为测井仪，将2根18号普通电灯皮线做电缆，在下端装上2个铅电极，电线上每距一米扎上一圈胶布，并缠上麻绳做深度记号，首先测量出井中自然电位，然后用干电池做下井电源供电，每米测一点电位差，然后把各点电位差换算成电阻率，再将这些数据用手工绘制成视电阻率曲线；自然电位也这样一个点一个点测出来，然后连成曲线。该井经试气证实，测定气层的位置是正确的，这是中国第一次电法测井尝试，这次电法测井尝试仅比法国人斯伦贝谢兄弟康拉德和马歇尔1927年9月在法国彼舍利勃朗油井中做的世界第一次电法测井晚了12年。翁文波在这次尝试中取得了很好的成果，用所测得的数据画出曲线，根据曲线划分出天然气层井段的位置，后在该层位试出高压气流，巴1井是中国现代油气工业史上第一口天然气井，这次尝试开创了地球物理测井技术在中国应用的先河，标志着中国电测井的诞生。

第二节　中国第一台电测仪试制

一、第一台半自动电测仪

1947年，刘永年在翁文波过去工作的基础上，利用前期做测井试验时留下的电工仪表和电流换向器，自己动手焊接1部手摇绞车，把3根较粗的电工皮线用麻绳、胶布捆起来当作电缆使用，再用普通电工仪表和自制的电流换向器连成简单电位计，组成1台电位差式手动电测仪，用这台自制的仪器在玉门油矿老君庙油田开展了10口井的测井试验工作。虽然测出曲线，但测得的曲线质量较差。

1948年春天，刘永年找来1台照相示波仪器和1只精密度较高的零位检流仪，在电位差式手动电测仪的基础上，制成了中国第一台半自动电测仪。同年秋天，王曰才从日本留学归来，途径台湾运回一台美国产的电动绞车和一根1000米长的四芯麻包电缆。他们用这台电动绞车、四芯麻包电缆与1台灵敏度为40微安/厘米的示波仪，装配成1台半自动电测仪，用这台设备测出0.5米电位电极系视电阻率曲线、2米梯度电极系视电阻率曲线及自然电位测井曲线，极大提高了测井时效。

新中国成立初期，在玉门油田进行测井工作使用的电测仪，仍然是这套"升级版的半自动电测仪"。直到1952年，从苏联引进半自动电测仪后，这套升级版的半自动电测仪才退出历史舞台。老君庙电测站自己研制的半自动电测仪，对中国早期油田勘探发挥

1948年，刘永年与同轴直流放大机式电测仪　　　　1949年，王曰才与直流放大器式电测仪

了重要作用，更为测井技术的发展奠定了基础。

二、同轴直流放大机式多线电测仪

老君庙电测站用自制的"电位差式手动电测仪"在玉门油矿测量了 10 口井，但下井一次只能测一条电阻率或者自然电位曲线，速度慢，效果差，又因地层压力高，钻井队只允许他们在两三个小时内完成测井，时常会因为一处故障或者电缆漏电就测不成功，得不到记录。

老君庙电测站的电测队员们也想有像国外那样能下井一次就同时测出多条曲线的电测仪，为提高测井时效和测井质量，他们便开始自己动手研制多线电测仪。因井下电位很低，需要进行直流放大才能在地面测得记录，经第一步试验，单个直流放大机有一定放大作用，随后又设计了可以做两路放大的同轴直流放大机。

刘永年、王曰才到汽车修理厂捡来报废的点火高压线圈（俗称考尔），拆出漆包线，绕制 30 多个线包。1948 年底，成功组装了 2 台同轴直流放大机。1949 年 3 月，刘永年、王曰才利用同轴直流放大机、照相示波仪和旧汽车发电机改装的电动机，带动一个电流换向器，组成一台"同轴直流放大机式多线电测仪"，这是中国第一台多线电测仪的雏形。该仪器在老君庙 I-22 井、I-15 井等井中进行测井试验，实现下井一次可同时测量 2 条视电阻率曲线（0.8 米和 2 米梯度电极系）和 1 条自然电位曲线。但由于电缆缆芯间干扰大，兼之放大机倍数不够，效果不好，达不到测井的质量要求，经过一段时间试验，未能达到理想的结果而停止使用。同轴直流放大机式多线电测仪虽不完备，但为后期研制新的多线电测仪奠定了基础。

王曰才在总结电测仪直流放大器两次试验基础上，第三次试验时获得成功。该放大器将直流放大倍数从 15 倍提升至 150 倍，可以调节倍数，使多线电测仪基线稳定，测量结果清晰，并且使用和修理方便。电测仪直流放大器的研制成功是中国电测技术的一项革新。1950 年，王曰才获玉门油矿一等功臣称号，并代表玉门油矿出席全国工农兵劳动模范代表会议。同期，王曰才尝试研制电子管直流放大式电测仪，因记录质量欠佳，没有正式用于生产。

第三节　中国的第一电测站诞生

1947 年春天，翁文波率领刘永年、孟尔盛和刘德嘉再次到玉门油矿进行地球物理勘探工作。6 月，中国石油有限公司探勘室第一电测站成立（又称老君庙电测站），刘永年任站长，这是中国第一个电测站。电测站刚成立时，由刘永年与孟尔盛、刘德嘉共同开展测井工作。一个月后，孟尔盛、刘德嘉组建中国第二重力队，负责玉门、酒泉一带的重力测量工作。随后，从玉门油矿机械厂调来钳工师云鹏（中国第一位测井工人），同时招收 2 名学徒工，与刘永年组成中国第一支专业测井队伍。

当时，老君庙电测站器材非常缺乏，刘永年自制简单电测仪，自己动手焊接手摇绞车，用这台自制的手动电测仪在玉门油矿老君庙油田开展测井试验工作。这台仪器的问世使中国的电测井工作在玉门油矿正式拉开序幕。1947 年 7 月，刘永年带领中国第一支电测队在老君庙油田 9 号井进行测井，取得 1 条自然电位曲线和 1 米梯度电极距、2 米梯度电极距的 2 条视电阻率曲线。经过多次测井，利用取得的资料解决地层对比和确定油层位置。

1948 年春，玉门测井工作使用的是自制的电位差式手动电测仪。当时的测井工作是将测井仪器、绞车等搬上一辆改装的拖车，再由运输课（科）派车拖到井场，请钻井工人帮忙手摇绞车进行测井。同年秋天，刘永年和王曰才用从台湾运回的电动绞车和四芯麻包电缆装配成 1 台半自动电测仪。这台设备的使用，使测井工作不再需要请

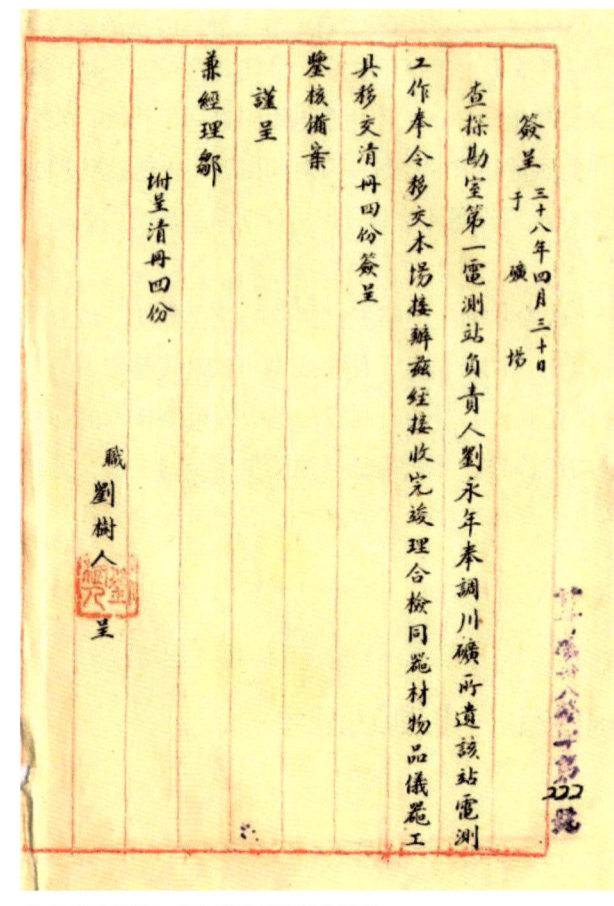

1949年中国第一个电测站工作移交签呈

钻井工人手摇绞车，极大改善了老君庙电测站的测井条件，使测井工作从繁重的体力劳动中解放出来；四芯麻包电缆的使用，使每次测井后无须检修电缆，提高了半自动电测仪的测井时效。随着测井时效和质量的提高，在国外考察归来的刘树人、史久光、童宪章和陈贲的支持下，电测站在老君庙油田积极争取"每井必测"，以积累更多测井经验。

1949年初，由于刘永年在玉门油矿研制"多线"电测仪，引起某国外公司驻玉门机构关注，翁文波将刘永年调往四川油矿，由王曰才接替刘永年担任电测站站长。解放前夕，吴永春、张德明加入老君庙电测站，9月25日，老君庙电测站的全体人员一起迎接玉门油矿解放。

当时，从事测井工作的人员都没有系统接受过地球物理测井专业教育，测井先驱们在玉门油矿老君庙油田探索将测井技术应用于地球物理勘探，为测井专业在新中国成立后的不断发展奠定基础。

第四节　玉门油田早期的测井工作

1939年8月11日，位于玉门老君庙以北15米处的第一口井（后称老1井）钻达88米时，遇到油层宣告了老君庙油田的诞生。接着又钻了几口探井，都遇到油层，有的井油势很旺，证实了老君庙是一个具有工业开采价值的油田。这是中国第一个使用地球物理方法勘探找油的油田。为解决抗战最迫切的燃油短缺问题，1940年3月，在中央大学执教的翁文波提出采用地球物理方法探测玉门油矿的计划，其主要内容有两项：一是用电极下井探测，目的是确定井中油层、气层、水层的位置；二是在油区做电、磁、重力测量，目的是确定地下构造。时任经济部部长的翁文灏看到这份计划后，支持翁文波前往老君庙油矿工作。

1941年5月12日，翁文波和助教赵仁寿带着自制的重力仪、罗盘磁变仪和简易测井仪等仪器到玉门油矿后，提出用地球物理方法加强地质勘探，并对几口油井进行电测，油矿筹备处根据翁文波得出的电测资料，将第三口井（后称老3井）由94米加深到145.21米，使原油日产量由10吨提高到13吨以上。同年7月，翁文波与赵仁寿编写《甘肃油矿物理探勘报告》。

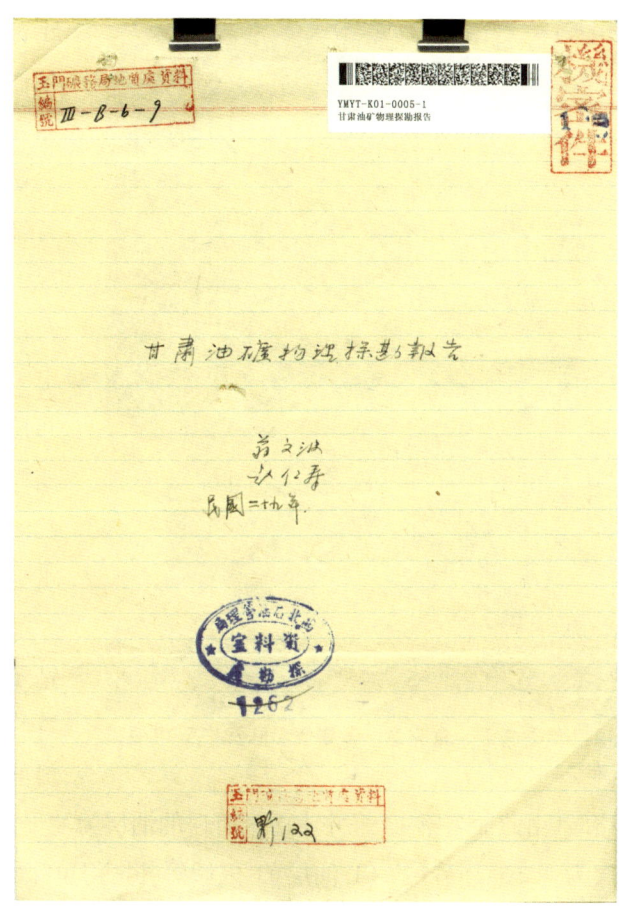

1941年翁文波、赵仁寿所著《甘肃油矿物理探勘报告》

当时，开展测井工作十分艰难，最难的是没有专用的电测仪器；其次是人们对测井工作没有认识，不知道其重要性，测井时没有相应的防护措施，钻井队害怕井喷，进行测井试验的井很难要到。当时，玉门油矿完井作业是衬管完井，需要钻到第一主力油层以上20米左右处停钻下套管，然后钻穿油层下衬管采油。因此，正确判断第一主力油层（L）、第二主力油层（M）和很差的油层（K）十分重要。如果把K油层误认为L油层，则下边的主力油层就会被漏掉，如果错把L油层当作K油层，没有采取防喷措施，就会出现井喷。据《石油摇篮印迹——玉门油田80年历史珍存概览》中记载：在老君庙油田第八口井（后称老8井）钻井过程中，吸取第四口井（老4井）井喷着火的教训，为防止井喷，聘请翁文波和他的学生童宪章，带上电测仪器至矿场监测钻井。当第八口井（老8井）钻至439米处，忽现喷势，喷一下，停一下，很多技术人员和矿场职工奔赴现场抢险，翁文波和童宪章不顾个人危险抢做了电测试验。

1942年1月，翁文波和赵仁寿等使用自制或改造的电测仪和罗盘磁变仪在石油河、

1942年翁文波、童宪章、张锡龄、陈贲在玉门油矿（左起）

干油泉、石油沟等地进行地球物理勘探。他们在石油河，根据电测推断地下地层倾角变化情况、油层位置、砾石厚度等；根据磁法推断引起磁力异常的位置、地下背斜的轴心位置及地层不整合之下岩层情况；在干油泉，推断砾石厚度、岩石特性及地层不整合之下岩层情况；在石油沟，电测显示断层的位置及特性，讨论砾石分布情况。他们还绘制石油沟平均电阻系数曲线图、电力测探图、地磁水平强度反常趋向图、断层延长推测图以及石油河地磁水平强度反常图等。

1942年7月，当玉门油矿第14号井钻至330米时，翁文波进行电测，取得了资料。同年11月，他根据多口井电测资料剖析结果，认为"各井地层皆可互相联络"，由此命名第14号井102米所遇的油层为"干油泉砂层"（K油层），438米所遇的油层为"老君庙砂层"（L油层），以后深井探得更深的油层，为"妖魔山砂层"（M油层）。

1943—1945年，翁文波和赵仁寿在玉门老君庙油田，采用三电极法，在10多口井进行测井工作。仍用1米电位电极系测量井内自然电位与地层视电阻率，把测到的电阻率和自然电位记录换算成曲线。这些测井试验为中国勘探找油方法的发展做出开创性的工作。那时的电测图全凭手工绘制而成，通过对电测图的分析，划分出老君庙油田的"K""L"和"M"砂岩油层的位置，并依此定出层位特征，作为地层划分和地层对比的依据，经试油证实，测量的油层位置是正确的。这是我国首次使用测井方法勘探石油获得成功的例子，为老君庙油田开发奠定基础。

玉门油矿是中国第一个使用生产测井技术的油田。20世纪40年代，玉门油矿就开始利用生产测井技术指导油水井动态分析，为制定油水井调整治理方案提供依据。1943年，玉门油矿明确提出，要测试井底压力、喷油量、井底油样、油气比等参数。与此同时，还要求："设法测试各井井底之压力及温度、油气比例、产量的变化、套管压力、油管压力之变化等项目，以资明了油层动态。"1945年以后，玉门油矿进口了一批油井测试仪器，应用于油田测井测试工作，测取的资料用于分析油井的井下温度、压力等状况，为科学采油提供了可靠的依据，促使采油工作走向科学化，有效地指导油水井的管理。

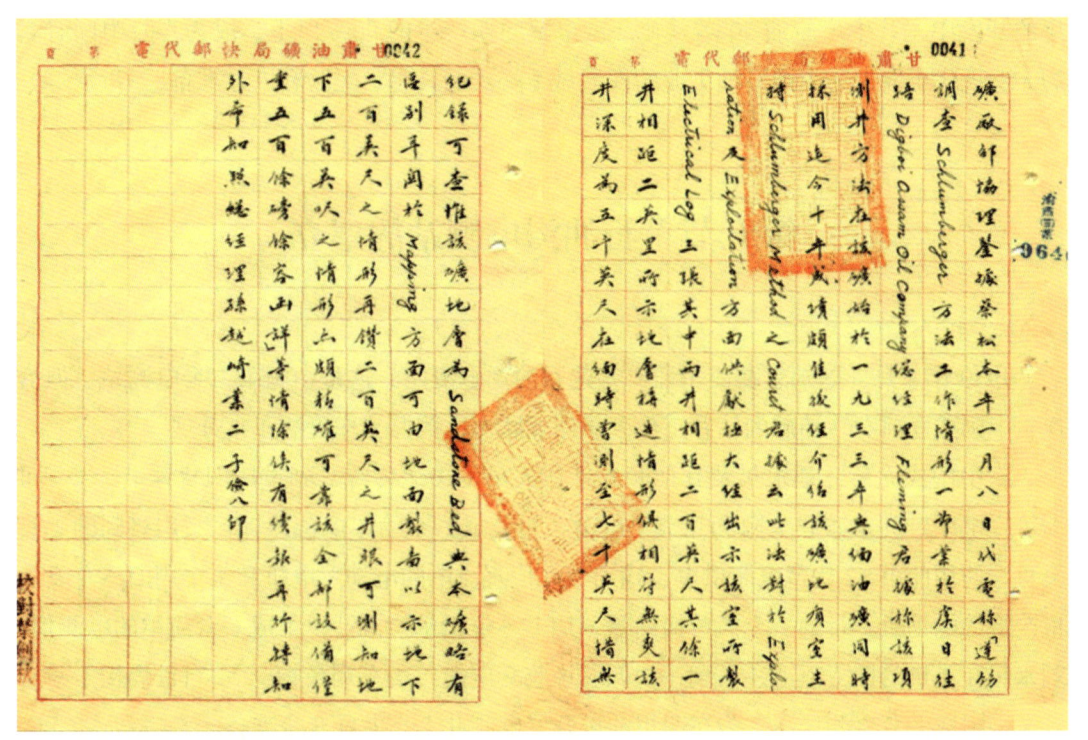

1944年有关测井工作的档案记载

1948年夏天，测井正式在生产中使用，在玉门油田每口井必测，成为勘探石油和天然气必不可少的手段。

玉门油矿既是中国石油工业的发祥地，也是中国地球物理测井事业的开创地。在玉门从事过测井工作的翁文波、赵仁寿、童宪章等石油技术人员共同开创中国石油工业地球物理测井技术，为以后新中国石油工业的发展奠定了基础。此后，地球物理勘探方法在玉门广泛应用，并逐步扩大到玉门以外的地区。翁文波带领学生沿着河西走廊，在东起张掖，西至敦煌的广大地区，还进行 1∶10 万比例尺的重力、磁力和电法普查，在兰州、张掖、高台、酒泉、安西、敦煌等地取得一批勘探成果。

抗日战争期间，玉门油矿从无到有，从小到大，共钻井 26 口，钻井进尺 10864 米，生产原油 225013 吨，为抗战提供了巨大的物质力量。抗战时期，四川、甘肃、陕西、新疆及宁夏、青海部分区域，所用燃油皆为玉门油矿供应。

1946 年 6 月 1 日，国民政府成立全国性的石油经营机构——中国石油有限公司，这是中国历史上第一个国家石油公司。同月，翁文波从玉门油矿赴上海就任国民政府中国石油有限公司探勘室主任，指导成立上海地球物理实验室，同时推动甘肃分公司探勘处成立重力队和电测队，暂停了老君庙油田的测井试验工作。

到 1949 年，玉门油田实际探明可采储量 1700 多万吨，年产原油近 7 万吨，在近 11

年的开发中，共生产原油50多万吨，占全国同期产量的90%以上，成为当时中国有名的大型现代企业，为中国石油工业的发展做了必要的技术、经验和人才准备。

第五节　石油沟电测站的建立

1949年4月，刘永年在四川油矿筹建石油沟电测站，这是中国第二个电测站。但恰逢新中国成立前夕，油矿的钻井工作处于停顿状态，测井工作无法正常开展。

新中国成立后，刘永年及其他测井工作人员发扬老传统，到重庆旧货摊上，找到1个可变电阻、几个碳膜电阻和几节干电池，组装成一个简单电位差计；又用买到的1具飞机上使用的由12伏蓄电瓶供电、输出200伏直流电的电动发电机和1个用旧汽车发电机改造的电动机，带动一个简单换向器，加上零位指示检流计，组成一台简单的电测仪。刘永年在重庆的旧货摊上还买到一根四芯橡胶套电缆（美军剩余物资），自己焊接了一台绞车，组成一套电测仪器。为在四川油矿开展电测井工作做好充分准备。

第六节　中国石油工业测井奠基人

一、中国石油地球物理测井创始人

翁文波（1912年2月18日—1994年11月18日），地球物理学家、中国科学院学部委员（院士），中国石油地球物理创始人之一，被中国石油地球物理界称为"中国测井之父"。

1934年翁文波毕业于清华大学物理系。遂就职于北平研究院物理研究所。1936年考入英国伦敦大学帝国理工学院专攻应用地球物理，1939年获博士学位，当即回国到重庆中央大学物理系任教授。同年12月20日，在中国进行首次测井试验。1941年初在玉门油矿采用自制的罗盘磁变仪，进行电磁法地球物理勘探。1942年底至1943年参加以经济部中央地质调查所黄汲清为队长的新疆地质调查队工作。1945年10月任中国第一个野外重磁力测量队队长，并对河西走廊进行1：10万重磁力普查勘探。1946年任中国石油有限公司探勘室主任。指导成立上海地球物理勘探实验室，推动甘肃分公司成立重力队、电测队，并在玉门油矿老君庙油田取得大量测井资料。同年秋，任第一期台湾地质调查队队长，对台湾进行全面石油地质勘察工作。

中华人民共和国成立后，翁文波重新组建重磁力勘探队，1950年又组织一支电法队，并在上海创办第一个地球物理培训班，为新中国培养了第一批石油地球物理勘探人才，并创立了北京石油工业专科学校。先后任燃料工业部石油管理总局勘探处副处长、石油工业部勘探司总工程师、石油工业部科学技术委员会副主任、石油科学研究院副院长、石油勘探开发科学研究院总工程师、研究生部主任、博士生导师等，以及中国地球物理学会理事长、名誉理事长、中国石油学会副理事长、中国地震学会名誉理事和中国地球物理学会天灾预测专业委员会主任等职。任第三届全国人民代表大会代表，第五届、第六届和第七届全国政协委员。1980年当选为中国科学院学部委员（院士）。

翁文波是中国重力勘探、地震勘探、地球物理测井和地球化学勘探等应用科学技术的创始人之一。经过几十年探索，建立了一套适合中国石油地球物理勘探的理论和方法，在油田勘探中发挥了重要作用。1948年，在美国《油气杂志》发表《从定碳比看中国的含油远景》论文，1950年，编撰出版《中国石油资源》一书，确认中国东北、华北平原具有含油远景，将松辽平原列入含油远景区。1955年，他同谢家荣、黄汲清和邱振馨共同编制的"中国含油远景分布图（1∶300万）"，再次明确松辽盆地是重要的含油远景盆地之一。翁文波指导了大庆长垣地球物理勘探部署，为大庆油田的发现作出重大贡献，获国家自然科学奖；因对石油工业的突出贡献获"石油工业杰出科学家"称号。

1966年邢台大地震后，受周恩来总理的重托，他与李四光分头探索地震预测这一科学领域，把自己的后半生奉献给了预测论的研究和地震预报事业。先后发表《初级数据分布》（1979年）、《频率信息的保真》（1980年）、《可公度性》（1981年）、《预测论基础》（1984年）以及《预测学》（1996年）等专著，形成独特的理论体系，这些理论应用于预测地震、洪涝、旱灾等自然灾害方面的实践，被誉为"当代预测宗师"。20世纪八九十年代，他运用预测理论和提出的方法，对天然地震周期的预测，以及对未来石油产量和对洪涝和干旱灾害等远程预测，其准确或基准准确率超过80%。

二、中国石油地球物理测井装备奠基人

刘永年（1920年3月14日—1995年9月20日），中国测井事业的先驱，国产多线自动电测仪发明创造者，原西安石油勘探仪器总厂副厂长兼总工程师，中国地球物理勘探仪器研发生产基地——西安石油仪器厂的主要创建者之一。刘永年带领团队研制的"JD-581型多线式自动井下电测仪"成为20世纪60年代至80年代中国石油工业测井队伍的主力装备，还广泛应用于煤炭、地质、冶金、水电等行业。

1940年，刘永年毕业于金陵大学电机专科。先后在四川省白沙水电厂和中国资源

委员会石油公司任职。曾任玉门油矿探勘室工程师。1947年，在玉门油矿建成中国第一个电测站——老君庙电测站，首次将地球物理测井技术用于石油勘探、开发生产。1949年4月，调到四川石油沟油矿筹建中国第二个电测站——石油沟电测站。新中国成立后，先后在西北石油局地质调查处地球物理实验室、石油钻探局地球物理仪器修造所、西安地球物理仪器修造厂、西安石油勘探仪器总厂任主任、副厂长、总工程师等职。1950年，刘永年调到西北石油局陕北勘探大队建立中国第三个电测站——陕北电测站。1952年，任西安地球物理实验室主任。1953—1954年，在首个主管全国测井工作的管理机构——电测室任主任兼工程师。在陕北枣园举办的中国测井史上第一个测井技术人员训练班任班主任。1954年，编写中国第一部《测井操作规程》，推动中国测井事业正规化、规范化发展。1958年，主持设计成功多线型自动井下电测仪，1965年获国家科委创造发明一等奖。20世纪90年代，仍在为中国测井装备进步积极建言献策。

刘永年历任陕西省西安市第二届、第三届、第四届政协委员，西安市科学技术协会副主席，陕西省科协委员等职务。1980年，任石油工业部科学技术委员会委员。1984年，任中国石油学会石油物探委员会、石油测井委员会委员。1992年，获"石油工业有突出贡献专家""陕西科技精英"称号，获国务院有突出贡献专家，享受国务院颁发的政府特殊津贴。

三、中国石油地球物理测井专业教育奠基人

王曰才（1923年5月15日—2016年2月15日），石油地球物理测井专家、石油教育专家。他是新中国石油地球物理测井技术从原始的手工操作到计算机控制逐步发展进步的见证人和实践者，也是中国石油地球物理测井专业教育的奠基人。

早年留学日本，1946年毕业于日本九州帝国大学采矿系，同年9月在该校物理探矿研究室读研究生。他为了用所学知识报效祖国，1948年秋留学归来。在台湾苗栗油矿实习后，从台湾带回一台电动绞车和电缆，在玉门油矿进行测井试验工作，开始了石油地球物理测井生涯。

1954年，燃料工业部根据石油工业发展的需要，决定在北京石油学院创建第一个石油测井工程专业。那时，在国内没有专门的测井专业，仅在20世纪50年代初期办过一期测井培训班，北京石油地质学校毕业过一届测井专业中专生。王曰才在北京石油学院承担创建测井教研室、开设测井专业课的工作。专业课除了放射性测井这一门课由另一位教师讲授外，其他的课程几乎全由王曰才"承包"。经过艰苦奋斗，他们建起了实验室，先后编写出《矿场地球物理方法及仪器设备》《电法测井》《非电法测井》《测井资料综合地质解释》等教材。1957年，第一批测井专业学生毕业后，一部分留校充实了地球

物理教研室师资力量,大部分被分配到全国各石油厂矿及地质部。测井专业建立后,为国家培养了大批测井技术人才,为中国地球物理测井事业作出了巨大的贡献。

在随后的几年里,王曰才带领学生下现场,实行教学与生产实践相结合。1956年,在新疆克拉玛依油田组建学生测井队,承担浅井测井任务。1958年,在四川龙女寺参加川中石油会战,承担测井解释工作,开展放射性测井研究,师生共同研制模拟试验井,绘制考虑泥质影响的中子伽马测井孔隙度图版。1960年,他和测井教研室部分师生去大庆油田收集编写教材的素材。回校后,与部分教师组成教材编写小组,编写出理论与实践相结合的《油矿地球物理》新教材。1963年底,王曰才和测井教研室的教师一起建成了测井电模型,提高油层的判断准确率,1964年获石油工业部重大科技成果奖,并被四川和西安等单位使用,研究侧向测井电极系参数的选择及制作侧向测井解释图版。1979年,被任命为华东石油学院勘探系主任、教授。

1989年,王曰才、翁文波、刘永年在纪念中国测井50周年时,在中国海洋石油测井公司燕郊基地合影(左起)

第二章

在石油工业艰苦奋斗中
探索测井自主创业

1949—1958 年

第二章　在石油工业艰苦奋斗中探索测井自主创业

新中国成立后，中国石油工业进入现代石油工业发展时期。燃料工业部作为石油工业的主管部门，决定迅速恢复西北地区的玉门老君庙、陕北延长、新疆独山子油田的生产，大力勘探西北石油资源，在玉门建成新中国第一个石油工业基地。1950年4月，燃料工业部设立石油管理总局，统一管理全国石油勘探、开发和生产建设工作。随着大批军队和老解放区接管干部、其他部门转行的管理干部和技术人员，以及国家分配的大中专毕业生和国外归来的爱国知识分子的加入，石油工业职工队伍逐步壮大。1952年8月1日，中国人民解放军第十九军五十七师改编为中国人民解放军石油工程第一师，奔赴石油工业生产建设战场，带来了人民解放军的优良传统和革命精神，融入了石油产业大军队伍。1955年7月，石油工业部成立，全面加强石油资源勘探，确定"一五"期间加强酒泉及四川盆地的勘探工作，继续进行陕北、潮水、民和盆地的勘探，稳步开展吐鲁番及柴达木盆地勘探。1955年10月，勘探发现克拉玛依油田。1958年，石油工业部根据中共中央、国务院关于石油勘探重点战略东移的决策，确定建立10个石油勘探战略区，将松辽盆地作为石油勘探战略东移的主战场之一，4月成立松辽石油勘探大队，6月成立松辽石油勘探局，先后组建成立地质详查队、钻井队、测井队等各类勘探队32个。[1]

在这一时期，全国各地区油田的测井工作得到了加强，多个测井工作机构相继成立，引进苏制半自动、自动电测仪，开展测井工作。先后组建测井实验室、测井研究机构和多所石油院校，创立测井专业，开展测井相关研究工作和人才培养。西北大学、重庆大学、南京大学等大专院校输送了一批大学生到全国各油田的电测机构，测井人员逐步发展到100多人，陆续成为各测井机构的中坚力量。通过老一辈测井工作者的不懈努力，测井工作得到钻井、地质和石油相关人员的认可，逐渐在勘探开发过程中发挥重要作用。这一时期，测井采集横向视电阻率曲线，开始采用单一岩性的测井解释模型和简单的数理统计方法，对岩石物理参数计算以进行定性或半定量解释，在识别油气水层、认识地层的岩性、物性方面，已经具有了一定的指导意义。

1958年，刘永年等人历时6年在早期试制半自动电测仪的基础上，研制的多线电测仪经过多次改进和现场试验，终于在西安地球物理仪器修造厂制造成功，经石油工业

---

[1] 本书编写组. 中国石油工业百年发展史[M]. 北京：中国石化出版社，2021.

部技术鉴定，定名为"JD-581型多线式自动井下电测仪"，成为中国第一代大型测井仪器的标志和里程碑。

第一节　新中国成立初期测井机构的建立

一、上海地球物理实验室

1949年5月上海解放以后，上海市石油军事管理委员会主任徐今强动员石油工作者要自力更生、奋发图强，建设石油工业，要尽快甩掉靠"洋油"过日子的"帽子"。宣布组建上海地球物理实验室，目的是研究和制造中国的石油勘探仪器并迅速成立石油勘探队伍。上海地球物理实验室由石油专家翁文波任主任，汇集王纲道、孟尔盛、陆邦干和王敬耀等一批科技骨干，他们为中国石油勘探仪器制造和石油勘探事业掀开了新的一页。

上海地球物理实验室，建在上海近郊的枫林桥路，以4间平房为实验室，1间大的活动房为厂房，1台皮带车床、1台钻床为工厂全部设备。有4位师傅、3名学徒工。依靠技术人员翻阅大量国外资料文献，自行设计制造了中国第一台石油仪器——51型半自动记录仪。1951年10月，为了加快石油勘探仪器的发展，燃料工业部决定将上海地球物理实验室搬迁到北京东直门大街甲168号，成立北京地球物理实验室，下设地震、电测、重力和物性4个研究小组，孟尔盛任主任。1955年8月，北京地球物理实验室迁往西安，职工总数85人。

二、中国科学院地球物理研究所

1950年4月6日，以原中央研究院气象研究所为基础，合并了原北平研究院物理研究所的物理探矿部分，中国科学院地球物理研究所在南京正式成立，下设气象组、地磁组、地震组和应用地球物理组4个研究组。1954年12月，地球物理研究所从南京迁至北京。

三、陕北电测站

1950年11月，西北石油管理局成立陕北电测站，这是中国第三个电测站，承担陕北四郎庙油田测井工作的同时，开展测井仪器的研制工作，隶属于陕北勘探大队。刘永年调任陕北电测站站长，电测站设在西安市尚勤路兴仁巷3号，当时只有刘永年、熊公

1954年，在延安枣园第三组电测人员训练班合影

惠和张志新3人。陕北电测站电测试验的第一口井是四郎庙油田的郎1井。1951年后相继成立延长电测站、四郎庙电测站、枣园电测站和永坪电测站等，并在甘肃成立永昌电测站。1953年西北石油钻探局在延安枣园举办我国第一个测井训练班，学员40余人，为我国培养了第一批测井操作人员。

四、独山子电测站

毛主席、周总理访问苏联之后，根据中苏两国政府协议，1950年3月27日中苏两国政府在新疆签订创办石油股份公司的协议。同年10月，中苏石油股份公司宣告成立。苏方提供设备、器材、技术，中方提供工作地段和材料，双方投资各占50%。1951年5月，中苏石油股份公司在独山子油矿成立电测站。当时所用的测井仪器和技术均由苏联提供，设备包括后来引进的苏联ЛКС-50半自动测井仪、AKC-51型全自动测井地面系统及配套的下井仪器等。从新中国独山子油田第一口探井——独50号井开始进行矿场地球物理测井，中方最早学习测井操作的人员有十几人，从1955年1月1日起，先后从玉门油矿和西安石油钻探局调来多名技术人员到独山子电测站。独山子电测站建站初期有职工50人，下设4个电测队，有ЛКС半自动仪3套，AKC-51型全自动测井仪1套。后根据两国政府公报，自1955年1月1日起，苏方将股份移交中国，中苏石油股份公司改名为新疆石油公司，1956年6月，更名为新疆石油管理局。

1952年，西安地球物理试验室工作人员

五、西安地球物理试验室

1951年初，燃料工业部石油管理总局在西安召开第一次全国性测井会议，提出制造地球物理勘探仪器的设想，并决定由陕北测井站承担仪器研制工作。1952年陕北电测站更名为西安地球物理试验室，主要承担陕北地区电测工作、维修地球物理勘探仪器、研究制造地球物理勘探仪器3项工作，刘永年任主任。下设测井组、地震组、重力组、设计组和机械加工组。测井组主要负责油田的测井和测井仪器维修，并开始进行多线电测仪的研究设计工作。1953年，王曰才从玉门油田调到西安地球物理试验室，任测井工程师，试验室人员由成立之初的8人发展到近50人。

六、西安地球物理仪器修造厂

1953年，燃料工业部决定将西北石油管理局分为西北石油地质局和西北石油钻探局，西安地球物理试验室从事地震、重力相关工作的人员随西安地球物理试验室划归西北石油地质局。从事测井工作的人员划归西北石油钻探局，成立西安测井仪器修造所和电测室两个单位。1953年3月，西北石油钻探局西安测井仪器修造所更名为地球物理测井仪器修造所，西北石油地质局地球物理实验室更名为西北石油地质局仪器修造室。1955年6月，地球物理测井仪器修造所与仪器修造室合并成立西安地球物理仪器制造所。8月，与迁入西安的北京地球物理实验室合并，实现了石油勘探仪器制造队伍的第一次整合。9月，石油工业部成立；11月，西安地球物理仪器制造所改名为石油工业部西安地质调查处地球物理仪器修造所。1956年1月，更名为石油工业部西安地球物理仪器制造所。1957年2月，更名为石油工业部西安地球物理仪器修造厂。

七、西南地区测井机构

1953年1月，西南石油探勘处成立第一个测井队，即601电测队。1953年9月，成立隆昌石油钻探区队电测站。1954年，成立江油钻探区队电测站。1955年5月，成立石油沟钻探区队电测站。1956年，组建四川石油勘探局第一支放射性测井队。1957年，成立川中钻探筹建处电测站和川南矿务局电测站。1958年5月，撤销川中钻探筹建处电测站，成立川中矿务局电测站。四川石油勘探局测井队伍集中到川中矿务局电测站和川南矿务局电测站。

八、玉门油田电测站

1953—1955年，玉门油田测井队伍进一步扩大，测井队增加到4个，射孔队增加到4个，职工人员达230名。1956年9月11日，玉门油田电测站进行中国第一次放射性和中子测井试验。1957年，电测站升级为处级单位，下设测井、射孔、仪修和机修4个车间。测井车间下设6个测井队，2个放射性试验生产队和1个国产仪器试验队；射孔车间下设3个射孔队；有职工500余名。

九、青海油田测井机构

1956年2月，青海石油勘探局茫崖钻井处成立测井站，4月，在苏联专家的帮助下，成立第一个气测队。1956年底，测井站在冷湖设电测队2个、气测队2个、射孔队1个；在茫崖设电测队3个；在油泉子设电测队1个、射孔队1个。全站职工195人。1957年3月，青海石油勘探局将茫崖钻井处测井站与地质处井下电测站合并成立油矿地球物理测井总站（茫崖测井总站），为勘探局直属大队机构，下设电测中队、气测中队和射孔中队，职工人数200余人。同时，在冷湖探区设测井站，归茫崖测井总站和冷湖钻探大队双重领导。1958年11月，撤销茫崖测井总站，分别在马海、油泉子和油砂山3个勘探大队设立测井站。

十、华北地区测井机构

1956年4月15日，石油工业部西安地质调查处华北石油钻探大队成立，开始筹建电测队。10月，华北石油钻探大队组建华北地区第一个电测队。1958年5月，华北石油钻探大队更名为华北石油勘探大队，7月10日，石油工业部撤销华北石油勘探大队，成立华北石油勘探处，电测队分为两个测井组。10月，电测队组建华北地区第一个气测组。12月，华北石油勘探处地质科组建绘解组负责测井资料验收、绘图和解释工作。至此，华北地区油气资源勘查测井队伍有2个完井测井队，装备AKC-51型全自动电测仪；

有 2 个气测组，装备苏式半自动气测仪；有 1 个绘解组。

十一、新疆地区电测站

1956 年 9 月，新疆石油管理局克拉玛依矿务局成立克拉玛依电测站，有电测队 3 个，射孔队 1 个，职工 50 余人。测井设备包括从苏联引进的 ЛКС–50 半自动测井仪、АКС–51 型全自动测井仪。1957 年之后相继建立放射性测井队和气测队，开始放射性测井，记录自然伽马、中子伽马曲线。1958 年 7 月，新疆石油管理局在南疆库车建立塔里木矿务局电测站，同年，克拉玛依电测站划归技术作业大队。1958 年，新疆石油管理局测井队伍发展至 150 多人，测井队 10 个、射孔队 8 个。

十二、东北地区测井机构

1958 年 5 月，从玉门油田调入第一个测井队成立测井一队，在松辽盆地开展石油勘探测井、井壁取心和射孔工作，隶属东北石油勘探处领导，测井一队职工 9 人。6 月 27 日，石油工业部成立松辽石油勘探局，10 月从玉门油田又调入一个测井队，成立测井二队，职工 7 人。测井一队属松辽石油勘探局黑龙江省大队管辖，测井二队属松辽石油勘探局吉林省大队管辖。

第二节　国外测井设备的引进

一、苏联 ЛКС-50 型半自动测井仪

1950 年，中国引进苏联 ЛКС–50 型半自动测井仪进行测井作业。ЛКС–50 型半自动测井仪属于半自动模拟记录模式，使用补偿和半自动电位差计，可对全井段进行连续测量，之前中国使用的测井仪器都为点测。

ЛКС–50 型半自动测井仪在新疆、玉门、延长和青海等油田投入使用。克拉玛依油田第一口勘探发现井——黑油山 1 号井（今称克 1 号井）使用的测井系列即为苏联引进的 ЛКС–50 型半自动测井仪。测量项目为井温、井内流体、井径、自然电位和全套的 6 条横向电阻率曲线（0.25 米、0.5 米、1.0 米、2.0 米、4.0 米、8.0 米或 6.0 米）

二、苏联 АКС-51 型全自动测井仪和匈牙利 EL303 电测仪

1953 年，中国引进苏联 4 套 АКС–51 型全自动测井仪（АКС–51 型全自动测井站：

A 指自动，K 指测井，C 指工作站，51 指 1951 年投产）。苏制 AKC-51 型全自动测井仪属于全自动模拟记录模式。该型号电测仪是可与三芯电缆配用的，用光点检流计记录的全自动地面记录仪。当时测井项目包括 6 条梯度电极系电阻率曲线、1 条自然电位曲线和 1 条自然伽马曲线，AKC-51 型测井仪的引进使多条曲线同时并测的问题得以解决，测井效率得到显著提升。1954 年，中国引进其改进型 AKC-51M，可比原型机多测一条曲线。

后来，还引进苏联 OKC-52 型单芯电缆测井仪和 2 套匈牙利 EL-54-303 测井仪。苏联单芯电缆测井仪的名称为 OKC-52（OKC 指奥伦堡测井站，52 指 1952 年投产），该地面设备用电位补偿式记录方法，是科马洛夫领导的测井站延续半自动电位计测井方法的设备。

匈牙利电测仪的设备名称为 EL-54-303（EL 指电测井；54 指 1954 年投产，303 指仪器型号，原型机是 EL-54-301），该设备绞车和仪器装在同一辆车上。其示波器模仿斯伦贝谢当时的款式，检流计用液体阻尼，适应野外长途作业，绞车由高级木材制成，可防止钢质绞车由于磁化引起的自然电位测井曲线周期性"跑偏"。这两种测井仪并未得到广泛使用。

克拉玛依油田发现后，克拉玛依矿务局电测站使用测井设备主要为苏联引进的 AKC-51 型全自动测井仪，并使用苏制 ГКС-3 型气测仪开始气测录井工作。1957 年开始放射性测井，记录自然伽马、中子伽马曲线，增加微电极测井用于识别泥质层、估算孔隙度、划分渗透层和定性评价储层物性、含油性。形成了以横向电法测井为主，放射性测井为辅的测井方法，为发现新油气田作出了贡献。

三、射孔设备

1949 年，王曰才带领玉门测井站摸索试用刚从美国运来的 1 台套管射孔器。1949 年底，玉门油矿将这台套管射孔器投入生产使用，从此，玉门油矿的完井作业从以前的衬管完井，改变为射孔完井，简化了钻井工程。新中国成立后，在苏联专家的帮助下，玉门油矿组建了中国的第一支射孔队，开始射孔作业，建立了套管射孔完井新方法。1952 年在四郎庙首次使用苏制 ПΠK-6 型和 ПΠX-4 型子弹式射孔器成功完成射孔试油任务。1954 年前，台湾一直用子弹式射孔器射孔，每支可发射 4～6 发，使用三芯钢丝电缆。1955 年，台湾自制多向式"中油型"射孔器，每支 10 发。1958 年，台湾购进 M3 式射孔器，每支 20 发，可同时接 3 支下井，射孔效率大为提高。1956 年，石油工业部派人到苏联、罗马尼亚技术考察，将聚能射孔技术介绍到国内，在国家第五机械工业部（简称五机部）的大力支持下，重庆一五二厂（国营江陵机械厂）开始仿制苏联式和罗马尼亚式聚能射孔器的试验工作，生产出仿苏联ПК–103型的57-103型有枪身射孔器。1958年又生产出仿苏联ПКР型的58-65型和58-40型两种无枪身射孔弹。与子弹式射孔器相比，聚能射孔器具有穿孔深、施工安全、工效高的特点，3种射孔器很快在玉门、新疆克拉玛依、青海等油田推广使用，射孔后油井产量与使用子弹式射孔器相比有明显提高，3种射孔器在中国石油勘探开发的历史上曾发挥过重要作用。

中国石油射孔器材在20世纪50年代处于学习国外产品时期，没有形成自己独立的技术。射孔工艺学习苏联技术，基本上处于以钻井液压井、人工丈量电缆定深为标志的简单射开油气层阶段，射孔定位需人工用尺子丈量电缆，用绳子在电缆上捆上记号，丈量出到达目的层所需的尺寸。

第三节　JD-581型多线式自动井下电测仪的研制

1951年，燃料工业部石油管理总局在西安召开石油工作会议，会上提出了自主制造地球物理勘探仪器的设想。1952年刘永年首次提出多线电测仪的设计试制方案，西安地球物理试验室开始电路、机械、光学系统、总装配和制造工艺等综合设计。1953年，地球物理测井仪器修造所开始多线电测仪的试制工作，研究人员克服缺少技术人员、机械加工设备和无线电元器件等诸多困难，解决高精度检流计制造、光学系统配制、机械精密加工和高度绝缘性能处理等技术工艺难题。1954年3月，试制出多线式电测仪样机，

1954年，地球物理测井仪器修造所组装调试电测仪样机

1954年，刘永年与国产全自动多线电测仪样机

并完成室内试验。此后，成立由各工种组成的试验小组，到玉门油田开展现场测井试验，一次测出 5 条曲线，取得合格的资料，苏联专家科马洛夫博士给予了很高的评价。同年，一机部上海电缆厂试制出了一根六芯铠装钢丝电缆，有力地支援了中国测井工作的开展。

1956 年春季，石油工业部西安地球物理仪器修造厂陆续试生产的 3 部多线电测仪在玉门、青海、四川油田开展现场试用，发现仪器机械结构和使用方面存在问题，暂停了多线电测仪的生产和使用。

1957 年，石油工业部领导要求西安地球物理仪器修造厂成立专门工作组，对多线电测仪进行改进，并拨专款数十万元解决器材供应问题和专用的试验费用。工作组对多线电测仪进行重新设计，试制了示波器、笔式检流计和磁场测量电路，改进了滤波电路，增加了刻度校验装置，并进行了多次测井试验和改进。1957 年底，试制完成 1 套改进型多线电测仪（后称 JD571 型）。

1958 年，按照石油工业部副部长康世恩的批示，玉门油矿地球物理调查处组织专门的试验队伍，在玉门油田对该电测仪进行现场试验，与苏联仪器进行对比。经过 30 多井次的测井对比试验及改进，所有测井结果都达到质量要求，测井速度超过国外的先进电测仪。用苏联仪器需要下井 6 次，才能获得一口井全套完井测井资料，而用多线电测仪，只需下井 2 次就能完成，同时还能多测出 2 条微电极曲线。

1958 年 6 月 23 日，石油工业部组织技术鉴定委员会，在玉门试验现场，对多线电测仪进行全面鉴定，鉴定结果：多线式自动井下仪的精确度及其他各方面的技术参数都已达到了设计预期标准，被命名为"JD-581 型多线式自动井下电测仪"。鉴定委员会建

中国石油测井简史

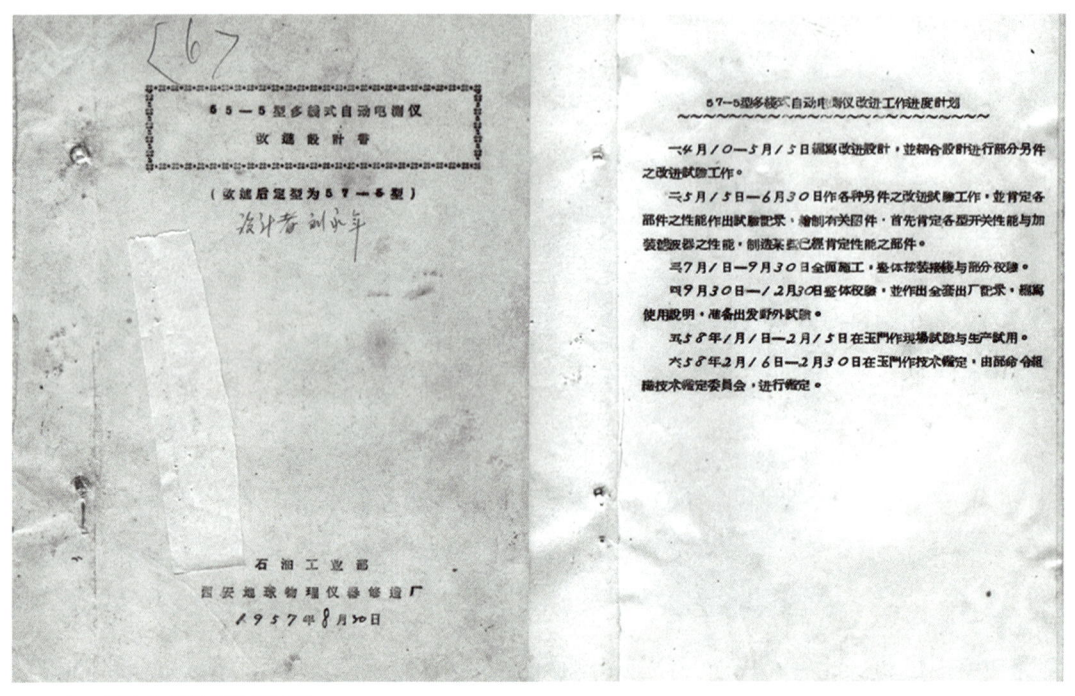

1954年，国产电测仪改进设计书

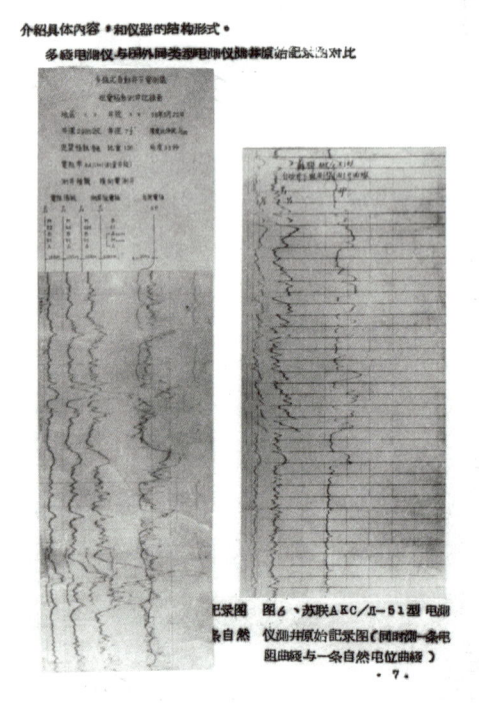

1958年，国产JD-581电测仪与国外同类电测仪测井原始记录对比

议石油工业部尽快投入生产，以适应石油勘探工作的新形势。石油工业部决定试生产5套，经玉门、青海、四川等油田电测站试用，效果良好，开始批量生产。多线电测仪的成功研制，打破了国外技术封锁，结束了依赖进口国外测井仪器的局面，满足了松辽石油勘探会战以及大庆会战、华北石油勘探会战等石油会战的需要。

JD-581型多线式自动井下电测仪是西安地球物理仪器修造厂经过6年时间（1952—1958）逐步定型投产的国产第一代大型测井仪器。据不完全统计，该产品由自动控制记录仪与提升电缆绞车两大部分组成，每次可测得5条不同曲线。当时，苏联生产的AKC-51型自动电测仪一次可测 2 条曲线，匈牙利生产的 EL 型自动电测仪一次可测 3 条曲线，法国斯伦贝谢公司产的电测仪一次可测 4 条曲线。JD-581 型多线式自动井下电测仪无论从一次测井记录曲线数量还是测井时效都高于当时国外同类仪器水平，达到当时国际水平。1965 年 2 月，该仪器通过国家科学技术委员会评审，获国家创造发明奖，国务院副总理、国家科学技术委员会主任聂荣臻签发发明证书，当时该仪器达到或超过了世界上同类测井仪器的技术水平，被石油工业部领导和石油媒体称之为"地下探宝的眼睛"。该仪器累计生产上千台，在全国各油田服役 40 余年，是新中国石油勘探仪器的里程碑，为中国石油工业的发展作出了重大贡献。

20 世纪 50 年代国产红球牌 JD581-A 型电测仪说明书

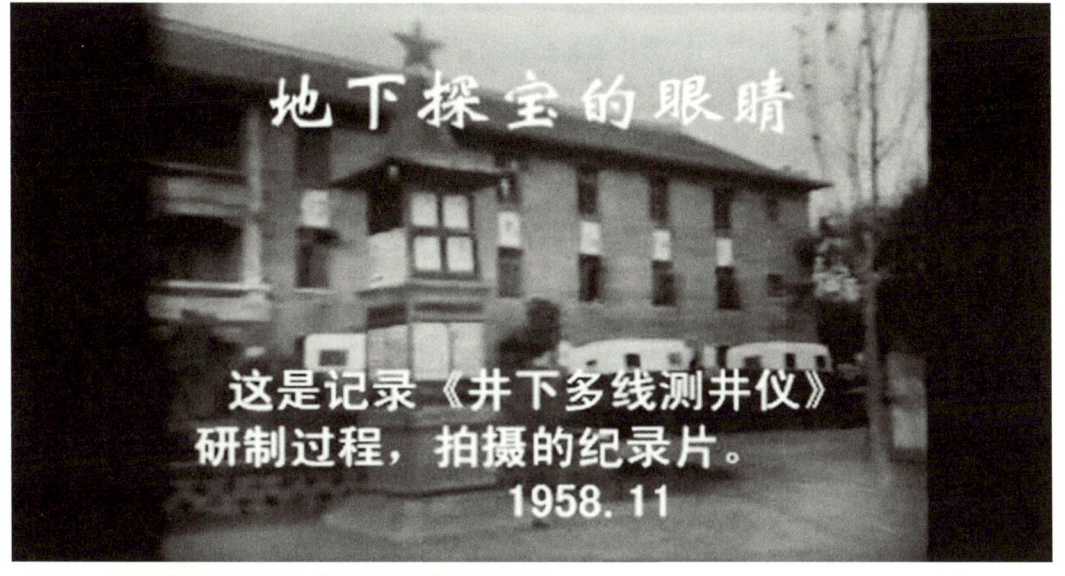

1958 年，西安电影制片厂拍摄的《地下探宝的眼睛》纪录片

第四节　新中国成立初期的测井工作

一、测井资料采集

延长油田。1950年11月，延长电测队成立，使用的测井地面采集系统为自制的轻便电测仪和苏联半自动电测仪，配备六芯铠装铜线电缆。测井项目包括自然电位、井温、井径、井斜和井内流体电阻系数（钻井液电阻率）、1米顶部梯度电极，以及0.25米、0.45米、0.5米、0.9米、1米、2.375米、2.5米底部梯度电极。基于钻井液及地层水状况，每次电测需增加1次井内流体电阻系数，以便进行测井解释，了解油水层；井壁塌陷有时卡钻需要测井径，了解井下情况。当时电测仪搬运频繁，仪器不稳定，仪器主体与井口滑轮用机械传动，深度误差大，受震动影响，仪器常数无法固定，只能进行砂层对比测井工作。1950年12月—1951年1月，电测18口井，其中7口井堵塞，11口井电测记录完整。1952年，地面采集系统采用苏联产半自动电测仪和自制半自动电测仪各1套，在七里村和永坪油田测井；全年测井177井次，绘测井图130份，半自动记录草图103份，轻便电测仪记录34份。1953年4月，延2井使用苏联半自动电测仪进行5项试验：地面电极接触不良（接触电阻大），是否影响曲线的变化，改变电流，不改变电位差计的范围，对所测得1厘米等于20欧姆·米、40欧姆·米、80欧姆·米的曲线，基线是否相同；换向器的转速快慢，是否与正常曲线的基线以及变化有关；1∶500及1∶200深度比例电测曲线，在同样速度（上下电缆）进行测量时的比较；正常曲线的基线问题。1953—1954年，在七里村油田使用苏联半自动电测仪进行干井电测试验，取得成功后在全国测井系统推广。1955年，使用半自动电测仪1套，苏式井径仪1套，在七里村、永坪、延河湾3个区域进行液体与干井电测和井径测量。全年电测42口井，井径测量33口井，共计测井89井次，其中：液体电测3口井、3井次；干井电测39口井、49井次，每口井所测曲线为自然电位曲线、1米顶部梯度曲线、1米底部梯度曲线各1条；井径测量共计37井次。七里村油田油井电测曲线与井径曲线质量好，横向幅度明显。

玉门油田。1952年始，玉门油田引进苏联半自动、全自动电测仪，开展横向电测井工作。该仪器由于使用麻包电缆，没有自动换电极装置，测1条曲线换1次电极，工序比较繁琐。1956年，苏联5名测井、射孔专家到玉门油田帮助工作，促进了油田测井、射孔工艺技术的进步。同年7月，地质部和玉门矿务局联合在老君庙油田进行放射性测井

第二章 在石油工业艰苦奋斗中探索测井自主创业

试验,这是中国首次运用原子能探矿。9月11日,中子测井试验在老君庙油田725井取得成功,这是中国第一次利用放射性进行自然伽马和中子测井。10月23日,在老君庙油田676注水井进行中国首次放射性同位素测井试验。1957年,在苏联专家指导下,成立放射性试验队和放射性测井生产队,开始在老君庙油田进行放射性测井和放射性同位素测井。1958年,中国自行研制的第一套JD-581型多线全自动电测仪器在老君庙油田使用。该多线全自动电测仪下井一次可测5条曲线,极大提高了玉门油田测井时效。早期电测技术在玉门油田应用,不仅对该油田勘探开发起到了促进作用,而且为中国测井技术的发展奠定了基础。

克拉玛依油田。1950年,开始采用苏联半自动测井仪进行测井作业。此后测井设备主要使用引进苏联的ЛКС-50半自动测井仪、AKC-51型全自动测井地面系统及配套的井下仪器等,国产测井设备主要使用西安地球物理仪器修造厂生产的"红球牌"57-1型全自动电测仪。1955年,将AKC-51型全自动测井仪改造为多线式测井仪,开始使用钢丝电缆,并自行设计制作电极系。国产测井设备电缆下井采用地滑轮装置,电缆和仪器连接由人工接线,在接头处外套胶管密封,测井资料采用模拟记录方式。测井下井仪器均采用6种电极距梯度电极系(0.25米、0.5米、1.0米、2.0米、4.0米、8.0

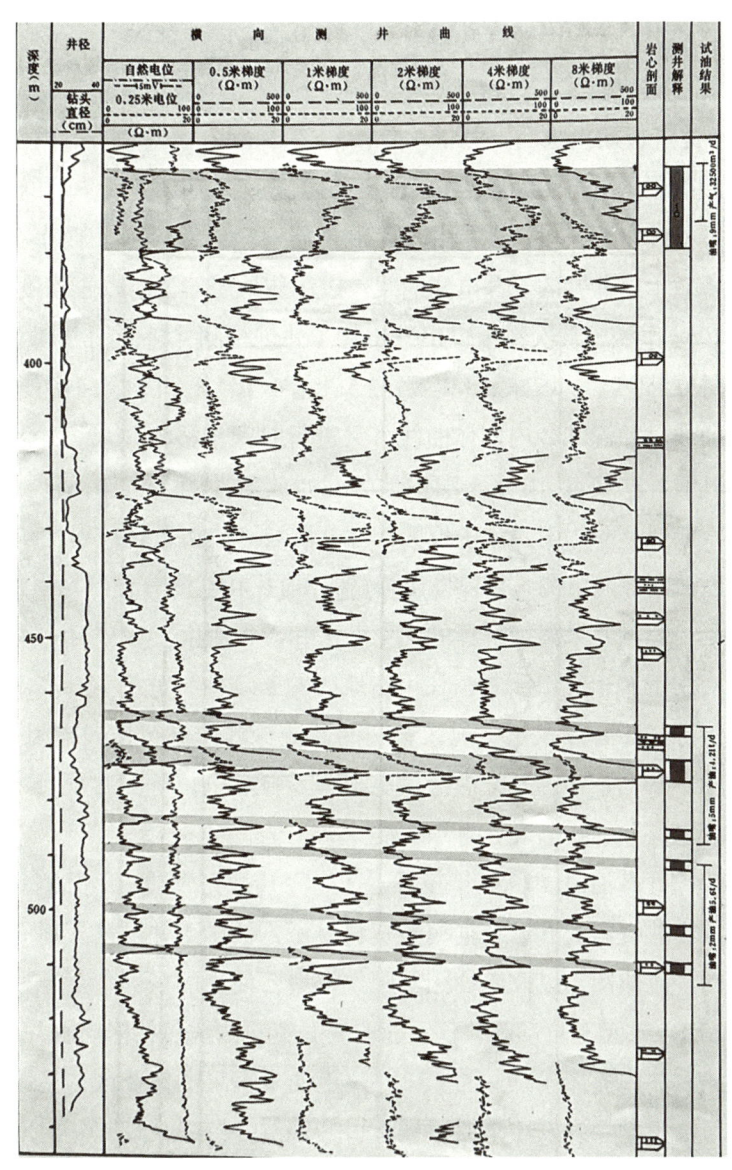

1955年10月,克拉玛依油田克1井电测曲线

米）测量横向视电阻率的变化，分别探测冲洗带、侵入带和原状地层的视电阻率。同年10月1日，在新疆油气区黑油山1号井（后称克1井）进行测井，完井测井采集任务采用ЛКС-50半自动测井仪测量，采集了井温、井径、自然电位和6条横向电阻率曲线，在该井采用ПП-6型射孔器进行射孔，并取心11颗。1956年9月，克拉玛依矿务局电测站成立后，相继建立放射性测井队和气测队，测井对象主要为砾岩油藏。测井项目包括标准测井（2米梯度、0.25米梯度、自然电位）、横向视电阻率、流体电阻率、井温、井径和微电极等测井曲线。原先测井深度以人工丈量，手工绑扎记号方法确定，用人工在井口观察打记号的方法记录。1958年，克拉玛依电测站改为标定磁性记号方法，大幅度地提高了测井速度和精度，此法一直沿用很多年。

西南地区。1950年，四川油矿探勘处电测站使用自制的简单电测仪在圣灯山气田隆4井进行两次点测，测得0.5米、1米梯度电极系和自然电位曲线，解释了井下嘉陵江碳酸盐岩顶界位置及断层位置。1953年初，四川地区正式开展工业性测井。在自贡地区开展盐井电测，以查明盐井深度和地层对比。1954年，西南石油探勘处110综合研究队测得数十口盐井的干井电测曲线，以用作地层对比、校正深度、确定垮塌井段的参数依据。1954年秋，首次在圣灯山气田隆1井进行测井，使用苏制ЛКС-50型半自动电测仪，测得0.25米、0.45米、1.0米、2.5米、4米、8米等横向梯度电阻率曲线，以及自然电位曲线、井温和井内流体曲线，又进行时间推移测井采集井温和流体曲线，从而发现嘉一气藏。1956年10月，四川地区开始放射性测井工作，包括自然伽马、中子伽马和同位素测井。对川南及川中地区的钻井取心和岩屑进行放射性矿床测验。1956—1957年，苏联派测井（电测、放射性）、解释、射孔和气测等方面专家帮助工作，推动四川地区形成了一套测井采集、解释的工作办法和规程制度。1957年，引进苏制放射性测井仪，年底应用于多个气田测井，在川南地区的圣灯山、黄瓜山、高木顶和川东地区的石油沟、东溪等气田，以及川中地区新钻的部分探井中进行横向电阻率、井斜、井径、自然伽马、中子伽马、井温、井内流体电阻率及自然电位等测井项目，并进行同位素、微电极、人工电位和屏蔽电极等测井试验。

青海油田。1956年4月，茫崖测井站完成油中1井测井，该井是柴达木盆地首口采集测井资料的井。根据馆藏资料显示，油中1井测井资料有横向测井图、井温图、井斜图、流体图，以及综合图等图件资料，使用的仪器包括苏联ЛКС-50型半自动测井仪和АКС-51型全自动测井仪，获取测井资料曲线包括横向测井曲线5条、井径1条、井温7条、井内流体4条。油中1井位于油泉子采油作业区，是该区块的发现井，拉开了油泉子油田勘探开发序幕。根据首口井的测井资料，仅一年时间内，油泉子作业区就部署并完钻了浅井12口（完钻深度小于500米）、中字号井16口井（完钻深度小于1000米）、深井 9 口（完钻深度小于 3000 米）。

华北地区。1957 年 11 月 30 日，华北石油钻探大队第一电测队使用 AKC-51 型全自动测井仪完成华 1 井测井，这是华北地区第一口基准井，电测未发现油气显示，但获得了重要地质资料，直接认识了华北平原的地质情况，并发现和命名了明化镇组地层。1958 年 8 月，华北石油勘探处测井一组完成华 3 井测井。11 月，测井二组完成华 2 井测井。

东北地区。1958 年 5—10 月，从玉门油田调来 2 个测井队配合松辽盆地石油钻探工作，使用引进苏联的 ЛКС-50 型、AKC-51 型电测仪和测井工艺方法，测井项目是全套梯度电极、电位电极系列视电阻率测井和简单的工程测井，完成了松基 1 井、松基 2 井的测井任务，均发现优质油层，并发现了多套可能储油的地层，进一步证实中央坳陷区是盆地内有利的含油远景区。

二、测井资料解释

翁文波等在当时的条件下，利用简单的测井曲线进行地层对比和油气层划分，为油气勘探提供支持。

1950 年春天，在四川省隆昌 4 号井钻井过程中，刘永年等在钻井队协助配合下，用点测的方法，进行了 2 次测井。发现测井曲线有明显的"重复段"现象。刘永年将这一电测曲线反映的地层现象解释为"断层"。当时，由于地质人员和钻井人员对电测曲线不认识、不认同，不相信测井人员的结论。后来，中国著名地质学家黄汲清来到隆昌，刘永年向他汇报了"断层"这一地层现象。随后黄汲清和地质人员到隆昌 4 井周边山上察看地质露头，发现了断层带。黄汲清按地面露头的倾斜度推算下去，计算结果正好是测井曲线上显示为"断层"的位置，黄汲清当即认定这个重复段为逆掩断层，为这场争论画上句号。这次测井，是四川解放后的第一次电测井工作，也是测井技术在嘉陵江石灰岩顶部首次成功发现地质逆掩断层，测井技术的这一成功发现，在当时尚属首次，测井工作重要性得到证明。

早期测井解释对象主要为砂岩储层，评价的内容包括划分储层和油气水层识别。

1953 年以后，引进苏联的横向测井评价方法，改测 0.25 米、0.45 米、1 米、2.5 米、4 米、8 米底部梯度视电阻率曲线、自然电位曲线、井径和井内流体电阻率曲线，用于求地层侵入带电阻率和地层真电阻率来划分油、水层，后期增加了自然伽马、中子伽马和微电极等测井曲线，可以用于识别泥质层，估算孔隙度和划分渗透层。

1954 年 3 月，燃料工业部派蒋学明等到苏联布古鲁斯兰矿场地球物理管理处专程学习仪器操作、地球化学测井和横向测井的解释与应用；回国后，开始推广横向电测井方法和电模拟，首次利用解释图版判断地层含油性，他与赵学孟翻译出版了第一部《横向电测井解释图版应用》一书。根据详探井岩心分析与测井资料解释，尝试估算油层孔隙度、饱和度和渗透率，绘制划分有效厚度的图版，并手工绘制了油藏孔、渗、饱、厚等值线图和栅状图，相当于油藏描述中多井评价的早期阶段。

1955年，在黑油山1号井的测井解释工作中，通过研究不同探测深度视电阻率值，使用ＢＫ3横向测井解释图版，手工绘制测井解释曲线，求得地层真电阻率15～91欧姆·米，结合自然电位测井曲线，判别储集层渗透性。在三叠系下克拉玛依组S1—S7共解释储层17层，综合横向电阻率含油性分析，综合解释油层5层18.6米。黑油山1号井建立的手工解释方法，除提供手工填写的解释成果表外，还在后面附上对每个储层的油水层解释依据和认识，形成测井解释报告的雏形。

西北和西南地区是最早开展横向测井解释的地区，1955年就开展了横向测井的人工计算解释，根据电探曲线确定左枝与右枝电阻率（注：左枝电阻率表示侵入带地层电阻率，右枝电阻率表示地层真电阻率）。在淡水钻井液侵入情况下，当左枝电阻率小于右枝电阻率时，定性解释为油（气）层；反之，定性解释为水层。该方法首先在玉门油田取得了满意效果。1956年，蒋学明推广横向电测井方法和电模拟，首次利用解释图版判断地层含油性。

第五节　中国地球物理测井专业的创建

新中国成立之初，国民经济建设急需石油资源，当时石油职工只有1.6万人，技术人员更是屈指可数，石油工业发展急需专业人才。1950年4月中旬，新中国第一次石油工业会议在北京召开，提出"培养人才是国家百年大计，再困难也要办学校"。重庆大学、西北大学、川北大学，成都工学院、南京矿专等院校给测井部门输送了一批学物理和电机工程的大、中专毕业生共20余人。之后，各石油院校相继建立，测井老前辈赵仁寿、王曰才、刘永年等为我国测井人才培养付出了辛勤的劳动。

一、石油地质院校的建立

（一）北京石油地质学校

1951年8月，经燃料工业部批准，石油管理总局直属的北京材料管理训练班、上海地球物理勘探训练班、锦州炼油专修班合并组成北京石油工业专科学校并成立矿场地球物理教研室。北京石油工业专科学校是建国初期全国院校中唯一设有地球物理勘探专业的学校，该地球物理勘探专业是由翁文波创立的高级地球物理探测班发展而来，是中国第一所设立测井专业（当时称地球物理勘探专业）的中专学校，培养测井中级技术人才。前期开设的高级地球物理探测班被称为"高探一班"，该班共有26人，他们是中国自己培养的首批地球物理勘探专业人才。

1954年，北京石油地质学校定福庄校址

截至1953年，学校为中国输送各类专门人才369名，其中：地球物理勘探198名，石油炼制、石油机械83名，材料管理48名，为中国石油工业培养了一批急需的地球物理勘探等方面专业技术人才。1953年，燃料工业部批准，将北京石油工业专科学校改办成一所石油中等专业学校，校名暂定为北京石油工业学校。设置石油地球物理勘探、石油地质勘探、石油钻井、采油、储运等10个专业。同年7月，教育部发出通知，提出中等专业学校的专业设置尽量集中、单一的要求。燃料工业部将学校的专业类型定为石油地质勘探类，校名改为北京石油地质勘探学校，专业确定为石油地质和石油地球物理勘探2个。在专业设置方面，把原地球物理勘探专业划分为野外地球物理勘探和矿场地球物理勘探两个专业，同年开始招生，学制4年。1954年9月更名为北京石油地质学校，同时根据石油工业发展对人才的要求，对教学计划进行重新修订。1955年，为我国培养出第一届测井中专毕业生。1956年，学校矿场地球物理专业招生首次突破100人，达到104人。

（二）北京石油学院

1951年11月，全国第一次高等工业院校会议在北京召开，燃料工业部代表提出创办高等石油院校的建议。1952年9月24

1953年4月，北京石油学院建设初期的简易校门

日，以清华大学地质系、采矿系、化工系的石油组为基础，汇合了天津大学、北京大学、燕京大学等相关师生力量，建立清华大学石油工程系。11月，政务院批准建立北京石油学院。1953年5月29日，政务院批准将清华大学石油工程系独立为北京石油学院。10月1日，中国第一个设立测井专业的高等学府——北京石油学院正式成立。1957年，为我国培养出第一届测井专业大学毕业生。

二、测井专业的建立

1954年初，燃料工业部决定在北京石油学院创建第一个石油测井专业。同年秋，王曰才负责组建成立地球物理测井本科专业，第一届测井专业学生来自北京地质学院1953级。王曰才首先开设了《电法测井》《矿场地球物理方法及仪器设备》和《测井资料综合解释》三门课；张庚骥开设了《放射性测井》和《地质专业油矿地球物理》课；焦守谙开设了《油井技术》课。

1955年，矿场地球物理专业招收第一批5名测井专业研究生，导师为苏联专家格·亚·车列明斯基。1957年，第一届矿场地球物理专业本科生毕业，走上了石油、地质和矿业战线，为国家输送了急需的测井专业人才，在中国地球物理测井和地质勘探事业的发展中起到了重要作用。1958年，矿场地球物理专业第一届3名研究生尚作源、李舟波、王冠贵毕业。尚作源留北京石油学院任教，李舟波到长春地质学院任教，王冠贵先到大庆研究院，后到江汉石油学院任教，为我国测井专业人才培养作出了突出贡献。

至1957年，北京石油学院和北京石油地质学校有4批测井专业毕业的学生，进入全国各地测井生产、科研、教学和管理等单位工作，担负着发展我国现代测井技术的重任，壮大了测井队伍，增强了实力，迅速成为我国测井事业发展的中坚力量。

第三章

在石油工业崛起中成为"地下探宝的眼睛"

1958—1978 年

1959年9月，在松辽平原勘探发现的大庆油田是新中国石油勘探的重大突破，标志着中国现代化石油工业的崛起。1960年2月，石油工业部组织开展的大庆石油会战，翻开了中国石油史上具有历史转折意义的一页，培育了"三老四严"的工作作风，创出了大庆精神铁人精神，从此激励着一代又一代石油人为祖国献石油的壮志情怀。

在"自力更生、独立自主"的方针指引下，1961年，勘探发现胜利油田；1964年，石油工业部组织开展华北石油勘探会战，发现大港油田。1965年，全国原油产量突破千万吨大关，实现石油产品全部自给，石油工业发展形成西部玉门、新疆、青海和四川"四大"油气生产基地，东部石油工业迅速崛起，海上石油工业探索起步，石油高等教育事业得到各方面大力支持，为石油工业培养了大批科技人才和管理干部。1966—1978年，中国石油工业艰难前行，石油战线的干部职工坚持生产，不仅高质量地开发了大庆油田，而且组织开展了渤海湾地区、江汉、河南、陕甘宁长庆地区等勘探开发会战，石油工业取得突破性发展，在渤海湾地区建成包括胜利、大港、辽河、华北油田在内的中国东部第二个大油气区。1978年，中国的原油产量突破1亿吨，跨入世界主要产油国的行列。这一时期，全国的测井机构在各个石油会战中不断建立，测井队伍随着支援石油会战大军的多方调动而迅速扩展和壮大。❶

1958—1978年，中国测井技术研究攻关活动蓬勃发展，石油工业部的科学技术发展纲要和计划等都部署安排包括声波、侧向、感应、脉冲中子、伽马等测井新方法的研究计划，要求狠抓测井成套装备的研制和测井新技术的研究，全国的测井机构组织各种技术攻关队（组）奋发图强、刻苦钻研、联合研究，成果显著，发展了各种聚焦电法和交流电法测井、放射性测井、电测井综合解释技术、磁性定位射孔技术等。测井采集系统实现了从模拟测井到20世纪70年代末数字测井的转变；井下仪器逐步完成电法仪器、声波仪器、放射性仪器及地层倾角仪器等配套完善；测井解释实现了由定性、半定量向定量评价发展，由提供几种油层物理参数向提供有关岩石学、构造学和沉积学等综合地质信息发展，提高了对深井及复杂井的适应能力。声感组合测井解释方法应用和测井数据计算机处理解释技术发展，使测井理论研究与高校测井专业教育、射孔技术取得了长足进步，测井技术逐步成为石油工业持续创新发展的重要组成部分。经过这一阶段的自主攻关研究和快速发展，奠定了我国测井技术发展的基础。

---

❶ 本书编写组. 中国石油工业百年发展史[M]. 北京：中国石化出版社，2021.

第一节　测井队伍在石油大会战中快速成长

1958年后，随着石油勘探重点由西向东战略性转移，全国勘探形势发生很大变化，石油工业部先后组建松辽石油勘探局、华东石油勘探局、银川石油勘探局、贵州石油勘探局。为了加强石油勘探工作，1959年2月，地质部、石油工业部召开协作会议，会议决定由两部联合编制松辽盆地勘探总体设计，并明确两部的协作分工。从1960年大庆石油会战开始，石油工业部先后从全国抽调多支测井力量支援各石油大会战，各油田电测站相继成立。测井队伍随着油田快速发展而快速成长、发展壮大，全国测井队伍从20世纪60年代初的1万多人发展到70年代末的2万人，其中大专毕业的技术人员达到2000人左右。

一、松辽石油会战中的测井队伍

1960年3月，石油工业部在松辽盆地拉开了大庆石油会战序幕，会战区域以大庆为中心，划分5个战区，分别由松辽、玉门、新疆、四川、青海5个石油管理局负责。大庆石油会战经过3年多时间艰苦会战，发现并建成了大庆油田，形成年产600万吨原油的生产能力，实现了中国石油工业发展史上的一次飞跃，开辟了独立自主、自力更生发展中国石油工业的道路。大庆石油会战初期就规定在勘探开发的整个过程中，必须取全取准20项资料72种数据。1960—1963年，共钻井取心1.3万米，井壁取心1.45万颗，每口井电测15～18条曲线，共测曲线2.8万多条。1965年，地质部第一普查大队在辽河盆地东部凹陷黄金带构造上钻探辽2井并获工业油气流。此后，开始了辽河盆地石油勘探会战，1967年3月，石油工业部从大庆抽调579人组建大庆六七三厂，在盘锦地区开始石油资源勘探开发，1968年黄1井出油，发现黄金带油气田；1969年3月，石油工业部组织六四一厂的3000多名职工到辽宁省盘山县进行石油会战，发现兴隆台油气田，并开启了辽河油田的开发序幕。

大庆油田测井机构。1958年5月，从玉门油田调入第一支测井队伍（职工9人）到松辽盆地开展测井工作，隶属于东北松辽石油勘探处。1958年7月，松辽石油勘探局成立后，又从玉门油田调入2个测井队，主要负责松花江以北和吉林地区探井完井电测任务。1960年3月，萨中探区设作业大队电测站，有2支测井队；1963年底，参加大庆石油会战的测井队伍发展为8支测井队、1个绘解室、1个仪修保养单位，共有职工168

人。1978年10月,大庆石油会战勘探指挥部与钻井指挥部合并成立钻探指挥部后,成立测井射孔大队,下设2支测井中队,以及射孔中队、绘解室、保养站等单位,有职工1014人。

吉林油田测井机构。1961年,吉林油田测井队伍归扶余油矿组建的钻井队管理。1978年5月,吉林省石油会战指挥部第一钻井指挥部更名为钻井指挥部,下辖5支测井队。1981年5月,吉林省石油会战指挥部测井总站成立,测井作业队伍在吉林油田一直归属钻井队伍领导。

辽河油田测井机构。1967年3月,石油工业部组织大庆油田队伍南下辽宁省辽河区域进行勘探开发,时称六七三厂。其中,测井队伍由36人组成,是第一支赴辽河地区进行石油测井、射孔的队伍。1970年3月,石油工业部从大港油田调入2支电测队、2支射孔队,并于7月14日与六七三厂地球物理队伍合并,成立地球物理营,划归辽河石油勘探局钻井指挥部领导。1973年8月,地球物理营更名为辽河石油勘探局钻井指挥部测井大队,共有职工840人。1974年,沈阳油田勘探会战开始,胜利油田、长庆油田和江汉油田调来300余人组成沈阳勘探指挥部完井大队。1976年1月28日,辽河石油勘探局将钻井指挥部测井大队与沈阳勘探指挥部完井大队合并,成立辽河石油勘探局测井总站,职工1200多人。

二、华北石油勘探会战中的测井队伍

华北石油勘探会战是继松辽石油会战之后又一次重要会战。1964年1月25日,中共中央批转石油工业部党组《关于组织华北石油勘探会战的报告》。渤海湾盆地济阳坳陷东营构造的华8井出油后,石油工业部从大庆、玉门、青海、新疆、四川等油田抽调勘探开发队伍到这一地区开展石油会战,目的是尽快探明胜坨油田和东辛油田,继续扩大华北平原的勘探成果。会战中十分重视取全取准第一性资料,制定《华北石油会战技术工作要求》,要求在勘探开发过程中,每口井都必须取全取准25类135项资料和数据,为认识油层、提高测井精度、选准试油层位、正确进行油藏评价和工作部署提供重要依据。

胜利油田测井机构。1958年7月10日,石油工业部撤销华北石油勘探大队,成立华北石油勘探处,电测队隶属华北石油勘探处。1961年7月,石油工业部将华东石油勘探局主要勘探队伍调往山东,华北石油勘探处并入华东石油勘探局,电测队隶属华东石油勘探局钻井一大队。1963年1月30日,华东石油勘探局撤销钻井一大队电测队,成立电测站,1964年更名为矿场地球物理站。1965年11月18日,组建钻井指挥部,矿场地球物理站为钻井指挥部所属三级单位,后来更名为钻井指挥部电测站。1971年10月,电测站调30余人到井下作业指挥部，组建井下作业指挥部电测队。1972年4月，江汉石油会战指挥部一分部测井独立营486人调入胜利油田，组建河口指挥部电测站。5月，江汉石油会战指挥部四分部13团测井连400余人调入胜利油田，组建临盘指挥部电测站。1973年10月，胜利油田会战指挥部成立矿场地球物理测井总站（简称测井总站），钻井指挥部电测站、井下作业指挥部电测队、河口指挥部电测站整建制划归测井总站，临盘指挥部电测站部分人员划归测井总站。1978年，测井总站职工总数1170人，下设测井中队、放射性测井中队、开发测井中队、射孔中队、气测中队、绘解室等单位，有测井队20支、气测队13支、射孔队8支。

大港油田测井机构。1964年3月，华北石油勘探会战指挥部河北勘探指挥部（六四一厂）成立完井作业处，将原松辽石油勘探局勘探一处、二处、三处、四处所属电测站，合并为一个电测站。1966年3月，电测站与固井队合并组成完井大队，隶属钻井指挥部。1975年，华北石油勘探指挥部组建地球物理站，归井下指挥部。1976年3月，华北石油勘探指挥部第一钻井指挥部更名为大港油田勘探指挥部，完井大队仍是其下属单位。1980年5月，大港油田指挥部将第一勘探指挥部完井大队所属电测中队、气测中队、仪器制造车间等单位与井下作业指挥部所属地球物理站合并，成立测井总站。

华北油田测井机构。1976年1月，华北石油会战指挥部由天津大港迁至河北省任丘县，陆续从大港、胜利、吉林、长庆、江汉等油田抽调整建制队伍，由大港油田第一钻井指挥部组成第一勘探指挥部，大港油田第二钻井指挥部组成第二勘探指挥部（又称华北石油会战指挥部冀中勘探指挥部），胜利油田钻井指挥部组成第三勘探指挥部，吉林油田组织指挥部和江汉油田、四川油田的参战队伍组成第四勘探指挥部，陕甘宁长庆油田组织指挥部（原长庆油田钻井二处）组成第五勘探指挥部，测井队伍隶属五个勘探指挥部（会战前隶属于各油田钻井指挥部或钻井处）下属完井大队，设有测井队、气测队、射孔取心队。1978年8月，根据华北石油会战发展需要，华北石油会战指挥部成立测井处筹备小组。1980年3月，华北石油会战指挥部决定将第二勘探指挥部、第三勘探指挥部、第五勘探指挥部的完井大队（不含固井工程的人员和设备），以及北京勘探指挥部的电测队伍合并成立华北石油会战指挥部测井公司。

三、陕甘宁石油会战中的测井队伍

1969年，为响应党中央"工业学大庆"、以"铁人"为榜样、跑步上庆阳、尽快拿下大油田的号召，玉门石油管理局第一批筹备人员和部分施工作业队伍到甘肃庆阳，在陕甘宁盆地开始测井、录井和射孔作业。

长庆油田测井机构。1969年12月和1970年4月，从玉门石油管理局先后两次调入70余测井人员，与从银川石油勘探处电测站调入20余人，共同组成陕甘宁地区石油勘探指挥部二分部钻井11团测井连。从四川石油管理局调入近40人组成钻井12团测井连。从青海石油管理局调入30余人组成钻井13团测井连。新疆石油管理局70余人调入长庆油田会战指挥部一分部钻井1团渭北大队。银川石油勘探处电测站其余人员调入长庆油田会战指挥部三分部钻井21团特车营测井连和气测连。1970年11月，长庆石油会战开启序幕。截至1971年，各测井连共有48个测井、射孔、气测队，职工总数930人。12月，长庆油田会战指挥部整合11团、12团、13团的测井连成立长庆油田会战指挥部测井站。1973年，划归钻井指挥部。1团、2团的测井连合并归属长庆油田会战指挥部一分部电测固井站，1974年划归第一钻井指挥部，1976成为第一钻井指挥部测井站。21团特车营测井连、气测连归属长庆油田会战指挥部三分部测井站，1976年划归第三钻井指挥部。1974年，长庆测井站抽调人员参加沈阳油田勘探会战。1976年，抽调人员参加华北石油会战。1978年12月，长庆油田会战指挥部决定以钻井指挥部测井站为基础成立测井总站，将第一钻井指挥部测井站并入测井总站，成为其陕西分站；第三钻井指挥部测井站成为测井总站宁夏分站；长庆油田勘探开发研究院仪修站划归测井总站管理，职工人数972人。

延长油矿测井机构。1950年9月，西北石油管理局陕北勘探大队成立，下设延长油矿地质室地球物理电测站。期间，测井工作时断时续。直到1978年3月，延长油矿重建电测组，并购置2套JD-581多线测井仪，组建首支测井小队，隶属延长油矿地质科。1984年12月延长油矿测井站成立，电测组更名测井站，为延长油矿直属单位。

四、江汉石油会战中的测井队伍

湖北江汉盆地的石油勘探工作始于1958年，经石油工业部、地质部队伍的持续工作，到1969年，初步探明了钟市、王场、广华寺3个油田和一批含油构造，1969年8月开始江汉石油勘探会战。

江汉油田测井机构。1961年底，四川石油局广西石油勘探大队调来江汉，成立江汉石油勘探处，并组建江汉石油勘探处地球物理测井队。1966年江汉石油勘探会战指挥部成立，代号五七厂，地球物理测井队划归五七厂管理。1969年8月，江汉石油勘探会战开始，测井队分布在潜江、江陵、沔阳、建南等地。1971年9月18日，五七油田第一分指挥部电测营成立。1972年6月，电测营更名为江汉石油管理局电测站，测井小队达到13支。1973—1974年，测井站抽调部分人员支援吉林扶余油田和辽河油田，1977年，江汉测井站派部分人员参加河南油田勘探会战，后参加河南勘探会战的测井队伍划入河南油田。

河南油田测井机构。1970年2月，江汉石油会战取得阶段性胜利，为进一步扩大战果，会战指挥部决定寻找新的勘探领域，在鄂西、豫西、湘西地区展开油气勘探，1972年5月1日，南阳石油勘探指挥部成立，原江汉石油会战指挥部四分部13团测井连改建为南阳石油勘探指挥部钻井大队电测站。1977年8月，电测站与固井大队合并成为第二钻井指挥部完井大队，气测队分属各钻井队，完井大队负责气测队的仪器修理、人员培训及专用配件的供应；绘解组扩编为绘解大组。1978年底，职工总数287人，测井队7支，射孔队6支。

五、西部地区测井队伍

西部各油田测井机构成立较早，技术成熟，1958—1978年虽然西部油田没有石油会战，但是对其他各油田的石油会战，从技术、测井装备、人员等方面都给予了最大的支持。尤其是玉门油田，从20世纪50年代起一直担负着"三大四出"（大学校、大实验田、大研究所，出产品、出经验、出人才、出技术）的历史重任。先后西征克拉玛依、会战大庆、南下四川，跑步上长庆，向全国各油田输送人才和设备，被誉为"中国石油工业的摇篮"。

玉门油田测井机构。1959年，玉门矿务局电测站划归地质勘探公司，保持10支测井队、4支射孔队、1个仪修室、1个绘解室，职工349人。1960年，支援松辽石油会战后，电测站职工减至90余人。1964年，地质勘探公司电测站划归玉门油田井下技术作业处，之后更名玉门油田井下技术作业处测井站。1970年，支援长庆石油会战后，测井站人员减至48人，仅保留1支测井小队和1支射孔小队，共用1套测井装备。1976年，测井站划归地质勘探处，测井队伍恢复发展，有测井队3支，射孔队2支，气测队2支，职工99人。

新疆油田测井机构。1958年，新疆石油管理局将克拉玛依矿务局电测站划归克拉玛依矿务局技术作业大队。1960年10月，克拉玛依矿务局技术作业大队电测站划归克拉玛依矿务局安装作业大队。1963年10月，电测站改属新疆石油管理局钻井处。1973年9月，电测站改属新疆石油管理局技术作业处，主要为油田勘探开发提供测井、射孔、取心、测井资料处理评价和固井压裂等工程技术服务。1978年6月，新疆石油管理局将电测站划分为电测、射孔两个站，隶属新疆石油管理局技术作业处。

四川油田测井机构。1958年6月，四川石油沟钻探区队电测站和川中钻探筹建处电测站合并到四川石油管理局川中矿务局电测站。1959年初，川中矿务局电测站划分为龙女、东观和蓬莱3个电测站。1975年4月—1976年，四川石油管理局井下作业处除留有1支测井大队外，先后将川南指挥所、川中指挥所、川东北大队和川西北大队分别移交川南矿区、川中矿区、石油沟气矿和川西北矿区。到1978年，四川石油管理局测井队伍始终保持"四矿一处"格局。

青海油田测井机构。1959年3月，青海石油管理局将冷湖勘探大队测井站与油泉子勘探大队测井站合并，成立冷湖钻井处电测站。下设电测队11支、气测队6支、射孔队6支，职工近300人。1961年下半年，支援大庆石油会战后，测井队减为5支，人员降为50余人。1978年，随着柴达木西部南区钻探工作的开展，青海石油管理局成立测井总站，隶属钻井指挥部，职工近200人。

六、中东部地区测井队伍

1974年11月21日，苏58井自喷日产油58吨，这是江苏石油勘探的重要突破，对于改善中国能源结构，扭转北煤南运状况有着重要意义。1975年4月，开始江苏石油勘探会战。10月，成立东濮石油勘探会战指挥部，隶属胜利油田领导，开展中原石油勘探大会战。

江苏油田测井机构。江苏油田测井工作源于1975年江苏石油会战，在真武、永安、富民、刘庄4个区块摆开战场，随即开始组建测井队伍。1975年5月16日，从胜利油田河口指挥部调入1支综合测井队，组建成钻井处电测站测一队；同年5月20日，从胜利油田测井总站调入1支放射性队；同年11月，从新疆石油管理局调入1支综合测井队，组建成测二队。江苏石油会战初期裸眼井测井队伍由这3支队伍组成。

中原油田测井机构。1975年10月，胜利油田测井总站派综合性测井值班中队到东濮测井，有1支测井队、1支射孔队、1支放射性队，共50人。1978年11月初从胜利油田临盘电测站调来352人；12月，成立东濮钻井指挥部电测站，为三级单位，隶属东濮钻井指挥部。

七、地质部测井队伍

自1955年起，地质部一直担负着石油和天然气普查工作。各大油田会战的前期工作中都会出现地质部普查勘探大队的身影，对于各大油气田的发现发挥着重要作用。

四川石油普查勘探测井机构。1958年，地质部物探局内蒙古石拐沟矿区107测井队划归东北石油物探大队。1965年，测井队随东北石油物探大队从东北向大西南转移至重庆，随之划归地质部第二普查勘探队，1971年，与新成立的固井队、试油队合并成立第二普查勘探大队井下作业队。1976年4月，西南石油局的前身四川石油普查勘探指挥部建立，第二普查勘探大队划归指挥部，成为当时指挥部所属专业队伍中唯一的一支石油测井队伍。1978年，更名为第一石油普查勘探指挥部井下作业大队，测井队划归井下作业大队，并更名为井下作业大队测井队。

华东石油普查勘探测井机构。1958年5月28日，为适应华东地区油气普查事业发展的需要，地质部物探局华东石油物探大队电法三队在上海成立，共有正式成员5人，7月改称测井队。1958年底，队伍规模扩大至20人。1965年7月1日，地质部主管部门将华东测井队整建制划归第六普查勘探大队，更名为第六普查勘探大队测井队。到1978年，队伍规模发展至143人，下设班组11个。

西北石油普查勘探测井机构。1960年10月，地质部成立第一普查勘探大队。1961年，先后在山东、河北承担测井任务。1962年，中原物探大队测井队和物探局试验测井队合并，归属第一普查勘探大队。1967年，测井队从华北转战青海。1968年，测井队变成综合连测井班。1978年底，测井班从青海随第一普查勘探大队调入新疆，驻地先在和硕，后到乌鲁木齐。

海洋地质调查局测井机构。为适应海上油气勘探的需求，1970年，国家计委批复地质总局成立上海"627"工程，包括测井技术。1973年4月，"627"工程改称海洋地质调查局。1975年9月，海洋地质调查局向上海市城建局请示批准成立第三海洋地质调查大队，并随即组建了一支海洋石油测井队伍，先后在黄海1井至黄海9井进行测井作业和资料处理解释工作。

八、测井装备制造企业

1958—1978年，西安石油勘探仪器总厂作为中国测井装备主要研发制造企业，其主要产品全面装备了中国石油测井队伍，支援油气田会战，对各大油田的发现开发发挥重要作用，为中国石油工业发展作出巨大贡献。

西安石油勘探仪器总厂。1959年6月，西安地球物理仪器修造厂更名为石油工业部地质勘探仪器修造厂；7月，更名为石油工业部地质勘探仪器厂。工厂下设4个生产车间。1959年底，全厂职工总数增加至884人。1960年5月，更名为石油工业部西安石油仪器仪表制造厂。1966年4月，更名为石油工业部西安石油仪器厂；5月，由50名职工组成突击队，到四川南充参加石油会战。1969年2月，经国家计委批准，石油工业部在西安石油学院原址建设西安石油仪器二厂，以生产矿场地球物理仪器为主，规模500人。西安石油仪器厂改称西安石油仪器一厂。1969年底，华北石油勘探会战总指挥部地球物理攻关队整建制由山东迁至西安，并入西安石油仪器二厂。1970年5月，西安石油仪器二厂组织38名职工参加江汉五七会战；同年6月，石油工业部军事管理委员会决定，西安石油仪器一厂和西安石油仪器二厂下放陕西省，实行双重领导，以地方管理为主，西安石油仪器一厂气测仪生产任务、库存气测仪材料、技术资料移交上海第四机械

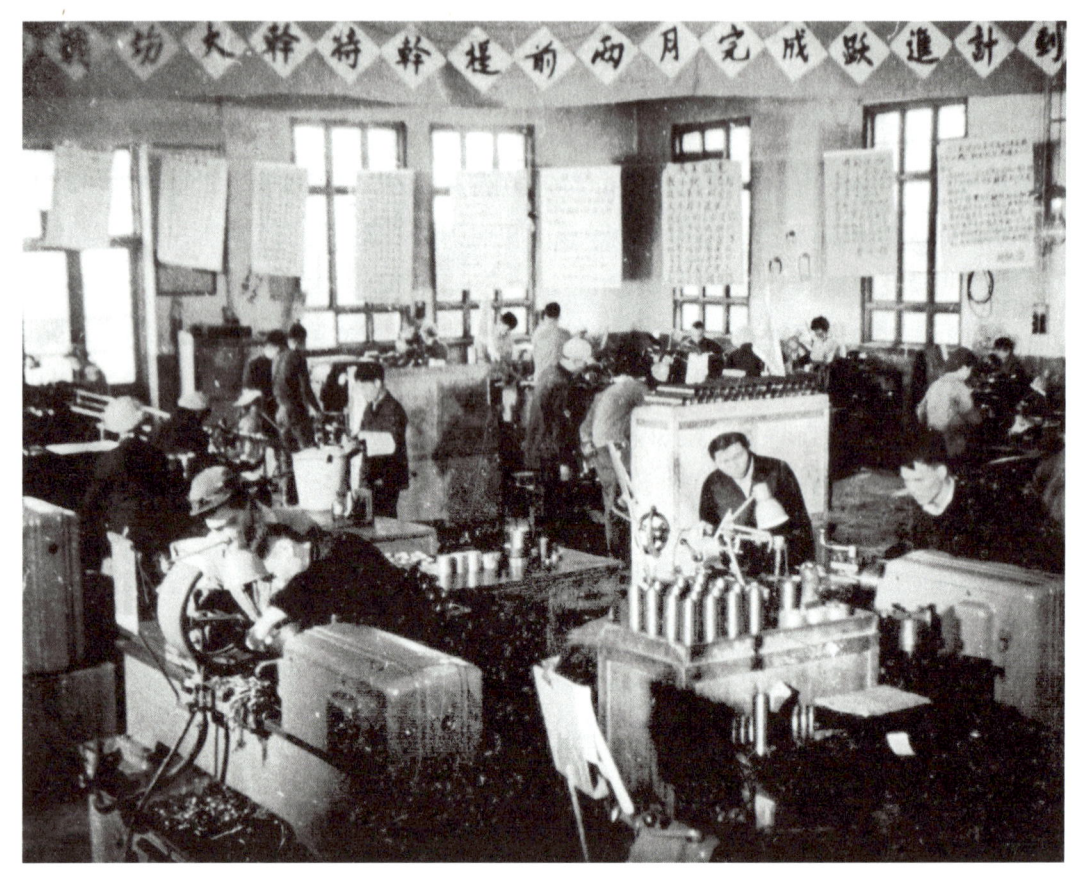

1958年,西安地球物理仪器修造厂

厂。1972年3月,陕西省委决定,西安石油仪器一厂和二厂党的工作归西安市领导,业务主管归陕西省燃料化学工业局。1978年2月,陕西省西安石油仪器一厂和陕西省西安石油仪器二厂合并成立西安石油勘探仪器总厂,下设5个分厂和总厂研究所,全厂职工总数4560人。

第二节 测井科技发展的早期规划

1956年,国务院成立科学规划委员会,组织编制了《国家科学技术发展十年远景规划》,对石油行业科技工作的部署指出,燃料工业和电力工业是先行行业,必须走在其他经济建设的前面,提出的石油领域需要研究11个中心问题之三——"勘探技术的改进与新方法的采用"中,明确要求加快近代物理学成果应用与新勘探方法研究,如放射性技术用于测井及其他方面，并设立研究项目，测井方面包括放射性勘探方法研究；多道自动电测仪、自动气测仪的仿制、自制与改良；测井工作中的微电极法研究；测井工作的"人工井"积分仪等。

1960—1962年，《石油工业部石油地质科学技术发展纲要》中指出，要研究脉冲中子测井法及井下电视，解决各种放射线测井的综合利用技术，力争用矿场地球物理方法取得全套地下地质参数。必须利用现代物理（原子能、电视、电子测量）的各种成就，研究与试制高精度、轻便及自动化的各种勘探仪器及设备。

在中央制定的《1963—1972年十年科学技术规划》（简称"十年规划"）中，关于石油工业领域科技发展的安排指出，要研究在复杂地质条件下，判断地下油、气、水层的测井新技术；研究和解决三千米以深的深井钻探技术，以及涡轮钻井和勘探石灰岩地区的钻井、测井技术。在石油工业部《1963—1972年石油地质科学技术发展纲要》中，指出为适应在各地区特别是东部地区开展区域勘探，必须着重研究地震勘探方法、钻井和测井技术。研究不受洗井液和邻层影响、碳酸盐岩地区、深井、小井眼的测井方法；研究高效率能准确打开油层的射孔方法，应用地层测试器和不下套管试油、试气的方法。

1966—1970年，石油工业部第三个五年计划关于科技工作的部署中，安排研究包括声波、侧向、感应、脉冲中子、自然伽马等测井新方法，解决石灰岩裂缝、溶洞性地层和盐水钻井液、油基钻井液、空气钻井等方面的测井技术难题。

1974年，燃料化学工业部的科学技术发展计划中明确，为迅速增加石油后备储量和产量，在石油勘探开发科学技术上，狠抓数字地震仪和测井成套装备的研制和方法研究。明确新型测井仪试制计划，包括感应—电位测井仪、双侧向测井仪、井眼补偿声速测井仪、声速变密度测井仪、井壁双源距密度测井仪、井壁中子孔隙度测井仪等。明确科学研究项目计划，改造地球物理勘探技术，包括数字测井仪器及方法、四川及渤海湾地区测井系列方法及理论研究。

1975年，石油化学工业部科学技术发展计划，针对渤海湾地区地层情况，要拿下砂泥岩中判断油、气、水层所需的测井仪器，试制出数字测井仪器样机；明确新型测井仪试制计划包括感应测井、双侧向测井、井眼补偿声速测井、井壁双源距密度测井、井壁中子孔隙度测井、井壁声波测井、邻近侧向测井、油井综合测井等测井仪及深井无枪身射孔弹和导爆索、超深井测井绞车等。

1960—1977年，是中国石油工业自主创新、突破进取的阶段，各专业、各学科的技术创新活动蓬勃开展，测井方面创造和发展了JD-581型多线式自动井下电测仪、电测井综合解释技术、磁性定位射孔技术，奠定了我国石油测井科技发展的基础。

第三节　测井装备自主攻关实现规模化生产

20世纪50年代末，中国测井技术初期的发展与苏联、匈牙利等国家的测井技术引进紧密相关。1960年后，苏联中断了对中国的技术援助。石油工业部加强自主测井装备的研发及规模化制造工作，自主研制的JD-581型多线式自动井下电测仪广泛装备至各油田，为中国石油工业寻找地下宝藏发挥了重要作用，揭开了中国地球物理测井史上新的一页。

随着油田勘探开发的不断深入，测井技术也在不断发展，同时油气田对测井提出了更高的要求，测井装备研制单位及各油气田测井单位围绕油田特点及需求，以JD-581型多线式自动井下电测仪为平台，积极开展井下仪器的技术攻关，相继研制出闪烁放射性测井仪、感应测井仪、声波测井仪、微球型聚焦测井仪、三侧向测井仪、中子寿命测井仪、密度测井仪等多领域的井下仪器，基本配齐用于地层评价的常规测井系列，在测井设备、仪器自主发展方面走出了一条消化、吸收、研发和规模化生产的道路，为中国石油工业测井技术发展奠定坚实的基础。

一、地面测井装备研制生产

20世纪50—70年代，以西安石油勘探仪器总厂（因机构名称变化频繁，以下均简称为西仪厂）为代表的石油仪器厂，在引进、消化、吸收苏联测井装备的基础上，持续

1966年，JD-581多线式电测仪等测井装备在北京参加国家科委举办的全国仪器仪表新产品展览会

加强测井装备自主研发制造，与各油田测井单位紧密合作，不断改进完善适合中国油气田地质特点的石油测井装备，实现规模化生产，据统计，截至1980年，西仪厂生产的各种测井仪器总数达7533台（套/支），其中多线电测仪513套，井下仪器（包括声波、感应、侧向等）为3232套，其规模化产品在中国各大油气田的勘探开发中发挥了重要作用，为石油工业的发展作出重要贡献。

1958年前，西仪厂在消化、应用苏联AKC-50型半自动电测仪和试制应用JD-541型轻便半自动井下电测仪的基础上，试制成功了JD-571型全自动井下电测仪，并生产了42套，还有QC572型气测仪，结束了中国石油矿场地球物理测井仪完全依赖进口的历史。1958年6月23日，由西仪厂生产的中国第一代大型测井装备——JD-581型全自动多线井下电测仪通过石油工业部鉴定并投产，该装备是当时石油勘探工程中系统地了解、研究地层和确定产油层位情况的车载大型测井仪器，它由自动控制记录仪与提升电缆绞车两大部分组成，每次可测得5条不同曲线，可进行横向测井、放射性测井、井径、井温、井斜、井内流体电阻率测井等，处于当时国际领先水平。1956—1986年，共生产736套，遍布全国各大油田；1959年2月，西仪厂试制成功JD-582型轻便全自动电测仪，先后生产86套并推广到各油田应用。

二、井下测井仪器攻关生产

测井装备除了多功能地面仪器外，测井信息采集要依靠井下仪器来实现，井下测井仪器主要有电法测井系列、声波测井系列、放射性测井系列、工程测井系列和特殊测井系列。20世纪60年代，对声波、感应、侧向、放射性等测井方法进行了大量的研究，为测井仪器的研制打下了坚实的基础。20世纪70年代，经过前后10年努力，形成了完全具有中国知识产权的门类和井深系列齐全的井下仪器和工程测井仪器，声波测井系列有以SSF79型超深井声波测井仪为代表的4种仪器；感应测井系列有以GY74型感应测井仪为代表的2种仪器；侧向测井有以SCX77超深井双侧向测井仪为代表的4种仪器；放射性系列有以下FCS801超深井闪烁放射性测井仪为代表的3种仪器。钻井工程测井系列有以SSJX77型超深井井斜仪和SSJJ77型超深井井径仪为代表的6种仪器。固井质量检查系列有以GJ75型固井测井仪和SSJW78型超深井井温仪为代表的4种仪器。射孔仪器有以SQ691型自动跟踪取心仪为代表的2种仪器。这些仪器的规模化生产助力了各油田会战，为全国各油气田的勘探、开发、建设提供了技术保障，发挥了重要作用。

（一）电法测井仪器

1959年7月，北京石油科学研究院地球物理测井室开始研制侧向测井仪器。1970年，五七油田会战指挥部攻关连研制成功57-A型微侧向测井仪，先后在胜利、大港、

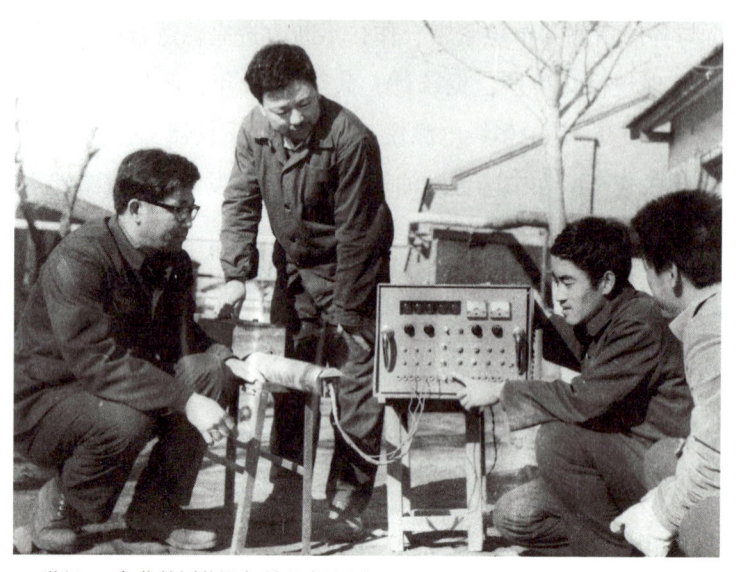

20世纪70年代的测井设备科研攻关小组

辽河、江汉、大庆等单位试用。1975年4月，57-A型微侧向测井仪通过鉴定，转给四川重庆仪修厂正式生产，该仪器在全国各油田推广100余套。1974年，西仪厂试制成功的CX73型七侧向测井仪，截至1978年共生产60套；同年，江汉测井站攻关中队研制成功CX74型三侧向测井仪，后由西仪厂于1975年1月投产生产，截至1986年共生产472套。之后西仪厂于1975—1979年，先后研制成功CX75型双侧向测井仪和SCX77型数字化的超深井双侧向测井仪，并于1979年12月同时通过部级鉴定并投产，分别生产了45套和101套。

1962年，北京石油科学研究院开始进行感应测井研究，至1964年研制成功第一套感应测井仪器——CG651型感应测井仪，其样机先后在胜利油田测井100余口。1965年，华北石油勘探会战总指挥部地质指挥所地球物理攻关队试制成功六线圈系感应测井仪，截至1974年共在3135口井中进行感应测井。1967年，西仪厂研制成功CG671型感应测井仪。1974年，西仪厂完成GY74型感应测井仪的试制并投入生产，截至1986年，共生产500余套。在20世纪70年代使用感应测井系列部分代替了横向测井系列测井，为油田勘探开发增添了新的技术手段。

20世纪60年代中期，克拉玛依电测站开展人工电位测井试验，研制出适用于小井眼井（5英寸套管）的测井仪器。1972年，大庆油田成功研制人工电位测井仪，成为调整井水淹层测井解释的重要方法之一，在调整井中全面推广应用。

1976年，江汉测井站攻关中队在方法研究的基础上，开始研制微球形聚焦测井仪器变曲率微球极板，1978年研制出一套WQ-79型微球形聚焦测井仪器并进行了扩大试验，随后在WQ-79型的基础上先后研制成功WQ-84型、WQ-87型、WQ-92型、小井眼型微球形聚焦测井仪，这些仪器在多个油田推广应用，均取得良好的地质效果。

（二）声波测井仪器

1959年，北京石油科学研究院地球物理室研制出第一台单发双收声速测井仪，仪器首次在四川油田试验，建立了中国测井方法，西仪厂开始研究超声波测井仪。1960

年，西仪厂研制生产超声波钻杆探伤仪、回声仪，1961年在玉门油田通过石油工业部鉴定。1964年，华北石油勘探会战总指挥部地质指挥所地球物理攻关队研制成功中国首套CS643型声幅测井仪，并测出中国第一条30米的声波幅度测井曲线。1965年3月，西仪厂研制生产的SHC651型声波测井仪在四川试验并通过鉴定。同年，大庆完井作业处测井中队与大庆地球物理研究所研制成功声波幅度测井仪。1966年，大港测井也试制并投产声幅测井仪，于1970年全面推广应用，替代井温测井进行固井质量评价，制作出解释图版，提高了固井质量评价效果。1970年，西仪厂投产CSG681型固井质量检查仪。1971年，辽河测井研制成功71型晶体管声幅测井仪，投入使用直到1983年。1975年，西仪厂研发出GJ75型深井固井质量测井仪，并投入规模化生产。

1965年9月，华北石油勘探会战总指挥部地质指挥所地球物理攻关队研发成功单发双收声波测井仪，1970年试制成功CSC71型声波测井仪，1971年交由西仪厂生产，1971—1976年共生产270套。

1968年，大港测井研制成功声波测井仪。1974年，胜利测井研制成功SS-74型声波测井仪，此后声—感组合测井系列部分取代横向测井系列，在胜利油田、任丘油田、库车油田、江苏油田、中原油田等国内油气区广泛使用。1975年，胜利测井总站与西仪厂研制成功SS-75型单发双收声速测井仪，截至1986年共生产393套。西仪厂在SS-75型测井仪基础上研发出GJ75型深井固井质量测井仪，并投入批量生产，1975—1986年共生产450套。1975年，江汉电测站攻关中队研制成功井壁声波测井仪，后根据现场需求又研制成功多种型号仪器，并在全国20多个油田以及地质矿产部、水电部、煤炭部等所属有关单位推广应用，共生产153台（套），被国家科委确定为"国家级新产品"。1976年10月，西仪厂研制成功SQB74型声波全波测井仪并很快投产，截至1984年共生产22套。1977年，根据石油工业部的要求，西仪厂研制BSS75型双发双收声速测井仪并规模化生产，截至1983年共生产195套。SSF79型超深井声波测井仪于1977年5月份完成样机，1978年2月，在当时国内最深井基7001井（井深7175米），完成声速资料和声幅资料的采集。1979年9月投产，1980—1986年共生产187套。

1973年以来，大庆油田、大港油田、胜利油田、玉门油田、辽河油田、长庆油田及煤炭部等单位先后设计制造出多种井下声波电视测井仪，并先后在大庆油田、大港油田、玉门油田、长庆油田投入应用，取得不同程度的效果；后来，石油工业部集中组织各油田的技术力量在大港油田攻关声波电视测井仪，1978年将研制出的一台样机交西仪厂生产，型号为DS-751，但该仪器在现场应用中效果不稳定，未能得到推广。

（三）放射性测井仪器

自然伽马测井仪器包括放射性测井仪和闪烁放射性测井仪两类仪器。1958年底，西仪厂试制成功中国第一套放射性测井仪——FC581型放射性测井仪，放射性测井仪有FC581型、FC581A型、FC581AT型3种。1965年，又试制成功FC651型闪烁计数器放射性测井仪，该仪器到1974年共生产160套。1973—1974年，西仪厂对FC651型仪器进行改进，形成FC751型闪烁计数器放射性测井仪。1975年1月，开始投产，到1986年底共生产446套。1972年，江汉测井攻关中队研发的钾盐能谱测井仪器系列，为江汉油田钾盐勘探作出贡献。

1958年，西仪厂成功研制中子—伽马测井仪。1960年，研制生产的小井眼放射性测井仪在四川通过下井试验。1964年，研制出一套折管式井下小型脉冲中子发生器，为发展中国放射性测井仪器系列提供了新的放射性源；同年，研制成功中子—中子测井仪。1965年，西仪厂完成FZ651型地面中子发生器的研制；同年，研制出中子寿命测井仪第一套样机，改进后于1972年形成FC721型中子寿命测井仪。1973年，西仪厂一厂试制成脉冲中子测井仪，通过燃料化学工业部鉴定。1973—1974年在总结多年、多方面存在问题的基础上，1974年研制出FC731型中子寿命测井仪，1975年1月通过石油化学工业部鉴定投产，到1978年共生产了25套。1967年，大庆地球物理研究所试制成功并投产电子管闪烁探头的放射性测井仪，代替了原来使用的盖革管探头仪器，测井速度由300米/时提高到900米/时，精度也大为提高。1970—1978年，研制出中子—中子测井仪。1973年，大港测井研制成功半导体闪烁计数器放射性测井仪，解决了深井放射性测井的难题。1974年，大庆地球物理研究所成功研制锂玻璃闪烁体中子—中子测井仪，该仪器使用4居里的镅—铍中子源，以及锂玻璃晶体与光电倍增管配合组成闪烁探测器。1975年，西仪厂完成LN60冷阴极中子管的研制。

1973年江汉测井攻关中队成功研制双源距补偿密度测井仪，通过燃料化学工业部鉴定并投入生产。1978年，江汉测井研究所研制成功JSD-75A补偿密度测井仪。同年，胜利测井总站研制成功SMD-76型双源距补偿密度测井仪，随后又完成79型双源距补偿密度测井仪的研制。1978—1980年，长庆油田测井研制成功"FBM-781型补偿密度测井仪"，先后在长庆油田测取100多口井测井资料。

西仪厂自1958年底试制成功中国第一套放射性测井仪——FC581型放射性测井仪以来，先后研发该系列仪器21种，附属仪器18种，放射性仪器初步形成浅、中深、超深井的放射性测井仪器系列产品，截至1986年，共生产放射性仪器886套（台），生产各种附属仪器1525台（支）。

（四）测井辅助设备及工艺改进

20世纪60年代初期，新疆克拉玛依电测站解决了微电位、微梯度曲线并测问题。1964年，大庆勘探开发研究院地球物理研究所试制成功当时中国最大的一台测井专用电网模型，由 9 个机柜、486 块电阻板、60400 个电阻组成，全长 12 米，高 2.2 米。模型模拟井段 128.8 米，径向深度 42 米，电阻率范围 0.5～10230 倍钻井液电阻率，精度不超过 3%。投产 10 多年，开展了大量实验研究工作，为各大油田研究三侧向、六侧向、七侧向和电位电极测井方法，并制作了解释图版。1966 年，大庆油田钻井指挥部测井大队在电话拨号系统的启发下，研制发明出自动换电极的综合测井仪，一次下井能测得 3 条曲线，仪器下井次数由 4 次变为 2 次，提高了测井时效，接着又采用了类似雨伞腿的菱形井径腿结构，降低了事故频率，为 1205 钻井队、1202 钻井队年钻 10 万米作出了贡献。1967 年，西仪厂"电模拟计算机"样机制作完成，并参加了石油部在大庆举办的"双革"展览会。1970 年，胜利测井总站研制成功的 ZH-71 型综合测井仪开始在胜利油田推广应用，该仪器将井径、井斜和微电极测井仪组合在一起，节省了仪器下井次数和换接仪器的时间，提高了测井时效。ZH-71 型综合测井仪后转交西仪厂生产并在其他油田推广应用。

1960 年，西仪厂完成了 JJ601 井径仪、WD601 微电极系、JC601 磁定位器试制，相继投入生产。1966 年前，西仪厂研发出用于高温高压测井仪器的 GG17 保温瓶（玻璃型井下恒温器），之后，开始研制金属保温瓶。1966 年，胜利测井研制成功自动丈量电缆装置，实现了自动丈量电缆长度，为电缆注磁，自动完成电缆深度记号标定，通过配套滑轮支架，建成胜利油田第一口电缆深度标定标准井（坨 29 井），同年研制成功简易绞车滑环，因安装保养方便，可提高测井时效，在国内各大油田推广使用。1968 年，大港油田建成中国首座用以检验井下仪器的高温高压试验装置，温度达到 200℃，压力可达 80 兆帕。20 世纪 60 年代末，新疆测井自行设计、制造 2D-4 型自动丈量电缆仪用于生产。1970 年，西仪厂完成 JW701 型井温仪、JJ701 型井径仪、WD701 微电极系等产品的研制。1974—1977 年，西仪厂先后完成 GFC74 型固放磁测井仪、JJ75 型井径仪、SJJ75 型深井井径仪、ZH751 型自动换电极装置、SJX77 型深井井斜仪、SSJJ77 型超深井井径仪和 JZW77 型井径—微电极组合仪的试制，通过石油化学工业部鉴定并投入生产。1975 年 11 月，胜利测井研制成功 SDC-1 型曲线数字转换仪，为测井数据处理提供技术支持，填补了国内测井曲线模/数转换的技术空白。1977 年，改进为 SDC-3 型曲线数字转换仪。

（五）生产井井下仪器

20 世纪 60 年代前后，西仪厂先后研制成功井温仪、井径仪、井内流体电阻系数测量仪等产品。1963 年，玉门老君庙油田地质室测试大队研制出外径 35 毫米的梯度井温仪，能够不受地层温度的影响，记录井中局部热场的微小变化，比较可靠地判断出温度异常的位置。1964 年 3 月，西仪厂研制的 CY614 型井下温度计和 CY611 型动力仪分别在松辽及玉门现场经过试用鉴定投入生产。同年，新疆油田与大庆油田合作，成功研制可过油管下入套管进行测井的自然伽马仪，满足了50.6毫米内径油管的生产测井需要。1965年，大庆油田开发研究院地球物理所研制成功CWJ-2型涡轮产量计。1969年，又试制出涡轮流量计—流动电容含水率计组合的找水仪，当时正值中国共产党第九次代表大会召开，也称"庆九大找水仪"，因是1969年开始研制，故又将仪器定名为69型找水仪。随后相继研制出73-50型、73-60型、73-100型、73-200型、73-300型5种找水仪，形成可满足不同产液量油井找水要求的73型找水系列，大量应用于油井分层压裂和分层堵水，成为大庆油田中高含水期自喷油井提高措施效果必不可少的仪器。1975年，由新疆石油管理局科研大队研制出克-75型两参数（产液量、含水率）找水仪，在内径101.6毫米、l27毫米及139.7毫米套管中，井深不超过2500米的自喷井中正常测井，是当时国内唯一适用于小井眼井的测井仪器，之后又相继研制出75型改进型、五参数组合仪。同年，大庆井下作业处地球物理站在73型找水仪基础上发展CY-751型四参数油井综合测试仪，能在自喷油井正常生产情况下，一次下井取得体积流量、流体密度、视含水率、流动压力4个参数。1977年，华北油田攻关队（采油工艺研究院的前身）研制出77-Ⅰ型分层流量测井仪，满足了最大流量2000～3000米^3/日、耐温150℃、耐压60兆帕碳酸盐岩自喷井分层段流量测井的需求。1978年5月，玉门油田研究院使用研制的微井温仪进行了38口井/49个井次的试验，仪器成功率达到85%以上，寻找水淹层位比较准确，不同程度地代替了用封隔器找水的老办法。同年，胜利油田测井总站攻关队研制出78型找水仪。

第四节 测井技术进步助力油田快速发展

随着石油大会战的展开，测井技术的重要性日趋显现。为推动油田勘探开发的高速发展，要求测井技术不断发展创新。1958—1978年，中国测井技术从单一的模拟测井技术逐步向系列化、数字化方向发展，逐步建立适应中国石油地质特点的测井系列，并逐渐掌握超深井测井技术，保障了油田的勘探开发工作，为国民经济的发展作出贡献。

一、裸眼井测井

20世纪五六十年代，裸眼井测井主要应用电极系测井、自然伽马测井、中子伽马测井等方法。1967年，感应测井和声波测井应用于生产，对测井资料解释技术产生了较大的影响，实现了利用测井资料对纯砂岩地层计算孔隙度和含油饱和度等参数，提高了识别油气水层的准确度。这一时期使用 AKC-51 型、JD-571 型、JD-581 型等模拟测井设备，数据采集技术比较落后。20 世纪 70 年代后期，聚焦测井（三侧向、微侧向、邻近侧向、微球形聚焦）、地层倾角测井、补偿声波测井、补偿密度测井、井壁中子测井、补偿中子测井等相继投入生产，并开始使用 3600 数字测井设备，应用较先进的数据采集技术，为计算机处理解释测井资料创造了条件。

1958 年之前，国内测井工作主要使用苏联引进的 AKC-51 型和国产的 JD-571 型全自动模拟记录测井仪。AKC-51 型、JD-571 型全自动电测仪配接相应的井下仪器，可以完成普通电极系、自然电位、微电极、井径、井温、流体电阻率、自然伽马、中子伽马测井。配备专用面板，也可完成射孔、井壁取心作业。JD-581 型多线电测仪地面系统配备检流计光点照相记录仪，用相纸记录测量结果，一趟测井结束后，测井操作员将相纸在仪器车暗室里进行显影、定影冲洗处理后，就得到一幅原始测井曲线图纸，再由测井资料验收员按照验收标准对曲线质量和深度误差等进行检查。可以测得 4 条视电阻率曲线和 1 条自然电位曲线，提高了测井时效。JD-581 型多线电测仪配接相应的下井仪器和地面控制面板可完成电极系、自然电位、侧向、井径、井温、声波时差、声波幅度、感应、自然伽马、中子伽马测井。

1959 年 8 月，松基 3 井钻至井深 1461.76 米时，按照石油工业部副部长康世恩指示，进行完井测井，从 8 月 14 日开始，到 29 日结束，共取得了自然电位、2.5 米梯度、0.5 米电位等横向测井共 9 条曲线资料。经综合分析判断，解释 14 个油层，分布在 1109～1400 米井段，油层主要为灰绿色泥岩夹浅灰绿色砂岩，在电测曲线上显示油层为高电阻率。这些资料送到石油工业部后，副部长康世恩、地质勘探司司长唐克和地质专家根据这些电测资料以及录井资料，确定了完井射孔试油的大体方案。1959 年 9 月 26 日上午，在 1357～1382.5 米的高台子油层，经提捞试油喷出了工业油流，从而发现了大庆油田。

大庆石油会战以"两论"为指导，强调在勘探中尊重自然规律，把取全取准第一性资料放在首位，必须取全取准"20 项资料和 72 种数据"，作为认识油层、制定科学勘探开发油田的依据，并要求在测井记录中做到"四全四准"，即录井资料要全、测井资料要全、岩心资料要全、分析化验资料要全；各种仪表要校正准确、压力测试要准确、油气计量要准确、各种资料数据要准确。据 1960 年大庆石油会战 8 个月的时间统计，共钻探井 91 口，取心 3381 米，其中油层 378 米；井壁取心 9181 颗；砂样 122819 包；电测曲线累计长度 3200 千米。这些资料对正确认识大庆长垣的本来面貌，核算油田储量，起到了重要的作用，改变了由过去靠少数资料加推论确定油田情况的做法。1960 年以后，大庆油田为了油气田开发需要研制出简化横向测井系列，共有声波、侧向及其他测井曲线 13 条，与全套横向测井系列相比，删除了不适用于大庆地质条件的 1.0 米顶部梯度电极系等项目，提高了测井实效。在大庆油田应用 25 年之久，共测探井、调整井 2 万多口。

1963 年 3 月，华东石油勘探局电测站首次在胜利油田辛 2 井应用微电极测井，提高了纵向分辨率，在划分渗透层、判别岩性方面有更好的效果。此后，横向测井系列增加了微电极测井，并将测量 8 米底部梯度电阻率改为测量 6 米底部梯度电阻率，同时不再进行 1 米、4 米顶部梯度电阻率测井。截至 1966 年，胜利油田采用横向测井系列完成了 440 余口井的测井施工，为东辛、胜坨、临盘等 19 个油田砂岩油藏的发现和开发，发挥了重要作用。

1965 年，四川气田川中磨 3 井水平井完钻井深 1685 米，总水平位移 442.73 米，四川石油管理局测井总站用泵冲法送测井下井仪器，在钻杆内测得自然伽马、中子伽马测井曲线，测倾角 996 点、方位 862 点。

1967 年，华北石油勘探会战总指挥部钻井指挥部电测站率先在国内使用 JD-581 型多线电测仪配接声波测井仪和感应测井仪，在生产中推广应用，形成了声波—感应组合测井系列，部分代替了横向测井系列。1968 年 5 月 2 日，钻井指挥部电测站测 9 队采用声—感组合测井系列完成渤 2 井测井施工，试油日产原油 13.2 吨，从而发现孤岛油田。

1970 年 9 月，华北石油勘探指挥部钻井指挥部完井大队测井中队研制的声速和感应测井仪器与保留的部分横向测井组合，形成声速感应（地面仪器为 JD-581 多线仪）测井系列。1973 年，研制出深、浅三侧向测井仪，形成用于盐水钻井液测井的声速—三侧向测井系列，用深、浅三侧向代替感应测井，用微侧向测井仪代替微电极。1970 年 10 月—1983 年 12 月，大港油田用声感（或三侧向）测井系列测井 1414 口。

1970 年 5 月 12 日，华东六普测井队应用研发的六线圈系中等探测范围的感应测井仪，在苏 20 井首次取得合格资料，在戴南组二段发现 4.7 米油层，苏 20 井成为江苏地区油气发现的功勋井。

1970—1973 年，燃料化学工业部地质勘探司 3 次组织从胜利油田钻井指挥部电测站抽调人员赴朝鲜民主主义人民共和国，为朝方所钻的 3 口探井提供测井、射孔及解释等技术援助。

1975 年，西仪厂生产双侧向测井仪在四川油气田开始应用，其所测资料反映屏蔽效果好，受井眼和钻井液的影响小，基本上能满足碳酸盐岩高阻地层测井需要，其测量值比三侧向测井仪可靠，有利于划分气、水层及计算储层参数。这一测井方法 1976 年开始推广，深浅双侧向电阻率成为 20 世纪 70 年代后四川油气田常规测井的必测曲线。

1978 年 2 月，四川石油管理局井下作业处测井大队在关基 7001 井测井，该井井深 7175 米、温度 177.75℃、压力 152.60 兆帕，使用 1 米底部梯度电阻率、自然电位、井径、自然伽马、石灰岩电极倒测、中子伽马、井温、流体、声波时差、感应、双侧向、六侧向、声幅等 13 种测井方法，耗时 165 小时 20 分，创造当时全国深井测井纪录。

20 世纪 70 年代末，石油工业部和国家地质总局相继引进美国德莱赛·阿特拉斯公司 10 余套 3600 数字记录测井系统，测井系列包括双侧向—微球形聚焦、双感应—八侧向、补偿中子、补偿密度、补偿声波和地层倾角等测井方法。随着国外先进测井技术的引进，中国测井事业的发展开始走上发展快车道。

二、生产测井

1958 年以后，各油田生产测井地面系统大多使用苏制 AKC-51 型自动电测仪或国产 JD-571 全自动电测仪，到 20 世纪 70 年代后改用 JD-581 多线型全自动测井仪。1978 年，胜利油田测井总站和大庆生产测井研究所各引进 1 套德莱赛·阿特拉斯公司 3600 数字生产测井地面系统，配备自喷井产出剖面测井仪和部分工程测井仪器，进一步促进了生产井测井技术的发展。

（一）注入剖面测井

1958 年，玉门油田放射性测井队在苏联测井专家莫赫尔的指导下，在老君庙油田注水井中，将放射性同位素 ^{65}Zn（半衰期 245 天）水溶液注入地层，使用直径 102 毫米和 60 毫米伽马测井仪定性测量注水层位。1961 年，大庆油田地质指挥所和井下地球物理站联合进行注水剖面测井攻关。研发出以粒径 80～150 微米的骨质活性炭作载体吸附 ^{65}Zn 示踪剂，在 7-4 注水井用该示踪剂完成放射性同位素示踪注水剖面测井。1973 年，胜利测井总站研发出短半衰期 8.04 天的 ^{131}I 示踪剂，并用注水管线的水注入示踪剂，测井施工不用起下注水管柱，提高工效 10 倍，实现一个测井队一天测几口井，并且减少了对环境污染。1976 年，胜利测井总站攻关队在胜坨油田 3-7-25 井进行放射性同位素注入剖面测井，同时，用硼化物作为示踪剂，使用中子寿命测井仪进行注入剖面测井试验，该试验在国内属首次。示踪注水剖面测井工艺技术相对其他测井工艺技术较为简单，测井价格低，测井曲线反映注水情况直观，易于推广应用。但该方法属非密闭型放射源核测量工程，必须实施放射性防护。各油田在示踪注水剖面测井中始终贯彻国家有关规定"防护先行，不断提高防护水平"的方针，建立和完善示踪剂配制室、放射性源库，搞好放射性废水、废气、废物处理，从未发生过重大放射性事故。同期，大庆等油田示踪注水剖面测井资料解释是用手工描绘自然伽马—示踪伽马测井曲线叠合图，计算叠合面积求得分层段的相对注水量（%）和绝对注水量（米³/日）。

20 世纪 60 年代初，各油气田开发使用井下流量计测量地层注水剖面，先后研发了井下涡轮流量计、靶式流量计等。井下流量计测井资料解释通常是对测井信息量采用递减的方法求得分层段或分小层的相对注水量（%）和绝对注水量。井下涡轮流量计具有测量精度高（误差3%~5%）、施工实效高和不污染环境等优点。1963—1964年，为配合大庆"一零一""四四四"分层注水会战，大庆采油指挥部成立分层测试攻关队，研发了水银压差式井下流量计。大庆油田研究院地球物理所研发了水井涡轮流量计，并获石油工业部技术革新奖。

（二）产出剖面测井

1957—1964年，玉门油田用测井方法在套管井内找产水层位，先后有井温法、流体电阻率法、中子照射"钠活化"法和放射性同位素水溶液的扩散渗透法。前3种方法能定性判断产水层，后者未能奏效。20世纪60年代初，大庆油田、新疆克拉玛依油田也用井温、中子照射测井方法定性确定见水层、产气层，效果欠佳，而通过人工热场造成油层、水层温差明显，用微井温仪测井，能够定性判断产水层位。提供定性产出剖面资料。1973年，大庆采油指挥部井下地球物理站将涡轮产量计和持水率计结合在一起，发展完善成为73型找水仪，在生产井中首次定量测得分层产油量、含水率产液剖面资料。73型找水仪在大庆油田迅速推广应用，截至1978年，共测井2871井次。20世纪70年代中期，73型找水仪相继在胜利、辽河、吉林和大港等油田试用，各油田又研发出适合本油田的各种类型找水仪。新疆克拉玛依电测站研发出电容取样式75-3型、适合深井测井的78-2型和过流—取样式83-1型找水仪，在油田得到推广应用。1978年，胜利测井总站攻关队研制出78型找水仪。当年，使用78型找水仪，采用抽测法工艺测井17口，取得较好的效果。20世纪七八十年代，华北油田采油工艺攻关队、采油工艺研究所相继研发LJZ-I型流量—井径测井仪、LJQ-II型全集流流量测井仪和GDM-B型高温低能源流体密度计等产液剖面测井仪，解决了碳酸盐岩裸眼井低产液剖面测井问题。1977年，大庆油田井下生产测井研究所与吉林大学合作，研发了放射性含水率—密度计，与涡轮流量计组合实现了油气水三相流产出剖面测井，在大庆油田得到应用。气井产气剖面测井是有较高风险（井口压力高、含硫化氢等）的施工作业。20世纪70年代初，四川石油管理局应用噪声测井参考井温测井资料找产气、产水层，四川石油管理局测井总站沿用噪声测井方法在裸眼井确定流体产出位置，在注水试验中观察到出水层位，用沙洋仪表厂制造的SC-2型四参数（接箍定位、流量、温度和压力）测井仪，进行生产测井。

1977年，大港油田在气举前和气举中测静止、加压和排液3种状态的井温曲线，定性的确定出水层位，当年测井37口。1978年，大庆油田采油二厂开始气举找水，并将抽油泵的固定阀改为可捞式，在泵筒下部安装不压井开关，使抽油和气举管柱合二为一，降低了施工费用。

从20世纪六七十年代开始找水，测井解释是利用测得合层的产量和含水率用逐层递减的方法分别计算各层的产量和含水率，属于人工解释。

（三）产层参数测井

1962年，大庆油田地质指挥所地球物理室开展碳氧比测井的研究，证实碳氧比测井适应孔隙度大于15%的地层确定剩余油饱和度，并不受地层水矿化度的影响。经过17年连续不懈的攻关，1979年，大庆油田地物所研发出点测、耐温60℃、NaI晶体为探测器的NP-3型碳氧比测井仪，在地层孔隙度35%的模型井中，确定含油饱和度绝对误差为15个饱和度单位，在套管井中按级判断水淹层符合率约80%。

为了解决咸水地层饱和度测井，1969年，江汉油田电测站与西安石油勘探仪器厂协作研发中子寿命测井仪。该仪器适合于氯离子（俘获截面33）浓度高（5万~15万毫克/升）地层水的油藏。1973年5月开始，胜利油田井下指挥部电测队配合西安石油仪器厂进行FC721型中子寿命测井仪现场试验，截至1974年8月，共测井13口，仪器改进后定名为FC731型。

（四）工程测井

20世纪50年代—60年代初，玉门、新疆、大庆等油田基于固井水泥凝固放热用井温测井定性检查固井水泥面返高和胶结状况，并由井温测井发展为声波测井、组合测井。而油水井射孔后的固井质量检查（验窜），使用了放射性同位素示踪测井等方法。

1958年，玉门油田电测站先将放射性同位素 ^{65}Zn 与水配制成一定浓度的示踪剂注入井中，然后用自然伽马测井仪进行示踪测井完成验窜。1961年，大庆油田在进行示踪注水剖面测井的同时进行验窜，1965年，采用油酸（$C_{17}H_{33}COOH$）置换放射性金属溶于柴油中，制成活化油注入油井中用示踪测井准确验窜。同期，新疆克拉玛依油田电测站采取向井筒注盐水用流体电阻率测井进行找漏，也曾用 ^{65}Zn 或 ^{60}Co 配制示踪剂进行示踪测井完成验窜，在油田得到推广应用，解释符合率93.4%，因施工复杂、易污染，后被其他测井方法所替代。

1964年，华北石油勘探会战总指挥部地质指挥所地球物理攻关队研发了声波幅度测井仪，并对水泥候凝时间、钻井液污染和套管尺寸等对测井的影响进行了研究，确定了测井最佳时间。1965年，石油工业部将胜利油田、大庆油田、西安石油仪器厂、四川油气田的声幅测井仪集中在四川隆昌地区的同一口井进行测井对比，促进声幅测井的发展。20世纪70年代，声幅测井相继在各油田推广应用。1974年，西安石油仪器二厂在声幅测井仪的基础上研发SQB型声波变密度测井仪，该仪器记录套管、水泥环和地层介质对声波反射的波列，不仅按级别划分水泥胶结质量，而且判断出套管与水泥间第一界面以及水泥与地层间第二界面的胶结状况，在一些油田得到推广应用。

20世纪70年代初，玉门油田采油科学研究所研发了井下超声电视仪，该仪器可检测射孔孔眼、套管损坏（腐蚀、穿孔、裂缝、错断、变形等）程度，识别套管 6 毫米以上的孔眼和 5 毫米以上的纵向裂缝。同期长庆油田、华北油田和胜利油田矿场地球物理测井总站也相继研发了井下超声电视测井，在本油田得到应用。

1977 年，大庆油田井下生产测井研究所引进美国德莱塞—阿特拉斯公司磁测井仪（CZJ），用线圈系测量套管壁厚和内径，亦称"电磁测厚仪"，定性估算套管壁厚值，定量计算井径值，并判断套管纵向裂缝、破损、孔洞和腐蚀等。

截至 1978 年，通过套损检测测井发现全国已有 1370 口油水井套管变形、穿孔和断裂，占总井数的 7% 左右。

三、台湾地区测井技术应用与发展

1955—1960 年，台湾石油探勘处购进法国斯伦贝谢公司滑座式电测井仪，自动摄影记录；5 只检流计同时测录 5 条电测井曲线，配用 6 芯钢丝电缆。所测定曲线除自然电位差、正短距电阻外，增加了正长距、逆长距电阻线以及伽马、单点式自然电位差、地层倾角测定、光照井斜测线。1961—1965 年，向法国斯伦贝谢公司租用新式电测仪器设备，用 9 只检流器摄影记录，测井项目有普通电测井、焦点式电阻率测井、微电阻率测井、伽马测井、中子测井、温度测井及地层倾角测井。测井解释则从单项分析进展到多项分析，奠定了电测井解释作业的基础。1966—1969 年，因滑座式电测井仪搬运不便而增租电测车，增加了感应电阻率电测井、声波测井、套管水泥封固电测井、焦点式微电阻率测井等 4 项新式仪器，对宝山区及青草湖区的钻探发挥了很大作用。电测井解释由直接法、比例法进展为作图分析、页岩地层解释法等。1970 年以后，由斯伦贝谢公司设站，用新测井车、新测井仪及工程师驻台，在服务的同时培训工作人员。台湾石油探勘处为节省费用，同时租用其电测车从事原有项目。此阶段增加了补偿式声波测井、地层密度测井、补偿中子测井、四臂式地层倾角测井及精细微细电测井等 5 项仪器，电测井资料除用于地层对比、确定油气层、探测生产动态和产层评估外还用于地层构造和沉积相研究、预测高压层以及配合震波勘测。

第五节　测井解释满足油田生产建设

20 世纪 50—70 年代，各油田测井解释人员开展岩石物理实验分析，应用横向测井资料，结合测井解释图版确定地层电阻率及侵入带电阻率，解释油气水层；声波、感应、侧向组合测井解释应用后，把我国测井解释技术推向一个发展新高度，可以确定地层孔隙度、地层真电阻率，计算地层含水饱和度，能够定量评价油（气）水层，提高解释精度。20世纪70年代初，测井数据处理解释系统的出现，促进了我国地层评价方法的发展，建立了判别分析法、多功能解释法、地层倾角解释法、盐水钻井液条件测井分析法、水淹层综合判别分析法、裂缝性油藏地层评价法等，具有鲜明的特色。

一、基础研究

1958—1978年，在各油田陆续被发现及勘探开发初期，油田测井及研究单位结合自身实际条件，积极开展岩石物理基础和前期的研究工作，为提高对储层的认识水平和测井资料处理解释精度做了诸多工作，为准确评价油气藏作出了积极贡献。

（一）岩石物理实验技术

20世纪50年代，克拉玛依电测站岩电实验仅靠1个线绕电极，1个手动电桥，以及简陋烘箱、天平等设备开始起步，为测井解释提供孔隙度和含油饱和度参数。20世纪60年代，克拉玛依电测站建立起手工作业岩电实验室。在岩电参数试验的基础上，应用微电极测井资料计算孔隙度，确定地层渗透性，对自然电位由定性解释进入定量应用，建立了克拉玛依地区的层厚、泥浆滤液影响校正图版，用0.25米电位电阻率曲线判别岩性，划分出砾岩、砂岩和泥岩，建立了各区的孔隙度、渗透率和岩性解释图版。

1960年，大庆地球物理研究所根据大庆油田勘探与开发工作的需要建立岩石电性实验室，开展"岩石浸出水法确定束缚水电阻率、岩石扩散吸附电位""地层孔隙度、含水饱和度图版研制"等实验研究，为确定地层含油饱和度、判断油层、计算储量、制订油田开发方案提供重要理论依据。1964年，开展岩石声波参数测量研究工作，1976年后，先后购置CYC-1型和CYC-3型岩石声波参数测量仪。

1965年，胜利测井总站建成岩石物理实验室。起初由于条件所限，只能进行岩心孔隙度、含油饱和度和电阻率等参数的测量，并对参数之间关系进行分析。岩石物理实验分析为含油饱和度计算和储层"四性"关系研究提供依据，为胜利油田测井资料实现半定量解释提供了可靠的依据。到1978年，实验装备不断更新，可开展油水饱和度、孔隙度、泥质含量、渗透率、筛析、碳酸盐岩含量、岩样电阻率等8项分析实验研究，对油田钻探的系统取心井岩心开展岩石物理实验分析，建立不同层位油气藏孔隙度、压实校正系数、岩石胶结系数、孔隙结构指数、饱和度指数和岩性系数的计算公式，为胜利油田的开发奠定了基础。

为揭示地层和测井方法之间的关系，了解各测井方法对碳酸盐岩剖面的适应性，1965年底，四川石油管理局测井总站开展测定岩心电阻率的实验，结合测井资料，逐层逐段进行岩性、电性对比；在高矿化度水基泥浆条件下进行测井方法适应性对比试验；针对岩样开展孔隙度、渗透率的实验工作；检验声波测井以低幅度、高时差划分裂缝发育层段的有效性，结果证明在岩性相近的前提下，裂缝层具有"三低一负"的特征。20世纪70年代末，由于四川油田地质情况独特，需要建立一套与之相适应的测井响应特征和综合应用方法，先后建立纵波横波速度、岩石密度、中子含氢指数、岩石电阻率、阳离子交换容量等参数的测量装置；开展黏土成分分析，铀、钍、钾含量测定工作；建造自然伽马、中子测井一级刻度模型井；进行裂缝对双侧向测井影响规律的水槽模型试验，最先提出裂缝产状与双侧向深浅电阻率差异性质的关系。

1964年，大庆测井对数值模拟实验技术开展研究，建成中国最大的电网模型并投产应用，使电法测井理论研究工具，从"水槽模型"发展到"电网模型"。随着油田勘探开发不断发展，大庆测井基础研究重点转向水淹层测井技术的综合解释研究，岩电实验研究随之开展新的研究课题。1975年以后，开展电磁波岩心室内实验，研究岩石介电常数与地层含水饱和度的定量关系，岩石、油、水的介电常数，岩心的油水分布状态、泥质分布状态、矿物成分、矿化度、泥质含量及温度等因素，为2兆、25兆、60兆、1.1千兆阵列电磁波测井仪器及相应解释方法研究，提供理论及实验依据。1975年，研制成水平三层及纵向均质的电磁场测井数字模型。

1974年，江汉石油管理局电测站攻关中队组建电、声、核3个实验室。1978年，为探讨地球物理测井机理，提高解释符合率，华北石油会战指挥部测井单位组建了测井实验室，这一时期其他油田测井单位也相继建立岩电实验室。

（二）储层地质参数计算方法

1965年开始，胜利测井通过岩电实验分析，研究测井资料与地层地质参数的关系，先后建立了砂岩和泥质砂岩地层泥质含量、孔隙度、渗透率、含油饱和度等参数的计算方法。1966年，建立0.5米电位电阻率曲线与岩心分析渗透率的关系；随后建立的利用孔隙度和粒度中值计算渗透率模型在胜利油气区广泛应用；并分别确定了胜利油气区未固结砂岩地层、固结砂岩和灰质砂岩地层计算含水饱和度的孔隙度指数、饱和度指数和岩性系数，取代了以前应用经验值或借鉴汉布尔公式中的系数和指数的方法。1968年，统计回归出用声波时差计算孔隙度的关系式，后又建立压实校正系数与地层深度统计关系和计算压实校正系数的经验公式。20世纪70年代，测井解释人员绘制常用参数解释图版，通过查图表确定各解释层的不同参数，提高了解释工作效率。1976年，建立了泥质砂岩地层孔隙度计算模型，为进一步研究计算油、水相对渗透率等参数打下了基础。1978年，推演出适合胜利油区地质特点砂岩地层计算束缚水饱和度的解释方程。

20世纪50—70年代，玉门、新疆、青海、大庆、长庆等油田测井解释人员相继开展用自然电位求取地层孔隙度和地层水电阻率、采用自然伽马曲线计算泥质含量、在岩电参数实验的基础上应用微电极测井资料计算孔隙度、确定地层渗透性的研究工作，建立孔隙度与渗透率解释图版；其次用声波时差以及补偿中子、补偿密度资料计算孔隙度，用图版法估算储层含油饱和度；后利用阿尔奇公式，借助于各开发区块岩电实验所得到的孔隙度指数（m）、饱和度指数（n）和岩性系数（a、b）计算饱和度。

二、测井解释

测井资料的应用领域广泛，覆盖油气勘探与开发全过程，主要包括油气层评价、油藏静态和动态描述、综合地质研究、油井检测与工程应用等。20世纪50—70年代，除了四川油田、胜利油田、华北油田测井对象为碳酸盐岩地层和砂泥岩地层外，其他油田测井对象均为砂泥岩、砂砾岩地层，在油田勘探开发的不同阶段，砂泥岩地层、碳酸盐岩地层测井解释一直是研究的重点，经过测井人不懈努力，形成一套适合各油气区储层、地层特点的测井评价方法。

（一）砂泥岩储层解释

20世纪50年代测井解释主要利用横向测井资料定性解释油水层，裸眼测井项目主要为微电极、0.25米、0.45米、1米、2.5米、4米、6米底部梯度电极系、0.5米电位电极系，以及自然电位、井径、井斜、流体电阻率等曲线，后增加了自然伽马、中子伽马。

绘解人员把原始测井资料手工绘制为电测曲线，经钻井液、井径、围岩、层厚等影响因素校正，利用自然电位、自然伽马和不同尺寸电极系测量的多条视电阻率曲线划分出储集层，再将电测曲线与条件相当的适合本地区的横向测井解释图版进行对比，人工计算地层电阻率和侵入带电阻率，分析不同探测深度电阻率的高低、形态、相关性等变化特征，按照渗透层的增阻侵入、减阻侵入等测井响应变化特征判别流体性质，即侵入带电阻率小于地层电阻率时，解释为油气层；侵入带电阻率大于地层电阻率时，解释为水层，同时考虑自然电位、自然伽马形态和幅度、数值的大小，再结合岩心、岩屑、气测等录井资料和邻井测井资料进行对比分析，最终综合定性解释判断油、水层以及储层的岩性、物性以及含油气性等。由于初期的勘探对象比较简单，钻井取心较多，所以这套测井和解释方法基本上满足了生产需要，横向测井资料解释为油田的发现及开发提供了准确的测井解释成果。

随着各油田勘探开发工作的进一步深入、完钻井试油测试资料不断丰富，各油田面临的地层、储层也越来越复杂，造成测井解释难度增大。先后遇到多油藏类型、多含油层系、多油水系统、多断块，以及岩性、原油性质和地层矿化度多变的复杂油气区，油层电阻率没有统一的标准，油气水层测井解释难度大，如胜利油气区储层出现"忽有忽无、忽上忽下、忽油忽水、忽稠忽稀、电阻率忽高忽低"的情况。针对测井解释中的难题，解释人员开展岩性、物性、含油性和电性的"四性"关系研究，提出了分区、分块、分段解释油气层的方法，利用这种方法对后续井进行了解释，测井解释符合率明显提高并发现了新的含油区块。1964年12月，坨11井完钻电测后，解释人员根据横向测井资料解释油层44层112.8米，是当时国内解释油层最厚的一口井，张文彬和翟光明向康世恩汇报后建议射开全部油层，试油射开85.9米油层，日产油1134吨，是中国第一口日产油超过1000吨的井。这一时期，解释人员应用横向测井解释方法成功解释了松基3井、华8井、辽2井、港3井、庆1井、南5井、王2井、钟11井等井，为发现大庆油田、胜利油田、辽河油田、大港油田、长庆油田、河南油田、江汉油田等新油田作出贡献。

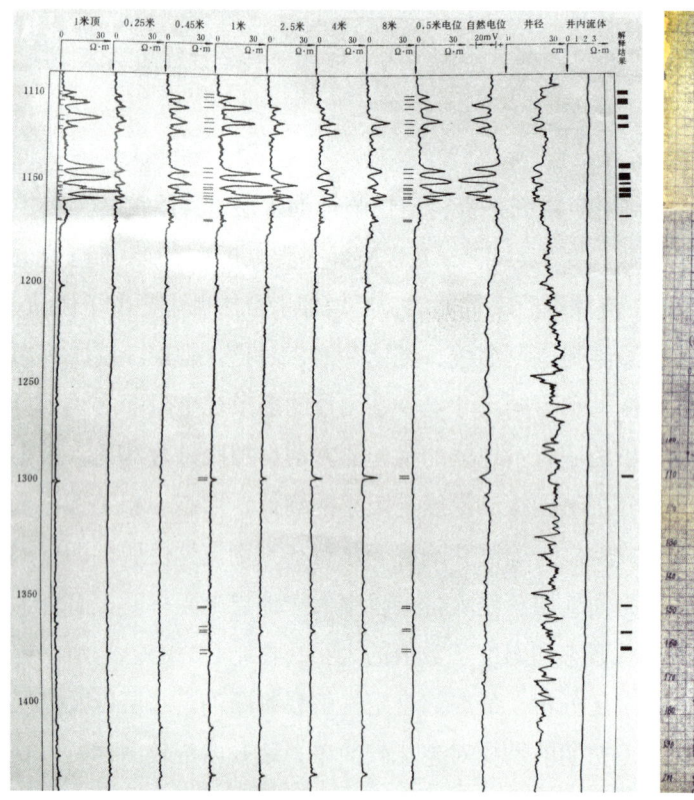

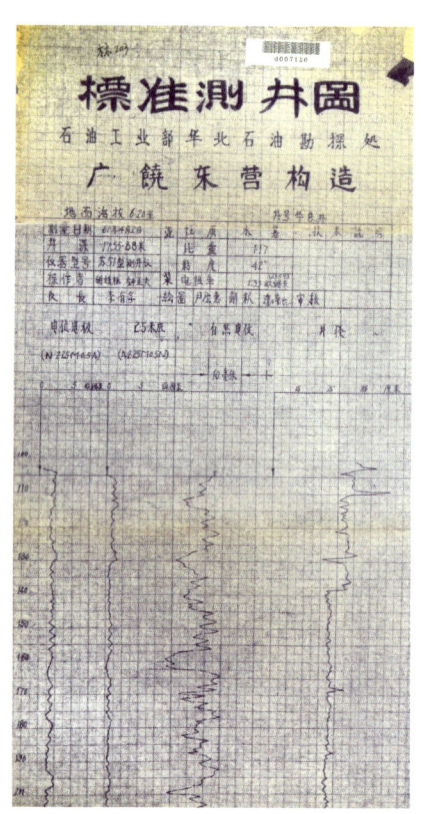

1959年，松基3井测井解释成果图　　　　1961年，华8井标准测井图

20世纪60年代中后期，随着测井技术的不断发展，已开发油田测井单位在继续使用横向测井系列的同时，陆续推广应用感应、三侧向等电法测井和声波测井，组合测井项目主要为感应、声波时差、微电极、0.5米电位、2.5米梯度、4米梯度、6米梯度、自然电位、自然伽马、井径、井斜等曲线，后增加三侧向、七侧向测井。1967年以后，声

波测井和感应测井在胜利油气区推广。直到 20 世纪 70 年代末，四川、辽河、玉门、大庆、青海、长庆、新疆、华北等各油田陆续推广应用了声波测井、感应测井以及侧向测井，为测井解释提供了更多方法和手段。声波时差测井资料在计算地层孔隙度、识别岩性、划分渗透层、判断气层等方面发挥了重要作用，利用声波时差在气层处高于油层或出现周波跳跃的现象增加了判断油气水的能力。解释人员还把地层电阻率与声波时差交会求储层含油饱和度图版应用到解释工作上，测井资料解释工作进入了半定量解释阶段。20 世纪 70 年代初，采用声波时差与中子伽马交会的方法判断气层，识别油、气、水层。这一时期，声波—感应组合进行解释时首先将感应电导率换算成电阻率，地层侵入带电阻率的计算是根据图版实现的，然后利用计算的地层电阻率和声波时差交会，求得含油饱和度，判断是油气还是水。气层会导致声波时差测井曲线呈现周波跳跃或数值增大，声波—感应组合测井在天然气层评价中发挥了十分重要的作用。在生产实践中，解释人员发现感应曲线是地层对比较为理想的曲线，在油水过渡带感应电导率曲线变化明显，可准确划分油水过渡带。感应测井最适合于高矿化度地层水测井和油基泥浆测井。利用声波时差、感应电导率测井资料，结合岩心分析数据，可以进行储层的"四性"关系研究，利用测井资料计算孔隙度、含油饱和度，根据含油饱和度的大小判别油水层，实现了对油气水层的准确评价。

20 世纪 70 年代中后期，开始声—侧组合测井，解释人员用侧向电阻率与声波时差交会法判断油水层，效果明显提高。在使用过程中不断改进电阻率与时差交会图求含油饱和度图版，利用压实校正后的声波时差与电阻率交会求出的地层含油饱和度更准确可靠，提高了判断油气水层解释结论的准确性。通过技术攻关，以"岩性系数法""全性能判别分析法"为代表的解释评价方法和成果得到推广应用，有效解决了当时测井评价中的技术难题。20 世纪 70 年代，应用声—电组合测井解释方法在胜利油气区发现泥岩裂缝油气藏。1978 年 2 月，四川石油管理局井下作业处测井大队解释人员在关基 7001 井 7163～7168 米井段，解释出全国埋藏最深的气层——阳三气层，后对 7053.57～7175 米井段测试，获日产天然气 4.77 万立方米。在这一时期，解释人员通过声—电组合测井资料解释方法成功解释任 4 井、跃参 1 井、相 18 井、新濮参 1 井等，为发现华北油田、中原油田等油田作出贡献。跃参 1 井为青海柴达木盆地石油勘探重大发现井，相 18 井是四川盆地石炭系气藏发现井。

从横向测井开始，到完善电阻率和孔隙度测井系列，即感应、侧向和声波时差及补偿密度、补偿中子仪器的应用，解释人员通过尝试不同方法建立测井参数与储层地质参数之间的关系，用以描述储层的特征，推动测井解释由定性解释向半定量、定量解释发展。

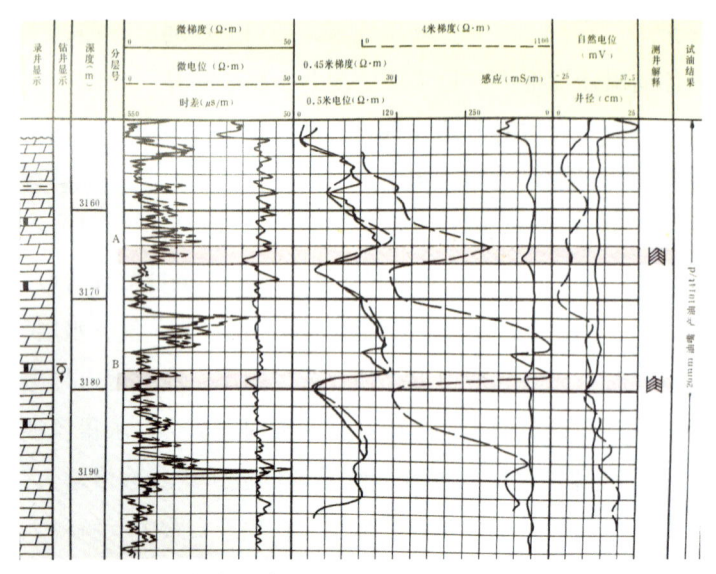

1975年，任4井测井解释成果图

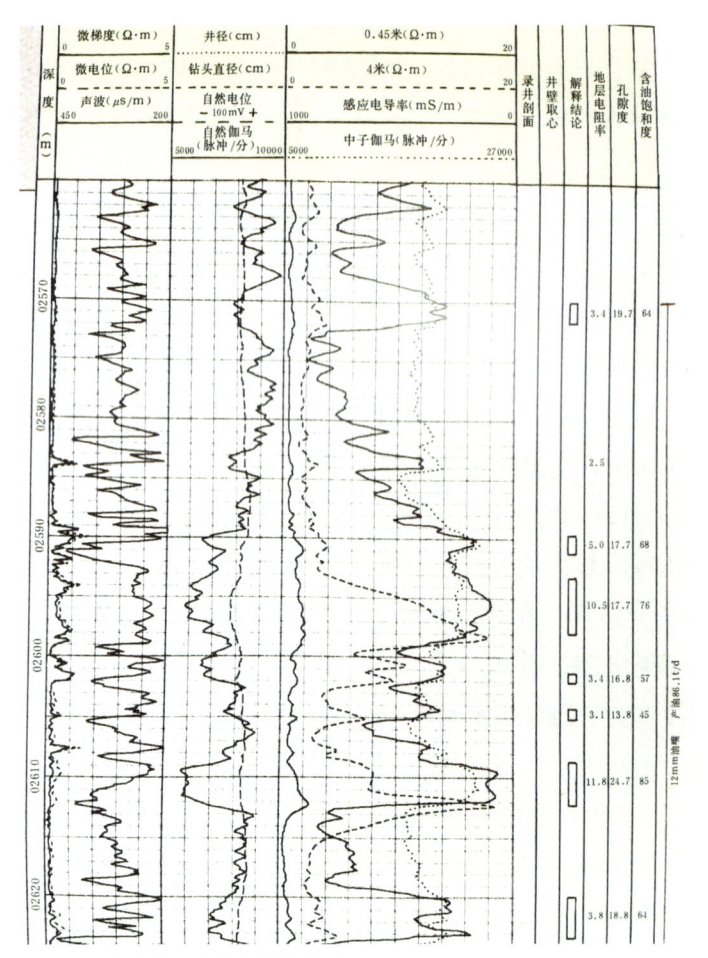

1976年，新濮参1井测井解释成果图

20世纪50—60年代，玉门、克拉玛依油田积极探索，在岩电参数实验的基础上，应用自然电位、微电极测井资料计算孔隙度，建立了单层试油复压资料解释的有效渗透率与测井响应（电阻增大率、自然电位比值、电阻率等）的关系及有效渗透率解释图版，并根据横向测井求岩层电阻率，进而用图版法估算油层含油饱和度，建立各开发区块有效厚度图版，解决了有效厚度划分问题。

20世纪70年代，计算机技术在测井领域得到应用，借助计算机设备，形成反映地层岩性、物性和含油性的各种地质、物理模型，建立计算岩石成分、孔隙度、渗透率和饱和度等地质参数的方程，提高了计算地质参数、解释油气层及计算石油地质储量等的精度，尤其在较复杂地质条件下，充分显示出良好的应用效果。

1972年，新疆测井通过声波时差测井与岩心分析孔隙度建立关系图版解释各小层的孔隙度，后来又利用体积密度测井值与对应岩心孔隙度实验分析数据建立解释图版，用于欠压实浅层稠油储层；利用补偿中子相对值—岩心孔隙度关系图版，用于天然气层孔隙度的解释与评价；应用深三侧向测井取代解释图版求地层电阻率，用岩心数据建立的孔隙度与渗透率的线性关系反求渗透率；利用阿尔奇公式，借助于各开发区块岩电实验所得到的孔隙度指数、饱和度指数和岩性系数建立地层电阻率、饱和度、声波时差孔隙度关系图版。大庆测井在探井测井解释方面，研究应用"四参数解释方法"（即孔隙度、渗透率、泥质含量、含水饱和度），使测井资料解释由定性判断发展为定量解释，对每口井的储集层，除提供必要的测井数值外，给出这4个与储层物性及含油性有关的参数。

1973年起，青海测井解释人员通过认真分析总结冷湖、花土沟油田的岩心、试油等资料，开展"四性"关系研究，提出采用微电极曲线扣除夹层，采用自然伽马曲线计算泥质含量，并根据储层岩性变化特征建立有效厚度图版。在储层参数研究中，分别用声波时差值确定孔隙度，用1米顶部梯度电极视电阻率值、0.5米电位电极视电阻率值与经厚度校正后自然电位幅度值的比值求取渗透率，然后用渗透率求取孔隙度。通过反复实践和验证，利用声波时差求取孔隙度、建立的孔隙度与渗透率解释图版相对误差小于3.0%，解释方法有效可行。

1976年，长庆测井用深中感应和侧向曲线求取地层电阻率，利用声波曲线进行压实校正计算地层孔隙度，用自然伽马曲线求泥质含量，用自然电位曲线求取地层水电阻率，最后用阿尔奇公式求取含水饱和度进行油水层的解释。测井解释工作从单纯的划分岩性，提高到对储集层孔、渗、饱参数的求取。

1972—1973年，胜利测井开始在国产DJS-121型计算机上研究测井资料数字处理解释方法和

1973年，胜利测井绘制第一幅数字测井图

软件，1975年，通过自主研制的测井曲线数字转换仪，将测井数据输入到IRIS-60机，以离散数据的形式进行处理解释。1976年7月，在IRIS-60机上研制成功了泥质砂岩地层测井资料数字处理程序，绘制出了中国第一幅测井数字处理解释成果图，提供了孔隙度、泥质体积、含油饱和度、残余油体积、可动油量等地质参数，测井资料解释开始步

入数字处理解释阶段。1977年8月，胜利测井引进1台INTERDATA-85型计算机和测井曲线数字化等辅助设备进行测井解释。1978年，建立了适合胜利油气区砂泥岩地层特点的计算渗透率的经验方程；同期，导出利用粒度中值与孔隙度计算束缚水饱和度的方程，并研究成功可动水分析法并投入生产应用，见到了较好的效果。

1978年，新疆测井开始将计算机技术应用于测井资料解释工作，当时使用1台HP9810型台式计算机将人工读取的井段、层位、地层电阻率、自然电位、声波时差等储层参数由键盘输入，用简化的饱和度方程计算地层的含水饱和度，打印测井解释成果表，测井资料由手工定性解释转为半定量计算解释。

（二）碳酸盐岩储层解释

碳酸盐岩储层解释方法伴随着测井系列的更新和油气田勘探开发规模的扩大，经历了从无到有、从定性到定量、从单一储层评价到对油气田多领域全方位应用的历程。20世纪50—70年代，四川和华北先后发现碳酸盐岩油气藏，胜利油田发现碳酸盐岩、火成岩油气层。

20世纪50年代，沿用砂泥岩剖面中横向测井的解释方法，在高电阻率地层中找储层，结果不仅错划致密层为储层，更漏掉了很多良好的储层。20世纪60年代，在四川盆地相当一部分碳酸盐岩储层是裂缝性的，测井人员总结出裂缝发育层具有低电阻率、低自然伽马、低中子伽马、自然电位负异常，即"三低一负"的特征，建立碳酸盐岩储层划分的新标准。随着测井方法的增加，解释水平的提高，测井划分方法由"三低一负"过渡到"三低一高"（低电阻率、低自然伽马、低中子伽马、高声波时差），符合率提高到93.4%，测井解释见到了地质工程效果。

20世纪70年代，测井人员开展了多种测井信息的综合研究，将声波、电法、放射性等信息综合起来，尽量消除或降低储层岩性、孔隙空间结构等因素的影响，以突出流体性质的差异，从而创立和引进了一系列的交会方法，如径向电阻率交会、声电交会、声波与热中子俘获截面交会、视孔隙度交会等。正是这一系列交会图技术，突破了碳酸盐岩储层流体性质判别的难关。当时，裂缝性碳酸盐岩储层的定量计算在国内外都很难找到类似的实验结果和解释方法，四川测井通过开展实验研究工作，先后建立了纵横波声速、岩石密度、中子含氢指数、岩石电阻率、阳离子交换容量等参数的测量装置，开展了黏土成分分析和铀、钍、钾含量测定工作，建造了自然咖马、中子测井一级刻度模型井，进行了裂缝对双侧向测井影响规律的水槽模型试验，最先提出了裂缝产状与双侧向深浅电阻率差异性质的关系。根据双侧向测井对裂缝的响应特征，研制出适用于裂缝—孔隙型储层的双重介质饱和度方程，在国内外碳酸盐岩裂缝性储层饱和度计算中取得了明显效果。根据对裂缝孔隙度、裂缝张开度的计算结果，建立了不同裂缝产状的裂缝渗透率计算方程，再将计算的裂缝渗透率与基质孔隙渗透率组合，构成储层综合渗透率，为气藏开发提供重要依据。到1978年，四川石油管理局勘探开发研究院研究出用双侧向测井计算裂缝孔隙度的公式，被广泛引用。

1972年，胜利测井碳酸盐岩储层测井解释开始于义和庄潜山，但受测井信息丰度的限制，只划分有利储集段，有许多完钻井在碳酸盐岩储层中没有采集测井资料或未进行测井解释。1978年，开始应用三电阻率三孔隙度测井系列，实现了对碳酸盐岩储层类别的划分，根据电阻率、孔隙度及自然伽马等测井曲线，建立不同类型储层的测井解释标准。

1975—1980年，华北测井探索并总结碳酸盐岩测井解释评价基本方法，即划分主要裂缝层和次要裂缝层，并确定储层类型。针对碳酸盐岩地层水矿化度与氯根含量低、中子伽马测井受氯离子影响小的特点，编制白云岩、石灰岩地层中子伽马孔隙度图版；利用中子伽马测井资料和声波测井资料计算孔隙度；利用岩心薄片分析泥质含量与自然伽马相对值建立关系，编制白云岩、石灰岩泥质含量图版，计算地层泥质含量；用视地层水电阻率平方根值与累计频率正态分布关系，估算含油饱和度，判断油水层；应用正态分布法、地层孔隙度与含水孔隙度重叠法及深、浅双侧向电阻率正负差异判断油水层，确定油水界面；用中子伽马与声波时差曲线重叠解释气层。

（三）水淹层解释

20世纪60—70年代，随着各油田注水开发的不断深入，水淹层问题日趋突出，测井解释难度增大，造成解释符合率降低。各油田测井单位优化测井系列，开展油层水淹机理和水淹层判别方法研究。玉门、新疆、青海、大庆、胜利等油田测井人员利用检查井、调整井资料研究油层水淹，在深入研究不同水淹状况下自然电位形成机理及变化规律的基础上，总结出一套以自然电位基线偏移为基础划分水淹级别的水淹层定性解释方法，解决油田急需。

1964年，玉门油田开展地层水含盐量变化对油层相对电阻率、电阻增大率影响的研究，制作出水淹层不同含盐量的相对电阻率—孔隙度图版、电阻增大率—含油饱和度图版，研究认识水淹层。20世纪70年代末，玉门油田利用中子伽马测井资料划分水淹层，并广泛应用于生产，取得一定效果。

1960年以后，克拉玛依油田二中区油井出现早期见水、暴性水淹，严重影响油井正常生产，为此开展找水测井方法研究。1961年，克拉玛依油田曾用井温、中子源照射、封隔器隔水、"平衡法"测井温等方法找水，但由于工艺施工复杂等原因，不能适应油田需要。1964年4月，研究出"温差法"进行找水测井，首次在克拉玛依油田二中区1176井试验成功，先后在14口井上进行找水试验，其中9口井用封隔器或打水泥塞验证，证实了"温差法"微井温找水层位的可靠性。1964年下半年开始在油田大量应用微井温找水，1965年在克拉玛依油田一中区、二中区测井60井次，经下封隔器验证，符合率81.6%。

1963年，大庆油田针对油层出现水淹问题，开始研究碳氧比测井。1973年，相继增加声波时差、三侧向、人工电位、相位介电、自然电流与改进自然电位测井新方法，研究成功裸眼井水淹层测井资料综合解释方法，可以在调整井中确定出油层水淹层段、厚度、程度及剩余油饱和度、孔隙度、渗透率等参数。

胜利油田通过测井资料与取心资料的对比研究，总结出了利用自然电位基线偏移法和自然电位与电阻率曲线对应性分析法等判别解释淡水、污水、边水水淹层，解释符合率明显提高，获得比较好的效果。

（四）老井测井资料复查

20世纪60年代以后，随着各油田勘探开发不断取得进展，试油测试资料日渐丰富，提高了对油气层的认识。测井也有针对性地开展老井复查工作，同时随着测井技术和解释方法的进步，测井资料复查由定性评价发展到定量评价，由对单井的再评价发展到对区块的研究评价。20世纪70年代，胜利测井采用测井、录井、气测等资料研究和试油资料相结合的方法，综合分析感应电导率、声波时差、自然电位、中子伽马等测井资料，开展多批次的老井复查和重新认识，效果明显，有力配合了油区开发方案调整和上产工作。1976年，长庆测井推行全性能综合解释法和岩性系数法，并开展用压油法测定岩心束缚水饱和度的工作。1974—1977年，测井复查15批533井次5063层，更正解释结论688层，挽救了一批早期被遗漏的油气层。20世纪70年代末，计算机数字处理解释应用后，开始应用计算机对老井测井资料进行处理解释，各油田老井测井复查的成功率进一步提高。

20世纪70年代末，国内引进INTERDATA-85型专用计算机及软件。通过其复杂岩性解释程序"CRA"处理得出包括岩性剖面、孔隙流体分析、饱和度、总孔隙度、岩块孔隙度、渗透率等参数的综合成果图。用地层倾角资料通过"DCA"程序处理可显示裂缝及计算其产状，用双井径曲线判断地应力方向。

第六节　射孔技术发展促进油田开发

20世纪50—70年代，大庆、四川、胜利等射孔弹生产厂相继建立，掀开了自行设计和制造射孔器材的一页，电缆输送射孔深度定位方式实现人工定位向自动跟踪定位转变，射孔工艺不断发展。

一、新型射孔器研发

20世纪60年代，随着油田会战相继展开，对射孔的需求日趋增加，使用58-65型无枪身射孔弹和57-103型有枪身射孔弹存在的问题逐渐显现，对油气田开发带来影响，国内多个测井单位开始射孔弹自主攻关，掀开了射孔器研发新的一页。

1961年，大庆油田开始进行射孔弹的实验和研究。1963年，克拉玛依电测站开始射孔弹的研制工作。1964年，华北石油勘探会战总指挥部矿场地球物理站组建射孔弹实验组，开始研制无枪身射孔弹。

1964年，由于58-65型无枪身射孔弹射孔后出现套管开裂，石油工业部决定各油田禁用该型射孔弹。应五机部（第五机械工业部）邀请，由大庆、四川、新疆、胜利油田共同派出射孔技术人员组成工作组进驻一五二厂（国营江陵机器厂），帮助工厂进行新产品研制和产品出厂验收。石油工业部派射孔技术人员到五机部七六三厂（江阳化工厂）协作开展射孔器研制。1964年5月起，大庆油田对57-103射孔器的射孔弹进行改进，成功用纸弹壳代替塑料弹壳，减轻了对枪身的冲击，将57-103型射孔器枪身的平均射孔次数由3.5次提高到35次。1965年9月16日，石油工业部在大庆油田建立射孔技术研究室（大庆射孔弹厂前身），并从军工企业和各油田调来技术人员开始攻关。

1967年，胜利油田钻井指挥部电测站研制成功文胜Ⅰ型无枪身射孔弹并投入使用。1968年5月，研制成功文胜Ⅱ型16克药量无枪身射孔弹，有效解决了破甲性能不稳定、穿透较浅（钢靶穿深60毫米，装枪条件下钢靶穿深40毫米）、模具加工难度大等问题，并在胜利油田广泛使用。6月，大庆射孔弹研究室研制成功"文革一号"（后更名为WD67-Ⅰ型）无枪身射孔弹，该弹45钢靶穿深65毫米，穿孔孔径10毫米，使用温度65℃，耐压20兆帕，射孔后套管发生破裂概率大大降低，完全满足当时"六分四清"采油工艺要求。8月，石油部召开射孔工作会议，肯定了文革一号射孔弹的研制成果，决定立即投产推广使用，当年生产6万多发。同年，克拉玛依电测站开发出R84-13无枪身玻璃弹壳聚能射孔弹（文成1号），后改制出适用于小井眼（3.5英寸套管）射孔的R84-7型无枪身玻璃弹壳射孔弹（外径52毫米）和R84-5型无枪身玻璃弹壳射孔弹（外径42毫米），基本满足当时油田开发对射孔器材的需求。

1969年，大庆射孔弹厂研制成功WD67-1型射孔弹新型塑料壳、WD69-1导爆索和简易发火机构，完善了射孔器配套，满足了1500米以内中深井射孔需要。1970年，试制成功69-1型聚氯乙烯软管导爆索；同年，生产的有枪身射孔弹出口阿尔巴尼亚，中国射孔器材首次走出国门。

1970年10月，四川石油管理局井下作业处筹建射孔弹厂。1971年2月，组建射孔弹试制组。1972年，改为射孔弹制造组，6月试制出火炬-Ⅰ型玻璃壳无枪身射孔弹并正式投产。1977年，在火炬-Ⅰ型基础上试制成功火炬-Ⅱ型无枪身玻璃壳射孔弹。随后形成火炬系列射孔弹并批量生产，在大港测井、地质矿产部第二普查勘探大队得到应用。

1971年，西安石油仪器二厂在大庆射孔弹厂的帮助下，在陕西省礼泉县建立了射孔弹车间；同年，胜利油田钻井指挥部电测站组建射孔弹车间。1972年，胜利油田钻井指挥部电测站研制成功文胜Ⅲ型无枪身射孔弹，具有对套管破坏力小、孔径孔形适当、耐压高等特点。同期，研制出耐温130℃的射孔弹，满足了当时不同类型油气井射孔的需要。

1973年，在五机部西安二〇四所（西安近代化学研究所）的帮助下，西安石油仪器二厂射孔弹车间对国内几种型号射孔弹进行了爆轰过程的高速摄影和脉冲X光测试，发现射孔弹的爆轰波形不对称和多点起爆方式会造成射孔孔道的偏斜，降低了穿孔深度。在提高理论认识的基础上，西仪厂射孔弹车间和大庆射孔弹厂相继开展射孔弹中心点起爆方法的设计研究，通过试制、试验验证，射孔弹的穿靶深度提高15%以上。

1976年，大庆射孔弹厂研制成功耐温120℃耐压40兆帕的73-400型中深井无枪身射孔弹，以及配套的69-2型无枪身导爆索和GF-400型发火机构，解决了4000米井深的射孔问题。随后又研制成73-700型深井射孔弹。西安石油仪器二厂射孔弹车间研制成功4S-3型、SWD-1型、4S-4型射孔弹。

二、火工器材配套完善

20世纪70年代，是石油工业射孔器材在自行探索中迅速发展的时期，也是与国内军工系统在技术上密切协作的10年。通过国内开展射孔器材技术大协作，产品品种不断增加。同时，国外射孔器材的引进，促进了中国射孔器材技术的发展。

1973年以前，中国石油射孔弹使用的炸药为TNT炸药和石蜡钝化黑索金炸药，耐热性能低，不能满足深井射孔需要。1973—1975年，北京工业学院等多家单位与国内多个油田结合，针对射孔弹炸药耐热性能低的问题，分别研发出以黑索金为主体的8701炸药、R791传爆药，以奥克托金为主体的411炸药、H781炸药和SDB-2油井导爆索。其中，以奥克托金为主体的混合炸药，耐热性能可达210℃/2小时，五机部兰州二一四所研制的1871炸药应用到石油射孔弹，耐热性能达到180℃/2小时，为深井射孔弹研制和生产打下了坚实基础。1976年12月，胜利油田矿场地球物理测井总站承担了石油化学工业部过油管射孔弹研制任务，与三机部一五八厂、五机部四七四厂、冶金部、阜新矿务局十二厂等单位合作，1978年研制成功SSW-78型过油管射孔弹，后改称SL78-52-1型过油管射孔弹。

1977年，石油工业部科技司组织西安石油仪器二厂射孔弹车间、大庆射孔弹厂、胜利油田射孔弹车间、四川石油管理局射孔弹制造组和五机部二〇四所等单位，联合对引进的射孔器材进行分析试验，为进一步推进射孔器材的研发积累了技术和经验。同年，四川石油管理局射孔弹制造组与五机部二〇四所密切配合，研制新型炸药、雷管、导爆索。1978年，西安石油勘探仪器总厂射孔弹车间和二〇四所合作研制成耐热一号（又名聚黑-10）炸药和SWD-1型链杆式铝合金壳无枪身射孔弹。四川石油管理局射孔弹制造组与五机部二一四所联合研制出WS-103型和WS-85型两种有枪身射孔器，该射孔器的射孔弹装药结构采用空气隔板技术，通过改变炸药爆轰波的传播方向，增大了药型罩的压垮速度，提高了射孔弹的穿孔深度。同年，石油工业部召开了第一次过油管射孔工作会，决定在华北、大港、胜利油田先进行过油管射孔工艺试验，国内各生产厂家相继开展过油管射孔器的研制。

三、跟踪定位射孔工艺研究

20世纪60年代，中国各油田普遍使用电缆输送射孔，射孔时用测井电缆将射孔器（枪）输送到预定的深度引爆射孔器。1962年以前，我国大部分地区采用人工丈量电缆法来确定射孔位置，但常因丈量不准或电缆打结，造成误射，且这种老方法还需要较多的劳动力。以人工丈量电缆绝对长度来对油层的深度进行射孔位置控制，被称作"麻绳、尺子、剪刀"法。如果出现尺子量错、所绑记号滑动、井下电缆打扭打结等情况，则造成误射孔。为了克服人工丈量电缆定位的诸多弊病，降低射孔深度误差，四川、大庆、新疆、胜利等油田根据套管与地层的相对距离固定不变的规律，采用了确定套管接箍位置来间接确定射孔目的层的方法，即跟踪定位射孔法。

1962年5月，松辽石油勘探局钻井指挥部测井大队及采油指挥部井下作业处地球物理站在国内首创"微井径仪（或磁性定位器）定位射孔法"，在观5-21井成功进行了微井径仪定位射孔试验；6月，又试验成功了磁性定位仪定位射孔；9月，大庆油田建立东6-103深度标准井，所有测井和射孔电缆都定期到该井进行校验；同年12月，制定"定位射孔操作规程"。1963年，大庆油田全面推广定位射孔技术，射孔合格率由80%上升至99.6%。该技术使射孔深度的精度由每千米万分之五提高到万分之三，消除了测井及射孔电缆之间的长度误差，可以准确知道射孔器在井下的工作

20世纪70年代，射孔定位仪攻关小组

情况，消除了以往由于井下电缆打结而造成的误射孔现象；可以准确检查井下射孔质量，解决了多年来射孔不准及射孔后无法检查质量的问题。同年，该技术开始在全国推广使用，为中国射孔工艺技术发展作出重大贡献，在新中国成立50周年时入选"为共和国铸起新的科技丰碑"的石油科技成果之一。1964年，大庆油田钻井指挥部测井大队成功研制自动定位射孔仪，简化了施工流程，提高了作业时效。

1965年5月，华北石油勘探会战指挥部矿场地球物理站研制成功GSQ-651型跟踪射孔取心仪，在国内首次采用自动跟踪技术，可准确控制射孔及取心深度；7月，升级为GSQ-652型跟踪射孔取心仪；9月，获石油工业部技术革新重大项目奖。1966年4月，GSQ-652型跟踪射孔取心仪参展全国仪器仪表新产品展览会，开始在全国石油系统推广应用。1969年，九二三厂仪表厂在GSQ-652型跟踪射孔取心仪的基础上，经改进完善，制造出SQ-691型跟踪射孔取心仪。该仪器由自动记录仪、测量面板、深度面板、选发面板、换向器面板、自动点火面板、接线面板、电源控制面板等组成。SQ691型跟踪射孔取心仪与磁定位器和电极系配合，进行自动射孔、取心。

1973—1974年，四川石油管理局开展深井射孔工艺研究，使用SQ-691型跟踪射孔仪，完成码1井（井深4180米）和中7井（井深4200米）的射孔施工，创当时国内深井射孔纪录。1977年5月，深井射孔工艺技术成功应用于女基井（井深5248米、井温165℃），创当时全国深井射孔纪录。

四、射孔取心设备规模化生产

1964年7月，大港测井研制出自动式深井大颗取心器，8月，时任石油工业部部长、党组书记余秋里在大港油田听取了该取心器研制工作情况汇报。1978年获国家第一届科学技术大会奖，该设备共生产120余套。1965年以前，西安石油仪器厂及其前身先后研制成功SK53-2型、SK581型、SK591轻便型放炮射孔仪等系列产品，其中SK581型、

SK591型放炮射孔仪共生产91套，为当时油气井射孔提供了必要支持。之后，还研制出SK661型综合射孔仪等。

1969年，九二三厂仪表厂迁至西安，与西安石油仪器二厂合并，研制的SQ691型跟踪射孔取心仪成为西安石油仪器二厂的定型主导产品之一。1970—1986年，西安石油仪器二厂共生产SQ691型跟踪射孔取心仪401套，成为油田射孔井壁取心的主要设备，并援助阿尔巴尼亚和朝鲜各1套。

1964年8月，石油工业部部长余秋里（左二）在大港油田听取自动式深井大颗取心器介绍

第七节　石油测井研究机构和高校测井专业

1958年，石油工业部成立石油科学研究院。全国性石油科研机构的建立，标志着新中国石油科学技术研究已进入新的发展阶段。随着各油田会战相继展开，在勘探开发不断解决新问题的过程中，测井工作的重要性日趋显现。除专业科研院所，各油田测井单位也相继成立自己的科研队伍。同时，已成立的高等石油院校结合实际情况，先后设立了矿场地球物理（测井）专业。广大测井人员紧密结合生产需要，解决了石油勘探和油田开发中的一个又一个技术难题，使石油科技研究工作有了较快的发展，为各个油田的石油大会战保驾护航。

一、测井研究机构的建设

石油科学技术，作为一种强大的生产力，在石油工业的发展中起了极其重要的作用，是推动石油生产建设向前发展的巨大动力。20世纪50年代，中国第一批石油科研机构相继在独山子、玉门、新疆、四川、青海等油田企业建立。随着油田开发中测井重要性的日趋体现，测井技术应用和发展也成为各科研机构的一个重要研究课题。

（一）石油勘探开发科学研究院

1958年11月15日，石油工业部石油科学研究院成立，测井技术研究工作归属于石油科学研究院地质部地球物理研究室。1959年，石油科学研究院、松辽石油勘探局、北京石油学院共同组成综合研究大队赴松辽地区，全面展开松辽盆地石油地质和油气田地质的综合研究工作，取得了一批重要成果，为松基3井的井位确定、钻井过程中地质研究、测试层位选定以及大庆长垣第一批油田探井井位的选定等提供重要依据。1960年5月，研究院在综合研究大队基础上，把开发室和钻井室搬到大庆，组建松辽研究站，直接为大庆会战服务。1964年1月，石油工业部组织华北石油勘探会战，石油科学研究院地质勘探部分剩下的地质研究室和地球物理研究室搬到胜利油田。1965年2月2日，石油地质综合研究所（地质二线）成立，隶属石油科学研究院，研究任务由石油工业部勘探司统一安排。1972年5月16日，燃料化学工业部将原石油科学研究院的地质研究机构单独设置，成立燃料化学工业部石油勘探开发规划研究院。1973年3月，燃料化学工业部在北京召开全国石油地球物理会战动员大会，成立地球物理会战指挥部，挂靠在石油勘探开发规划研究院。会战指挥部的任务是组织全国力量进行地球物理仪器和方法的攻关，参与设备及技术引进工作。1973—1978年，会战指挥部制定《石油地球物理勘探数字化装备发展规划》，组织开展数字地震仪及配套数字技术设备的研制工作，研制微侧向、三侧向、双侧向、感应、井壁声波、长源距声波、密度、中子伽马测井仪等8种仪器，适应了勘探工作的需要；参与组织地震、测井设备引进、吸收和制造工作，为各油田进行技术培训工作，建立发展了地球物理工作队伍；组织了各类地震、测井方法攻关会战，召开一系列技术会议，推进了中国地球物理基础理论和技术方法的发展；领导编制中国第一部《测井解释图版集》，填补了国内该领域的技术空白。1978年4月26日，石油工业部决定在石油勘探开发规划研究院的基础上建立石油勘探开发科学研究院。

（二）大庆勘探开发研究院地球物理研究所

地球物理研究所的前身是北京石油科学院松辽研究站地球物理研究室，1960年10月1日成立。1961年1月归并到大庆地质指挥所，1964年4月28日，大庆会战指挥部以地质指挥所地球物理研究室为基础，从钻井指挥部测井大队和井下作业处地球物理站抽调部分人员，组成大庆勘探开发研究院地球物理研究所，任务是通过对测井资料的深入研究，制作孔隙度、渗透率和含油饱和度的各种测井解释图版以及仪器研制工作，为划分油气水层、计算储量、制订开发方案提供准确依据。为搞好油田的"六分四清"，先后研制成功水井涡轮流量计、找水仪、小井眼放射性测井仪等油田测井设备。开展了四参数综合测井仪、随钻测井、能谱测井、数字化测井、感应测井、人工电位测井、密度测井、三侧向测井和相位介电测井的研究工作，有的项目取得了阶段性成果。1968年，将西安仪器厂生产的声幅仪中的电子管换成半导体管，在东8-4井进行模拟试验，并与钻井合作，做出解释图版，提高了固井质量评价效果。1972年后，这套工艺在固井质量检测中得以广泛应用。1970—1978年，地球物理研究所大部分人员支援江汉油田会战，剩余人员研制出深浅三侧向、中子—中子、相位介电测井等仪器，形成了油田初期的水淹层测井解释方法。

（三）江汉测井研究所

江汉测井研究所源于1970年3月组建的五七油田会战指挥部一团（钻井）六营（电测）七连（也称为攻关连），人员包括大庆油田开发研究院地球物理研究所84名职工、西安石油仪器二厂38名职工、五七厂电测站攻关队18名职工，以及四川、新疆等油田测井站部分参加会战职工共156人。1972年5月27日，燃料化学工业部撤销五七油田会战指挥部，成立江汉石油管理局，攻关连更名为攻关中队。1972—1974年，攻关中队抽调部分职工分别支援胜利油田和参与吉林扶余油田会战。1978年，从攻关中队抽调7名技术干部充实新成立的江汉石油学院的教师队伍。1979年4月21日，攻关中队和测井仪器试制车间合并，成立电测站矿场地球物理研究所。机关设三大组，基层设三室一车间，共24个班组。同年6月，地球物理研究所划归研究院。同年10月，成立研究院测井研究所，面向全国开展测井科研攻关。20世纪70年代，攻关中队研制的三侧向测井仪、双源距补偿密度测井仪和微球形聚焦测井仪等都在全国各油田得到推广应用。

测井技术的跨越式发展，提高了对深井及复杂井的适应能力，为深层勘探创造了条件，为油田建设高速发展保驾护航。总之，经过这一段的自主创新和快速发展，奠定了中国石油科技发展的基础。这一时期，也是中国石油科技队伍迅速形成与发展壮大的关键时期。一批老技术专家和解放初期大学毕业生或留学归来的技术人员，由于增加了实践机会，丰富了技术阅历，积累了更多的经验，科技造诣更高；一批刚刚投入实践的年轻技术人员，在勘探开发的实践中认真学习、刻苦钻研、勤于思考、勇于创新，经过锻炼提高，迅速成长起来。

二、高校测井专业的艰难前行

继北京石油学院之后，石油教育事业发展迅速，1958年成立四川石油学院（1970年更名为西南石油学院）和西安石油学院，1960年成立东北石油学院（1975年更名为大庆石油学院），一批石油中专学校也先后建立，初步形成了培养石油专业人才的基地。我们现在进行现代化建设的物质技术基础，很大一部分是这个时期建设起来的；全国经济文化等各方面建设的骨干力量及其工作经验也是这个时期培养和积累起来的。

到 1966 年上半年，北京、西安、大庆、四川等 4 所石油学院都初具规模，其中北京石油学院已是全国重点院校。石油高校的教职工队伍达 3600 余人，在校学生 8000 余人，校园和校舍建设有较大改善，设备固定资产初具规模，良好校风初步形成。到 1965 年，石油高校总共培养了 1.8 万余名各类、各专业的学生，这些毕业生成为石油战线上的一支生力军，发挥了重要作用。石油高等教育已成为中国石油工业发展的重要组成部分。

"文化大革命"期间，北京石油学院被搬迁，西安石油学院被解散，大庆和西南石油学院也受到很大的破坏，教师队伍大量流失，教学设施损坏严重，图书、资料大批散失，招生工作中断，使石油高校少为国家培养 1 万余名大中专毕业生。

（一）北京石油学院

1958 年 2 月，在格·亚·车列明斯基教授指导、王曰才副教授、赵仁寿副教授协助指导下，中国矿场地球物理专业第一届 3 名研究生毕业。1960 年，赵仁寿教授、王曰才教授开始招收矿场地球物理专业第二批研究生（5 人），也是中国石油测井专业自主培养的第一届研究生。1959—1964 年，矿场地球物理专业师生参与了整个大庆石油会战工作（包括前期工作），测 55 级学生就地毕业分配在大庆工作。根据大庆石油会战的实际经验，矿场地球物理专业的师生编写教材，分别于 1962 年 10 月和 1964 年 8 月正式出版铅印教材《油矿地球物理》和《矿场地球物理》，这是中国首部比较系统完整的矿场地球物理专业教材。1960 年以后，建立了半空间的井模型，即水槽模型，这种模型能清楚地显示出电极系在井内的移动，电法水槽模型沿用至今。1963 年底，矿场地球物理专业师生建成"折盒式"测井电模型，考察过电极系、制作了解释图版和理论曲线，与电子计算机结果做过对比，此项成果 1964 年获石油工业部重大科技成果奖。1964—1965 年，矿场地球物理专业师生又先后参加胜利油田和大港油田的石油会战，在筹建岩石物理实验室和测井解释方面做了基础工作。1969 年 10 月，北京石油学院分 3 批全部搬迁至山东胜利油田（现东营市），更名为华东石油学院。在 20 世纪 70 年代，矿场地球物理专业先办过一期石油部气测、电测、解释三个半年制短训班，后招过 72 级至 76 级工农兵学员，并协助胜利油田测井总站创办了"7·21 大学"。1978 年 3 月和 10 月，专业招收的测 77 和测 78 级学生相继入学，学制为 4 年。

（二）四川石油学院

1958 年，四川石油学院成立。1960 年 8 月，学院以地球科学与技术学院测井教研室为主要依托单位设立了地球物理测井专业并招收新生。1962 年 6 月，学院贯彻"八字"方针（压缩规模、调整专业），撤销炼厂机械和测井专业。并将 60 级、61 级 81 名学生并入石油开采专业。1970 年，四川石油学院更名为西南石油学院。1978 年 8 月，重新设立石油地球物理测井专业并开始招生。

（三）西安石油学院

1958年7月，将1951年中央燃料工业部创立的西北石油工业专科学校升本更名为西安石油学院。1969年，石油工业部军管会将西安石油学院改为西安石油仪器二厂。1980年5月，国务院正式批准恢复西安石油学院，学院当年申报设立石油勘探仪器专业（实际招生为石油地球物理仪器专业）。

（四）东北石油学院

1960年东北石油学院在黑龙江省安达市建校。当年成立了石油勘探系，次年建立测井实验室。1975年，东北石油学院更名为大庆石油学院。同年石油勘探系成立测井教研室。1979年，石油矿场地球物理（测井）专业首次招收本科生。

（五）江汉石油学院

1958年，北京石油地质学校矿场地球物理专业招生112人。1960年，按照石油工业部指示，北京石油地质学校测井2个班随教职工学生700余人参与大庆石油会战。1965年9月，学校迁校大庆，改名为石油工业部大庆石油地质学校。1965年学校在哈尔滨、齐齐哈尔、安达等8个县市招收新生200名，其中矿场地球物理6528班42人，仪器6504班44人。1970年3月，学校从大庆迁往江汉油田，组建成五七油田会战总指挥部第三分指挥部第十二营，即教导营，代号703信箱。1972年3月，校名改为江汉石油地质学校，测井一直是学校主干专业。1978年4月，教育部（78）教计字335号文下达《关于同意恢复和增设普通高校的通知》，批准在原江汉石油地质学校的基础上建立学院，由石油工业部和湖北省双重领导，以石油工业部为主。据此，江汉石油学院正式成立，开设有矿场地球物理本科专业。

第四章

技术进步和管理改革
加快测井发展

1978—1998 年

第四章　技术进步和管理改革加快测井发展

中共十一届三中全会作出把全党工作重点转移到社会主义现代化建设上来的战略决策。1978年3月5日，设立石油工业部。同年底，全国原油年产量突破1亿吨，跻身于世界产油大国行列，油田生产开发进入相对稳定期。1981年，党中央决定首先在石油全行业实施1亿吨原油产量包干的重大决策以及开放搞活的措施：实行1亿吨原油产量包干，超产、节约的原油出口，作石油勘探开发基金；海上大陆架实行对外开放，公开招标；允许石油工业采取多种方式引进国外先进技术和装备，可向国外贷款。这三项重大决策大大增强了石油工业活力，使石油工业进入一个新的发展时期。1982年中国海洋石油总公司成立，1983年7月中国石油化工总公司成立，隶属石油工业部。1986年，党中央、国务院做出石油工业"稳定东部，发展西部"战略决策。1988年9月，石油工业部撤销，改组为中国石油天然气总公司，中国石油化工总公司和中国海洋石油总公司分立，直属国务院。20世纪90年代初，中国石油天然气总公司实施"三大战略"：稳定东部、发展西部；扩大对外合作、开展国际化经营；多元开发、多种经营。石油企业率先"走出去"，实施国际化经营新的战略。1993年3月5日，在泰国邦亚区块获得石油开发作业权，这是中国首次在海外获得油田开采权益。

1978—1998年，中国石油工业测井经历模拟测井、数字与数控测井、成像测井并存的阶段。20世纪70年代末国内主要测井装备以JD-581为主，1978年引进美国阿特拉斯3600数字测井仪，20世纪80年代西安石油勘探仪器总厂先后制造SJD-801和SJD-83系列测井仪。1982年起，石油工业部先后引进CLS-3700、CSU、DDL-Ⅲ测井装备，开始雇用国外测井队伍提供技术服务。20世纪90年代引进ECLIPS-5700、MAXIS-500、EXCELL-2000成像测井装备，石油系统内研制SKN3000、SKC3700、SKC9800、XSKC92、SKC-A、SL-3000等数控测井装备。生产测井和射孔设备也实现引进与自主研制协调发展，满足了油田生产建设需要。这一时期，石油系统外企业和高校也开始研制测井装备，逐渐形成全面竞争局面。随着石油行业的机制改革，各油田先后改制成立测井公司，从生产组织单位向生产经营单位转型，相继走出属地油田区域，开拓国内市场，进入国际市场，加强国际交流合作，派出人员学习，引进计算机及测井相应解释软件，提升评价能力，为"油气并举"战略作出贡献。

1998年，中国测井行业职工总数25500余人，有测井队伍620支左右，其中裸眼测井队321支、生产测井队149支、射孔取心队150支。测井装备737套，其中引进成像测井装备 29 套、引进数控测井装备 130 套、国产数控测井装备 406 套、射孔取心装备 121 套、固放磁测井装备 28 套、JD-581 测井仪 15 套。当年裸眼测井 9000 余口，生产测井 25000 余口。

1998 年 7 月，中国石油天然气总公司和中国石油化工总公司重组，成立中国石油天然气集团公司和中国石油化工集团公司，形成中国石油天然气集团公司、中国石油化工集团公司和中国海洋石油总公司三大国家石油公司共同主导中国石油工业的基本格局。

第一节 改革管理体制转换经营机制

根据国家的统一部署，石油工业部上划大部分石油企事业单位，理顺干部管理体制，先后对部机关机构及所属单位的管理体制进行调整。根据改革开放发展需要，石油工业管理体制开始建立以生产经营为中心的体制管理，增强石油工业自我发展的能力。

中共十一届三中全会明确指出，中国经济管理体制的一个严重缺陷就是权力过于集中，应该大胆下放，让地方和企业有更多的经营管理自主权。1979 年 7 月，国务院先后颁布《关于扩大国营工业企业经营自主权的若干规定》等 5 个文件，其主要内容是允许企业实行利润留成，提高固定资产折旧率；在保证完成国家计划的前提下，企业可以制定补充计划，自行销售产品；有权设置内部机构，任免中层以下干部等。1984 年 10 月，中共十二届三中全会明确国企改革的目标是要使企业真正成为相对独立的经济实体，成为自主经营、自负盈亏的社会主义商品生产者和经营者，具有自我改造和自我发展能力，成为具有一定权利和义务的法人，并在此基础上建立多种形式的经济责任制。石油工业部按照党中央、国务院改革要求，不断深入推行公司制改革实践。

1988 年，根据党的十三大关于经济体制改革和政企分开、转变职能、精简机构的建议，国家决定将石油工业部的政府职能移交能源部，以石油工业部为基础组建成立中国石油天然气总公司。这是石油工业管理体制，向市场经济管理体制过渡的重要举措。这一时期，能源部根据国家相关政策，推进以生产经营为中心的管理体制机制改革，放权搞活、扩权让利，下放计划、资金、物资采购等方面的自主权，石油企业及所属二级单位有了一定程度的生产经营权和物资采购权，大大增强了石油工业的活力。

改革开放前 20 年，中国石油工业随着国家能源战略调整和转变，不断推出新的管理体制机制，测井行业也随着各油田改革步伐，以及国内外市场需求，探索专业化道路，转变经营方式和发展模式，完成公司制改革，实现自我调整与变化，践行市场化之路。

一、调整管理体制机制

（一）机构调整与变化

随着油田高产、稳产发展形势的需要，勘探开发力度加大，钻井队伍不断扩大，为适应这一新形势，各油田测井单位进行了改革，测井队伍也得到快速发展。同时各支队伍的业务也有较为明晰的分工，队伍建设和施工能力进一步增强，很好地满足了油田快速发展的需要。

1978年以后，各石油管理局（勘探局）电测站、测井中队或测井大队逐步从勘探指挥部、钻井、井下作业等机构中分离出来，成立测井站、测井总站或测井公司。1980年，石油工业部要求各油田进一步深化管理体制改革，3月，华北石油会战指挥部将4个勘探指挥部所属完井大队的测井中队、气测中队等合并成立华北石油会战指挥部测井公司。1982年，中国海洋石油测井公司成立，按照现代公司体制建设。1978—1985年，石油工业驶入一个持续稳定发展的快车道，油气资源勘探开发取得"两大突破""十大发现"。"两大突破"是大庆油田在分层开采、分层注水的基础上，年原油产量连续10年高产稳产在5000万吨以上；胜利油田勘探开发复式油气区的实践，发现孤东油田等15个油田。"十大发现"是在辽河、大港、中原、新疆、青海、内蒙古、四川、辽东湾海域、莺歌海等油田、地区和海域，发现新的含油、气区块和层系。而长庆、江汉等油田勘探开发进入艰难时期，其测井单位的人员开始陆续整建制外调到其他油田，其中长庆测井站（测井公司）先后有7批500余人调至辽河油田、华北油田、新疆油田、大港油田、中原油田、胜利油田和南海油田等。随着石油工业改革开放，推行管理体制机制改革，江汉、中原、大港、胜利、辽河、大庆、长庆、吉林、青海、新疆、四川和河南等石油管理局（勘探局）所属的测井单位先后改制为测井公司，截至1989年，共有14家测井公司。

（二）生产组织方式改革

改革开放后，油田开发建设进入相对稳定期，随着改革开放的大潮，各油田测井公司不断进行自我调整与发展壮大。建立适应油田会战需要的生产运行管理体制，整章建制，进一步完善生产运行管理制度，生产运行采取统一调度、分级管理的方式，形成横向到边、纵向到底的生产运行管理体系，提高了生产管理水平。这一时期，各测井公司在测井生产预报由公司调度及时了解钻井公司生产动态，掌握钻井进尺及完井时间，向各测井大队调度及仪修站调度发送测井生产预报，大队根据预报，合理安排测井小队作生产准备。长庆测井公司生产组织方面改变过去那种"队队有调度，个个能指挥"分散小生产经营管理方式，强化生产调度集中统一指挥，形成生产组织指挥以调度为中心

20世纪70—80年代，长庆测井生产装备

生产组织制度。生产管理模式的改变，保证了测井任务快速、及时地完成，大庆测井队和钻井队的比例由1：3～4发展到1：2，很好地满足了钻井快速发展的需要。生产组织上，重点抓好现场资料采集、验收、资料处理解释3个环节，生产组织逐步走向制度化。

（三）建立健全管理体系

1978—1998年，各测井公司以效益为中心，全面规范企业管理行为，开展企业整顿、企业升级等工作，各项管理升级工作也进一步落到实处。各测井公司将安全管理、质量管理和标准化管理工作进一步完善和细化。

20世纪80年代，各测井公司建立健全安全组织和管理、安全教育和检查制度，完善了安全生产责任制，采取目标管理模式，提出安全生产目标。落实"安全第一、预防为主"的方针，着力提高职工的整体安全素质，重视提高职工事故预防能力。在安全领域中开始尝试应用系统方法实施管理，率先提出"四个管理体系"、实施"一个必办，两个推广"、推广实施交通安全"十八法"和"55安全立体防护法"等方法。1997—1998年，中国石油天然气总公司开始宣贯HSE管理体系，提出"先国外、后国内、先试点、后推广"的原则，在部分测井公司开始试点，建立HSE管理体系。

1985年12月4—6日，中国石油测井专业标准化委员会成立暨第一次全委会会议在胜利油田测井公司召开，测井专业的标准化工作开始运行。自开展标准化工作以来，各测井公司建立了以技术标准为主体，包括管理标准、工作标准在内的企业标准体系，生产技术管理和经营管理逐步纳入标准化范畴。这一时期，根据石油工业部的统一部署，结合实际，各测井公司相继开展标准化和计量的升级达标活动。各家测井单位按照目标管理，将企业升级考核指标责任到人，层层分解、狠抓落实，不断提高测井企业标准化管理水平。1997年，中国石油天然气总公司将石油测井仪器质量监督检测中心更名为中国石油天然气总公司石油测井仪器计量站，负责承担石油测井行业质量监测、计量检定（校准）和标准化技术归口管理。1998年，完成自然伽马标准装置和中子孔隙度标准装置测井行业最高计量标准修订完善。

20世纪90年代，胜利、大庆、华北、长庆、大港和新疆等各家测井单位相继开展测井队资质认证和ISO9000、ISO9002质量管理体系认证。各测井公司把质量管理当作工作的重点，在实践中不断摸索、总结、完善质量管理方法和经验，逐步形成了一整套完备、科学的质量管理程序。相继建立"三性一化""三级把关""质量例会"等制度，促进质量工作扎实开展。建立质量奖惩制度，定期召开质量表彰会，有效地提高了测井资料采集质量。同时，积极开展各具特色的质量管理活动，其中开展的QC小组活动对提高质量管理起到了积极作用。各测井公司推行全面质量管理，建立质量管理体系，不断改进完善、持续有效地运行。

（四）人才队伍建设

1978—1986年，石油工业系统的职工大都来自技校毕业生、转业军人和社会化招工。为适应生产建设和新技术发展的需要，各测井单位学习大庆石油会战形成的典型经验和做法，持续加强"三基"工作，通过青工文化补习、技术等级应知应会培训、全员岗位技能轮训等方式，开展测井现场、仪器操作、仪器维修保养及测井安全等方面的岗位培训，抓典型、树样板、比学赶帮，使职工队伍整体素质不断提升。

随着高等教育逐步走上健康发展道路，大批大中专毕业生投入石油一线，各测井单位的技术人才力量得到快速地加强。除此之外，各油田和有关高等院校协作，通过进修、代培等方式，为测井培养了一大批掌握现代化先进技术的骨干人才。利用测井技术引进和交流的机会，选派技术骨干人员出国培训或进修，仅1987年就达140余人。到1990年初，技术人员占职工总数比例达到21.9%，5年增长9.2%。测井技术科研队伍不断壮大，彻底改变了测井人才匮乏的局面。大庆测井公司实施"十百"人才工程。即用3年时间，培养10名"拔尖人才"和百名"复合型人才"。这些机制的建立与实施，促进了人才培养的层次化、有序化、公开化和活性化，激发了员工的进取心，进一步激活了人才队伍。胜利测井公司本着"缺什么、补什么、干什么、学什么"的原则，采取多种形式对职工进行政治思想和专业技术培训，提出了"面向生产、面向测井新技术发展，因需施教，学以致用，灵活多样，注重实效"的队伍培训工作方针。

20世纪90年代末，石油系统测井专业职工共有25500余人，其中具有中、高级职称的人员占16.3%，中、高级技术人才占比在石油系统内部具有领先优势，属于技术密集型专业。有效地保障了油田勘探开发，有力地促进了油田生产建设的持续发展，取得较好的成绩。各测井公司相继出台特色的人才培养和队伍建设的相关制度。

二、推行经营管理改革

1978年以后，国家着手打破计划经济体制下的统收统支模式，对石油工业企业的改革，是从"松绑放权""扩权让利"开始进行的。1981年，石油工业企业改革以全面扩大企业经营自主权为突破口，在直属石油企业普遍推行各种形式的经营承包责任制。扩大了经营自主权，打破了"大锅饭、铁饭碗和干多干少一个样"计划经济模式，调动了个人、企业的活力和进取精神，职工的生活水平明显提高，改革初见成效。1986年，石油工业部实施厂长（经理）责任制改革，陆续改制建立测井公司，并在经营管理、生产组织、安全管理和质量管理等多个方面进行深化改革，为测井行业的发展壮大开启了新篇章。

（一）实行经营承包责任制

随着改革深入，各测井公司开始全面重视和加强企业管理，由原来的生产组织型管理向生产经营型管理转变。同时各测井公司结合自身实际情况，积极开展整章建制工作，制定和完善机关各部门各系统岗位责任制及考核办法，把经营管理列入议事日程，管理要求和制度文件相继出台实施。各测井公司为了进一步提高经济效益，进行分配制度、计划体制、财务管理、物资管理等多方面的改革，企业经营管理稳步推进。胜利测井公司将油田下达的管理指标分解细化为小指标，落实到机关科室，科室再进一步分解落实到各岗位，并形成了以计划科、工程师办公室、财务科、人事科为中心的"四全"管理体系。经营管理形成了推进承包、干部聘用、优化组合、搞活分配、多种经营"五位一体"配套改革的阶段性经营措施。各测井公司相继出台具有特色的管理制度。1981年，大庆测井射孔大队在执行"五项制度"的同时，推行企业承包（包实现盈余额，包企业管理上等级，包净产值工资、奖金含量包干），在纵向上实行逐级经营承包责任制，在横向上实行经济合同制，经济责任制得到进一步发展。1982年，胜利测井总站实行以"包、定、保奖惩办法"（即包利润、包任务，定质量标准、定设备出勤完好率、定奖惩标准，保统管物资供应）为主要内容的经济责任制；建立内部流通市场，用本票进行结算，控制成本支出。华北测井公司在"七五"期间提出"向管理要效益，向改革要效益，向科技要效益，向市场要效益"的方针，率先走低成本发展之路。

随着市场的开放，测井行业内部竞争加剧，20世纪90年代，石油系统建立测井承包商协会，实行行业协调和自律。为了进一步提高经济效益，各测井公司进行了分配制度、计划体制、财务管理、物资管理等各方面的改革，相继出台"百元产值工资含量包干""联产承包经济责任制"等经营责任制政策，充分调动职工的生产积极性，全员劳动生产率和经济效益提升速度明显。1997年，辽河测井公司产值首次突破3亿元大关。1998年，胜利测井公司总产值39772.1万元，劳务收入同比增长16倍。1998年，大庆测井公司实现营业利润1981万元，资产收益率3.44%，全员劳动生产率51116元/（人·年）。经营承包责任制的推行和经营管理机制的转换，使得各单位测井与射孔技术服务、测井科技创新、仪器设备制造、整体经济效益和员工总体素质等方面都取得良好发展。

（二）发展多种经营

20世纪90年代初，中国石油天然气总公司把"一业为主、多元开发"纳入陆上石油工业的发展战略，调整石油企业产业结构，运用市场调节机制，打破单一的经营格局，合理分流和利用富余人员，大力发展多种经营，筑起新的经济增长点，进一步增强石油工业自我发展能力。中国石油天然气总公司制定并下发《关于实施多元开发，加快调整产业结构和队伍结构的意见》《关于进一步加快发展石油工业多种经营的补充规定》等文件。各油田测井公司相继大力发展多种经营企业，积极拓展业务与市场，作为辅助产业鼎力支持测井主业。经过多年发展，逐步形成规模，大庆、胜利、辽河、四川、中原、大港、长庆、河南、吉林和江汉测井研究所等测井单位相继开展多种经营市场化改革实践。

20世纪80年代，测井行业多种经营从最初农场、家属站、商店等农副业和农工商，逐渐发展到生产型、计划经济和分散多头管理的厂点或公司，以安置待业青年和职工家属为主。1985年，大庆测井公司成立农工商公司，安置待业青年和职工家属；1993年，组建银浪工贸实业公司；1997年，先后对大庆电缆厂、华隆

1982年，胜利测井总站家属在农场劳动

新型保温材料厂进行股份制改造；1998年，年产值达到1.43亿元，占大庆测井公司总收入近一半，成为企业创收的半壁江山。1984年，胜利测井公司成立农副业服务公司，参加劳动的职工家属588名；1992年，成立黄河科技开发公司；1994年，胜利测井公司整合所属多种经营企业成立测井实业开发（集团）公司，产品销售到伊朗及国内各大油田；1998年，多种经营产值为9469万元。1991年，辽河测井公司整合所属集体企业及多种经营厂点，组建裕隆公司和盛达公司，随后又整合多种经营厂点重组成立裕隆实业总公司，实现规模化发展；1995年，多种经营企业实现产值9119万元，利润943万元。1993年6月，四川测井公司针对川西北测井站测井射孔任务严重不足等因素，对该站实行整体分离，从事多种经营，组建基建工程公司、江油测井实业开发公司等一批经济实体，分流全民职工250余人。1995年，组建成立重庆华油实业总公司，对多种经营项目统一管理，实现规模经营、集约化发展；1998年，多种经营实现收入5143万元，利润609万元。1986年以后，华北测井公司集体经济、多种经营外销产品收入以每年平均5%的速度增长；1995年，实现产值3880万元，利税380万元。1987年12月，长庆测井工程处将劳动服务公司重组为集体所有制企业，1998年，在锦林公司基础上组建方元实业有限责任公司，收入2417万元，利润260万元。1988年，吉林测井公司成立吉林测井仪器厂，相继生产部分声速、声幅、伽马和微电极等仪器，缓解了吉林测井公司装备紧张状态，数字存储式电子压力计面向全国油田销售。1988年之后，河南石油勘探局地球物理测井站相继成立测井五星技术服务公司、河南油田科丰实业开发公司和河南油田宏远新技术开发公司等多种经营公司。1990年，大港测井公司成立华星实业公司，多种经营向生产经营和市场化发展，1993年组建华星实业总公司。1994年，江汉测井研究所为进一步加强集体经济工作规模化发展，成立科兴实业总公司，整合原佳兴新技术开发公司、科技胶印厂、沙发厂、基建维修队和农业队等经济实体。

这一时期，多种经营管理模式和运行机制逐步发生较大转变，管理水平不断提高，由生产型管理向生产经营型管理转变；由适应计划经济向适应市场经济发展；由分散多头管理向集中管理发展；由单一经营向多种经营集团化发展。产业结构和队伍结构不断优化调整，经营管理体制逐步完善，速度与效益同步增长，形成经济效益和社会效益齐头并进的大好局面。

三、海洋石油测井对外合作

1978年3月26日，中共中央政治局集体研究决定：在指定海域，购买外国设备，雇用外国技术人员，用分期付款方式和所采石油偿还其投资，进行中国海上石油资源开发，亦即海洋石油对外合作。中国海洋石油工业由此打破中国石油界延续几十年"自力更生"传统，迈上一条与陆地石油工业迥然不同的现代化发展道路。1980年5月29日，在邓小平等中央领导的批示和推动下，中法、中日分别在北京、东京签署了有关渤海湾、北部湾石油勘探开发合同，海洋石油对外合作取得了突破性进展。

1980年，法国道达尔公司和英国BP公司进入中国海洋石油勘探领域，在北部湾和南黄海区域钻探3口预探井，石油工业部要求测井施工作业与美国阿特拉斯公司合作。渤海海洋石油勘探局电测站使用3600数字测井仪，完成南黄海盆地2口预探井作业，南海石油勘探指挥部完井大队完成北部湾盆地1口探井作业，这是中国石油工业在测井行业第一次对外合作服务。1981年2月12日，渤海海洋石油勘探局电测站应用JD-581多线式自动井下测井系统完成东海海域第一口探井龙井1井测井服务。

1980年4月，石油工业部决定组建测井合资公司筹备组，由塘沽海洋石油勘探局、湛江南海石油勘探指挥部、胜利油田的相关人员以及石油工业部外事局和勘探司的部分人员组成。10月，与美国阿特拉斯公司和吉尔哈特公司分别签订合资意向协议书。石油工业部副部长张文彬从技术实力和在世界服务市场上所占份额考虑，决定选用阿特拉斯公司为合作伙伴，1981年7月15日，双方签署《合资经营协议书》。8月10日，石油工业部正式批准成立中国海洋石油测井公司（英文简称COOLC），对外称中国石油测井—德莱赛·阿特拉斯合作服务公司（英文简称LCC）。这是中国改革开放后石油系统测井行业第一家对外合资公司。

随着中国海域油气勘探大门打开，国外石油公司纷纷涌入，中国石油海洋测井公司凭借2套CLS-3700数控测井设备在南海和渤海区域投入激烈的测井服务市场竞争，5年累计作业123口，为国家油气勘探作出应有贡献。1984年，中国海洋石油总公司提出合作与自营两条腿走路，测井公司按照独立承包商构建专业化服务公司，建设"321"模式，即3个分公司（塘沽、湛江、深圳），2个办事处（广州、北京），1个大本营（燕郊），以适应高度市场经济和高度分散作业需要，建设作业服务、资料解释、科技研究、维修制造、人员培训"五位一体"的经济实体。1994年3月，康世恩视察中国海洋石油测井公司时题词"面向世界合作发展，提供一流测井服务"。

20世纪80年代，中国海洋石油测井公司与法国斯伦贝谢公司达成协议，斯伦贝谢为中方提供技术服务，建立东南亚培训中心，帮助中方培训技术人员。与法国CGG公司开展垂直地震剖面测井（VSP）方面合作，合作建立垂直地震测井资料数据处理中心，为国内外石油公司提供专项资料处理服务。在合作过程中，中国海洋石油测井公司获得先进设备、管理经验、人才培训，加快了自身发展速度，培养了一批高质量的操作工程师、维修工程师、机械师、解释工程师以及操作手等技术人才，但是有近一半人员成为外国公司雇员，外国公司依靠其高质量服务赢得丰厚收入。中国海洋石油测井公司从双边合作逐步发展到多边合作，在资金积累、人才培训、先进技术及管理经验等方面获益良多，为其实体化经营和快速发展奠定了基础。

四、组建中油测井有限责任公司

1994年5月6日，中国石油天然气总公司召集测井相关单位在华北油田召开（联合）测井公司筹备大会，启动组建工作。8月2日，在北京昌平石油大学（北京）召开（联合）测井公司首届股东大会，确定公司名称为"中油测井有限责任公司"，英文缩写"CNLC"。中国石油天然气总公司及大庆测井公司、胜利测井公司、辽河测井公司、四川测井公司和华北测井公司等19家单位参股，各股东单位认购出资额共计640万元。8月18日，中油测井有限责任公司组建方案获中国石油天然气总公司正式批准。9月，中油测井有限责任公司组成成像测井装备赴美考察订货团，订购2套阿特拉斯ECLIPS–5700成像测井系统和1套哈里伯顿EXCELL–2000成像测井系统。11月11日，中油测井有限责任公司在西安注册。1995年1月18日，中油测井有限责任公司在北京开业，时任中国石油天然气总公司总经理王涛等领导出席开业仪式，王涛题词："立足于市场开拓，立足于人才的高素质，立足于高科技，立足于服务的优质高效，办好公司创出新路。"7月1日，中国石油天然气总公司勘探局组建的北京现代测井技术公司及其塔里木分公司整体并入中油测井有限责任公司。陆续购置ECLIPS–5700、EXCELL–2000、ECLIPS–5700拖橇等测井装备，先后在辽河、华北、塔里木、海上和总公司新区事业部滩海项目等市场服务。1996年，中国石油天然气总公司决定中油测井有限责任公司划归中油技术服务有限责任公司。1997年，在委内瑞拉的加拉加斯注册中国石油委内瑞拉技术服务公司（CVTS），开始境外市场开发。

第二节　引进国外先进测井技术和装备

20世纪70年代，石油化学工业部认真贯彻邓小平关于"要争取多出口一点东西，搞点高、精、尖的技术和设备回来，加速工业技术改造，提高劳动生产率"的指示精神，及时组织有关部门引进了一批石油勘探装备和技术，对提高中国石油勘探技术水平起到了重要作用。

一、数字测井装备

1973年，在国家技术装备进出口管理委员会组织和领导下，石油化学工业部引进办公室与美国德莱赛·阿特拉斯测井公司进行意向性谈判和技术谈判，1975年签订购买合同，成交金额1800多万美元，购买12套3600系列数字测井装备，包括裸眼测井装备10套，生产测井装备2套，2台用于测井资料数据处理INTERDATA-85型计算机。该测井装备的特点是地面系统采用数字磁带记录和光点胶片模拟记录，井下仪器包括单感应和0.5米电位电极组合仪、双感应—八侧向测井仪、双侧向测井仪、微侧向测井仪、井径、井斜测井仪、自然伽马测井仪、补偿声波测井仪、补偿密度测井仪、补偿中子测井仪、贴井壁中子测井仪、地层倾角和地层测试测井仪等。井下仪器信号采用脉冲编码调制器传输到地面系统，仪器最高耐压139兆帕、最高耐温175℃。

1977年1月，石油化学工业部派出15名测井、仪修、计算机及其他有关技术人员赴美国德莱赛·阿特拉斯公司技术培训2～5个月，为3600系列数字测井装备的验收、维修、操作和解释等推广使用做技术准备。1977年9月，石油化学工业部组织大庆、胜利、辽河、南海、北海、南疆、北疆、四川和华北等测井单位及西安石油仪器一厂，在胜利测井总站对3600系列数字测井装备进行验收。1978年4月，石油工业部将引进的12套3600测井装备和2台INTERDATA-85型测井资料数据处理专用计算机

1978年，石油工业部引进的3600测井装备在胜利测井验收

进行分配，胜利油田测井总站4套3600裸眼测井装备、1套3600生产测井装备和1台INTERDATA-85型计算机；渤海海洋石油勘探局电测站和南海石油勘探指挥部完井大队2套橇装3600裸眼测井装备；大庆生产测井研究所1套3600生产测井装备；新疆石油管理局技术作业处安装作业大队2套3600裸眼测井装备；四川石油管理局测井2套3600裸眼测井装备和1台INTERDATA-85型计算机。1979年，石油工业部从胜利油田测井总站调拨1套3600裸眼测井装备给大庆测井。

同年，地矿部为华北石油局数字测井站引进2套3600裸眼测井装备和1台INTERDATA-85型计算机数字处理系统。

二、数控测井装备

（一）CLS-3700数控测井装备

1982年，石油工业部从西方·阿特拉斯公司首次引进2套CLS-3700数控测井装备分配给中国海洋石油测井公司。随后中国石油天然气总公司、地矿部陆续为本系统各测井单位引进CLS-3700数控测井装备，截至1998年共引进CLS-3700数控测井装备64套。该测井装备的特点是采用美国Perkin-Elmer公司生产的8/16E型计算机，计算机通过指令输入数据进行各种操作并输出到各外设，它由控制和管理数控测井系统运行的DOS操作系统以及存储在磁带上的地面仪软件控制各种测井工作的应用程序组成。井下信号以模拟或数字化形式传输到采集板处理后输入总线送入计算机。井下仪器包括：双感应—八侧向测井仪、双侧向测井仪、微侧向测井仪、井径、井斜测井仪、自然伽马测井仪、补偿声波测井仪、补偿密度测井仪、岩性密度测井仪、补偿中子测井仪、贴井壁中子测井仪、地层倾角、C/O测井仪、能谱测井仪、RFT地层测试器。仪器最高耐温175℃，最大耐压139兆帕。

（二）DDL-Ⅲ数控生产测井装备

1985年，石油工业部从吉尔哈特公司引进2套DDL-Ⅲ数控生产井测井装备分配给新疆石油管理局测井公司，随后中国石油天然气总公司、地矿部陆续为本系统各测井单位引进DDL-Ⅲ数控生产井测井装备，截至1998年，共引进19套DDL-Ⅲ数控生产井测井装备。

（三）CSU数控测井装备

1985年，石油工业部从斯伦贝谢引进6套CSU-E生产井测井装备给大庆井下生产测井研究所。1987年，石油工业部从斯伦贝谢引进4套CSU-D数控裸眼测井装备分配给中原石油勘探局地球物理测井公司、引进1套CSU-D数控裸眼测井装备分配给华北测井公司。随后中国石油天然气总公司、地矿部陆续为本系统各测井单位引进CSU-D数控裸眼测井装备，截至1998年，共引进14套CSU-D数控裸眼测井装备。CSU-D裸眼测井装备采用 DEC 公司生产 PDP-11 型计算机，由 UNIX 操作系统和仪器操作程序两部分组成。CTS 通讯模式，传输速率 100 千比特/秒，井下仪器包括双侧向测井仪、微球聚焦测井仪、感应测井仪、数字感应测井仪、补偿声波测井仪、数字声波测井仪、数字伽马能谱测井仪、自然伽马测井仪、补偿中子测井仪、岩性密度测井仪、高分辨率地层倾角测井仪、地层倾角测井仪、RFT 地层测试器、井径测井仪、磁性定位仪、遥传短节、测斜探头、辅助测量探头等仪器，仪器最高耐温 175℃，最高耐压 140 兆帕。

（四）EXCELL1000 数控测井装备

1989 年，中国石油天然气总公司从哈里伯顿公司引进 1 套 EXCELL1000 数控生产井测井装备分配给玉门石油管理局地质录井处，1994 年，引进 2 套 EXCELL1000 数控裸眼井测井装备分配给胜利测井公司、新疆测井公司。截至 1998 年，共引进 3 套 EXCELL1000 数控测井装备。

（五）DDL-V 数控测井装备

1991 年，中国石油天然气总公司从哈里伯顿公司引进 2 套 DDL-V 数控裸眼测井装备分配四川石油管理局测井公司。随后中国石油天然气总公司、地矿部陆续为本系统各测井单位引进 DDL-V 数控测井装备，截至 1998 年，共引进 2 套 DDL-V 数控生产井测井装备、3 套 DDL-V 数控裸眼井测井装备。DDL-V 数控裸眼测井系统计算机是 VME130 单板机，其核心是 M68020 32 位微处理器。采用 Versados 操作系统。测井项目除了能完成常规测井外，增添了全波列声波、高分辨率感应、井下电视、六臂倾角等特殊测井方法，井下仪器最高耐温 177℃，最大耐压 138 兆帕。

20 世纪 80—90 年代，中国石油天然气总公司和地矿部还引进 1 套 DDL-I[+] 数控生产井测井装备、8 套 AT[+] 数控生产井测井装备、6 套 TPS-9000 高温生产井测井装备、1 套 MX60 数控生产井测井装备、3 套 DDL-PL 数控生产井测井装备分配给所属测井单位。截至 1998 年，共引进数控测井装备 130 套。

三、成像测井装备及随钻设备

1993 年，中国石油天然气总公司从西方·阿特拉斯公司引进 2 套 ECLIPS-5700 成像测井装备分配给中国海洋石油测井公司、华北测井公司，随后中国石油天然气总公司陆续为所属各测井单位引进 ECLIPS-5700 成像测井装备，截至 1999 年，共引进 ECLIPS-5700 成像测井装备 24 套，该测井系统以二台以太网连接的 HP730 工作站（76MIPS/台），采用 UNIX、X-Windows+Motif 操作系统，电缆遥测系统速率 23 万比特/秒，可兼容所有 CLS-3700 常规测井仪器，并对能谱、岩性密度、补偿中子、双侧向测井仪进行升级换代，配套核磁共振、环周声波成像、电成像、多极子声波成像、扇形声波水泥胶结等测井仪。井下仪器最高耐温177℃，最高耐压137.9兆帕。

1995年，中国石油天然气总公司从哈里伯顿公司引进1套EXCELL-2000成像测井装备分配给中油测井有限责任公司，随后中国石油天然气总公司陆续为所属各测井单位引进EXCELL-2000成像测井装备，截至1998年，共引进5套EXCELL-2000成像测井装备，该测井系统以两台以太网连接的IBMRS6000工作站（150MIPS/台），采用UNIX、X-Windows+Motif双操作系统，电缆遥测传输数率为217.6千比特/秒。配备了高分辨率感应测井仪、双侧向测井仪、微球聚焦/微电极测井仪、全波列声波测井仪、能谱密度测井仪、双源距中子测井仪、补偿自然伽马能谱测井仪、井眼特性测井性以及套管接箍定位仪等。另外还配备了微电阻率成像测井仪、环井眼声波成像测井仪、核磁共振测井仪，井下仪器的耐温177℃，耐压指标137.9兆帕。

1997年，中国石油天然气总公司引进1套Pathfinder随钻测井设备分配给北京地质录井公司，包括随钻电阻率测井仪、随钻自然伽马测井仪、随钻放射性测井仪和随钻井径测井仪，形成了随钻三组合测井的能力。

四、装备制造技术

1981年10月，石油工业部引进印制电路板生产线分配给西安石油勘探仪器总厂。

1987年，石油工业部从美国伊斯特曼公司引进EASTMAN照相单、多点测斜仪制造技术及生产线分配给西安石油勘探仪器总厂。

1989年，中国石油天然气总公司从美国西方·阿特拉斯公司引进CLS-3700数控测井仪生产线，分配给西安石油勘探仪器总厂，1990年，我国首条SKC3700控测井生产线投产。

1992年，中国石油天然气总公司从美国哈里伯顿公司引进BGD-MWD随钻测量仪制造技术及生产线分配给西安石油勘探仪器总厂，1993年制造出国内首套MWD随钻测量仪。

1993年，中国石油天然气总公司从美国欧文公司引进4台射孔弹的数控设备分配给四川测井公司，可生产包括深穿透、过油管超深穿透、102大孔径、系列切割弹等100多种规格型号射孔产品，具备射孔弹年产量30万发的能力。1996年，从美国哈里伯顿公司引进一套射孔弹压制生产线和导爆束编制生产线分配给大庆弹厂。

1994年，大庆生产测井研究所和美国康普乐公司合作组建大庆康普乐渊博地球物理服务公司，主要任务是购买sector散件组装生产井测井仪，在中国或国际市场进行销售。1995年，大庆生产测井研究所和俄罗斯乌法市地球物理科研生产股份公司合作组建大庆思创中俄地球物理股份公司，俄方投入СгдЦ水泥环密度测井仪、MAK-2水泥评价测井仪、流量计等，中方投入地面仪器、厂房、施工人员等。中方占股62%，俄方占股

38%，大庆思创中俄地球物理股份公司按合同 2005 年到期，延长了一年，2006 年注销。

国外先进测井装备和制造技术的引进，使中国测井装备整体实力在 20 世纪 80—90 年代得到快速发展。

第三节　国内测井装备研制更新换代

改革开放之后，石油工业部按照国家政策采取多种方式引进国外先进技术设备，为迅速提高石油工业技术水平创造了条件。西安石油勘探仪器总厂、江汉测井研究所等测井技术装备研究和制造单位，按照"引进、消化、吸收"的思路，加快国产测井仪器和设备的研发制造步伐，努力提升测井装备技术水平，实现国产测井装备数字化、数控化。同时，各油田测井公司根据自身需求对测井仪器进行改造升级，石油系统以外的军工企业、民营企业等开始加快测井装备的研发和制造，百花齐放，群雄逐鹿，形成了测井装备制造全面竞争的局面。

一、西安石油勘探仪器总厂的测井装备研制

1978—1998 年，西安石油勘探仪器总厂经历了陕西省西安石油勘探仪器总厂、石油工业部和陕西省共管西安石油勘探仪器总厂、中国石油天然气总公司西安石油勘探仪器总厂几个发展阶段，实现了从数字测井仪到数控测井仪研制。

（一）数字化测井装备研制

1978 年，石油工业部引进美国阿特拉斯公司 3600 系列数字测井仪，决定以其中 1 套为样机，由西安石油勘探仪器总厂牵头，组织江汉测井研究所、胜利测井总站、华北测井公司和四川石油管理局仪修厂 5 个单位，横向联合，协作试制 SJD-801 数字测井仪。西安石油勘探仪器总厂负责总体设计、主机及主要井下仪器试制、仪器整机总装调试、野外试验及组织协调工作，其他单位分别负责某一单项工作。该系统配套井下仪器有双侧向测井仪、双感应—八侧向测井仪、井眼补偿声波测井仪、补偿中子测井仪、补偿地层密度测井仪、八侧向测井仪、微侧向测井仪、自然伽马测井仪、地层倾角测井仪等，地面系统包括通用和专用面板，有模拟照相胶片和数字磁带两种记录方式，可直接送入计算机进行资料处理。该系统浅、中、深、超深井的电法测井系列、声波测井系列、核测井系列和工程测井系列仪器初步形成。经过协作试制、测试和野外实验，1982 年 6 月，SJD-801 通过石油工业部技术鉴定并投入生产，SJD-801 数字测井仪是中国第二代

大型系列成套数字测井装备，标志着中国测井装备进入数字化、系列化阶段。1988年3月，石油工业部勘探司测井处组织华北和大港测井公司对SJD-801型数字测井仪进行交叉作业实验，获得的原始资料除补偿地层密度测井仪器刻度存在问题外，其余井下仪器测井质量都达到了CLS-3700同类型井下仪器测井质量水平。

1983—1984年，研发SJD-83系列测井仪，在SJD-801数字测井仪进行简化改进基础上，对JD581-A型多线电测仪进行改造，增加接口机柜，增设JK接口面板、ZM补偿声波面板、ZE双线示波器面板、ZD双侧向面板、ZN电阻率面板、ZC放射性面板和WQ84微球聚焦面板，改变了JD581-A型多线电测仪只能进行横向测井的工作状况，形成了新的系列化测井仪。除了具有可配用原JD581-A型多线电测仪配用的井下仪器外，新增配有SJD-801的部分井下仪器，如双感应—八侧向、补偿声波、双侧向、自然伽马、补偿中子、补偿密度等测井仪器，并增加WQ84型微球形聚焦测井仪。SJD-83系列测井仪具有技术先进、价格低廉、操作简便、易于掌握等特点。SJD-801数字测井仪和SJD-83系列测井仪成为中国各油田20世纪80年代中期至90年代初期油田勘探开发主力测井装备。

20世纪80年代中期开始，西安石油勘探仪器总厂与江汉测井研究所、大庆测井公司、中原测井公司、滇黔贵临盘测井站和地矿部南京物探研究所等单位先后进行JD-581多线电测仪加微机实行数字记录改造工作。SJD-581型数字多线电测仪是西安石油勘探仪器总厂在JD-581型多线电测仪的基础上，由深圳爱华公司提供以8086CPU为核心的主计算机硬件，西安石油勘探仪器总厂制作数字接口采集电路，使用BASIC语言编制的测井程序，能完成模拟信号的采集、记录和数字转换，既能用相纸记录测量结果，也能用软磁盘记录。至1990年，SJD-581微机多线仪数字采集系统主要生产单位西安石油勘探仪器总厂、江汉测井研究所和滇黔贵临盘测井站共生产114套，大庆、辽河、中原、胜利、大港和四川等10个测井公司共订货82套，试用37套，使用成功19套，使用成功套数占订货套数的23%。

（二）数控测井装备研制

1986年，西安石油勘探仪器总厂牵头与江汉测井研究所、华北测井公司、宝鸡石油机械厂和海洋石油测井公司等单位开始进行SKC-A型数控测井系统研制，并列入"七五"国家重点科研攻关项目。1987年初，国家下达"七五"攻关项目"SKC-A型数控测井系统"研究任务。该系统以地面车载计算机为中心，设计先进，功能完善，数据传输率高，测井组合能力强，刻度功能完善，具有数据密集、实时控制、数据处理、随机质量检测等功能。测井系列包括双侧向—微球形聚焦测井、双感应—球形聚焦测井、双源距补偿中子测井（又称双源距热中子测井）、双源距超热中子测井、岩性密度测井、自然伽马能谱测井、次生伽马能谱测井、长源距声波测井（数字声波测井）、地层倾角测井、微电阻扫描测井、固井质量测井、生产测井、电缆地层测试器以及射孔和井壁取心。经历研制准备、模型机试制、样机试制与软件开发、井下仪器联配、现场测井实验等5个阶段。1995年12月，中国石油天然气总公司召开"七五"国家重点科技（攻关）项目"SKC-A数控测井系统"鉴定会，同意通过鉴定，中国自主装备测井系统进入数控时代，为后续国产数控测井装备进一步研发打下了基础，1996年正式投产。

1989年，引进美国西方阿特拉斯CLS-3700数控测井仪生产制造技术，建成现代化SKC3700数控测井仪生产线，使中国的测井仪器生产制造装备和管理水平得到了极大提高。井下仪器主要有电缆头（电极系）、声波、长源距声波、感应、双侧向、微侧向、自然伽马、补偿中子、补偿密度、岩性密度、自然伽马能谱、碳氧比能谱、地层倾角等测井仪和地层测试器。1990年10月，中国石油天然气总公司对SKC3700数控测井仪进行技术评定，对SKC3700生产线和SKC3700数控测井仪的性能及各项技术指标进行全面检查测试，并对产品质量保证体系、技术文件和图纸资料进行审查，评定认为SKC3700数控测井仪是石油勘探计算机化的大型测井系统，可以进行多种方法的测井工作，具有实时操作显示、自动诊断、测井资料现场快速处理等功能；该系统技术性能达到产品质量验收标准，能替代进口产品；选用万国牌汽车底盘，设计周到、配备齐全，能满足各种井下仪器测试需要；系统工艺工装配套齐全，符合规范标准。评审认为生产线符合各类技术标准的要求，通过SKC3700数控测井仪技术评定，并同意投入批量生产。SKC3700数控测井仪是中国第三代测井装备，是西安石油勘探仪器总厂20世纪90年代初、中期的支柱产品。

1992年，西安石油勘探仪器总厂借鉴吸收SKC3700技术，试制成功XSKC92数控测井仪，该仪器主要配接原SJD-801数字测井仪下井仪器，也可配接SKC3700数控测井仪下井仪器，至此，中国自主测井装备实现数控化。1992年，引进美国哈里伯顿BGD-MWD无线随钻测量仪的制造技术及生产线，1993年制造出MWD随钻测量仪。1998年，在XSKC92数控测井仪系统基础上，开始研制SKC9800系统。

西安石油勘探仪器总厂在计划经济时代，尤其"七五""八五"期间，在中国石油天然气总公司支持下，依靠贷款引进先进技术，对工厂进行大规模技术改造，建成多条自动化生产线，使中国石油勘探装备迅速实现数字化和数控化，累计向全国各油田提供勘探仪器208万多套，创产值21亿多元，成为计划经济下的"宠儿"。20世纪90年代初，市场经济扑面而来，市场情况发生骤变，昔日的"宠儿"，因资产占用过大，债务包袱重，加之对市场不适应，1993年经营出现大亏损。1994年起，围绕市场不断调整产品结构、队伍结构和资本结构，改变资本结构单一和产品相对单一状况，相继建立中外合资公司和一批集体所有制或股份制子公司，实现资本和产业多元化，消化安置分流职工1200多人。

1978—1998年，西安石油勘探仪器总厂开启引进、消化、吸收和创新之路，以较快速度，先后立项研制了16种仪器和8种射孔仪，如SJD-801型数字测井仪、SQ691型自动跟踪射孔取心仪、SD81型生产测井地面仪、SJD-83型系列测井仪、SKC3700数控测井仪、SKC-A数控测井系统、XSKC92数控测井仪、WQ型微球形聚焦测井仪和SSQ-B数控射孔取心仪等，技术基础力量增强，实现飞跃发展，作为中国石油系统内勘探仪器主力制造企业为测井装备研制进步作出了突出贡献。

二、各油田测井公司的仪器研制

1978—1998年，中国测井装备研发制造企业，石油系统内除了西安石油勘探仪器总厂外，1979年在江汉石油管理局电测站攻关中队基础上整合成立的江汉测井研究所，跟踪国外先进测井技术，加快国内测井技术研究步伐。同时，各油田测井公司自行攻关研制的井下仪器有27种之多，如介电感应测井仪、碳氧比能谱测井仪、固井二界面质量检查仪、双侧向测井仪、连续测斜仪、数字井下电视测井仪、SCB-5型聚能式探头声波测井仪、WQ-85型微球形聚焦测井仪、补偿声波测井仪、补偿中子测井仪、补偿密度测井仪、岩性密度测井仪、地层倾角测井仪、全电极测井仪、井壁中子和井壁声波测井仪等。

20世纪80年代，伴随着数字化测井技术的引进，各油田测井单位也进行了相应测井仪器的研究攻关和改造升级。1980年，长庆测井总站研制出"FBM-781型补偿密度测井仪"。1982年，胜利测井总站参与西安石油勘探仪器总厂"SJD-801数字测井仪系列"项目研制。1983年，辽河测井公司研制出"深浅并测非线性双侧向测井仪"；大庆井下生产测井研究所研制出SD81生产测井地面仪。1990年，江汉石油测井研究所研制出"激发极化和自然电位组合测井仪"；辽河测井公司与中国航空航天工业部三院33所联合成功研制出"连续测斜仪"；华北测井公司与华中理工大学共同研制出"数字井下超声电视测井系统"。1991年，胜利测井公司与郑州信息工程学院合作研制出"SL91-1型数字测井仪"。

20世纪80年代中后期，随着数控测井技术引进，部分油田测井公司参加中国石油天然气总公司有关测井装备研制项目的协作或配套研究工作。1985年，江汉测井研究所研制的SKJD-581小数控测井地面系统通过部级鉴定；1987年，参与国家"七五"攻关项目"SKC-A数控测井系统"研究，承担"YMJ-A岩性密度测井仪""ZGPJ-A能谱测井仪""数控测井刻度模块研究"3个子课题。1985年5月，海洋石油测井公司与清华大学联合攻关研制出"HCS-87数控测井地面系统"。1989年，大庆测井公司与协作单位研究开发出DQ-8900数控测井系统；1993年研制出"DLS-I型小数控地面测井系统"。1991年，胜利测井公司与北京航空航天大学合作研制完成"DCDLL-871数控双侧向测井仪";1993年研制出"SDCL-2000型分布式数控测井系统""SL-92环空数字测井系统""DCDLL-871数控双侧向测井仪"等测井仪器;1997年与郑州信息工程学院合作研制"SL-3000型数控测井系统"试验样机。1993年,中原测井公司与中国船舶总公司七院联合研制出"JSCC-IC型长源距声波测井仪""JSBC-IC型标准距声波测井仪""BZC-IC型补偿中了测井仪"等7种数控测井仪器;1997年自主研制的"DF-Ⅰ数控测井仪""DF-Ⅲ数控生产测井仪""CDC-902数控测井仪（RFT）"均投产应用。1994年,华北测井公司研制出"综合数控测井仪（8900-A型）";1995年参与完成国家"七五"攻关项目"SKC-A型数控测井系统"子课题;1998年,"BLS9500生产综合数控测井仪"研制完成,可替代DDL-Ⅲ。

三、石油系统外企业的测井仪器研制

20世纪80年代,中国电子科技集团公司第二十二研究所（又名中国电波传播研究所）,发挥电波技术研究、开发和应用优势,研制成功"SCB-1聚能声波测井仪""WQ85-1微球测井仪"。20世纪90年代研制成功"SK-88数控测井仪""SKD-2000数控测井系统""SL-2000数控测井系统",并应用到各油田测井服务中。

1986年,中国船舶集团公司舰船研究院北京环鼎科技有限责任公司和石油工业部合作,与中原油田一起跟踪国际领先技术,合作开发"520系列数控测井系统",1997年研发"521系统电缆测井系统",在新疆、中原、大庆和四川等油田推广应用。

中国航空航天部三院33所与辽河测井公司联合研制连续测斜仪、WSQ-01微机射孔取心仪。中国航天工业部一院12所与河南测井联合研制HH-1型钻进式井壁取心器。中国船舶集团公司天津707研究所和中原油田测井公司联合研制成功SY-01数控射孔取心仪。北京航空航天大学、郑州信息工程学院先后与胜利测井公司合作研制完成DCDLL-871数控双侧向测井仪、SDCL-2000型分布式数控测井系统、SL-3000型数控井系统。华中理工大学与华北测井公司共同研制数字井下超声电视测井系统。

1978—1998年,石油系统外测井装备研发制造企业（高校）凭借技术实力和机制体制,采取独立和联合模式,研发制造测井装备,并在油田推广应用,加速了国内测井技术的进步,推动了测井装备制造业的市场化竞争。

四、聚能射孔器的研制

20世纪70年代末,石油工业部召开了第一次全国石油科技工作会议,促进射孔器技术加速发展。

（一）四川石油管理局射孔弹厂

1979年，四川石油管理局井下作业处射孔弹制造组研制出WS-1型85塑料弹和WS-1型103塑料弹，满足了超深井射孔需要。1980—1983年，研制WS-600型过油管无枪身陶瓷射孔弹、LG-2Viamm铝壳射孔弹及有枪身的JG-51型金属射孔弹。1984年，升格为四川石油管理局射孔弹厂。1986年，研发"压差式"起爆装置，填补了国内空白。1987年，四川石油管理局射孔弹厂划归测井公司。1988年，研制的SYD73-Ⅱ、SYD73-Ⅲ型有枪身射孔弹销往国内多个油田。1998年，研制的超高温超高压射孔器，耐温达到200℃/100小时，承压140兆帕，射孔弹平均穿深超过400毫米，达到了国际先进水平，结束了国内高温高压射孔器材依靠进口的历史。1986—1991年，射孔弹厂研发5种起爆装置与各种型号射孔枪进行组合配套，形成了完善的油管传输射孔器系列，解决了水平井、超深井、定向井等复杂井射孔器材施工难题。

（二）胜利油田矿场地球物理测井总站

1979年2月，测井总站研制SSW-78型过油管射孔弹。1985年，研制的SLG84-29型高温过油管四方位射孔器通过石油工业部鉴定，该系统耐温性能优于引进的同类产品，穿透深度提高50%，作为国家定型产品推广应用。1990年，研制水平井外定向射孔器。1993年，与兵器工业部西安二〇四研究所联合研发油井切割弹系列产品、73型、89型射孔器、无杵堵射孔弹。

（三）大庆石油管理局射孔弹厂

1982年7月，大庆石油管理局射孔弹厂研制48-200型无枪身过油管射孔弹（后定名为WD48-20型射孔弹）；1984年，研制无杵堵YDG-51型过油管射孔弹；1986年，研制出用于稠油层射孔的YD-114型大孔径有枪身射孔器。1994年，研制的DQ50YD-2S（新102）型射孔弹，穿混凝土靶达604毫米，102型射孔器穿深性能首次突破600毫米。1996—1998年，从国外引进装备，建立了国内第一条采用湿法编织工艺生产油气井导爆索的生产线，研制出80RDX普通导爆索和80HMX高温导爆索，爆速达到6700米/秒；超高温80PYX导爆索，耐温250℃/1小时，爆速6529米/

1988年，大庆石油管理局射孔弹厂装配车间

第四章 技术进步和管理改革加快测井发展

秒，形成普通型、高温型、无枪身型 3 个系列 6 个品种导爆索产品。

（四）海洋石油测井公司

1994—1998 年，海洋石油测井公司研制出 89 型、102 型、114 型和 159 型射孔器材在渤海湾中日合作区块、南海石油开发中得到应用，在海油区域推广应用并替代进口器材。研制高孔密深穿透、大直径、多方位新型射孔枪系列，与大庆射孔弹厂合作开发低孔密深穿透、高孔密大孔径系列射孔弹，形成大孔径、高孔密系列射孔器，为优化稠油层、疏松地层、出沙油层开发和注聚合物井射孔提供了支持。

1990 年，中国石油天然气总公司决定开展深穿透、无杵堵新型射孔弹的研制，确定 89 型射孔弹穿深超过 400 毫米，102 型射孔弹穿深达到 500 毫米，127 型射孔弹穿深要突破 700 毫米的研究目标。当年，大庆射孔弹厂研制的 YD-89 型射孔弹穿深达到 392 毫米。1991 年，西仪总厂射孔弹分厂、大庆射孔弹厂、山西新建机器厂、四川射孔弹厂各自研制的 89 弹穿深全部超过 400 毫米大关。1992 年，针对首次全国石油射孔弹性能测试所暴露出的问题，实行全国射孔弹统检测试和评价，成立中国石油天然气总公司油气田射孔器材质量监督检验测试中心，对标 API 先进标准和检测技术，制定射孔器材技术标准，提高聚能射孔弹/器的穿孔深度等指标。1993 年 10 月，第二次组织大庆、四川、新疆和西仪总厂射孔弹分厂的 10 种 127 型深穿透射孔弹穿混凝土靶测试，有 9 种弹平均穿孔深度超过 700 毫米。

1985 年，兵器工业部确定四川射孔弹厂、大庆射孔弹厂和五四三一厂等 8 个厂为国家射孔弹定点生产单位。1991 年，宝鸡石油机厂研制 15 种系列射孔枪。1993 年，西仪总厂根据油田特殊需要，在国内率先研制成功 43DP11 型、54DP15 型无枪身全通径射孔弹。1998 年，西安二一三所等单位生产的常用油井导爆索爆速突破了 7000 米/秒水平。到 20 世纪 90 年代末期，国内已开发出常温、高温、超高温、深穿透和大孔径系列射孔弹，形成了最高孔密 40 孔/米、最大耐压 175 兆帕等多种规格系列射孔器和爆松、切割、桥塞等工程射孔产品，射孔弹及配套产品远销中东、西亚、南亚等地区。

第四节 加快先进测井技术推广应用

改革开放之后，随着国外先进测井技术装备的不断引进，以及我国自行研发数字化、数控化测井仪器的加快发展，各油田测井公司的技术和装备开始更新换代，测井装备处于一个模拟测井、数字测井、数控测井和成像测井高中低端设备并存的时代，不断完善测井系列，形成浅、中、深电法测井系列、岩性孔隙度测井系列、成像测井系列和生产测井系列，测井工程技术服务能力和水平得到快速发展。

一、裸眼井测井技术

（一）模拟测井技术

20世纪70年代末80年代初，国产JD-581全自动测井仪仍是各油田开发井（油井、开发井）和浅层砂泥岩剖面探井测井主力装备，挂接六线圈系感应、声波时差、电极系、综合仪组合和三侧向等下井仪器，测井行业主要利用模拟测井技术为大庆、胜利、华北、辽河、中原、新疆、大港、河南、吉林、长庆、江汉、玉门、江苏、青海、延长和四川等油气田服务，为国家稳油上产提供技术支撑。随着数字和数控测井技术的引进和自主研制，20世纪90年代末模拟测井技术开始逐渐被淘汰。

（二）数字测井技术

1978年，石油系统开始应用美国德莱赛·阿特拉斯公司3600数字测井系统，配接包括双侧向—微球形聚焦、双感应—八侧向、补偿中子、补偿密度、补偿声波、地层倾角和地层测试等井下测井仪器，测井用磁带记录采集的测井信息，标志着国内进入数字测井时期，当时引进的10套3600数字测井系统分配给胜利测井、四川测井、大庆测井和海洋测井等单位，主要应用于探井和重点开发井测井施工。1978—1987年，胜利油田测井总站利用3600测井装备，完成1233井次/860口，地层倾角测井183次/159口。1982—1984年，西安石油勘探仪器总厂研制出SJD-801和SJD-83测井系列。SJD-83系列在JD-581型多线电测仪系列基础上，新增配有SJD-801部分双感应—八侧向、补偿声波、双侧向、自然伽马、补偿中子和补偿密度等测井仪器，并增加了WQ84微球聚焦测井仪。国产化数字测井装备开始在各油田测井应用，丰富了测井系列，形成三孔隙度测井、三电阻率测井和辅助测井等9条常规测井曲线，新增了地层倾角、重复式地层测试器和自然伽马能谱等测井方法。1986年，石油工业部各油田测井队伍不断扩大，共有653支测井和射孔队。20世纪90年代，随着数控测井装备的引进和国产数控测井仪研制成功，数字测井系列被逐步取代。

（三）数控测井技术

1980年开始，石油工业部雇用法国斯伦贝谢公司CSU数控测井队，分别在华北、大庆、辽河、新疆、中原、胜利、长庆、四川等油田和中国海洋石油公司开展测井技术服务，解决了一些疑难层的测井和解释问题。1982年，海洋石油、胜利、辽河、华北、河南、新疆、长庆等油田和地质矿产部有关石油地质局先后应用美国德莱赛·阿特拉斯公司CLS-3700数控测井系统，测井系列还增加重复式地层测试器、自然伽马能谱和四臂井径等测井方法，开始进入数控测井时代。1987年，大庆、中原、华北、江汉、新疆和四川等油田测井公司相继应用法国斯伦贝谢公司CSU数控测井系统，测井系列中又增加高分辨率倾角、自然伽马能谱和长源距声波等测井方法。20世纪90年代，SKC3700、XSKC92、SKC-A、SL-3000等多种型号国产数控测井仪在各油田得到推广应用，基本满足了国内石油勘探开发的需求。1997年，中国石油天然气总公司北京地质录井公司应用从美国引进的pathFinderLWD全系列随钻测井装备，在塔里木等油田提供随钻测井技术服务。

（四）成像测井技术

1989—1995年，法国斯伦贝谢公司MAXIS-500成像测井系统先后在新疆、中原、四川和长庆等油田进行测井服务。1993年起，海洋石油测井公司、中油测井有限责任公司和华北测井公司等先后应用引进的贝克休斯—阿特拉斯ECLIPS-5700成像测井系统。1995年起，中油测井有限责任公司、华北石油局，以及新疆、大庆、胜利等油田测井公司先后应用引进的美国哈里伯顿公司EXCELL-2000成像测井系统。成像测井系列包括微电阻率成像、井周声波成像、高分辨率阵列感应、交叉偶极阵列声波和核磁共振等。"九五"期间，中国测井行业装备主要以国产数控测井装备为主，在岩性简单、均质和中高孔隙度储层中，使用国产数控测井仪及引进的数控测井仪能够有效地解决地质问题。在重要探井和开发井，主要使用引进的成像测井。

（五）水平井测井工艺技术

针对大斜度井和水平井测井施工难题，1991年1月胜利测井公司应用套管水平井油管输送测井工艺、"保护套式"测井仪器保护装置、钻杆推进保护套式大斜度井及水平井裸眼测井技术和水平井测井湿接头工具。1992年，大庆测井公司采用国产湿接头钻杆输送式工具配套CSU测井仪器进行水平井测井。1992年10月，辽河测井公司使用"泵出法"工艺完成冷平3井340米水平段测井。其他各油田测井公司在水平井测井施工中也形成具有各自特色的水平井测井技术与工艺工具。

二、生产井测井技术

1980年，石油工业部将生产测井纳入日常管理。1991年，制定生产测井规范，推广14项新技术，开展生产测井队伍等级资质认证。围绕注入剖面、产出剖面、剩余油饱和度和油气田工程测井，应用引进的DDL-Ⅱ、DDL-Ⅲ、DDL-Ⅴ、CSU-E和TPS-9000等数控生产测井系统，逐步形成有效的测井采集系列和评价技术。

（一）注入剖面测井

随着油田开发需要，先后发展注水、注气和注聚剖面测井技术。1980年，石油工业部开发生产司向各油田推广 Ba-131 示踪剂和测井新工艺，放射性同位素注水剖面测井迅速发展。20 世纪 80 年代中后期，国产和引进多参数组合仪得到推广应用，使注水剖面测井由单项测量向组合测量发展，制定注水剖面规范化测井系列，包括伽马仪、微球井下释放器、井温仪和接箍定位器。1991 年，大庆油田生产测井研究所研发的电磁流量计—磁性定位器—井温仪—压力计注聚剖面测井组合仪开始在辽河、吉林、江苏、华北、大港和河南等油田应用。

（二）产出剖面测井

油田开发中后期，随着"找水"需要，相继应用产液和产气剖面测井技术。1981—1983 年，大庆油田应用直径 48 毫米压差式密度计，大港测井总站应用放射性含水率—密度计。胜利、辽河、华北、新疆、中原和大庆等油田相继应用引进的美国哈里伯顿公司 PLT 持气率测井仪，准确测量井中的含气量。1986 年以后，由于自喷井大量转为有杆泵采油井，"过环空"测井技术迅速在大庆油田、辽河油田、新疆油田、长庆油田、玉门油田等 13 个油田推广应用。20 世纪 90 年代，随着油田大斜度井、水平井的开发，促进特殊类型井产出剖面测井技术和工艺工具发展。

（三）产层参数测井

1978 年以后，国内老油田因注水发生不同程度水淹，相当多老油田进入高程度水淹，剩余油饱和度等产层参数测井技术得以迅速发展。1979 年，大庆油田地球物理研究所应用 NP-3 型 C/O 测井仪开始碳氧比测井。1983 年，胜利油田、辽河油田和大港油田应用美国阿特拉斯公司 C/O 测井仪完成中深井碳氧比测井。20 世纪 90 年代，长庆和河南等 10 个油田测井公司先后开展碳氧比测井。1990 年起，大庆测井公司自主研制的 120℃中深井 C/O 测井系列仪器，在大庆、辽河、吉林等油田应用。这一时期，SMJ-C（D）型双探测器中子寿命测井仪、渗硼中子寿命测—渗—测技术，在江汉、大庆、胜利、辽河、华北、长庆、新疆等油田得到推广应用。

（四）工程测井

随着油田开发套管井固井质量和管外窜槽等检查的需要，相继发展工程测井技术，石油工业部要求每一口新井在射孔前都要进行声幅测井、声波变密度测井及微井径测井等，检查固井质量，在大庆、胜利和新疆等油田开始应用声幅—变密度测井、声波变密度（固放磁）测井。1991 年，中国石油天然气总公司组织制定固井质量规范化测井系列，综合评价固井质量。

（五）井间监测

从 20 世纪 90 年代开始，大庆、辽河、中原、胜利和新疆等油田将井间化学示踪监测技术纳入日常生产管理，华北、长庆、新疆、吐哈、冀东和中原等油气区也相继开展此项工作。20世纪90年代中后期，大庆、大港、辽河、胜利、长庆、塔里木、河南、玉门和延长等油田开展了井间同位素示踪监测技术。

三、射孔工艺技术

随着中国石油工业的快速发展，射孔工艺技术持续进步，综合配套能力逐步升级，形成了较为完善、成熟的射孔系列配套技术，全面助力油气田勘探开发。

1980年，石油工业部在大港油田召开过油管射孔新技术应用座谈会，要求全国实现过油管射孔井数占总射孔井数的30%以上。大港油田在应用引进过油管射孔技术基础上，研制出注脂泵装置，使过油管射孔技术日趋完善。1983—1984年，在大庆油田、胜利油田推广过油管射孔清水压井技术，与用钻井液压井射孔井相比，可以提高单井日产量。该技术受油管内径的限制，射孔弹能量受限，无法实现高孔密、深穿透的效果，采用无枪弹夹射孔又难以准确掌握射孔方向，20世纪90年代以后已很少采用过油管射孔技术。

1984年，胜利油田从国外引进油管输送射孔装置；同年，山西新建机器厂研制国产化的油管输送射孔器在胜利油田试验。1988年12月，四川石油管理局引进斯伦贝谢公司的油管传输射孔技术和装备，在磨27井首次试验成功。1990年，油管输送射孔作业占当年总射孔作业井次的60%。1991年，胜利测井公司完成中国第一口水平探井——埕科1井油管输送射孔，并研制成功水平井外定向射孔器。1995年，地质矿产部华东石油局将油管输送射孔工艺技术与油气测试、地面直读联作获得成功，研制"可控液压延时引爆器""水平180°相位控制摆锤""撞针牵引器"等射孔器材部件。1998年，塔里木油田采用高能复合射孔（HEPF）技术。这一时期，油管输送射孔技术在胜利、大庆、塔里木、四川、大港、辽河及海域油气田推广使用，形成与投产联作、产层测试联作、抽油泵联作和高能气体压裂联作等工艺系列。

1981年，卡点测量仪和爆炸倒扣工艺技术在胜利油田研制成功，逐步在各大油田推广应用。1987年，应用SL-Ⅱ型测卡仪，提升卡点测量精度。1993—1995年，在各油田推广应用四川射孔弹厂研制的$2\frac{1}{2}$英寸、$4\frac{1}{2}$英寸、5英寸、$5\frac{1}{2}$英寸、7英寸、$9\frac{5}{8}$英寸6种管材的聚能切割器，在油气井管柱遇卡工程复杂处理中代替炸药爆炸松口，提高复杂处理成功率。

四、雇用国外测井服务

1980年开始，石油工业部开始雇用法国斯伦贝谢公司测井队，在华北、大庆、新疆、中原、胜利等油田开展测井技术服务。

1980年1月，斯伦贝谢公司CSU测井队在华北油田服务，测井内容有双侧向—微球型聚焦、双感应—球型聚焦、补偿声波、岩性密度、补偿中子、自然伽马和自然伽马能谱、长源距声波、地层倾角、RFT重复式地层测试器、环形声波等。华北测井公司为法国斯伦贝谢测井队提供必要工作和生活协助，同时从生产技术管理、测井方法和工艺、资料处理和解释方法上都学到了不少方法和经验。1980—1984年，法国斯伦贝谢公司一支CSU测井队在华北油田开展了两个阶段技术服务，撤离时将该CSU设备留在华北测井公司。

1981年，新疆石油管理局在克拉玛依市建立斯伦贝谢公司测井服务基地，成立新疆石油管理局中方评价组，于1981—1982年和1985年两次雇用斯伦贝谢公司CSU测井队提供新技术服务。辽河油田成立斯伦贝谢测井资料评价组，于1982—1983年10月两次雇用斯伦贝谢公司CSU测井队开展测井服务。1983年5月，胜利油田与斯伦贝谢公司签订测井服务合同，在胜利测井总站建立服务基地，1支CSU测井队提供技术服务。1983年5月，中原油田雇用斯伦贝谢公司2支测井队，截至1986年5月共测井319口348井次、射孔4口。1984年12月，大庆油田雇用斯伦贝谢公司1支CSU测井队在大庆油区服务。1995—1996年，斯伦贝谢公司1支MAXIS-500测井队在大庆服务。1993—1994年，斯伦贝谢1支CSU测井队在长庆油田靖边气田提供服务，1995年1支MAXIS-500测井队在长庆靖边气田提供半年测井技术服务。

第五节　探索市场化测井服务

1986年，党中央、国务院根据石油工业发展形势，做出"稳定东部，发展西部"战略决策。20世纪90年代初，石油行业内部市场体系正在形成，市场机制在企业生产活动中发挥了重要作用。全行业逐步营造起勘探、开发市场和钻井、物探、井下作业和测井等技术服务市场。1993年，中国石油天然气总公司提出"建立以勘探、开发市场为主体的统一开放的石油工业市场"方针、政策，打破"画地为牢"式的封闭经营管理格局。处于经济转型中的中国测井行业在改革开放的新形势下稳步持续发展，积极探索塔里木会战、吐哈会战和冀东石油勘探开发"油公司"测井市场化模式，在市场经济中实现测井技术持续提升，中国测井行业在20世纪90年代初步形成国内和国外两个市场，为更好适应石油工业发展需要，逐步打破各油田测井地域束缚，促使国内油田市场逐渐放开，测井技术进步引领市场化发展。

一、主动适应油公司市场

1989年开始,中国石油天然气总公司按照市场经济运行机制,在塔里木会战、吐哈会战和冀东石油勘探开发中按照"油公司"管理模式,实行专业化服务、市场化运作和合同化管理,以项目管理和甲乙方合同制为中心,逐步形成具有中国社会主义市场经济特点的新型油公司体制,测井专业技术服务主动适应"油公司"模式的市场需求。

(一)塔里木会战

1986年,新疆石油管理局在库尔勒成立南疆石油勘探公司,采用合同化方式管理各路作业队伍,推广各种先进技术及理念,重新在塔里木盆地开展石油勘探,测井由海洋石油测井公司和新疆测井公司承包进行,3600测井队和CLS-3700测井队各1支。1986年10—12月,在江汉石油管理局测井公司与新疆石油管理局泽普石油天然气开发公司电测站合作参与下,完成10口井12井次(其中探井4口)中子寿命测井和中子伽马时间推移测井工作。1988年11月,在新疆塔里木盆地发现轮南油气田,揭开了开发塔里木油田的序幕;12月,塔里木盆地石油会战正式打响。

1989年4月,中国石油天然气总公司总经理王涛在塔里木石油勘探开发指挥部成立大会上宣布:塔里木石油勘探开发"要建立新的油公司管理体制,不搞'大而全、小而全',要广泛采用新工艺、新技术,力求打出高水平、高效益"(简称"两新两高")。此后,塔里木会战指挥部建立起精干高效的"油公司"主体,实行开发公司和作业区两级直线管理,不组建专业施工队伍,通过建立服务市场,吸引石油系统最好的队伍和设备参加会战。塔里木石油勘探开发指挥部在勘探处设立测井监督办公室,推行工程项目管理和甲乙方合同制,以甲方身份对测井技术服务实施全方位全过程监督。测井队伍均来自全国各油田或石油院校,以承包市场化方式为石油勘探提供测井技术服务,分别从胜利测井公司、中原测井公司、四川测井公司借聘10名左右测井解释工程师,负责测井资料采集及质量控制,有海洋石油测井公司4支CLS-3700系列测井队、新疆测井公司2支CSU系列测井队、西安石油勘探仪器总厂测井公司1支SJD-801系列测井队进行承包资料采集。1990年,大庆测井公司、西安石油仪器勘探总厂测井公司分别加入1支CSU测井队,华北油田测井公司加入2支SJD-83系列测井队,在大二线石油基地西侧原棉麻仓储区形成"测井采集一条街",确保轮南油田、东河塘油田、塔中四油田勘探开发测井采集与评价。主要提供常规9条测井曲线,包括双感应—八侧向、自然电位、中子—密度等测井。到1991年,四川测井公司、江汉测井公司也参加了会战。

1995年,国产测井装备由于难以满足塔里木井深、高温等井下环境,塔里木油田逐步淘汰SJD-801系列及SJD-83系列国产数字系列装备,引进斯伦贝谢MAXIS-500测井服务，国内各测井公司应用阿特拉斯 ECLIPS-5700 成像测井装备。1997 年底，塔里木油田市场有测井队伍 15 支，主要测井装备有 CLS-3700、CLS-3700 沙漠拖橇、CSU、ECLIPS-5700 等。

塔里木石油会战是中国测井行业市场化探索实践新的起点，各测井队伍克服塔里木油田钻井区域分散、战线长、施工难度大等困难，积极履行甲乙方合同，采用最先进的测井技术为发现塔里木 9 个大中型油气田作出突出贡献。

（二）吐哈会战

1989 年 3 月 2 日，新疆吐哈地区台参 1 井喷出工业油流，发现吐哈油田。1990 年 6 月，玉门石油管理局地质录井处应用引进 CLS-3700 测井仪器，井下仪器有双侧向、微侧向、双感应、八侧向、补偿声波、补偿中子、补偿密度、自然伽马、自然伽马能谱、地层倾角、长源距阵列声波和地层测试器（FMT）等仪器，主要承担裸眼井组合测井。1991 年初，中国石油天然气总公司成立吐哈石油勘探开发指挥部，提出"两新两高"会战方针，先后有华北测井公司、辽河测井公司、新疆测井公司、海洋石油测井公司、西安石油勘探仪器总厂等到吐哈油田服务。成立吐哈石油勘探开发指挥部绘解中心，负责测井队伍组织管理和测井解释评价工作。1992 年，吐哈指挥部在陵 8-23 井对 6 套 CLS-3700 测井仪器性能和测井资料进行对比，确立 CLS-3700 系统为主测井系列，标准测井仍由 JD-581 模拟测井仪器承担。

1993 年 8 月，推广应用 SK-88 小数控测井仪器，采用磁盘记录测井数据，配套井下仪器有底部梯度电极系、井径、连续井斜、井温、声速、声幅、中子伽马和自然伽马等，主要承担裸眼井的电极系测井项目和固井质量测井。玉门地质录井处在随后 3 年时间内购置多套国产小数控测井设备替代 JD-581 测井仪器。1996 年，玉门石油管理局地质录井处整体划转吐哈油田，更名为吐哈石油勘探开发指挥部录井测井公司，各家测井队伍陆续退出。

（三）冀东石油勘探开发

1988 年 1 月，石油工业部为落实中国石油工业"稳定东部、发展西部"战略部署，决定将大港油田的北部公司分离出来，按照"油公司"和科研生产联合体新型管理体制要求，组建冀东石油勘探开发公司（即冀东油田），并由石油工业部石油勘探开发科学研究院实行总承包。1988 年 4 月 15 日，冀东石油勘探开发公司成立，实行油公司管理模式，通过招投标优选测井队伍，建立以现场监督和质量验收为中心环节的原始资料质量控制体系，由监理单位对所有测井作业实施生产准备、现场工序、测井设计、标准实施、资料品质、HSE 的全过程监督。

海洋石油测井公司、地质矿产部华北局数字测井站和华东石油局测井站、河南测井公司、大港测井公司、华北测井公司、中原测井公司、辽河测井公司、石油大学（华东）科技开发公司、胜利测井公司、大庆测井公司和斯伦贝谢公司等单位参与测井技术服务工作。测井装备主要包括国产 JD-581 测井系列、SJD-801 和 SJD-83 测井系列，ZYS911、SK88、DSK91、SL91-1、SKD-3000 等国产测井系统，应用引进的测井系统主要有 CLS-3700、CSU、ECLIPS-5700、MAXIS-500、EXCELL-2000 等。1993 年，JD-581 测井系列、SJD-801 和 SJD-83 测井系列退出油田服务。1993—1998 年，基本测井项目包括双侧向—微球形聚焦电阻率、补偿声波、补偿中子、补偿密度、自然伽马、自然电位、井径、底部梯度电阻率（4.0 米、2.5 米、0.45 米）和井斜。选择测井项目包括地层测试（RFT）、双频介电、碳氧比能谱、激发极化电位、双感应—八侧向和核磁共振。

二、自主开发国内市场

20 世纪 80 年代，石油工业部积极探索生产经营管理体制改革，加大石油勘探投入，引进先进测井技术和设备，开始建立以生产经营为中心的管理体制，扩大企业经营自主权，实行经营承包责任制，积极稳妥推进改革，转换经营机制，进一步探索和形成了内部模式市场管理体制和市场体系，各测井单位转变观念，积极探索走向市场化道路。

（一）胜利石油管理局测井公司

20 世纪 70 年代末，参加青海石油会战，并兼顾玉门油田 3 个钻井队的疑难井、超深井的测井、取心任务。1994 年开始，进入加拿大、美国、马来西亚等在胜利油田反承包市场服务。

（二）大庆石油管理局测井公司

20 世纪 80 年代开始，大庆油田进入"稳油控水"期，测井市场工作量不足，开拓国内测井服务市场。1985 年，在玉门油田首次开展碳氧比能谱测井服务。1989 年起，逐步开发新疆油田、吉林油田、冀东油田、辽河油田、大港油田、延长油田、青海油田、海洋石油等测井服务市场。

（三）大庆生产测井研究所

1983 年，进入中原油田生产测井市场。1989 年，为玉门油田提供环空测井技术服务。1993 年，进入长庆油田靖边气井工程测井市场。1996 年，组建对外服务公司，进入江苏、大港、华北、长庆、冀东、塔里木等油田市场。

（四）新疆石油管理局测井公司

1988 年，进入塔里木油田测井市场。1990 年，在库尔勒建立解释工作站，为塔里木轮南、塔中、东河塘、吉拉克等地区提供测井资料采集、射孔、解释服务。1993 年，CSU 设备进入吐哈油田市场，承担测井资料采集任务。1994 年，承担中原石油勘探局伊犁区块风险勘探测井资料采集任务。1996年，进入地质矿产部西北石油局市场。

（五）地质矿产部华北石油局

1985—1998年，测井队伍先后在海上、新疆、胜利、河南、冀东、辽河、吉林、陕北、舞阳、叶县、吴城等地油田、盐矿、碱矿进行测井服务。同期，华东石油局测井队伍先后在胜利、南阳、冀东等油田市场开展测井技术服务，西北石油管理局在塔里木油田开展测井技术服务，东北石油管理局在吉林油田提供测井技术服务。

（六）华北石油管理局测井公司

1986年3月，参加山东胜利油田会战。1989年，参加冀东油田石油会战。9月，参加广东三水盆地石油会战，以综合队形式进行测井和射孔服务。1989—1998年，参加塔里木油田会战，有701型气测小队、HY-86型井下电视、CSU、DDL-Ⅲ和5700测井装备在塔里木市场服务。1990年6月，8支测井队115人参加吐哈油田会战。1996年，首次开拓中国石油天然气总公司新区勘探事业部煤层气市场。1997年，随中国石油天然气勘探开发公司由广东省佛山市三水盆地转战海南福山油田，同时进入青海市场、陕北市场。

（七）中国海洋石油总公司测井公司

1987年，开发塔里木、胜利和冀东等油田测井市场。1989年，在库尔勒建立解释工作站，为塔里木轮南、塔中、东河塘、吉拉克等地区提供测井资料解释服务。1991年5月，进入吐哈油田，建立解释工作站，承担资料解释任务。

（八）河南石油勘探局地球物理测井公司

1990年，进入冀东油田市场。1994年，进入陕北、新疆三塘湖市场。1995—1997年，相继进入辽河、中原、青海、塔里木、长庆和大庆等油田测井市场。

（九）大港油田集团有限责任公司测井公司

1990—1998年，坚持"以内部市场为主、逐步扩大外部市场"的工作思路，测井和射孔服务进入海洋、长庆、冀东和二连等油田市场。1997年，进入山西煤层气测井市场。1998年，进入青海油田，辐射塔里木、吐哈、玉门等市场。

（十）四川石油管理局测井公司

1991—1996年，组织19支测井、射孔作业队伍在塔里木、吐哈、长庆、大庆、山东、青海、江苏、滇黔桂和四川德阳浅气层的10多个油气田开展测井、射孔技术服务，与国内11个油田、单位签订射孔器材及技术服务合同，销售各型射孔弹7.76万发、射孔枪4670米。

（十一）中原石油勘探局地球物理测井公司

1988年，开发中国石油天然气总公司新区勘探事业部煤层气及冀东、大庆、辽河、大港、胜利和陕北等油田服务市场。1990年，开发长庆新区、陕北延长区、甘肃玉门和新疆克拉玛依等油田服务市场。1998年，开发青海冷湖、黑龙江泰来、安徽淮北和濮城油田哈斯基等测井服务市场。

（十二）中油测井有限责任公司

1995年12月，在辽河开展测井服务。1996年3月，为塔里木油田、华北油田，以及中国石油天然气总公司新区事业部提供成像测井服务。1997年10月，在PHILLIPS（中国）山西河东煤层气项目反承包市场提供测井服务。

（十三）吐哈石油勘探开发指挥部录井测井公司

1996年，面对吐哈油田工作量不足的状况，为拓展生存空间，制定立足吐哈、站稳玉门、开拓外部市场、努力创收、提高效益的思路，奔赴西部各油田争取服务项目，在青海油田南斜1井打响开拓市场的第一枪。在玉门油田成立综合测井队承担老君庙、石油沟等老油田的生产井测井和射孔工作。在塔里木油田承担高压气井测井任务。1998年，吐哈录井测井公司成立玉门分公司，负责玉门市场的开发与生产组织工作。

三、探索开启境外市场

1993年，中国石油天然气总公司积极响应国家"走出去"号召，确立"立足国内、发展海外、实施国际化经营"发展战略，截至1998年，相继开发了秘鲁、厄瓜多尔、蒙古国、伊朗、苏丹、埃塞俄比亚、委内瑞拉和泰国等境外测井服务市场。

1994年，胜利石油管理局测井公司用自主研制的SDCL-2000型测井系统、VCT-2000射孔系统率先走出国门到秘鲁服务，承担中国石油天然气总公司中标的秘鲁塔拉拉油田六区、七区块测井工程施工服务；8月，厄瓜多尔Tripetrol石油公司雇用胜利测井公司进行测井、射孔服务。同年，四川石油管理局测井公司到泰国开展测井、射孔技术服务。1995年，华北石油管理局测井公司1支3700数控队随华北钻井队到蒙古国提供测井服务。1996年，中原石油勘探局测井公司组建1支多功能队到苏丹进行测井射孔服务。大庆石油管理局射孔弹厂在土库曼斯坦开展技术服务，销售3000发YD102射孔弹，"庆矛牌"射孔器材首次打开国际市场。1997年，中原石油勘探局测井公司中标埃塞俄比亚测井射孔项目。1998年，中油测井有限责任公司通过中油技术开发公司（CPTDC）与甲方大尼罗河公司签订苏丹1/2/4区块2套5700设备服务2+1年的合同；11月，获伊朗国家石油公司（NIOC）2年2000万美元测井合同。同年，华北石油管理局测井公司与中油测井有限责任公司合作，使用BLS-2000综合型数控测井系统，与伊朗签订1000万美元测井服务合同。胜利石油管理局测井公司研制的SL-3000型数控测井成套设备出口伊朗。

第六节 发展测井数据处理解释评价技术

1978—1998 年，随着常规和成像测井数据处理解释方法和解释软件的进步，测井资料解释由定性、半定量评价向定量评价发展，由提供储层物理参数向提供岩石学、构造学、沉积学等综合地质信息方面发展，形成了低孔特低渗透、低电阻率和碳酸盐岩等类型油气藏解释评价方法。1996 年，中国石油天然气总公司勘探局制定了"三个层次测井解释技术要求"，包括单井测井解释、精细测井解释、多井测井解释，要求不仅要发现油气层、评价油气层，还要研究油气藏分布规律，充分发挥测井技术优势和计算机技术，重视测井与地质、地震、工程的结合，为提高勘探整体效益作出测井的贡献。

一、测井解释处理软件

（一）硬件设备发展概况

1978 年，石油工业部引进 2 台具有可编程功能的测井数据处理 INTERDATA 85 型计算机，推动了数理统计方法在测井资料处理中的应用。20 世纪 80 年代中后期，大庆、

1985 年，引进 PE 计算机开展测井解释工作

胜利、华北等单位先后应用了从美国引进 PE3220、PE3230、PE3282 和 PE3284 等测井资料处理计算机，从美国阿特拉斯公司购买 3600、CLS-3700 数字处理软件包，提升了测井数据处理能力，测井资料解释进入数字处理阶段。

20 世纪 80 年代末到 90 年代初，随着 PC 机和 Unix 工作站技术的发展，特别是工作站提供的交互式图形环境使测井处理软件向微机和工作站转移。从 1991 年上半年开始，在中国石油天然气总公司科技局、勘探局组织下，中国石油勘探开发研究院李宁博士牵头，全国 10 余家油田及石油大学有关专家参加，对当时流行的 Sun、Mips、DEC、IBM、SGI 和 HP 等 6 种 Unix 工作站进行了详细考察，最后确定 Sun 工作站作为测井数据处理的硬件平台。此次选型及时推动了全国 10 余家油田全面提升测井数据处理的软硬件设施，达到了当时国际水平。1992 年夏，由中国石油天然气总公司牵头组织全国 10 余家油田技术人员在泰国曼谷进行 Sun 工作站 Unix 操作系统、NFS 局域网和图形界面开发工具的应用培训。1994 年，长庆测井工程处等将工作站上的处理程序移植到微机上，并编写了相应的绘图软件，形成了长庆微机版工作站，满足现场急需使用资料的技术需求。1995 年，中国石油天然气总公司和中国海洋石油总公司各测井单位，推广应用数据传输系统 FTP，使现场测井数据通过数据传输系统及时传输到解释中心，提高油田相关单位应用测井资料的时效，20 世纪 90 年代，计算机工作站成为各单位测井资料处理解释的主要设备，广泛应用于国内各大油田，为此，一些测井公司还引进了斯伦贝谢公司 GeoFrame 软件系统，包括用于常规测井资料处理的 P 包、用于成像测井资料处理的 G 包和波形处理软件。

测井软件发展情况与测井学科的其他分支不同，中国测井软件的发展起步较晚。20 世纪 70 年代中期到 80 年代中期，软件的主要特征是完全的单井批处理，早期所有程序及参数均需手工穿卡输入，后经改进虽能由键盘输入，但一直没有屏幕图形显示，解释成果主要靠静电绘图仪出图完成。3700 数字处理软件的引进，在中国测井解释软件的发展过程中起到了重要的参考和借鉴作用。这一时期，应用软件主要包括单孔隙度砂岩分析（POR）、复杂岩性分析（CRA）、砂岩分析（SAND1）、泥质砂岩分析（SAND2）、煤层分析（COAL）、储气井分析（GASM）、中子寿命计算含水饱和度（NLL）、岩石强度分析（ROCKST）、地层倾角处理等解释模块。20 世纪 80 年代中期，增加了 CLASS、CLAY 和 ENCORR 等应用软件，对 CRA 和 SAND 等处理程序进行改进和完善，提高了数据处理效率，测井资料处理解释跃上新台阶，满足日趋复杂的地层评价需求。

20 世纪 80 年代末到 90 年代初，测井资料处理软件系统的重要性日益突出。在中国石油天然气总公司组织下，各油田测井公司、研究院和院校在 PE、PC 及 SUN 等机型上开发完成了多种测井解释系统，在油田的测井资料解释中发挥了重要作用。1992 年，引

20 世纪 90 年代，新疆测井公司测井资料处理中心

进的第一批 Sun 工作站在华北、胜利和辽河等 7 家单位安装就位，为了尽快投产，中国石油天然气总公司勘探局决定把当时中国石油勘探开发研究院从 Cyber 机移植到工作站的一套测井软件稍加完善后推广安装到这些单位。这是中国最早的 Sun 工作站测井解释处理系统 START1.0，第一次尝试在 Sun 工作站上移植开发测井资料处理软件的可行性，为下一步的开发工作奠定坚实的基础。这一阶段没有形成统一的测井软件开发标准和统一的软件开发平台。

1995 年 3 月，中国石油天然气总公司勘探局着眼于中国测井解释系统的长远发展，决定组织全国的测井力量对测井解释软件进行全面系统的研制，开发具有中国自主版权的测井解释统一平台，组建测井软件开发协调组和项目组进行软件开发，分为 3 个课题组：一是依托华北油田测井公司绘解站，优选收购集成现有的解释方法及模块在 SUN 工作站硬件平台上形成单井解释系统并在国内油田应用推广；二是由中国石油勘探开发研究院测井软件室负责从底层数据结构、多井数据管理等基础研究入手，最终建立 1 套实用的多井解释评价系统；三是与石油大学（华东）石油勘探数据中心签署开发合同，采用先进的面向对象设计思想，在微机 Windows 操作系统平台上开展新一代测井解释平台的设计和开发，研制成功 Forward 单井解释系统和 Cif 多井评价系统并大范围推广，缩小了中国石油测井解释软件与国外同类软件间的差距。

（二）Cif 多井评价系统

Cif 多井评价系统是中国第一套具有完全自主知识产权的大型工作站测井软件系统，自 1992 年开始，先后经历了 START 1.0、START Cif97 等多个版本。这期间最重要结果是广义测井曲线理论的提出、Cif333 测井信息公共交换格式的定义和 Cif2000 大型多井软件平台的成功研制和推广。

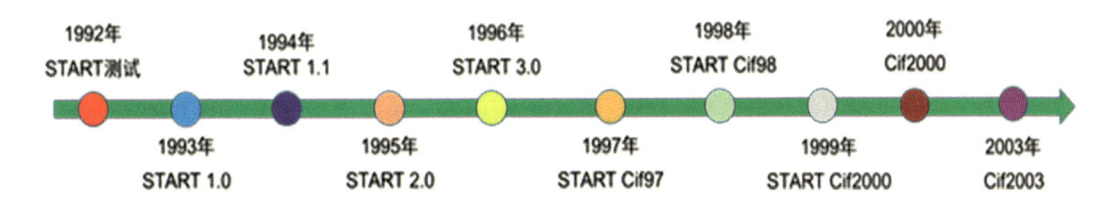

Cif 多井评价系统研发历程

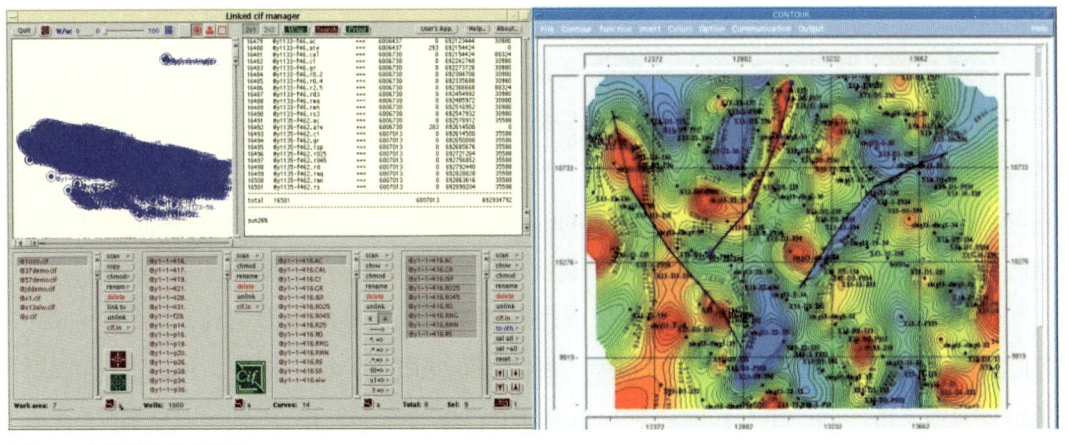

Cif2000 大型多井软件平台

在多井数据处理过程中，最核心的问题是如何用完全相同的数据格式表述各种不同类型的测井信息。为此，中国石油勘探开发研究院博士李宁对测井曲线的定义加扩展，提出广义测井曲线概念，即一个 n 维的测井数据体，如果它的第一维代表井的深度，第 n 维代表某一与井深有关的任意变量（包括字符或文字变量），而第 2 维到第 n-1 维都是为了解释或说明第 n 维变量与第 1 维井深关系而存在的，则该数据体定义为一条广义测井曲线。根据上述定义，广义测井曲线是描述井的最小单元，为多井数据处理奠定了理论基础。

广义测井曲线可以由 Cif 数据格式精确表述，其文字意义和技术含义是 Common interchangeable format（Cif）。Cif 格式给出了计算机正确读取测井信息所需元素的最小集合。基于 Cif 结构数据底层的定义，建立了完整的多井 Cif 数据库管理系统。Cif 格式亦遵从 POSC 国际标准，完成了符合 POSC 标准的接口函数库的开发。Cif 后被发展升级为 Cif plus，成为国家油气重大专项研发的 CIFLog 大型一体化软件平台的核心数据底层。

Forward 地层油气藏测井评价系统（Formation Oil&Gas Reservoir Well_Logging Analysis & Research & Development）是中国第一套完全采用面向对象技术自行设计、与当时先进的 Windows 技术和网络技术保持同步开发的测井解释平台，在测井数据动态解编、面向对象测井绘图、可视化交互处理等方面处于领先水平。经过多年的开发和推广，Forward 已经成为中国石油测井行业中的知名品牌。

1996 年开发完成的 Forward 地层油气藏测井评价系统

1995 年底，开发完成 Forward 平台 SUN 工作站 1.0 版。1996 年 6 月，成功推出完全采用面向对象思想设计和开发的 Windows 版本。1998 年 8 月，采用单一源程序跨平台技术实现工作站版本和 Windows 版本的统一，并开发完成了中国第一套生产测井解释平台 Watch（Well_Logging Analysis Technique for Casing Hole）。Watch 采用与 Forward 相同的数据底层和平台工具，为今后实现勘探开发统一平台奠定了良好的基础。

这些国产软件替代国外引进软件，成为各油田油气评价的主力工具，协助中油测井有限责任公司、胜利测井和新疆测井等开展国外测井服务。统一标准、功能齐全的软件平台有力地支持了国产测井仪器研制和引进测井仪器改造的工作。

二、测井基础研究

（一）岩石物理实验研究快速发展

1982 年，大庆测井开展电磁波岩心室内实验，研究岩石介电常数与地层含水饱和度定量关系，为阵列电磁波测井仪器及解释方法研究提供理论及实验依据。20 世纪 80 年代中后期，江汉测井研究所电法实验室建成了岩石电性参数和饱和度参数、常温和高温高压测试系统、岩样阳离子交换量 Qv 参数测试系统。放射性实验室建成了 62 口中子测井模型井群和一套岩性密度刻度模块、5 口自然伽马能谱刻度井、岩样自然伽马强度 U、Th、K 含量分析和测试系统。声波实验室初步建成了岩样弹性参数测试系统。1989 年，各油田测井单位分别建立自己的实验室，主要开展岩心孔隙度、渗透率、饱和度和岩电参数等分析测量，在油藏解释方法研究中取得较好效果。

1990 年，大庆测井开展含浊沸石储层岩石电性质实验，搞清其电阻率升高、自然电位负幅度增大的机理，为解决含浊沸石储层测井解释难题，提供理论与实验依据。1993年后，江汉测井研究所和胜利测井研究激发极化电位和薄膜电位机理、影响因素及在水淹层中的应用效果，开发了化学滴定法测量岩石阳离子交换量的实验技术。1994年，开展声波参数测量方法及应用实验和注水驱油岩石物理实验研究，1996年，通过实验测量和分析，总结饱和度变化、围压和润湿性对饱和度指数影响情况，1998年，通过岩电相驱实验，得到水淹层岩石在注水或注聚合物驱油过程中电阻率变化特征和规律，实验结论对于正确认识水淹层特点具有重要意义。

（二）解释基础理论研究

1978年5月，石油勘探开发研究院编制《测井解释图板集》，包括温度和流体校正、电阻率校正、地层孔隙度等十九个专题四十七张图版，既体现全国各油田地区性成果，又编制了通用图版，其中的原理、作图方法、图版用途和实例，为测井解释、地质等工作人员提供帮助。1978年以后，测井工作者不断加强解释基础理论创新，形成多参数判别分析、可动水分析等解释新方法及软件，在各油田测井解释中得到广泛推广和应用。

20世纪70年代末，胜利测井总站应用概率论和数理统计方法，建立油气水层判别函数，对储层进行流体性质识别，形成"多参数判别分析解释处理程序"，能够自动、连续地显示出各储层油、水解释结论。20世纪80年代，该软件在国内各油田泥质砂岩地层测井解释中广泛应用，该处理程序在后期研发的SWAWS、Forward、Geologist、LEAD、CIFLog、FLogPus等解释系统中均配备，在油田建设中发挥重要作用。1978年，胜利测井系统阐释油层物性与岩石孔隙结构关系，导出粒度中值与孔隙度计算束缚水饱和度方程，形成可动水分析法，提高了低电阻率油气层和水淹层测井解释评价能力。1983年以后，该方法在全国各油田推广应用，解释符合率得到大幅提升。

（三）地质参数计算方法及模型

1979年开始，大庆、胜利等测井单位建立各油田不同区块孔隙度、渗透率、泥质含量、饱和度等储层参数计算模型。1986年，形成了岩性系数法、径向电阻率比值、三孔隙度交会等油气水层识别技术。1988年，西安石油大学用克里金绘图技术将测井资料绘制成各种地质应用图件，在区域评价中得到综合应用。1989年，长庆、华北等测井单位利用地层倾角资料开展沉积环境、古水流方向、砂体延伸方向、层理构造类型、地应力方向和裂缝等方面研究，为油田地质和工程提供更为丰富的信息。1992年，RFT、FMT重复式电缆地层测试为求取地层渗透率、判断地层压力状况提供重要信息。

20世纪90年代中后期，测井资料区域评价和地质应用不断深化，在油田建设中发挥了重要作用。1996年，中国石油天然气总公司发布《探井三个层次测井解释技术要求》，明确了单井测井解释、精细测井解释、多井测井解释3个层次测井解释技术规范，为测井解释提出规范性要求。

三、测井解释和油藏评价

1978年开始，各油田测井单位借助计算机技术，创新测井解释基础理论，形成了泥质砂岩油气藏、碳酸盐岩油气藏、低电阻率油气藏、复杂水淹层等评价技术系列，探索了火成岩、变质岩等复杂储层评价技术，为中国油气田勘探发现和开发效率提高提供强有力技术支撑，测井解释评价技术逐步向系列化发展。

（一）砂泥岩地层测井解释

1978—1980年，华北、辽河、大庆等测井单位借助计算机技术实现了测井解释由定性到半定量、定量转变，形成了测井曲线计算砂泥岩岩性剖面、孔隙度、渗透率和视含水饱和度等储层参数计算技术。

1981—1983年，各油田测井解释人员加强测井资料与地质特征研究，在砂泥岩油水层解释中，开始考虑泥质含量、钻井液侵入、束缚流体等影响因素，提高了油水层识别能力，形成具有代表性的解释方法。长庆测井研究形成砂泥岩地层全性能综合解释法；华北测井提出电阻率及时测井及控制钻井液密度方法，有效减小侵入深度对测井资料解释结果的影响，提高解释精度；青海测井采用自由水和泥质束缚水饱和度法（双水法）定量解释尕斯库勒油田油藏，判断油水层。这些方法在长庆、华北、青海、辽河等油田应用，为鄂尔多斯盆地亿吨级整装油田安塞油田及其他盆地油田的发现发挥了重要作用。1984—1988年，各油田测井单位在砂泥岩储层计算机数字处理解释系统基础上，加入适合本油区储层参数计算公式，形成不同区域、不同地层特征的矿物组分、孔隙度、渗透率和饱和度等参数计算方法，建立岩性系数交会、径向电阻率比值和三孔隙度交会等油气水层判别方法，定性解释与定量评价结合、测井解释与地质资料结合，为各油田勘探开发作出重要贡献。1986年，中国海洋石油测井公司对海上气藏首次进行多井测井数据处理解释，应用计算机绘制气藏孔隙度、含水饱和度、有效厚度等值线图，为计算气藏储量提供了科学依据。1987年，玉门测井公司成功解释台参1井三间房组油层，发现了鄯善油田，拉开了吐哈石油会战的序幕。随着自然伽马能谱、地层倾角和电缆地层测试等测井方法的应用，为油田提供了沉积相、构造识别、裂缝、地应力方向、地层压力等信息，为求准地层渗透率、判断油层延伸方向、划分有利构造单元、储层压裂改造等方面提供了重要信息，不断拓宽测井资料应用范围，为构造油藏、裂缝型油藏的发现提供技术支撑。同一时期，大庆、塔里木、玉门和华北等测井解释技术人员应用上述资料和方法，分析沉积环境、古水流方向和砂体展布特征、储层物性平面变化规律，与常规测井资料、油藏认识紧密结合，为油田开发方案制订、储层改造等提供技术支持。

20世纪90年代，随着油田勘探开发不断深入，测井工作面临的对象越来越复杂，测井技术人员开始测井精细解释方法的研究和探索，借助神经网络技术、聚类分析和判别等方法，利用测井曲线，分析岩石粒度、砂岩矿物含量、黏土类型、地层产状和构造部位等变化，结合储层物性和电阻率变化，建立与不同岩石类型或储层类型相对应的孔隙度、渗透率、饱和度等参数解释模型和解释图版，达到精细解释目的，测井解释评价在油气田勘探开发中发挥不可或缺作用。

1991年，长庆测井工程处利用油坊庄、华池、榆林等主要区块储层参数计算模型和油气层判识标准，向长庆油田勘探局建议对原来不测井的中生界侏罗系和三叠系地层在靖边以南纬度方向上的气探井进行全套测井项目中途完井测井，该建议被采纳后，先后在陕95井、陕92井等26口气探井中生界地层解释和发现了油层，为发现中生界亿吨级储量的靖安油田提供了科学依据。1992—1994年，大庆测井开展含钙砂岩薄互层解释研究，准确计算钙质含量，逐层精细求取测井解释参数，提供准确的储量计算参数，使含钙砂岩薄互层解释符合率由不足70%提高到85%以上。吐哈测井解释玉东1井克拉玛依组油层，试油日产稠油10.16立方米，为台北南部斜坡带稠油富集区的发现作出贡献。

1995年，长庆测井解释陕141井山2段砂岩气层，试气获日产无阻流量76.78万立方米高产工业气流，实现榆林地区上古生界天然气勘探重大突破，从此拉开了鄂尔多斯盆地榆林气田的勘探序幕。华北测井建立粗、细砂岩孔隙度与渗透率关系模型，利用相渗透率资料确定含水率，编制13个区块83张解释图版并建立油水层解释标准。大庆测井通过岩心分析，解释模型优化，利用概率分布法（P1/2）、空间模量差比法、套后二次中子测井对比法等7种方法，形成深层致密砂岩、砂砾岩气层测井综合解释方法。

（二）碳酸盐岩测井解释

1978年，四川测井通过测井系列适应性分析研究，确定了双侧向、补偿密度、补偿中子、补偿声波测井等为碳酸盐岩地层的测井系列，建立了碳酸盐岩岩性识别及孔隙度、饱和度计算方法，其中，用双侧向测井计算裂缝孔隙度公式被广泛引用。胜利测井总站用电阻率、孔隙度、自然伽马能谱、地层倾角等测井曲线，对碳酸盐岩储层裂缝、孔洞等储集空间进行评价，建立不同类型储层测井解释标准。桩82井碳酸盐岩储层，试油获日产油30吨，发现了桩西油田。

1980—1986年，四川测井研究了双侧向测井电阻率曲线识别低角度缝及高角度缝方法，模拟出世界上第一条深、浅双侧向对不同产状裂缝的响应曲线，分析了双侧向差异与流体性质的关系。建立适用于裂缝—孔隙型储层含水饱和度和裂缝渗透率计算方程，含水饱和度计算方程后被斯伦贝谢公司采用。随后声波、密度等测井资料计算地层破裂压力方法，在酸化压裂施工设计中得到应用，为老翁场气田发现和开发裂缝性气藏发挥重要作用。华北测井开展深、浅双侧向曲线确定裂缝系统和岩块系统油水界面方法研究，形成了孔隙度计算方法，制作了经过校正的石灰岩与白云岩孔隙度图版，在任北、永清、深泽、霸县4个地区奥陶系石灰岩储层得到应用，为碳酸盐岩储层有效性识别和储量计算参数提供可靠数据。

1987—1989年，长庆、华北、新疆等油田测井单位形成了等效弹性模量差比法、中子孔隙度差比值法、电阻率—孔隙度交会法等评价裂缝及碳酸盐岩气层方法。塔里木油

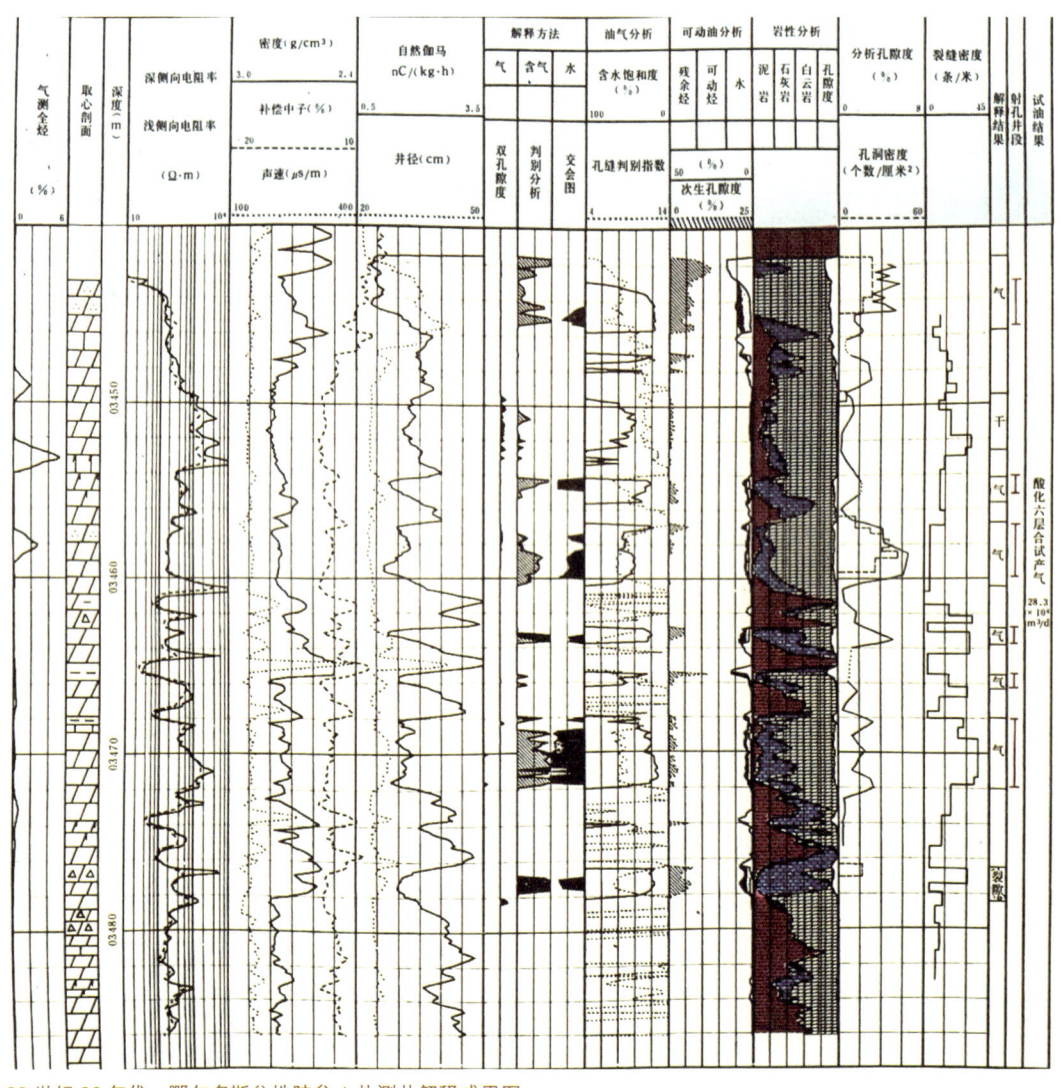

20世纪90年代，鄂尔多斯盆地陕参1井测井解释成果图

田用微球型聚焦、密度、双侧向、地层倾角等测井资料评价裂缝发育情况，建立综合概率法综合评价碳酸盐岩储层。20世纪90年代，胜利、长庆和新疆等油田的测井单位先后开展介电常数和相位移识别有效储层，估计储层产气、产水能力研究。长庆测井利用地层倾角等资料开展陕甘宁盆地中部气田奥陶系裂缝纵横向发育规律、地应力与裂缝及产能关系研究，形成气水主控因素和流体识别方法，为天然气勘探钻井部署提供参考依据。四川测井与地质、地震、沉积微相结合，形成碳酸盐岩综合评价与储层预测方法，成功解释四川油田川合100井、塔里木油田轮南14井、长庆油田陕参1井、华北油田桩34井等一大批高产油气井，为川西天然气田、桑塔木油田、靖边气田和桩西油田等碳酸盐岩油气藏的发现奠定了基础。

1995年前后，长庆、胜利、华北、四川等测井单位利用斯伦贝谢MAXIS-500、阿特拉斯ECLIPS-5700微电阻率成像等测井资料定性识别裂缝和孔洞、定量计算裂缝孔隙度等参数，综合评价碳酸盐岩储层，促进了碳酸盐岩储层评价技术的快速发展。

（三）低电阻率储层解释

20世纪80年代后期，随着低电阻率油藏相继被发现，胜利、长庆等测井单位，从低阻油层机理研究入手，开展了低阻油层解释方法研究。胜利测井将低电阻率油气层划分为高矿化度、低含油（气）饱和度、砂岩中富含泥质以及双重孔隙结构4种类型。长庆测井针对不同泥质砂岩模式，按不同岩性系数连续或分段调整含油饱和度计算方法，用于识别低阻油层。

20世纪90年代，大庆测井在双水模型及Waxman—Smits模型解释基础上，建立加权评价函数解释方法；华北、胜利测井研究储层孔隙结构，分析束缚水饱和度、低电阻率油气层分布、类型和成因，建立优化的饱和度解释模型，形成流体识别方法；通过分析轻质油气层和声波时差、补偿密度、补偿中子"挖掘效应"特征，识别低电阻率油气层，形成低电阻率油气层评价技术。1993年，胜利测井解释发现了夏口断裂带沙河街组三段低电阻率油藏。1998年，吐哈测井解释发现了吐哈盆地雁木西地区极低电阻率油层；长庆测井重新解释马岭油田侏罗系低电阻率油层，解释符合率83%。

（四）变质岩储层油气评价

1983年，胜利测井在郑4井震旦系变质岩地层中使用声波—感应组合测井资料，发现了胜利油田王庄变质岩油田；利用孔隙度、电阻率及井温、流体密度等测井资料，开展变质岩裂缝型储层测井响应特征研究，形成双侧向曲线差异特征判断产层含油性解释方法。1998年开始，利用三孔隙度、自然伽马能谱、微电阻率成像、核磁共振等测井资料，分析不同岩性测井响应特征划分不同类型岩性，探索按岩性划分储层类型方法，提高含油性评价精度。

（五）火成岩储层油气评价

20世纪80年代，克拉玛依油田、胜利油田、大港油气区陆续发现火成岩油气藏。20世纪80年代后期，相关油田测井技术人员，应用电阻率、孔隙度及地层倾角等测井资料，开展火成岩油藏测井解释研究，初步形成火成岩测井解释评价技术。

1982年，新疆测井结合岩石薄片资料建立密度—中子、中子—自然伽马交会识别岩性图版，采用裂缝型储层模型计算含油饱和度，用降维判别分析法识别流体性质，为石西油田的发现作出重要贡献。1986年，辽河测井用自然伽马测井曲线把火山岩分为玄武岩、粗安岩、粗面岩3类岩性，结合毛细管压力曲线及试油资料将火山岩储层划分为好、中、差3类。新疆测井应用微电阻率成像（FMI）资料区分熔岩、集块岩、火山角砾岩和角砾熔岩，结合常规测井资料划分岩相，开创了利用成像测井资料研究火山岩岩性和岩相的先例。1996年，新疆、大港、胜利等测井单位通过火成岩岩相划分、孔隙类型识别和裂缝发育情况评价，绘制火成岩岩性识别图版，开发火成岩数据处理软件，实现火成岩储层精细分析。微电阻率成像、核磁共振等测井资料综合评价火成岩地层技术日趋成熟，为火成岩勘探开发提供技术保障。

（六）老井测井资料复查

1979—1998年，随着计算机数字处理解释系统应用及解释方法的创新，胜利测井先后7次对不同区块1908口老井再评价，形成集岩石物理实验研究、测井资料预处理、储层多井评价等老井测井资料再评价体系，发现潜力含油气层1034层、厚度3751米，发现正南地区东营组天然气藏。1996年，大港测井开展枣北玄武岩地层岩性识别方法研究，编制了玄武岩数据处理软件，1996—1998年，对枣北、枣南、沈家铺、孔东等地区钻遇玄武岩的200多口老井进行复查，发现出油井19口39层，总厚度488.2米。在此期间，大庆、长庆、吉林和华北等油田的测井单位老井复查工作从单一区块、单一层位，发展为常态化测井解释工作，发现了油气层。

（七）水淹层评价

20世纪80年代以后，随着油田开发井网的加密及油水井调整措施不断实施，油田进入含水上升阶段，准确解释油层水淹情况成为测井解释的现实问题。

1981—1982年，大庆、胜利测井利用多元回归分析方法，将渗流物理学原理引入测井解释中，研发了相对渗透率—含水率分析模型，形成多功能测井解释系统，实现定量解释水淹层。河南测井进行"等效氯化钠图版试验确定地层水电阻率""高压气吹法电阻增大率岩电试验"，满足油田不同含水阶段水淹层测井解释需要。截至20世纪90年代初期，大庆、胜利、华北和河南等油田的测井单位开展碳氧比能谱、人工电位等确定水淹部位、水淹级别、剩余油饱和度分布研究，提出划分油层和水淹级别标准，形成多功能解释程序，建立用自然电位、自然伽马及激发极化电位测井资料计算地层混合液电阻率方法，提出用淡化系数方程确定含水饱和度、剩余油饱和度等参数划分水淹级别等方法。胜利、大港、新疆和吉林等测井公司依据"U"形关系曲线等参数，开发高含水期水淹层解释软件和神经网络解释系统，利用水驱油岩电实验建立水淹层解释图版，结合相对渗透率等实验，提供相对渗透率、含水率、驱油效率等油层开发参数。

1995—1997年，各油田测井单位应用极化电位和自然电位组合求原始地层水矿化度、混合液矿化度和阳离子交换容量，应用专用程序处理计算地层含油饱和度、剩余油饱和度，形成一套实用的水淹层测井解释方法，提高水淹层测井解释符合率。1999年，辽河测井公司应用取心井和观察井测井资料结合岩心分析资料，利用BP神经网络技术建立高含水期水淹层解释模型，提高了剩余油饱和度等参数计算精度及水淹层解释符合率。

（八）水平井测井解释

20世纪90年代开始，水平井在大庆、胜利、辽河和华北等油气田开发中越来越多，测井技术人员开展了大斜度井测井资料处理解释方法探索研究工作。

1991年，胜利测井开发了水平井解释咨询系统，实现了环境校正、井旁构造分析和二维图形显示，先后在中国海洋石油及中原、长庆、新疆和塔里木等油田推广应用，取得较好应用效果。1992年4月，大港测井研究出了一套对水平井测井资料进行各向异性校正、解释、绘制井身结构及轴向剖面软件，可提供水平井井身结构及轴向剖面图，并能对储层油、水分布做出解释。1994年，中国石油天然气总公司科技局组织江汉测井研究所、胜利测井公司、新疆测井公司和大港测井公司等单位成立研究集团，共同开展"大斜度井、水平井测井资料处理方法研究"工作，研究大斜度井、水平井测井资料解释方法，在微型计算机上开发处理软件，针对新疆油田非均质性强的砂砾岩储层建立非均质解释模型，为水平井测井资料解释、储层品质评价、储层产能预测等提供有效方法，形成了一套处理和解释水平井测井资料的方法和软件。

第七节　测井科技发展与学术交流

中共十一届三中全会以来，石油工业部遵照邓小平"科学技术是第一生产力""经济发展快一点，必须依靠科技和教育"的指示，不断深化科技体制改革，建立健全科技管理制度，注重科技攻关和科技成果转化，连续实施"六五""七五""八五""九五"等科技发展专项计划，狠抓科技和教育工作，促进了测井技术交流和学科教育事业的蓬勃发展。

一、科技发展规划

1978年随着"科学的春天"到来，石油工业正式启动五年科技发展规划，石油工业"五五"科学技术发展规划纲要提出五条指导原则：发扬大庆"两论"起家的基本功；发扬敢想、敢说、敢干的革命精神；坚持科技工作的群众路线；搞好协作配合，开展科研攻关会战；加强党对科学技术工作的领导。提出石油地质方面的主要任务是要提高深井测井和试油技术，掌握中子测井、密度测井和地层倾角测井等新方法，攻克深井测井关，形成测井系列。

1978年，我国原油当量上一亿吨规模，国家给予一亿吨石油科技补贴的优惠政策。为此，在《1981—1985年石油工业"六五"科学技术发展规划纲要》目标强调：力争"六五"期间使主要石油科学技术，达到或接近20世纪70年代国际水平。在石油地质方面指出要加强测井地质、数字地质、遥感地质等新技术新方法的研究。测井方面：5年内计划30个队推广SJD-801型数字磁带测井仪，主要油田资料处理实现数字化，测井解释符合率平均达到70%以上。加快耐高温、高压仪器的技术攻关，5年内争取突破180℃、120兆帕大气压。发展水淹层测井、深井及抽油井找水测试、生产测井和工程测井，适应注水开发油田中后期的需要。

1979年，石油工业部组织召开的全国油气田开发科研项目协调会，修订了《石油工业部1979—1981年油气田开发六大学科十大工艺技术科技发展规划》，1979年12月正式下发到石油工业部下属有关单位执行。其中明确开发井测井技术主要研究开发井（裸眼井、下套管井）的测井系列、测井仪器仪表、解释图版和测井工艺技术。着重研究各类油气田在开发阶段划分油、气、水层及测定渗透率、孔隙度、饱和度等油层参数的测井系列和解释方法，以及研究测定剩余油饱和度的新方法。测井技术主攻方向：一是测井系列的完善和配套。对温度120℃、压力50兆帕大气压的中、深井测井仪器的系列要完善配套，并研制温度150～170℃、压力70～100兆帕大气压的深井测井仪器系列。二是研究和完善6种类型油气田测井解释方法，特别是低渗透油田和裂缝性碳酸盐岩油田的测井解释方法要尽快过关。三是生产动态测井的研究，包括发展各种生产剖面和吸水剖面的测井方法和仪器，特别要尽快突破抽油井的分层测试技术；研制套管井技术状况的测井仪器，以及发展老油田剩余油饱和度的测井技术。其中，要抓紧7个重点项目的研究：高精度的井下重力测井仪；碳氧比能谱测井仪和方法的研究；测井仪器的一级、二级、三级标准化刻度装置和方法的研究；生产测井仪标定装置和刻度方法的研究，包括垂直管道油、气、水三相的地面标定装置；井壁声波（同时测量纵横波）测井仪和方法的研究；直径 43 毫米和 36 毫米六参数生产测井仪（包括地面通用仪器在内）的研制；抽油井分层测试仪器和方法的研究。通过以上研究，完善中深井的测井系列，为 6 大类油气田的测井工作提供基本手段；攻下碳氧比能谱测井仪和高精度井下重力仪及其解释方法，为测定砂岩油田剩余油饱和度提供新手段；大力开展低渗透、裂缝性碳酸盐岩和断块油气田测井和解释方法的攻关，解决油、气、水层的划分及孔、渗、饱参数的测定问题；完成测井一级、二级、三级刻度标准化和垂直管道中油、气、水三相的地面标定，为普遍提高测井质量打下基础。通过上述问题的解决，在残余油饱和度测定，低渗透、裂缝性碳酸盐岩油气田测井解释和仪器标准化等方面，赶上 20 世纪 70 年代的国外先进水平。

1985 年，中共中央提出"经济建设必须依靠科学技术，科学技术必须面向经济建设"的方针，为科技发展起到重要的推动作用。1986—1990 年，《石油工业"七五"科学技术发展规划纲要》提出在 20 世纪末实现石油工业三个战略性目标：改变石油工业发展赶不上国民经济需要的状况，改变天然气生产的落后状况，争取在主要工艺技术方面达到当时的世界先进水平。提出在勘探开发的主要工艺技术方面，达到 20 世纪 80 年代初的世界水平，发展数控测井等新技术，普遍采用地层测试技术，逐步实现测井技术的数字化，到 1990 年数字测井队达到 60%，基本建成处理系统，实现测井的数字处理，在复杂油、气、水层的解释技术方面，达到 20 世纪 80 年代初斯伦贝谢的水平。测井方面具体科技任务是为了准确划分和判断油、气、水层，提高测井资料的定量解释精度，改变测井技术和装备的落后面貌，在测井技术上要大力研究和推广数字测井技术，"七五"期间要大力发展数控测井技术及系列化井下仪器，突破深井测井仪器（耐温 180℃，耐压 117.6 兆帕）的技术关，全部实现测井资料的数字处理，此外要发展测井地质学研究与应用，扩大测井解释应用范围，进行随钻测井的研究试验工作。为了确保在钻探过程中能及时发现油气层，提高试油速度和质量，要继续研究和发展中途测井技术，普遍推广地层测试技术，建成全国测试资料处理和解释中心，研究机械和电子式的测试压力计和井下工具，研究资料处理解释的方法和程序，并发展重点探井分层测试资料解释技术。

在《石油工业"八五"科技发展规划》中指出，石油地球物理测井的任务十分繁重，年测井和射孔工作量大约为 40000 井次，其中探井、定向井、水平井的比重将有较大的增加。因此，测井的装备首先要有大的发展和改善，主要装备要全面实现更新换代，要强化"七五"重大技术成果和成熟技术的推广应用，使之尽快转变为生产力；要进一步提高测井资料的计算机处理和解释能力，发展以测井工作站系统为核心的计算机技术，提高油气井单井评价精度；要用先进的技术对射孔弹和导爆索生产线实行技术改造，使射孔弹穿深稳定达到600～700毫米，杵堵率低于5%；要结合生产中的技术难题，瞄准世界最新技术，加强测井技术的研究和攻关，建立以石油大学、江汉测井研究所为主体的岩石地球物理试验研究基地。完善、发展以录井、测井、测试、射孔为重点的井筒技术，实现录井数字化。在10个配套技术项目中提出加强油田动态监测（测井）技术研究，运用以产出、注入剖面为主要对象的各类测井配套监测技术，完成三相流井、泵抽井的监测技术研究，进行地层参数评价研究，为油田稳产服务。

中国石油天然气集团公司"九五"科技发展规划中提出，完善数控测井和处理解释技术，研制成像测井仪器和地球化学测井新方法；发展水平井测井和小井眼测井技术等。"九五"科技发展主要任务中明确：进一步提高水淹层测井与解释技术的水平，发展水平井测井和解释，以及小井眼测井技术；完善数控测井和处理解释技术，研制成像测井仪器，研究地球化学测井方法。根据我国具体情况，为适应各种不同地质条件的需要，加快发展成像测井技术，积极提高数控测井仪的比例。使高、中、低档（成像、数控、简易数控）技术装备的测井队按1∶3∶6的比例并存。适应技术发展的需要，配套发展水平井、侧钻井、小井眼、随钻测井技术装备，以及测井解释工作站，国产化软件和必要的测井资料远距离传输设备，使测井技术上一个新台阶。射孔技术在保留部分常规射孔队的同时，积极推广应用数控射孔技术，综合测井射孔装备，全部采用优化射孔技术及深穿透射孔弹。全面普及原钻井试油及地层测试工艺，推广中途测试技术，以及高精度电子压力计。为向现代试油系统工程方向发展，并适应高、低压井的测试需要，改造完善各种测试技术装备，使车装试油队、综合测试队、高压计量队、多功能计量队等，形成合理的比例。重点抓SKC大数控测井仪的生产线改造，实现批量生产，研制5英寸膨胀式地层测试器。确定的"九五"科技攻关项目中，在应用基础研究方面有测井储层地球物理性质研究；在应用技术研究方面（前沿）中有成像测井技术、地球化学测井技术；在应用技术研究方面有生产测井配套技术。

二、科技工作体制和发展

1979年6月，石油工业部召开石油科技工作会议，强调建立石油科研体系，充实重点科研院、所，解决石油科技工作中存在的问题。1981年起，在全国体制改革形势的推动下，各油田的测井单位普遍建立以课题承包为中心的内部科研项目责任制，一些油田的测井单位为解决本单位生产中的具体问题，开始建立测井研究所，1985年底，大庆测井公司、胜利测井公司、中原测井公司、华北测井公司、新疆测井等单位已建立测井研究所。

"七五"期间，石油工业部提出科技发展的3个转移：正确处理生产与科技的关系，使科技发展始终走在生产建设的前面，真正把企业各项工作转移到依靠科技进步的轨道上来。进一步贯彻经济建设依靠科学技术，科学技术工作面向经济建设的方针；进一步理顺石油科技工作体制，加强科研院所之间、科研院所与生产单位之间的协作配合，加快石油科学技术的发展。理顺石油科技体制的要求，主要是按照基础研究、应用研究、开发和推广新技术3个层次，进行合理布局，明确分工，明确责任，尽快形成一个多层次、多渠道、纵深配置的科技工作网络。在科研工作方面，中国石油勘探开发科学研究院作为全行业的"智力中心"，主要是进行应用科学和应用技术研究，同时进行一些基础研究。各油田和企业研究院所主要是结合生产建设，进行应用工艺技术的研究和开发、推广工作，有条件的也可承担一些面向全国性的课题。各专业工程技术服务中心主要是进行新工艺和新技术的开发、推广工作，以及人员培训和信息交流工作。各石油高等院校主要是以提高教学质量为中心，以发展学科理论和训练学生科研能力为主要目的，承担一些石油科技攻关任务，不同程度地开展一些科学研究活动。在新技术推广方面，总的是要搞好国外引进技术向国内的转移、东部油田技术向西部的转移，海上石油技术向陆上的转移。进一步扩大国内的横向联合和技术合作，充分发挥兄弟部门的技术优势；加速国内新的技术成果在石油生产建设中的应用。继续扩大与国外的科技合作和交流，尽快提高我国石油科学技术水平，进一步增强发展能力。"七五"期间，加速3个转移，即科研成果向生产转移，海洋技术向陆上转移，东部技术向西部转移。

各石油院校在石油工业部支持下，相应建立测井研究室，既接受石油工业部的科研课题，也接受一些油田测井企业委托的科学研究和技术开发，帮助油田测井行业培训人才，有的高校在20世纪80—90年代派出专家参加中原、塔里木等油田会战。伴随着科技兴油战略的实施，这些研究机构加强技术合作，在积极引进、消化、吸收国外先进测井装备技术的基础上，更加重视自主技术研究攻关和基础性应用研究。1985年9月，海洋石油测井公司与清华大学核物理系成立"海洋石油测井技术联合研究室"，与中国电子科技集团公司第二十二研究所和江汉测井研究所进行技术合作。1987年3月，石油工业部在北京召开数控测井仪方案论证会，对数控测井仪方案的先进性、经济性、实用性、地面装备和下井仪器的技术指标、系统配套要求，以及整体研制进度和措施等进行论证。同年，西安石油勘探仪器总厂、江汉石油测井研究所等单位承担国家"七五"攻关项目"SKC-A型数控测井系统"的研究任务。

"八五"期间，中国石油天然气总公司安排的10个基础研究项目中的岩石地球物理性质实验研究。要求以石油大学（北京）和江汉测井研究所为主，按学科分工形成实验研究能力，建成面向全国的岩石地球物理性质实验室。江汉测井研究所直属石油工业部，立足于油气勘探和开发市场的需求，开展重大科研项目和配套技术的攻关，推广先进技术成果，加强与西安仪器厂、高等院校的技术合作，开展国际科技交流，消化吸收国外先进技术，积极推广应用科技成果，同时加强情报信息的研究和交流，掌握国内外测井技术发展动向以及开展探索测井前沿课题的研究，面向全国石油、煤炭、地矿、冶金、核工业等部门，提供测井信息和咨询服务，负责组织石油测井、射孔等行业标准的制定和修订工作。实行所长负责制和科研合同制，纵向任务合同承包，横向积极发展同各个油田测井单位的合作，主动推广新仪器，开展技术服务。西安石油仪器勘探总厂研究所、大庆测井公司研究所、胜利测井公司研究所等还担负石油工业部的科研任务。这一系列管理体制改革的试点，提升了测井科技人员的积极性，提升了研究所创新活力。1991年，江汉测井研究所承担中国石油天然气总公司"八五"重点科研项目"碳酸盐岩裂缝性气藏测井工作站应用软件开发研究"。1994年在石油天然气总公司科技局组织下由江汉测井研究所、胜利测井公司、新疆测井公司、大港测井公司等成立研究集团，共同开展"大斜度井、水平井测井资料处理方法研究"。1998年，西安石油勘探仪器总厂研究所承担中国石油天然气总公司"九五"重点科技攻关项目"ERA2000成像测井地面仪"。1998年5月，胜利测井公司与郑州信息工程学院合作研制"SL-3000型数控测井系统"。

为满足测井装备研发、仪器刻度、测井解释处理，部分测井单位建立了一批实验室和标准井群，主要包括岩石物理实验室、电缆深度标定井、高温高压实验室、生产动态模拟实验室、测井资料对比井、固井质量刻度井群。1974年，江汉测井研究所开始筹建电、声、核3个实验室；20世纪80年代中后期，基本建成电、声、核3种配套的实验室测试系统。同期，中国石油天然气总公司加大实验室的投资力度，经过多年的建设，到"九五"末期，江汉测井研究所基本建成了实验设施配套、实验工艺先进、研究手段齐全、能承担勘探开发储层地球物理性质课题、具有20世纪90年代国际先进水平、对行业开放的电学—电化学测井、声学测井和核测井实验室。1998年，江汉测井研究所成为中国石油天然气总公司测井重点实验室的主体和依托单位。胜利测井公司、大庆测井公司、西安石油仪器厂、江汉测井研究所等单位建立了核测井和标准刻度井等。

三、技术交流

改革开放以来，测井行业十分重视国内的技术交流，成立中国石油学会测井专业委员会和石油测井专业标准化委员会，加强国内外测井技术交流，促进了测井技术的发展。

1978年12月5—8日，北京石油勘探开发科学研究院与法国石油研究院在北京召开测井技术学术交流会，邀请法国石油研究院专家作《测井与测井解释》学术报告。1982年7月，在国际测井分析家协会（SPWLA）第二十三届年会上，中国石油天然勘探开发公司代表出席会议，吴继余宣读《利用常规测井方法对四川盆地碳酸盐岩裂缝性孔隙储集层储气评价的研究》论文，这是中国测井工作者第一次在SPWLA年会上宣读学术论文。1990年5月，中国海洋石油测井公司主办北京（1990年）地球物理测井国际讨论会。1994年5月，中国石油学会和SPWLA北京分会联合主办"1994年（西安）国际测井学术讨论会"在西安召开。1995年7月，北京石油勘探开发科学研究院测井专家应邀赴俄罗斯出席"95'地球物理21世纪发展方向国际学术研讨会"。8月，中国石油天然气总公司开发生产局邀请俄罗斯核磁测井研究专家作核磁测井讲座。

中国石油学会测井专业委员会是中国石油学会的重要分支机构之一，创建于1986年5月，主要任务是组织全国石油、煤田、地矿等领域的测井科技工作者开展学术交流，推动测井技术发展和测井行业进步。测井专业委员会与欧亚地球物理协会（EAGO）等国外学术团体建立了密切联系。中文核心期刊《测井技术》是其会刊。测井专业委员会主任由中国石油学会聘任，历任主任有段康（1986年5月—1999年5月）、陆大卫（1999年5月—2015年3月）、李剑浩（2015年3月—2021年10月）、胡启月（2021年10月— ）。成立30年多来，在中国石油学会领导下，在中国石油、中国石化、中国海油、延长石油和有关高校院所的支持下，测井专业委员会充分发挥跨部门、跨地区的优势，努力搭建平台，为测井科技工作者服务，全国测井年会已举办了21届会议，中俄测井年会已举办了11届会议，还有全国油气井射孔技术研讨会、测井在工程中的应用专题研讨会等，中俄测井年会被评为中国石油学会首届品牌学术交流活动。在中国石油大学（华东）的倡议下，测井专业委员会从2015年开始，每年举办一次全国大学生测井技能大赛，已举办了6届。1998年9月15—18日，中国石油学会测井专业委员会和中国煤田地质总局联合主办全国首届"天然气、煤层气测井及解释技术讨论会"。1998年江汉测井研究所成为美国麻省理工学院（MIT）地球资源实验室井中声学与测井协作成员单位。

通过中国石油工程学会和美国石油工程师学会（SPE）联合举办测井技术讨论会及展览会上关于测井技术的专题双边讨论，出席国际测井分析家年会（SPWLA）以及其他方式的测井技术研讨会，为中国测井技术人员与国际石油科技界开展测井技术交流与合作以及了解国际测井技术发展的新动向创造了条件，促进了国内测井技术的发展。

1977年1月，西安石油仪器二厂创刊发行《测井技术》，创刊人邱玉春，成为测井科技工作者开展技术交流的平台，是国内唯一反映中国测井技术发展现状、水平及动向的国家级技术类刊物。1978年9月，石油部勘探开发科学研究院组织大庆测井公司、胜利测井公司、华北测井公司等汇编一套《测井解释图集》，该图集收集全国陆地、海洋油田的典型测井成果 175 例。1980 年，石油工业部测井情报技术协作组组长单位江汉测井研究所创刊《国外测井技术》，是中国展示世界先进测井技术的平台，为中国测井技术创新驱动提供技术参考。1986—1998 年，在中国石油天然气总公司组织下，出版发行一批测井技术发展、装备、处理解释等相关的测井论著。有的测井单位还成立科研情报机构，开展国内外测井技术调研，掌握国内外测井方法、仪器设备、解释处理方法、岩石物理实验研究等科技发展动态，为测井技术发展，提供技术性参考资料。

四、测井专业建设

1978 年恢复高考之后，77 和 78 级学生相继入学，学制改为 4 年。"七五"期间，石油高等教育体系伴随着石油工业的持续发展而发展到一个新的阶段，各石油高校地球物理专业借助国家级和省部级重点实验室等科研平台，加强学科建设，石油高校的办学实力和办学水平得到很大提高。"八五"期间，中国石油天然气总公司所属 6 所石油高等学校有各类研究院所 91 个，其中测井录井类 4 个。这一时期，高等教育逐步走上健康发展道路，大批高校毕业生投入石油一线，快速地充实测井力量，逐步成长为推动石油行业发展的中坚力量，为各油田发展和测井技术进步提供不竭动力。

（一）江汉石油学院

1978 年 4 月，开设矿场地球物理本科专业。同时将矿场地球物理教研室改为测井教研室，并成立测井仪器教研室。1985 年 2 月，成立地球物理勘探系。1985 年 4 月，学校将矿场地球物理专业作为学校第一批重点建设专业，并上报石油部教育司。1985 年 12 月，为强化科学研究，学校专门成立独立研究机构江汉石油学院测井研究室。1986 年，国务院学位委员会批准江汉石油学院获得应用地球物理硕士点学位授予权。1993 年，将原勘查地球物理和矿场地球物理两个本科专业更名为应用地球物理专业。1996 年，应用地球物理专业被中国石油天然气总公司批准为石油高校重点建设学科。1998 年，应用地球物理专业调整为勘查技术与工程专业。1978—1998 年，培养测井专业本科生 1650 人、研究生 69 人。

（二）大庆石油学院

1979 年，石油矿场地球物理（测井）专业首次招收本科生。1984 年，专业更名为矿场地球物理（测井）。1994 年，矿场地球物理（测井）专业与勘查地球物理（物探）专业合并，更名为应用地球物理专业，获批应用地球物理工学硕士学位授予权，招收测井、物探方向硕士研究生。1998 年，应用地球物理本科专业更名为勘查技术与工程。1979—1997 年，培养测井专业本科生 895 人、专科生 170 人。

（三）西安石油学院

1980 年，开设石油地球物理仪器专业，培养石油地球物理测井和物探仪器领域的工程技术人才。1988 年，招收 1 届测井专业学生，之后只招收石油地球物理仪器专业学生。1993 年，经中国石油天然气总公司审核批准，新增"电磁测量技术及仪器"硕士点；1998 年，拓宽为"测控技术与仪器"专业。1978—1998 年，培养测井专业本科生 1142 人、研究生 9 人。

（四）石油大学

1981 年，华东石油学院矿场地球物理专业更名为应用地球物理专业。1981 年 10 月，国务院学位委员会第三次会议批准，华东石油学院应用地球物理等 7 个专业成为首批具有硕士学位授予权的学科。1986 年 9 月，国务院学位委员会批准华东石油学院应用地球物理等专业为第三批博士和硕士学位授予专业点。1988 年，石油大学成立，校本部设在北京，由石油大学（北京）和石油大学（华东）两部分组成。1988 年 5 月，国家科委批准石油大学包括应用地球物理在内的两个博士后流动站。1996 年 6 月，国家教委"211 工程"办公室批准石油大学应用地球物理为重点学科。1998 年 8 月，石油大学应用地球物理学科所在的一级学科"地质资源与地质工程"获国家一级学科博士学位授予权。

（五）西南石油学院

1979 年 8 月，石油工业部批复停办西南石油学院石油地球物理测井专业，将 78 级测井专业 36 名学生转入石油地质、石油地球物理勘探专业。1986 年，测井专业再次恢复招收本科生，隶属于学校勘探系。测井专业进入稳定发展阶段。1993 年 9 月，本专业所属的地球探测与信息技术二级学科获批硕士学位授权点。1994 年，物探、测井两个专业合并为应用地球物理专业。1998 年，更名为勘查技术与工程专业，设立测井、物探两个培养方向。1989 年 3 月，西南石油学院"油气藏地质及开发工程国家重点实验室"获批立项建设；1989 年 7 月，联合国开发计划署援建中国的"油井完井技术中心"获批在西南石油学院设立；1991 年 9 月，经国家人事部全国博士后管委会批准，西南石油学院"地质勘探、矿业、石油博士后流动站"正式设立；1993 年，中国石油天然气总公司批准成立中加天然气勘探开发技术培训中心。在这些高水平科研及学科平台中，测井都是其重要组成部分，这些平台也为测井科学研究、师资队伍建设和人才培养提供了重要支撑，推动了测井学科的内涵式高质量发展。1996 年 1 月，测井专业支撑学科"煤田、油气地质与勘探"获批省级重点学科。1997 年 6 月，以排名第一通过了国务院学位委员会开展的硕士学位授权点合格评估。1986—1998 年，西南石油学院培养测井本科生 573 名、硕士生 26 名。

（六）中国石油勘探发研究院

1978年，中国石油勘探开发研究院正式接收了从中国科学院转来的第一名硕士研究生。1981年，国务院学位委员会批准勘探院为"煤田、油气地质与勘探"和"油气田开发工程"专业硕士学位授予单位。1984年，批准两个专业博士学位授予点；同年，经国家教委批准，"石油勘探开发科学研究院研究生部"正式挂牌成立。

1995年，经国家人事部、全国博士后管委会批准，勘探院设立了第一个国家一级学科"地质资源与地质工程"学科博士后流动站。1999年，国家人事部和全国博士后管委会联合下文决定，增设"石油与天然气工程"学科博士后流动站。

作为石油系统内唯一的高学历、高层次、高水平科技人才的教育、培养和输出基地，中国石油勘探发研究院培养了以中国工程院院士李宁为代表的测井优秀人才56人（含硕士、博士及博士后），他们成为中国石油测井高端战略决策、重大油气突破发现、理论技术创新等的中坚力量，成为推动测井理论技术发展的主力军。

下 编

第五章

中国石油测井深化重组改革推动自主创新高质量发展

1998—2021 年

第五章　中国石油测井深化重组改革推动自主创新高质量发展

1998年7月，中国石油天然气集团公司（简称中国石油集团）成立后，加快培育和增强国际竞争力的战略部署，研究制定存续企业深化改革目标和任务，积极推进重组改制，转换经营机制，决定建立专业服务公司，对测井专业实行跨地区、跨企业重组，建立符合的解决企业存在的深层次问题。中国石油集团在"十五"科技发展规划中提出将沿着技术集成化、自动化、可视化、实时化和智能化的方向组织科技攻关和技术创新，在测井领域要按照"开放、联合、集成、创新"的研究开发方针，加强基础理论和方法研究，要在成像测井、随钻测井、过套管测井、核磁共振测井、超深井和水平井测井以及深穿透射孔等大型技术装备和大型测井资料处理解释软件研发和产业化上有实质性的进展和突破，实现中国石油集团在国产先进测井装备研制、处理解释软件开发及生产中占据领先地位的目标。

2002年，为整合测井技术研发和装备研制资源，形成多元化投资主体，提高自主研发和制造能力，增强技术创新能力和核心竞争力，重组成立中国石油集团测井有限公司，按照"国内第一、国际一流"的目标，开始建设研发、制造、服务一体化的专业化公司，2004年，自主研发成功EILog快速与成像测井系统。中国石油集团测井公司、各油田区域测井公司以关联交易市场为主体，努力提升工程技术服务能力和水平，开拓国内外市场，同时按照中国石油集团技术创新战略要求，自主创新研发多种新一代测井装备和测井应用软件，推动主体技术优化升级。中国石油集团各油田公司为加强地质与测井融合研究，在勘探开发研究或其他研究机构成立测井评价工作机构，建立健全油田公司—测井一体化工作管理体系，与中国石油集团测井公司联合建立测井评价研究中心（研究院），联合开展技术攻关研究。2008年，中国石油集团组建工程技术专业分公司，隶属各油田存续企业的测井公司重组划归新成立的5个地区钻探工程有限公司，与中国石油集团测井公司形成共存局面。2017年12月，中国石油集团再次进行工程技术业务重组，4家钻探公司的测井公司和长城钻探公司国内测井业务划归中国石油集团测井公司，"服务油气、保障钻探"的专业化重组优势得到充分体现。2021年，历时19年持续深化重组改革，中国石油集团全面完成测井的专业化重组和国内国际测井业务统一管理，打造形成CPLog多维高精度成像测井成套装备和CIFLog测井大数据平台，测井技术迈向智能化时代。

"十四五"时期，中国石油集团测井公司以习近平新时代中国特色社会主义思想为指导，坚定不移贯彻新发展理念，履行"服务油气、保障钻探"两大使命，推进测井高质量发展，建设基业长青的世界一流测井公司。

第一节　持续深化重组改革实现专业化一体化发展

1998年7月，中国石油天然气集团公司成立，1999年8月实施重组改制、主辅分离，成立中国石油天然气股份有限公司，实行上市企业与存续企业分开分立后，测井技术服务单位大多成为各油田存续企业下属单位，主要的测井工程技术服务单位有大庆石油管理局测井公司、辽河石油勘探局测井公司、大港油田集团公司测井公司、新疆石油管理局测井公司、华北石油管理局测井公司、长庆石油勘探局测井工程处、青海石油管理局地质测井公司、吐哈石油勘探开发指挥部录井测井公司、四川石油管理局测井公司、吉林石油集团有限责任公司测井公司和西安石油勘探仪器总厂测井公司共11家。这些测井工程技术服务单位在主辅分离后，主体服务市场是各自原隶属之后成为核心上市部分的油田公司。塔里木油田、冀东油田等没有专属的测井机构，其测井服务市场是开放的。因各油田公司的勘探开发规模和投资不同，许多测井公司在服务关联交易主体市场的同时，积极开拓油田竞争市场以及外部开放市场，谋求生存和发展。中油测井技术服务有限责任公司（当时简称中油测井，英文简称CNLC）为中油技术服务总公司子公司，主要从事境外测井技术服务。大庆油田有限责任公司测试技术服务分公司、大庆油田试油试采分公司，是属于上市企业中具有一定规模生产测井和射孔服务能力的单位，此外还有华北石油管理局井下作业公司等具备测井射孔服务能力的单位。主要的测井技术研究单位有西安石油勘探仪器总厂研究所、中国石油集团石油勘探开发科学研究院江汉测井研究所。主要的测井装备制造单位是西安石油勘探仪器总厂。

2001年，中国加入WTO后，国内外市场竞争日益加剧，石油工程技术服务领域全面开放，中国石油集团研究认为亟待对少数技术含量高、设备更新快、需要在更大范围内进行结构调整的业务，实行跨地区、跨企业的专业化重组，培养一批技术、服务、管理、效益一流，具有经济规模实力和竞争能力的专业服务公司，而测井行业正面临着条块分割、专业技术力量分散、资源配置不合理、研发能力薄弱、自相竞争等问题。因此，加快推进测井存续企业深化改革、转化机制势在必行。

2002年初，中国石油集团贯彻落实"三个代表"重要思想，深化国有企业改革，决定按照专业化、集约化原则，加快以地区服务公司为主的企业内部体制改革和结构调整，对测井、物探等市场竞争性强的技术服务业务和特种业务，进行跨地区、跨企业专业化重组，筹备组建中国石油集团测井和物探 2 个股份有限公司，按照相同业务资源重组与公司化改造结合，形成多元化投资主体，建立规范法人治理结构，构建利益共享、风险共担体制格局，提高技术创新能力，努力实现研发、制造、服务一体化，建设国际化专业化公司。2 月，中国石油集团成立体制改革领导小组，副总经理阎三忠任组长，副总经理陈耕、郑虎和总会计师贡华章任副组长，召开第一次体制改革领导小组会议，明确物探、测井专业的跨企业、跨地区重组，由集团公司发展研究部牵头，在当年内完成两个专业化重组。4 月，中国石油集团体制改革办公室成立测井专业化重组调研组，先后到江汉测井研究所、长庆石油勘探局、西安石油勘探仪器总厂、新疆石油管理局、吐哈石油勘探开发指挥部、青海石油管理局和华北石油管理局等地调研，得到各油田大力支持，大港油田集团公司向调研组汇报参加重组的意向意见。6 月，调研组起草的《测井专业化重组方案》，在中国石油集团党组会议上原则通过，进一步明确重组基本原则、范围、方式及具体措施。7 月 31 日，成立测井专业化公司筹备领导小组，中国石油集团总经理助理刘海胜任组长，大庆石油管理局副局长李剑浩、中国石油集团发展研究部副主任卢思忠任副组长，长庆石油勘探局测井工程处处长胡启月任领导小组办公室主任。

2002 年 12 月 6 日，中国石油集团测井有限公司（China Petroleum Logging Co., Ltd. 英文简称 CPL，简称中国石油集团测井公司）成立，中国石油集团党组书记、总经理马富才在致辞中指出，实施物探、测井跨地区跨企业重组成立两个专业化公司，是中国石油集团贯彻落实党的十六大精神的一个重要举措，是中国石油集团实施持续重组的重要组成部分，是中国石油集团实施大公司、大集团战略的一个实际步骤。希望两个新公司争取打造为中国的"哈里伯顿"和"斯伦贝谢"。

中国石油集团测井公司注册资本 7.1 亿元人民币，按照《中华人民共和国公司法》和《中国石油集团测井公司章程》，成立董事会、监事会和经理层，董事长饶永久，为法定代表人；总经理李剑浩，副总经理李储龙、胡启月、王春利。党组织关系隶属中共陕西省委，成立中国石油集团测井公司党委，并设立纪律检查委员会。注册地址西安经济技术开发区，2003 年变更为西安高新技术产业开发区。12 月 6 日签署重组交接协议，长庆石油勘探局测井工程处 935 人、37 支测井队、5 支射孔队；华北石油管理局测井公司 1238 人、61 支测井队；吐哈石油勘探开发指挥部录井测井公司的测井业务人员 437 人、22 支测井队、7 支射孔队；青海石油管理局地质测井公司 441 人、8 支测井队、6 支射孔队、28 支录井队；西安石油勘探仪器总厂测井公司 41 人、3 支测井队，

2002年12月6日，中国石油集团测井公司总经理李剑浩在成立大会上发言

研究所测井业务人员83人；中国石油集团科学技术研究院江汉测井研究所142人，共3317人划转到中国石油集团测井公司。成立长庆事业部、华北事业部、吐哈事业部、青海事业部、塔里木事业部和技术中心，以及7个机关管理部门。

2006年3月，中国石油集团批复同意将西安石油勘探仪器总厂测井装备制造业务划入并成立测井仪器厂，划转资产1.56亿元，人员596人。2007年6月，中国石油集团先后将塔里木石油勘探开发指挥部、青海石油管理局、中国石油集团科学技术研究院、长庆石油勘探局、华北石油管理局、吐哈石油勘探开发指挥部和西安石油勘探仪器总厂所持测井公司股权全部划转中国石油集团，测井公司变更为一人有限责任公司，不设董事会和监事会，李剑浩为测井公司执行董事兼总经理。

2007年12月，中国石油集团对工程技术服务业务开始新一轮战略重组。为进一步理顺管理体制，推进钻探业务专业化管理、集约化经营，优化钻探资源，促进技术进步和业务发展，对各地区的石油管理局、勘探公司进行专业化重组，组建专业化钻探公司，将分散的工程技术服务力量进行集中。存续企业的测井单位划入中国石油集团工程技术分公司新成立的钻探公司：新疆石油管理局测井公司划入西部钻探工程有限公司（简称西部钻探测井公司）；辽河石油勘探局测井公司划入长城钻探工程有限公司（简称长城钻探测井公司）；大港油田集团公司测井公司划入渤海钻探工程有限公司（简称渤海钻探测井公司）；四川石油管理局测井公司划入川庆钻探工程有限公司（简称川庆钻探测井公司）。2004年9月，大庆石油管理局钻探集团成立，大庆测井公司划归钻探集团，更名为大庆石油管理局钻探集团测井公司；2008年3月，大庆石油管理局钻探集团与吉林油田钻探业务合并，成立大庆钻探工程公司，相应的大庆石油管理局钻探集团测井公司更名为大庆钻探工程公司测井一公司；吉林石油测井公司划归大庆钻探工程公司，更名为大庆钻探工程公司测井二公司；2010年9月，大庆、吉林测井业务持续重组，大庆钻探工程公司测井一公司、测井二公司合并，成立大庆钻探工程公司测井公司（简称大庆钻探测井公司）。

2008年2月，中国石油集团为进一步优化测井技术力量，推进测井业务专业化重组、集约化经营、产业化发展，提升测井技术自主创新和技术服务能力，将中油测井技术服务有限责任公司合并重组到中国石油集团测井公司，成为其北京分公司。2009年1月，北京分公司划归长城钻探工程有限公司。2008—2017年，中国石油集团的测井企业呈现为中国石油集团测井公司和5大钻探公司的测井公司共存的格局，共同为中国石油集团的16个油气田公司、煤层气公司和储气库公司等提供测井工程技术服务，同时依托中国石油集团"走出去"战略，开拓境外测井工程技术服务市场。

2017年12月26日，中国石油集团为进一步完善工程技术业务管理体制，优化资源配置，提升规模实力和整体竞争力，打造国际一流的油田技术服务公司，决定对工程技术业务实施重组，大庆钻探测井公司2860人、西部钻探测井公司1268人、长城钻探测井公司1625人、渤海钻探测井公司1323人、川庆钻探测井公司1255人、长城钻探测井技术研究院126人，共8457人划转到中国石油集团测井公司。重组后，中国石油集团测井公司有员工13215人，较重组前增长165%，作业队伍758支，较重组前增长97%，包括综合测井队309支、裸眼测井队182支、生产测井队52支、射孔队101支、随钻测井队34支、录井队46支、测试队34支。资产总额116.02亿元。

2020年10月，中国石油集团党组决定金明权任中国石油集团测井公司党委书记、执行董事，胡启月任总经理，法定代表人变更为金明权。12月31日，中国石油集团油田技术服务公司（简称中油技服）为发挥中国石油集团测井业务整体优势，瞄准世界一流战略目标，促进测井业务高质量发展，决定将长城钻探国际测井业务和机构整建制划入中国石油集团测井公司，成立国际公司。

2021年，中油技服智能导向研发制造业务、华北油田分公司测试业务和辽河油田分公司射孔业务划归中国石油集团测井公司。7月，中国石油集团测井公司深化内部专业化制度改革，整合研发、制造、物资装备、采购、质量安全监督和国际业务等资源。11月，中国石油集团批复同意中国石油集团测井公司中文简称调整为"中油测井"，英文名称由China Petroleum Logging Co., Ltd.调整为China National Logging Corporation，英文简称为CNLC。至此，中国石油集团的测井专业化重组、测井业务专业化整合和中国石油集团测井公司内部主体改革任务全面完成，国内国际协同发展格局初步形成。

中国石油集团测井公司产业化基地

2021年底，中油测井在册员工11432人，本科及以上占比55.37%。设14个机关处室；19个基层单位，有19个基层党委和1个本部党委，中共党员5873名。有各类作业队伍856支，主要专业设备1294套，资产总额124.78亿元。国内市场涵盖中国石油集团16个油气田和中国石化集团、中国海油集团、延长石油集团等市场，海外市场有中亚、南亚、中东、非洲、南美等5大区19个国家，具备年10万井次以上施工作业能力。具备年产30套CPLog快速与成像测井装备、10套FELWD随钻测井系统、20套旋转导向组装、30套随钻系统平台、30套生产测井装备、200万发射孔弹和50万米射孔枪能力，年机械加工能力45.3万工时。产品在国内市场覆盖中国石油集团、中国石化集团、中国海油集团、延长石油集团，海外市场销往俄罗斯、伊朗、印度尼西亚、美国、土库曼斯坦、泰国等国家。

第二节　创新驱动引领测井成套装备自主研制

1998—2021年，中国石油集团测井技术与装备水平取得质的飞跃，以CPLog、LEAP、慧眼、EXCEED、先锋、庆矛等一批为代表的具有自主知识产权测井成套装备及射孔器材实现成套研发、批量制造和规模应用，快速缩短与国外先进技术差距，形成各具特色的测井系统和射孔器材技术系列，改变中国先进测井装备长期依赖进口的局面，在中国石油各油气田增储上产及海外测井市场开发中发挥重要作用。

一、CPLog 测井成套装备研发

2002年，中国石油集团测井公司成立时，就明确提出要以发展测井成套装备为重点，大力推进技术创新，按照测井技术产业化、集成化、定域化和阵列化的技术创新方针，以研制综合化地面测井设备、集成化常规井下仪器、国产化成像井下仪器、平台化解释软件，满足服务国内外油田市场需要为目标，多年来，广大测井科技工作者自主研发成功以 EILog 快速与成像测井系统、地层成像测井系统、随钻测量与导向系统、生产测井系统、桥塞与射孔联作系统、取心与测试系统、录井系统、光纤测井系统、套后测井系统为主的 CPLog 测井成套装备。"十三五"期间，中国石油集团测井打造形成 CPLog 成套装备，推出新一代远程测井地面系统。2021年，自主研发的 CPLog 多维高精度成像测井装备在中国石油集团测井科技创新大会上发布，自主成像测井技术迈向智能化测井时代。

（一）EILog 快速与成像测井系统

中国石油集团测井公司成立以来，依托国家重大专项、国家"863计划"项目、中国石油科技专项和重大现场试验项目等，研制的具有自主知识产权的新一代 EILog 快速与成像测井系统主要由综合化地面系统、电缆遥传系统、集成化常规快速组合测井仪器和系列国产成像测井仪器等组成，共有60多种各类井下仪器。主要形成 EILog-05 快速测井系统、EILog-06 快速与成像测井系统、一串测测井仪器系列。

中国石油集团测井公司在筹备期间，就开始研究部署测井成套装备研发前期调研和初步方案设计工作。2003年1月，研发人员在原西安石油勘探仪器总厂承担的中国石油集团项目高速电缆遥传研究、原江汉测井研究所承担的中国石油集团项目 HCT 组合测井工业化系统研制等研发成果的基础上，开始综合测井采集地面系统和 HCT 常规组合仪器的研发工作。2004年10月，由综合化地面系统 IDAP5100、高性能组合测井仪（HCT）为主组成的成套装备完成样机定型，数据遥传速率为10万比特/秒，被命名为 EILog-100 快速与成像测井系统（Express and Image Logging System，缩写 EILog）。HCT 组合测井仪具有一定组合能力，可靠性高，主测量串可以同时测量补偿密度、补偿中子、声波、双侧向、微球、自然伽马、自然电位和井径等9条常规曲线，辅助测量串测量三参数（电缆张力、钻井液电阻率、井温）、XY 井径、微电极和连斜等项目，两串组合基本满足现场常规测井需要。

1. EILog-05 快速测井系统

2002年12月，依托中国石油集团高分辨率测井仪器及井场实时解释系统研究项目，研制高精度常规测井仪，与自然伽马一体化设计，井下仪器采用 DTB 总线结构，可以配接成像测井仪器。2005年9月，EILog-100 快速测井系统在长庆油田正式投产，2006年5月被更名为 EILog-05 快速测井系统。综合化地面系统由地面系统硬件平台 IDAP5100、采集控制管理平台 ACME1.0 以及地面系统辅助设备等组成，后台操作系统为 Windows XP Professional，实时多任务操作系统。遥传伽马短节 CTGC 5301 传输速率 10 万比特 / 秒。一次下井可完成三孔隙度（中子、密度、声波）、三电阻率（深、中、浅电阻率）、辅助参量测量（电缆张力、钻井液电阻率、井温）、XY 井径、微电极和连续测斜等曲线测量；双侧向采用高分辨率侧向，其余井下仪器在 HCT 组合测井仪样机基础上进行改进升级。之后配置了自主研发的阵列感应测井仪 MIT5530 和微电阻率成像测井仪 MCI5570。

2. EILog-06 快速与成像测井系统

2003年，在研制综合测井采集地面系统的同时，为提高地面与遥传仪器传输速率，扩展地面系统功能，依托中国石油集团"高性能测井系统研制"重大科研专项，开展以综合数据采集与处理系统 IDAP6100、高精度常规测井仪和数据遥传速率为 43 万比特 / 秒为主要目标的研究工作。2006年5月，该项目通过中国石油集团评审，被命名为 EILog-06 快速与成像测井系统。该系统电缆遥传短节 TELC6306 增加 43 万比特 / 秒高速数据采集与解码功能，兼容 CAN 总线井下仪器，逐步升级形成 ACME1.0、ACME2.0、ACME3.0 采集控制管理平台，能满足常规及成像系列井下仪器实时测井数据采集、质量控制、数据管理和系统服务等功能要求，通过扩充模块，能挂接 RFT、旋转式井壁取心器等，兼容 DTB 总线、CAN 总线井下仪器。EILog-06 高精度常规测井仪井下仪器包括常规测井仪器和辅助参数测量仪器共 15 个短节，所有测量参数均在井下实现数字化。采用选择大规模集成电路、厚膜电路、测量线路集中共用、传感器复用等手段，缩短仪器长度，减轻重量，各井下仪器机械结构实现标准化设计，可根据需要自由组合，一次测井可取得全部常规测井地层评价参数。2006年12月28日，中国石油集团在北京召开产品发布会，宣布中国石油集团测井公司 EILog 测井成套装备研制成功。

从 2006 年起，依托国家重大专项、国家"863 计划"项目、中国石油集团科技项目开始重点研制 EILog 成像测井仪，至 2021 年先后研发成功阵列感应测井仪、超声成像测井仪、微电阻率成像测井仪、阵列侧向测井仪、阵列声波测井仪、核磁共振测井仪（简称"3 电 2 声 1 核磁"）和地层元素测井仪，基本都具有 155℃ 100 兆帕和 175℃ 140 兆帕 2 个型号产品。阵列感应测井仪以 1995 年原江汉测井研究所、原西安石油勘探仪器总厂测井研究所承担的中国石油集团项目阵列感应成像测井仪器研制与方法研究为基

2012年3月20日，EILog测井成像装备参加北京第12届中国国际石油石化技术设备展览

础，研制形成MIT5530、MIT6532和快测版MIT1530等3个型号。阵列侧向测井仪包括HAL6505和HAL6506等2个型号。微电阻率成像测井仪在原西安石油勘探仪器总厂承担的2001年中国石油集团项目微电阻率成像测井仪改进及二次开发的基础上，研发形成MCI5570、MCI6570、小井眼版MCI6572、MCI6573和宽动态范围MCI6575等5个型号。多极子阵列声波测井仪是中国石油集团测井公司与中国石油大学（北京）联合开展研究形成MPAL6620和MPAL6621等2个型号。超声成像测井仪UIT在华北事业部井下电视测井仪基础上研发形成UIT5640和UIT5641等2个型号。远探测声波测井仪MPALF是与中国石油大学（华东）开展偶极横波方法研究的基础上形成的。联合中国石油大学（北京）、中国石油集团科学技术研究院开展多频核磁共振测井仪器及配套技术研究，形成多频核磁共振测井仪MRT6910。2009年，开始研发地层元素测井仪FEM6461，2014年，完成产品鉴定。2010年7月，中国石油集团决定在各钻探公司开始推广应用100套EILog快速与成像测井系统，提升测井装备整体水平。

3. 一串测测井仪器系列

一串测测井仪器系列是针对油田公司提质增效需求及井型特点，研发的可以一次下井获取钻井液电阻率、温度、张力、井径、方位等井眼环境参数和自然伽马、自然电位、声波时差、电阻率等储层评价参数的井下仪器组合，包括EILog 15米一串测系列、高温高压一串测系列、过钻具一串测系列。

15米一串测测井仪器。2011年10月，为适应长庆油田裸眼井"短口袋、高效率、低阻卡"的测井施工需求，研发EILog 15米一串测快速测井系列，对24.3米长的EILog常规组合仪进行改进升级，包括三参数、遥传伽马、连斜、井径、数字声波、阵列感应等仪器组合，长度缩短到15米以内。2012年9月，一次下井完成全部测量项目，用时5小时，测井时效提高40%，EILog 15米一串测测井仪正式投产使用。2016年，形成阵列感应组合串、双侧向组合串和放射性仪器串3个测井系列。开发井测井系列的EILog 15米一串测测井仪器长度12.6米。

高温高压小直径一串测系列。主要包括遥传/伽马、井径/连斜、补偿中子、岩性密度、补偿声波、阵列感应、阵列侧向、阵列声波、微电阻率成像等仪器，最高工作温度200℃，最大工作压力170兆帕。2008年4月，联合川庆钻探工程有限公司、北京华美世纪国际技术有限公司等单位，研制200℃/170兆帕高温高压小直径电缆遥传、自然伽马、双侧向和补偿声波4种常规测井仪器。2016年，在青海油田完成测井作业，井内最高温度186℃，200℃/170兆帕高温高压小直径测井系列仪器实现定型；2021年，形成230℃/170兆帕系列。

过钻具一串测系列。作为水平井和复杂井况井测井施工的有效手段，2018年7月，优化集成西南分公司和大庆分公司已有技术，形成直径57毫米的常规仪器+成像仪器的多模式全系列装备。2020年，研制一套直径55毫米常规仪器+阵列感应+偶极子声波具备电缆和存储测量双功能的存储式测井装备。仪器最高工作温度175℃，最大工作压力140兆帕。

2014年，以自主研制多频核磁共振测井仪投产为标志，中国石油集团测井公司成立之初确定的综合化地面、集成式常规、国产化成像的EILog测井成套装备开发任务基本完成。"十二五"期间被评为中国石油集团"十二五"十大工程技术利器，获国家战略性新产品和重点新产品2项，中国石油集团自主创新产品4项，整体达到国际先进水平，实现测井技术由常规测井向成像测井的重大跨越，从根本上改变我国测井先进装备长期依赖进口的历史局面，成为中国石油集团的测井主力装备，推动测井产业转型升级。

（二）地层成像测井系统

2011年，中国石油集团测井公司提出创新地层成像测井发展思路，统筹国家重大专项、国家"863计划"项目和中国石油集团等各级科研课题，开展高温高压、小直径、集成化、低成本、三维化等各种系列成像测井仪器研发，经过10余年的研发，形成地层成像测井系统，包括地层成像地面系统和地层成像测井仪器系列。

地层成像地面系统包括智能采集地面系统iWAS、测井智能化作业系统、兆级遥测仪 CTGC。2013 年，中国石油集团测井公司在传统绞车和地面系统的基础上，开始研制测井智能化作业系统，2018 年系统定型。2018 年，中国石油集团测井公司重组后的测井装备有 EILog 快速与成像测井系统、LEAP800、慧眼 2000、猎鹰 KCLog 等 4 大类共 242 种型号，仪器存在机械电气标准、井下通讯方式、数据格式和报表出图格式不统一等问题。2018 年，开展可与 CPLog 井下仪器系列配套的网络化地面系统研制，通过制定统一的软硬件标准、自组装网络化地面设计、智能采集控制处理和高可靠网络遥传等关键技术研究，实现智能自组装测井作业，支持裸眼井测井、套管井测井、射孔、取心、存储式测井等综合服务，兼容 ECLIPS–5700、LogIQ 等国外系列仪器，提供远程监控和协同服务。2019 年 9 月，智能采集地面系统 iWAS 在长庆油田完成现场试验。智能采集地面系统 iWAS 具有网络化、模块化、标准化及智能化的特点，挂接兆级遥测仪 CTGC6312，实现万米电缆 1.3 兆比特 / 秒高速稳定传输，具有远程测井传输与控制通道，提供实时采集、测井质量监控、数据合成处理、资料成果快速出图等功能，可配接 CPLog 测井系统的常规测井系列、成像测井系列和生产测井系列等井下仪器，支持 CAN、TCP/IP 两种通讯总线的井下仪器，可满足多种作业任务需求。测井智能化作业系统创新变频电机驱动，替代传统液压传动模式，实现现场少人或无人值守、专家异地协同的远程作业新模式。

地层成像测井仪器系列是依托国家科技重大专项课题多维高精度成像测井系列任务开展研究的，截至 2021 年，主要形成感应电场成像测井仪（IEFL）、电场成像测井仪（EFIL）、三分量感应测井仪（TDIT）、方位阵列侧向测井仪（ALT）、全景式声波成像测井仪（DAIL）、三维声波成像测井仪（3DAC）、偏心核磁共振测井仪（iMRT）、可控源地层元素与孔隙度测井仪（SESP）、宽频介电成像测井仪（DSLT）和过钻具存储式成像测井仪。

（三）随钻测井与导向系统

1999 年，西安石油勘探仪器总厂承担中石油近钻头地质导向钻井系统研究项目，开始研制 CGMWD 无线随钻测量仪和自然伽马随钻测井仪。2006 年，中国石油集团测井公司开始研究随钻测井技术与装备。10 月，中国石油集团测井公司与中国石油集团钻井工程技术研究院签订随钻测井领域的战略合作共建协议，在其测井仪器厂加挂"集团公司钻井工程技术研究院随钻仪器制造中心"牌子，开始研发随钻感应电阻率测井仪，2008 年投产。2011 年研制出自然伽马、感应电阻率、脉冲电子孔隙度三参数随钻测井系统，2013 年通过国际合作研发成功随钻方位侧向电阻率成像测井仪，开始试验应用。2015 年自主研发随钻伽马成像测井仪，2018 年开始试验应用。2016 年研制地层评价随钻测井系统，2018 年形成自主研发的随钻系统集成进口旋转导向仪器，开始现场试验应用。2020

年研发智能导向系统，2021年研发随钻地层评价成像测井系列井下仪器，取得随钻远探测电磁波电阻率测井等关键技术突破。截至2021年底，中国石油集团测井公司随钻测导技术与装备研发成果实现从无到有、从常规到成像、从测井到旋转地质导向的跨越式发展。

（四）生产测井系统

2002年，在发展传统生产测井技术的同时，围绕油田勘探开发新形势对生产测井提出的新要求，开发能够满足油田需求的特色技术系列。2005年，研发成功的综合化地面系统，具备兼容多种生产测井井下仪功能。根据油田生产需要，先后开展过套管电阻率、电磁波持水率、脉冲中子全谱等技术研究。2014年10月，依托国家、中国石油集团及EILog生产测井综合集成系统等研究项目，在EILog测井地面系统生产测井模块基础上，开展生产测井地面系统和全系列生产测井井下仪器研发。截至2021年，形成注产剖面测井仪器系列主要有HSR生产测井组合仪、电磁波持水率测井仪和中子氧活化水流测井仪及井口含水率和液量计量装置。剩余油评价仪器技术系列主要有过套管地层电阻率测井仪、脉冲中子伽马全谱测井仪和套管井地层评价系列。井筒完整性评价仪器系列包括套管内涂层检测测井仪和固井质量与套损检测声波扫描测井仪。形成测调仪、验封仪和人工智能分层注水系列等测试测调产品。井间仪器系列形成远程实时分层注采测控、井间电磁成像和井间声波成像3个特色技术。6大类生产测井装备实现由单一到系列化、成像化的跨越，基本满足油田需求，同时在中低孔渗储层动态监测、井间地层监测等领域形成超低流量测量、阵列电磁波持水率、井间微地震监测与评价等特色技术系列，累计制造820余台（支）。

（五）桥塞与射孔系统

自2006年，中国石油集团测井公司主要以射孔地面系统升级和功能扩展、桥塞及配套工具工艺等研发为主。2013年起，中国石油集团测井公司以分级射孔地面控制系统、桥塞及配套井下工具等为主，先后研发主要包括分级点火地面系统SSMP、井下电子选发开关、复合材料桥塞、低温可溶桥塞等地面系统和系列井下作业工具。2018年随着原川庆钻探测井公司四川石油射孔器材有限责任公司的重组划入，中国石油集团测井公司具备射孔器材、工艺技术、射孔监测及软件开发等射孔全产业链研发能力，并建成国内唯一的射孔技术研究实验室。针对非常规油气藏研究形成等孔径深穿透射孔器系列、分簇定向和定面射孔器系列。2019年，研发出模块化分簇射孔器、远程液控插拔式井口快速连接装置，并形成智能泵送工艺，保障深层长水平段水平井泵送施工安全。2020年，集成化射孔地面系统SK8000S、多功能射孔地面系统MIPS相继投入使用，实现射孔地面系统升级换代并开发射孔设计优化与作业监测软件。两款地面系统都集成了页岩气开发所需的各项功能并可进行扩展，实现射孔采集、校深定位、分级点火、泵送监控等功能为一体。10月，与成都川油安全工程公司合作，研发出物探埋藏地层中未爆震源药柱安全处置特种射孔弹，为消除安全隐患提供了新的手段。2021年，针对"三超井"形成245兆帕/210℃、175兆帕/230℃、175兆帕/210℃ 3个系列高温高压射孔器。研发出的系列超深穿透射孔器在国内各油田得到广泛应用，并出口到阿塞拜疆、土库曼斯坦、印度等37个国家。2021年底，已研发集成压裂配套射孔、复杂条件下射孔、射孔系统安全、改善渗流能力的射孔、提高作业效率的射孔和工程射孔6大系列技术，包含桥射联作技术2.0、高温高压射孔技术、射孔作业过程监测技术等30余项特色射孔工艺技术；以及超深穿透射孔器、等孔径射孔器、小井眼射孔器、高孔密射孔器等14大系列100余种型号的射孔器及射孔配套工具，满足国内外射孔技术需求。

（六）光纤测井系统

2018年，中国石油集团测井公司开展光纤测井技术研究。2021年，形成光学传感组合测井仪和分布式DTS/DAS光纤测井仪器并配套解释方法。光纤传感组合测井仪器包括温度、压力、磁定位、流量、密度和噪声传感器，耐压60兆帕、耐温200℃、外径43毫米，可完成常规生产测井。分布式DTS/DAS光纤测井仪器通过对井下温度场与声波场的实时监测实现油井工程与油藏动态监测，为油田科学开采提供依据。2021年5月，在玉门油田，采用光电复合缆，利用牵引器输送工艺，首次完成分布式光纤自喷水平井产出剖面DTS测井。经过3年多的努力，实现了CPLog光纤测井装备从无到有的突破。

2020年，中国石油集团测井公司在准噶尔盆地进行分布式光纤测井作业

（七）取心与测试系统

中国石油集团测井公司的钻进式井壁取心器研发始于 2008 年，两年后完成旋转式井壁取心器 SRCT6701 的研制。2012 年，开始高温高压钻进式井壁取心器 SRCT6702 研制。2015 年，开始研发针对大斜度井、水平井的大直径钻进式井壁取心器 SRCT6703。2019 年，研发新一代大直径岩心钻进式井壁取心器 SRCT6704，一次性最多可获取 60 颗岩心，耐温 175℃、耐压 170 兆帕、仪器直径 135 毫米，适应 180～380 毫米井径的直井和斜井使用。形成的四代钻进式井壁取心器取心灵活性强，能够做到"随需索取"，取心时间短，费用低，为油气藏评价及油田开发节省大量投资。

模块式地层动态测试器（FDT）的研发经历了 4 个阶段。2008 年，开始基本型模块式地层测试器研发；2009 年，开始转向低渗透扩展型模块式动态地层测试器研制。2016 年，开展缩短型模块式动态地层测试器研制，使仪器基本功能串总长从 15.9 米缩短至 12.4 米。2020 年，形成优化型模块式动态地层测试器，能够进行地层压力测试、光谱分析和流体取样。

二、CPLog 测井成套装备制造

1998—2006 年，中国石油集团测井装备的主要制造单位是西安石油勘探仪器总厂，具有较为完备的装备制造基础和管理体系。2003 年，中国石油集团测井公司成立技术中心，与华北事业部所属华北石油威森高新技术开发公司共同承担中国石油集团测井公司的装备制造业务。2004 年 10 月，中国石油集团测井公司开始试生产测井成套装备。2006 年 4 月，西安石油勘探仪器总厂测井装备制造业务重组划入后，中国石油集团测井公司具备较为完整的测井装备制造与管理体系，EILog 测井成套装备投入规模化制造，阵列感应和微电阻率成像测井仪开始小批量生产。2008 年，中国石油集团测井公司开始随钻测井仪器开发研制，建成中国首条阵列感应测井仪生产线，国产成像测井装备单支仪器进入批量生产阶段，微电阻率成像、阵列侧向、多极子阵列声波等成像仪器相继完成样机试制进入小批量生产阶段。2010 年，中国石油集团测井公司在西安市高新技术开发区建成测井装备研发制造产业化基地。9 月，成立随钻测井中心，负责随钻测井技术研发和装备制造。自主研制的方位伽马感应电阻率随钻测井仪 GIR 投产成功，标志着国产随钻测井仪器制造开始起步。2013 年 4 月，中国石油集团测井公司与外国公司合作建成 4.75 英寸、6.75 英寸电磁波电阻率随钻测井仪组装生产线，同时建成测井装备（仪器）研究室、采用电热风循环加热技术的高温高压试验室、双台同步振动平台系统的振动试验室。2015 年，由装备销售分公司负责生产测井装备的制造业务。中国石油集团测井公司形成 EILog 测井成套装备产品线，电缆测井产品线包括 43 种技术产品；随钻测井产品

第五章　中国石油测井深化重组改革推动自主创新高质量发展

2010年，中国石油集团测井公司建成国内最大的测井装备研发制造产业化基地

中国石油集团测井公司测井仪器制造车间

中国石油集团测井公司测井仪器调校车间

线包括19种技术产品；生产测井产品线包括38种技术产品。自行设计建造3条多频核磁共振测井仪调试生产线投产，成为中国石油集团首家拥有批量制造核磁共振测井仪器能力的企业。2016年，整合形成了成像测井、生产测井、随钻测井"三位一体"研发制造业务架构。

2017年12月，中国石油集团工程技术进行专业化重组，川庆钻探测井公司钻井仪器仪表、射孔器材，渤海钻探测井公司射孔器材，长城钻探测井研究院装备制造，大庆油田测井公司装备制造等制造板块并入中国石油集团测井公司，实现装备制造业务的一体化、规模化发展。2018年，全面开展精益制造推广试点，推行数字化加工，采取一人双机加工模式，机械加工效率提高30%以上。2020年，建成直径260毫米高温高压试验室，可满足在模拟200℃和180兆帕井下环境下检测仪器性能指标需要。装备制造全生命周期管理系统正式上线运行，成为中国石油集团首家集产品管理PDM、制造执行MES、智能仓储WMS和仪器运维MRO 4大系统同时上线单位，实现产品设计、工艺、制造、仓储、销售和运维服务一体化全生命周期管理。建成机械加工一期自动化生产线和自动焊接生产线；测井芯片封装车间实现最高温度200℃可持续工作20小时的4种芯片试生产；核磁共振探头、感应线圈和3D打印极板等关键部件实现批量生产；高温高

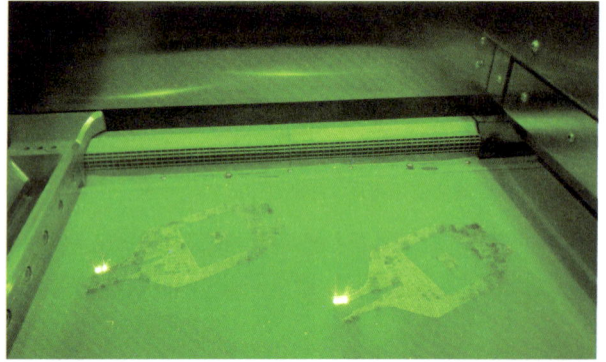

2020年，中国石油集团测井公司3D打印机及打印产品

压射孔器及超深井射孔配套工艺、装备完全替代国外高端射孔技术。

2021年7月，中国石油集团测井公司整合制造业务，成立制造公司，形成西安、重庆、天津、华北4大制造基地，有机械加工设备103台，包括5轴加工中心3台，4轴加工中心8台，数控车床44台，建成4条自动化线，有20余条机电产品、信息化产品的组装、调校线，涵盖机加全业务链，具备产品机电一体化设计与仿真、信息化开发与集成的能力，建有一套完善的调校、工艺及检验的制造标准体系。开展装备制造信息化、自动化和智能化建设，建成测井芯片封测线和3D打印等新型生产线，初步形成高温厚膜电路封测制造和检测能力，实现大规模复杂结构、复杂曲面结构、非金属感应线圈等零件3D打印；建成生产测井仪器及工艺工具压力试验室、拉力试验室、元器件检测试验室、物化性能检测试验室及温度试验室，形成完善的生产测井装备制造原材料及产成品检测能力。2021年底，累计制造EILog测井成套装备357套，其中地面系统398套，成像系列井下仪器598套，随钻测井仪器520余台（套/支）。

2021年，中国石油集团测井公司智能化机械加工生产线建成

三、ERA2000成像测井系统研发

1998年，中国石油集团把成像测井技术攻关确定为重点抓好的八项配套技术之一，希望带动国产成像测井装备发展。西安石油勘探仪器总厂研究所承担"ERA2000成像测井系统研制"项目，采用多处理器分布式的系统结构，WINDOWS NT操作系统采用VME工业总线。1999年，基本完成样机的设计和制造。2000年，高速电缆遥传通过模拟电缆测试，微电阻率成像测井仪样机完成产业化仪器设计方案。2001年，完善地面设备软件，配接SKC系列井下仪器完成下井试验。与此同时，该系统由江汉测井研究所合作承担HCT组合化常规测井仪器研制工作，与配套的综合化地面系统可实现挂接微电阻率成像测井仪和井下声波电视测井仪国产成像仪器。同年，具有自主知识产权的ERA2000成像测井系统通过中国石油集团的项目鉴定。ERA2000成像测井系统可实现井下仪器采集软件的动态添加，具有高速通信接口，具备大数据量采集和成像处理能力；除了可以配

接常规井下仪器外，还可配接阵列感应成像测井仪和微电阻率成像测井仪。ERA2000 地面仪器的研制成功为后续国产成像装备研发奠定基础。

四、网络化 LEAP800 测井系统

2006 年 4 月，在 LEAP600B 测井系统的基础上，中油测井技术服务有限公司技术研发中心开始研制网络化测井系统 LEAP800。2008 年 12 月，样机首次在胜利油田孤古 8 井进行全系统、大满贯测井试验。2010 年 11 月 18 日，新一代网络化 LEAP800 测井系统通过中国石油集团科技管理部鉴定；12 月，网络化 LEAP800 测井系统发布，随后进入产业化生产阶段。2012—2017 年，陆续配套研发油基泥浆电阻率成像测井仪、快速平台测井系统等各类井下仪器，并对其不断升级完善。网络化 LEAP800 测井系统利用卫星通信、互联网或 3G 网络实现宽带网络接入，可实现总部对现场、现场对现场的技术支持和全球数据共享。井下仪除常规裸眼和套管井系列外，系统还配备自主研发的 1 兆比特/秒电缆传输系统、阵列感应、油基泥浆电阻率等成像测井仪和快速平台测井系统。快速平台测井系统使仪器串长度由传统大满贯的 37 米缩短为 22 米，并且电阻率仪器实现阵列化（阵列侧向、阵列感应）。截至 2017 年底，产业化生产 13 套网络化 LEAP800 测井系统。

五、慧眼高分辨率薄层测井系列

慧眼高分辨率薄层测井系列是大庆测井公司针对大庆油田高产稳产挖潜对象主要转为厚层内的非均质低水淹和未水淹小层及表外薄差储层的开发勘探实际研发，在"十五"至"十二五"期间形成慧眼 1000 和慧眼 2000 两代高分辨率薄层测井系列成套装备。

2003 年，研发慧眼 1000 数控测井成套装备，地面系统采样密度高达 100 点/米，可满足大庆薄层测井系列的需要。2008 年，与慧眼 1000 地面系统配套的高分辨率薄层测井系列仪器—快速测井平台研发完成，集成高分辨率三侧向、微球形聚焦、微电极、简化横向电极、高分辨率声波、高分辨率自然电位等系列井下仪，数据传输达 20 万比特/秒，仪器串有效长度不超过 15 米，仪器纵向分辨率 0.3 米，测井时效明显提高。2010 年，启动慧眼 2000 成像测地面系统及其配套的部分 0.2 米超薄层系列测井井下仪器的研发。2012 年，测井地面系统研发成功，电缆传输数据达 2 兆比特/秒，满足大数据量传输的需要。"十二五"期间，0.2 米高分辨率密度、0.2 米高分辨率自然电位、0.2 米高分辨率双侧向、阵列感应与中子测井仪器等超薄层测井系列相关仪器相继研发成功，使慧眼高分辨率薄层测井系列仪器指标有了质的提升，双侧向无侵探测深度达到 1.41 米。2015—2017 年，形成与 0.2 米分辨率的超薄层测井系列相配套的水淹层测井精细解释软

件平台，在大庆油田各采油厂安装 100 套。

六、超越（EXCEED）生产测井系列装备

超越（EXCEED）生产测井系列装备由大庆石油管理局生产测井研究所 1998 年开始研发。1998 年 10 月，研制成功电导式含水率传感器和电导式相关流量传感器，并由此发展阻抗式含水率计、电导式相关流量计和全井眼含水率计，产液剖面测井仪谱系中增添高含水阵列阻抗监测系列。探索开发电磁流量组合仪和聚合物注入剖面氧活化测井仪等聚驱注入剖面监测系列仪器，满足聚驱注入剖面测井需求。自主研发并规模制造 PL2000 小型数控地面测井系统，该系统累计推广应用 80 余套，减少了对进口设备的依赖，形成针对同期油田开发动态监测的完整的生产测井技术装备支撑体系。

2000 年 12 月，组建成立大庆油田有限责任公司测试技术服务分公司继续承担装备研制任务，遥测产液剖面组合测井仪系列投产。2002—2003 年，相继开发五参数注入剖面组合测井仪和示踪相关连续测井多参数组合仪。2004 年，开发小直径高精度方位系列工程组合测井仪器，其中包括小直径高精度方位综合测井仪、小直径方位 20 臂井径组合测井仪、小直径方位井壁超声成像组合测井仪。2004—2005 年，满足小排量泵井产出剖面动态监测需求的螺杆泵产出剖面测井仪及配套防喷管系统和适用于脱气井的溢气型同轴线相位法找水仪相继问世。开展预测套损方法研究；套后储层评价仪器开发了双源距高分辨率碳氧比能谱测井仪器及配套解释软件技术。

2009 年，以超越 EXCEED 生产测井快速平台研发成功为标志，首次在生产测井领域实现井下仪器数据采集、单芯电缆高速遥测和地面数据采集 3 个标准化平台，实现地面装备和测井仪器接口的标准化，推出阵列探针产出剖面测井仪。2010 年，研制成功适合高含水油水两相流的电磁法无可动部件流量计，开发形成适用于煤层气井测试的热式气体流量计、差压式流量计，设计 3 种类型推靠式煤层气井音标器，实现煤层气井产气剖面的生产动态测井。2006—2009 年，注入井示踪相关连续测井仪、直径 38 毫米双向氧活化测井组合仪陆续投产。2015 年，形成油溶性低扩散性示踪剂配方和电磁流量—示踪流量组合测井仪，发展防腐型脉冲中子氧活化测井仪。2006 年，8 探头 16 通道的井下套管磁记忆检测形成实验样机。2012 年，研究完成磁记忆检测仪刻度方法及磁场刻度装置，研制并配接套管消磁器。2005—2008 年，成功研发脉冲中子全谱测井仪，集双源距碳氧比、脉冲中子—中子、活化水流指示测井功能于一体的脉冲中子测井平台。2014 年，研发 PNST-E 测井仪脉冲中子地层元素测井仪。

"十三五"期间，开发存储式模块化测井仪器、存储式分层流体取样器，实现基于油管输送的模块化水平井产液剖面测井工艺；发展水平井流动剖面成像测井仪，使水平井

产出剖面动态监测技术迈上新台阶。非放射性钆示踪流量注入剖面测井仪研发成功，该仪器兼有非放射性钆示踪流量、中子寿命、脉冲中子氧活化和同位素能谱4种测井功能，满足大庆油田二类、三类油层分层低注井的流量测量需求。2016年，研发成功集固井质量评价与套管状况检测于一体的成像测井仪器，固井质量评价周向分辨率从45度提高到10度，成为工程测井的换代技术。同年，基于前期开发的高速遥测及井下仪器总线应用平台，研发模块化遥测、探伤、连续方位、超声成像等工程测井系列仪器。2015—2018年，研制PNST-L型垂直套管井高效脉冲中子剩余油测井仪、PNST-3D型水平井套后剩余油测井仪、脉冲中子地层元素全谱测井仪器，适用于裸眼井和套管井，兼顾脉冲中子全谱和元素测井功能，形成一套适合复杂岩性的计算含油饱和度新方法。大庆测试技术服务分公司对多种驱替方式注产剖面测井装备开展系列优化，测井时效显著提高。脉冲中子地层元素全谱测井仪器的研发打破国外公司垄断，被评为"中国石油2018年十大科技进展"。

七、猎鹰（KCLog）套管井成像测井系统

猎鹰（KCLog）套管井成像测井系统是依托中国石油天然气集团公司、新疆石油管理局、西部钻探公司科研项目，历时多年研发而成。2004年，为满足新疆油田油藏生产动态、井筒工程动态的监测需求，新疆测井公司对微波持水率测井仪进行可行性研究。2007年，试制微波探头，当年新疆测井公司划入西部钻探工程有限公司后，继续相关研究。2008年，进行6口井的测井试验，未达到实际应用水平。2011年，继续攻关微波持水率测井仪。2013年，实现外径26毫米单频微波持水率仪器定型，解决高含水油井持水率高精度测量难题。2008—2009年，XCRL过套管电阻率测井仪研发完成并投入现场测井施工。2010—2013年，研制RCB/RCD固井质量综合评价系统。2012年，研制套管井成像测井地面系统。在前期积累的基础上，通过地面系统研发项目，2013—2014年将套后测井系列技术进行整合、集成，形成套管井综合成像测井系统，命名为猎鹰（KCLog）。2016—2018年，研发RCB/RCD组合仪器的小井眼系列。针对低含水率油井的微波持水率测量仪器展开研发攻关，配套双频微波持水率测井仪，系统配套的系列井下仪器得到丰富完善和迭代发展。

猎鹰套管井成像测井系统在固井质量评价、剩余油饱和度方面独具特色，兼具有注入、产出剖面测井功能。系统除上述井下仪器，还配套全谱饱和度测井仪、光纤陀螺仪、电磁探伤、40臂井径测井仪，同时兼容多种通信协议的注入产出剖面测井仪，水泥胶结和管柱质量监测测井项目，采集结果可以成像方式呈现。

八、先锋系列射孔器材及工具

1998年,四川石油管理局测井公司研制出适用于127型和102型射孔枪的SDP43RDX射孔弹,也称"1米"弹。2002年,通过大庆射孔检测中心经检测穿深达到1080毫米,成为国内127型穿孔深度最深的射孔弹,形成第一代超深穿透射孔弹。2003年,开展4种过油管无枪身器开发,形成43型、51型、54型、63型4种耐高压射孔器,耐压105兆帕,实现了最佳的聚能效果。其中63型无枪身射孔器穿深445毫米,达到89型弹穿深水平。2004年,通过美国石油协会认证,获API Specification Q1证书并建立ISO 9001:2000质量管理体系。同年,为满足海上稠油和出砂油气地层勘探开发需要,开展178型高孔密大孔径、低碎屑射孔弹研究。2005年8月,经检测取得穿深556毫米,套管穿孔孔径22.6毫米,该产品填补国内的空白,大量应用于海洋油田,实现该产品的进口替代。2006年,相继开发出89型、102型、114型、127型大孔径深穿透射孔器4种产品,形成大孔径射孔器的系列化。

"十一五"末至"十三五"初期,川庆钻探测井公司率先开展射孔弹制造"自动化工厂"建设,建成全自动射孔弹生产线,装备能力的提升为新型射孔器的研究创造了条件。2008年,川庆钻探测井公司开展"先锋"超深穿透射孔器研发。2012年,开始研制175兆帕/200℃射孔器材,实现国内首次自主研制该类别高温高压射孔器材。2017年,"先锋"超深穿透射孔器在有限装药量条件下实现射孔穿孔深度新突破,经美国石油学会检测认证,89型(DP38HMX29-XF)、102型(DP47HMX45-XF)、127型(DP49HMX49-XF)"先锋"超深穿透射孔器API标准混凝土靶穿孔深度分别为1516毫米、1651毫米、1986毫米,成为世界上继斯伦贝谢和哈里伯顿公司之后第三家射孔弹穿深标准达1.7米以上的公司。自主研制的73型、86型、89型、121型4种175兆帕/210℃射孔器材,解决超深小井眼和近8000米油气井射孔技术难题。2017年,该产品及其配套工具在阿塞拜疆销售。针对常规水平井射孔器存在水平井不同相位间隙大小导致套管孔径较大偏差,严重影响加砂压裂效果的问题,研发73型、80型、86型、89型、102型、114型和127型共7种等孔径射孔器,套管孔径相对标准偏

2018年,中国石油集团测井公司建成射孔弹自动化压装生产线

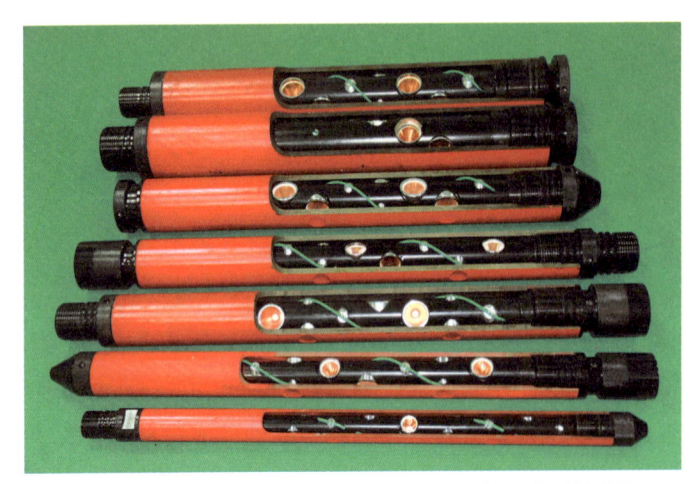

2018年，中国石油集团测井公司研制"先锋"系列超深穿透射孔器

差控制到6%以内，成为非常规油气地层水平井分簇射孔施工的主打产品。同时开展了一系列射孔器材配套工具研究，设计定型了压力起爆、投棒起爆、双作用起爆、压力开孔起爆、速装桥塞坐封工具、全可容纳桥塞、复合速钻桥塞、纵向减震器等装置。截至2017年底，研发形成深穿透、超深穿透、等孔径、大孔径、自清洁、过油管无枪身、超高温超高压超深井、复合增效、模块分簇、各类起爆装置等14大系列100余种型号的射孔器及射孔配套工具，满足多种用途、不同地质开采和井下事故处理的需要，具备年200万发射孔弹和50万米射孔枪的配套生产能力。在美国石油学会（API）注册37种产品，成为国内同行注册产品最多的厂家。产品满足国内各大油田需要外，远销海外37个国家和地区。

九、庆矛系列射孔器材

"庆矛"系列射孔器材由大庆石油管理局射孔弹厂研制。1998年开始，先后研发出深穿透系列射孔器配套射孔弹、高孔密深穿透系列射孔器配套用弹、小井眼系列射孔器配套用弹，89系列深穿透射孔器YD89-1型射孔弹穿深达505毫米，YD89-3型射孔弹穿深达543毫米。1999年度行检中，102系列深穿DQ50YD-2S型射孔弹混凝土靶穿深630毫米。127系列深穿透射孔器YD127型射孔弹混凝土靶穿深790毫米。另外，114DP21型高孔密系列射孔弹，比国际同类射孔器枪身外径减少3毫米，装药量减少2克/发，混凝土靶平均穿深增加13毫米，在国内6个主要油田得到应用。2000年10月，"庆矛"牌特深穿透射孔弹"1米弹"系列研制成功，通过检测中心检测的"1米弹"平均穿深1053毫米。2003年10月，140DP80（1300毫米深穿透）射孔器混凝土靶平均穿深1385毫米。同年，研发形成89型、102型、127型系列一体式复合射孔器和127SC31型和102SC27型2种复合防砂射孔器产品。

2006年，大孔容系列射孔器研制成功。该产品集大孔径和深穿透特性为一体，大庆应用后注入强度提高44%。该系列高孔密（40孔/米）的产品在海洋油田得到大规模应用。2008年，"庆矛"牌火炬（Torch）系列超深穿透射孔器材研制启动，89型、102型、

127 型超深穿透射孔器穿深分别为 754 毫米、1032 毫米、1459 毫米。2011 年，雷霆系列二次爆炸释能（自清洁）射孔器研制成功。大庆应用后采液强度提高 57%，单井日产油提高 2.1 吨。2014 年，在石油工业油气田射孔器材质量监督检验中心检测中，大庆油田射孔器材有限公司的 89 型、102 型、127 型超深穿透射孔器穿深分别为 1046 毫米、1464 毫米和 1522 毫米，穿深指标取得新突破。2015 年，压裂专用等孔径射孔器研制成功。该产品使射孔后孔径基本一致，提高了压裂效果。大庆油田应用后泵压降低 11%。2018 年，火炬系列射孔弹针对水平井、非常规油气开采研发的 89 型射孔器穿深 1668 毫米，针对大庆及国内致密油藏开采研发的 102 型射孔器穿深 1805 毫米，针对海上致密油藏开采研发的 127 型射孔器穿深 2091 毫米。2020 年，"庆矛"牌射孔器已形成深穿透、高孔密、小井眼、复合增效、等孔径压裂、大孔容、自清洁、超强靶等多个系列和品种。

第三节　自主开发大型国产化测井软件

一、新一代测井处理解释平台 CIFLog

20 世纪 90 年代到 21 世纪初，国内先后成功研发基于 Unix 工作站的 Cif2000 及其升级版本以及基于微机 Windows 的测井处理解释系统，并在国内各油田广泛推广应用。

（一）CIFLog1.0

2008 年，国家油气重大专项将新一代测井软件 CIFLog 确立为率先研发的十大关键技术之一。由中国石油勘探开发研究院牵头，李宁为负责人及首席专家，联合中国石油集团测井有限公司、长城钻探工程有限公司、大庆石油管理局、大庆油田有限责任公司、东北石油大学和北京神州飞狐科技有限公司等单位联合组成 CIFLog 软件研发攻关团队。CIFLog 采用先进的 Java+NetBeans 技术框架，能够同时适应本地和大型 Internet 网络编程需求，运算速度和执行效率满足大型软件研发需求，具备跨平台的特点。CIFLog 系统将高端成像测井处理能力提升至国际同类商业软件的先进水平，同时首次提供火山岩、碳酸盐岩、低阻碎屑岩和水淹层等复杂储层评价方法。2009 年 11 月，CIFLog 率先向中国地质大学（北京）捐赠软件，标志着 CIFLog 应用进入高校测井人才培养行列。2010 年后，分别向北京大学地球物理学院、中国石油大学（北京）等 6 所石油高校捐赠软件，成为全国各石油高校测井教学实践的主要软件。在大庆油田、辽河油田等先后形成 CIFLog-Smart（生产测井系统）、CIFLog-Geospace（水淹层系统）、CIFLog-GeoMetrix（国际应用系统）等多套属地化系统。2011 年，时任国务委员的刘延东批示："向参与

2011年5月6日,中国石油新一代测井软件CIFLog1.0在北京钓鱼台召开发布会

CIFLog软件开发的科技工作者表示热烈祝贺！感谢同志们打破国外技术封锁，把我国测井软件技术推向新高度。望再接再厉取得新的更大成绩！"

2011年5月6日，中国石油新一代测井软件CIFLog1.0正式发布，国家油气重大专项技术总师、中国科学院院士贾承造讲话指出："新一代CIFLog软件的研发成功，是我们国家科技界的一个重大成果，这个软件的研发成功，对于提升我们国家测井技术水平和大型软件的研发水平具有重要的意义，是一个里程碑事件！"石油地质学家，中国工程院院士翟光明评价指出："CIFLog测井软件是非常现代化的，是具有世界领先水平的软件"。同年，CIFLog测井软件获国家能源科学技术进步奖一等奖。2014年，"大型复杂储层高精度测井处理解释系统CIFLog及其工业化应用"获国家科学技术进步奖二等奖。

（二）CIFLog2.0

随着"十二五"国家油气重大专项的启动，CIFLog2.0研发重点是开发以多井解释评价为核心、支持国产重大装备的大型测井处理解释软件平台。2011—2018年，研发团队历时7年攻关研发，研究全交互智能感应、非线性交会增维分析和多源异构数据管理等核心技术，在原有平台框架基础上继承研发分层组件式平台架构体系，开发多井数据管理、多井预处理、多井地层对比、多井处理、参数等值预测、工区三维显示和油藏剖面综合显示等7大应用，实现对工区从横向、纵向、单井、多井等多方面、多角度、多图件的综合评价。全面升级和完善元素俘获能谱、微电阻率成像、阵列声波测井、测井最优化反演、核磁共振测井和远探测声波测井等高端测井处理解释方法，构建完整的CIFLog2.0测井处理解释技术系列。进一步集成碎屑岩评价方法和非常规泥页岩油气藏有效储层评价方法，构建适合我国深层和非常规储层的测井评价系统，提高平台复杂储层测井处理解释评价能力。研发基于JNI技术的多语言集成、组件和模块化注册插拔等二次开发技术，搭建增强型可扩展的二次开发通用框架，完善并丰富平台二次开发接口，建立快速构建属地化特色应用系统的技术方案，研发油田属地化特色系统，进一步推动软件大规模工业化应用。2018年1月15日，CIFLog2.0成功发布并获中国石油科学技术进步奖特等奖。2019年，第四届全国大学生测井技能大赛首次将CIFLog选为大赛实操测井软件；2021年，第六届测井大赛被指定为唯一专用软件。安装、培训的高等院校数量扩展到30个，成为全国大学生中应用最广、安装数量最多的测井处理解释软件。

（三）CIFLog3.0

2017年，国家油气重大专项将"测井交互融合处理平台"列为研发课题，"十三五"期间持续研发CIFLog3.0平台，研究全交互单井—多井精细融合、水平井测井处理解释，形成覆盖测井全流程的CIFLog3.0版本。2017—2021年，研发团队对电成像、阵列声波、核磁共振、远探测声波等成像测井处理解释系列进行全面升级，实现全交互的测井融合处理解释，提高软件交互性和处理解释效率。重点研发水平井处理解释系统，突破随钻仪器快速正演、三维水平井属性建模、水平井环境校正等核心技术，研发9个核心功能模块，实现水平井处理解释全流程功能，在交互性和处理解释效率方面达到国际先进水平。该软件在大庆古龙页岩油、新疆吉

2021年，中国石油集团大型复杂储层高精度测井处理解释软件CIFLog3.1

木萨尔页岩油和伊拉克AHDEB等油田开展水平井处理解释系统应用，完成水平井地质建模、曲线校正、储层参数及工程参数计算和储层分级评价，为"水平井+大规模体积压裂"提供了很好的技术支撑。2021年9月，CIFLog入选中国石油集团"十三五"科技成就展。2021年，CIFLog软件已发展到3.1版本，功能覆盖单井处理解释、多井评价和水平井处理解释等测井处理解释各个环节，实现电成像、核磁、元素俘获能谱、阵列声波、远探测声波等全套成像处理解释方法，可全面替代国外同类软件，形成适合我国深层、非常规、碳酸盐、火山岩和碎屑岩评价的复杂储层测井处理解释系统，软件整体达国际同类技术的领先水平。2021年底，CIFLog软件已在中国石油集团覆盖90%以上，在中东、中亚、美洲、非洲4个大区11个国家43个海外探区装机300余台（套）。在中国石化集团经纬公司、中国海油研究院等单位认可并逐步推广应用。

二、测井解释处理软件LEAD

中国石油集团测井公司依托国家项目开展测井处理解释软件的研发，先后开发测井资料处理与解释软件集成系统LEADBase、测井综合应用平台LEAD1.0和LEAD2.0、统一LEAD3.0、数据资源LEAD4.0等5代产品，与成像、随钻、生产等多种测井装备配

套，实现测井处理解释软件完全自主。

2000年，为配套ERA2000成像测井系统、HCT组合测井系统等的研制生产和推广应用，原江汉研究所研制测井资料处理与解释软件集成系统LEADBase。2002年，LEADBase软件研发成功，使中国石油集团在测井井下仪器、地面系统和应用软件3方面拥有完整自主知识产权的测井技术体系。

2002年，原江汉测井研究所在声波、电法、放射性等仪器和方法方面形成系列成果，需要建立配套的处理解释软件平台。中国石油集团决定立项进行LEAD1.0软件研发。研发思路是在LEADBase的基础上，增加新研发仪器软件模块。2003年，中国石油集团测井公司研发人员将多种测井数据及其处理过程进行可视化，并与绘制深度、绘制比例等进行组合，形成LEAD1.0软件，集成特色处理方法数十种，具有数据解编及加载、预处理、常规资料及成像资料处理与解释，以及成果输出等6个基本功能，12月6日，测井综合应用平台LEAD1.0发布。

2004年，在LEAD1.0软件基础上进一步扩展软件功能，增加电声成像测井、阵列感应测井和核磁共振测井等裸眼井成像处理功能，以及生产测井处理功能，形成裸眼井、生产井一体化的处理能力。2005年，增加针对复杂储层评价的地层组分分析模块、水淹层解释分析模块，完善常规测井解释评价技术系列。2006年，实现主要成像测井系列的配套应用，集成CBL/VDL固井质量评价、地层测试器解释等特殊测井应用模块，实现基本的生产测井解释功能。8月4日，测井综合应用平台LEAD2.0发布。LEAD2.0测井时效提高了30%，满足油田公司对测井解释评价工作的实际需要。

2006年8月4日，中国石油集团测井公司测井综合应用平台LEAD2.0发布

2008 年，为配套国产成套测井装备，开展 LEAD3.0 一体化软件研制，按照数据管理与资料应用一体化、处理分析与解释评价一体化、常规测井与成像测井一体化、勘探测井与开发测井一体化、单井解释与多井评价一体化的技术路线，进行软件总体架构设计，攻克测井数据交互可视化、数据访问中间件等关键技术，形成统一 LEAD3.0 一体化软件。2010 年 3 月，统一软件 LEAD3.0 发布，促进了 EILog 成套测井装备"3 电 2 声 1 核磁"成像测井技术的推广应用。

2012 年，随着地层成像、数字岩心、成像精细处理、水平井处理等需求，中国石油集团测井公司决定开展基于数据库技术、面向测井全业务流程的处理解释软件 LEAD4.0 软件的研制。2013—2015 年，对传统测井解释流程进行改进，对处理、解释、评价全过程进行整合，建立基于数据库的新一代网络化处理解释软件平台。2016 年，将系统底层平台、测井数据库系统、成像精细分析系统、解释评价综合应用系统集成，形成数据资源 LEAD4.0。2017 年 9 月，通过国家信息中心软件测评中心及 CMMI3 级国际认证。2021 年，开发 LEAD4.0 海外版，提升软件国际化能力。截至 2021 年，累计在中国石油集团 16 个油气田、中国石油大学（华东）等高校、中国科学院等单位及海外多个国家安装 1860 套，处理裸眼井测井资料超过 45 万井次、套管井资料超过 27 万井次，整体工作效率提升 50% 以上。

三、测井解释数据库系统 LogDB

中国石油集团测井公司依托国家油气重大专项，集团公司重大工程专项的支持，持续开展测井数据管理、治理、应用系统性建设，历经测井解释数据库建设、测井大数据基础平台研发、中国石油集团统一测井数据湖建设三个阶段，建成国内最大规模的测井专业型数据应用系统。

（一）测井解释数据库系统

2007 年 7 月，启动解释数据库研究项目，开展以测井资料库和解释知识库为核心内容的数据建设，实现测井解释工作中试油资料、岩心实验、解释图版、计算公式、解释参数、典型图例等标准化集成与管理。2011 年，通过"十二五"国家重大专项"测井解释数据库系统及可视化技术研究"支持，进行系统技术升级，形成测井资料库 1.0，解释评价库 1.0，解决海量数据的高效存储及快速访问、数据安全保障等问题。2012 年 12 月，全面启动测井数据入库工作，第一次将测井数据纳入集中统一管理。2013 年，建设服务测井全流程的中国石油测井解释数据库，提供数据存储、管理、综合评价、远程协同能力，提高测井解释效率和评价能力，建成具有大数据特征的新一代测井解释数据库，开发基于数据库系统的数据资源 LEAD4.0。

（二）测井大数据基础平台

2017年，依托"十三五"国家重大专项，开展测井大数据基础平台建设，建立海外测井数据库系统，支撑中国石油天然气勘探开发公司（CNODC）海外测井数据应用需求。测井大数据基础平台在数据资源管理方面，实现中石油集团16个油气田15万口井测井数据安全高效管理，海外5大合作区24个国家1.4万口井的测井及相关岩心、试油、录井等资料管理，成为全国最大测井专业数据平台。测井数据库系统通过国家信息中心软件评测，获CNAS国际认证。2021年6月，验收通过，测井大数据基础平台全面提升测井业务互联、数据实时共享、快速高效的服务能力。

（三）中国石油集团统一测井数据湖

2021年2月，中国石油集团测井公司启动测井历史数据入库专项工作，对中国石油集团有测井业务以来的有价值老井测井数据进行统一入库管理，建立中国石油统一测井数据湖，配套开发多种数据整理、入库、治理工具。

四、测井采集控制系统ACME

测井采集控制系统ACME是中国石油集团测井公司EILog快速与成像测井装备综合化地面系统配套的测井采集控制软件平台，先后从ACME1.0逐步迭代到ACME3.0。

2002年，中国石油集团测井公司为研制国产成套测井装备，配套开发测井采集控制系统ACME1.0，率先引入实时操作系统作为采集前端软件，设计前端与采集处理模块使用网络通信的软件结构。2004年，开发成功ACME1.0软件，配套EILog-05快速测井系统和常规、国产成像全系列测井仪器的数据采集与控制功能。2006年，为支撑高速遥传系统和系列成像测井仪器研发与升级，开发ACME2.0，重新设计架构，将显示绘图与采集控制剥离，形成"前端—主控—显示"3层网络化的软件架构，支持各模块分布式部署。扩展通讯、控制、仪器组件库等接口，能够兼容挂接不同通讯方式的井下仪器，支持仪器库以组件形式在软件上灵活地安装与卸载，实现软件平台化。经过3年攻关，ACME2.0全面配套EILog-06高速遥传和"3电2声1核磁"等国产高端成像仪器，支持15米一串测系列等装备取得良好的应用效果。2010年，ACME2.0软件在中国石油集团测井公司全面推广应用。2011年，随着地面系统升级和远程数据传输等信息化应用等新需求，开发ACME3.0，采用微内核、全网络系统架构，形成开放式底层平台、高性能实时绘图、现场资料快速处理框架等模块。2016年，ACME3.0开发基本完成，支持生产测井、存储式测井、射孔、取心、微地震等多种作业模式。2017年，ACME3.0实现与生产管理信息系统紧密结合，通过技术升级串联起任务下发到数据提交的管理流程，构建与测井大数据平台、EISS等紧密结合的测井数据链。2019年，基于全新研发的远程传输协议和协同控制技术，ACME3.0 软件实现装备远程控制、数据实时传输、在线快速处理的一体化工作流程。ACME3.0 软件通过国家信息中心软件评测，获 CNAS 国际认证。

五、测井数值模拟软件 LogSIP

测井数值模拟是方法研究、仪器设计及测井资料环境校正必不可少的研究手段，对测井理论的提升、已有仪器改进及新仪器研制具有重要意义。

2012 年，中国石油集团测井公司对电法和放射性测井数值模拟模块进行系统的优化集成，自主开发数值模拟平台 LogSIP1.0，形成放射性类仪器、侧向类仪器、感应类仪器的数值模拟能力，实现仪器复杂井况图版计算及连续响应的计算，功能涵盖测井数值模拟核心业务。建立电法测井仪器虚拟的"数字探头"，针对不同地层模拟测井响应曲线，实现"数字测井"功能，指导仪器设计及测井资料分析。2015 年 6 月，研发声波测井数值模拟软件。2018 年 11 月，开发形成测井数值模拟平台 LogSIP2.0，平台具有完备的电、声、核仪器模拟计算分析功能，能够实现仪器结构参数设计、环境校正图版计算、信号处理、数字测井。2021 年 12 月，测井数值模拟软件实现基于测井大数据平台统一应用，集成包括有限体积法、有限元、有限差分和蒙特卡罗方法，通过地层和仪器结构数值建模，使用不同的数值计算算法进行仿真，为新方法、新技术、新装备研发提供孵化环境，有力支撑测井方法研究、仪器研制、现场应用的各个环节，进入规模应用。

六、随钻地质导向软件 LogSteer

中国石油集团测井公司研发随钻测井系统，配套完善的录井装备，但缺少相配套的随钻测录一体化解释方法及软件，无法满足随钻测井资料的精细处理和解释评价需要，直接影响随钻测井地质导向和地层评价效果。2009 年，针对水平井测井数据分析处理的特点，引入多维可视化分析技术，形成随钻测井数据多维可视化分析软件，支持多井测井数据的精细分析和大斜度井测井数据处理解释。2010 年，引进美国麦克斯韦公司的地质导向软件 LogXD，开展地质导向软件服务。2011 年，开展三维可视化精细成像软件关键技术研究，攻克多尺度地层三维建模技术及可视化技术、水平井丛式井可视化分析技术等难题，实现水平井测井数据三维分析，配套随钻实时数据分析及导向软件，形成随钻地质导向软件系统。

2016 年，开展测井地质工程测控软件系统研发，攻克测录钻多源实时数据接入和融合技术、井场低可靠网络环境下数据传输技术、远程实时多井场监控技术、不同测井数据库及应用系统的协同技术等难题，将井场地质、测井、工程等多业务信息有效融合，实现井场和基地之间数据同步，进一步提升随钻地质导向效率、成功率与准确率。2020

年，联合美国麦克斯韦公司开展基于正演地质导向技术的随钻地质导向决策分析系统的研制，开展反演地质建模技术、动态模拟地质模型修正技术及三维空间可视化技术等攻关，开发地震、录井、测井、钻井及地质多专业综合应用的随钻地质导向决策系统。2021年，开展目的层预测方法、地层分层建模技术及DTB边界探测反演方法等基础方法研究，不断拓展多井对比、地层分层建模、三维可视化、构造分析、工程安全分析等模块研究，形成随钻测井导向系统LogSteer。该系统可用于配套随钻测井仪器，通过实时正反演计算进行地层建模，指导仪器在储层精准钻进，可满足随钻测井资料的精细处理和解释评价需要，有力支撑先进随钻成像测井地质导向技术能力的形成。

第四节　加强应用基础研究建设测井原创技术策源地

一、中国石油勘探开发研究院测井技术研究所

中国石油勘探开发研究院测井技术研究所是专门从事测井理论方法研究、大型处理软件研发和测井资料解释评价的专业研究所。2003年4月以前，地球物理研究所主要从事测井理论方法、软件研发；现场资料处理解释主要在地质所和开发所。2003年4月，地质研究所的测井室、地球物理所的测井室和遥感地质研究所整合组建成立测井与遥感技术研究所；2020年6月成立测井技术研究所，逐渐形成以解释理论方法、大型软件研发、资料处理评价、岩石物理实验及核磁共振仪器研制等5大方向为核心的科研体系。

2006年，中国石油天然气股份有限公司批准启动测井重点实验室建设；2007年，自主完成标志性实验设备设计。2008年，标志性实验设备在国外完成加工制造。2009年，标志性实验设备在国内完成调试安装，实验室开始试运行。2013年，测井重点实验室通过中国石油股份公司科技管理部建设验收。测井重点实验室目前拥有独立实验功能的设备18台（套），其中标志性设备2台（套），标志性软件1套。实验室整体处于国际先进水平，具有全直径岩心高温高压岩石电

高温高压岩石电学和毛管压力联测系统

学和毛管压力、高温高压驱替状态核磁、二维核磁、岩石动静态弹性参数以及激光元素分析等特色实验能力，可为非均质复杂储层孔隙结构、流体性质及岩石力学等研究提供实验支撑。2020年6月，中国石油勘探开发研究院将原廊坊分院渗流所核磁共振室并入测井技术研究所，这是中国石油集团唯一以核磁共振技术在石油领域应用为研究对象的实验室。有先进的计算机硬件设备，其中工作站和大型服务器15台（套）、大型绘图仪4台、大容量磁盘阵列1套。测井软件方面，有自主研发的CIFLog大型测井处理解释软件。为跟踪国外软件技术，同时配套Techlog、Geoframe、Geolog和PetroSite等国外测井软件。

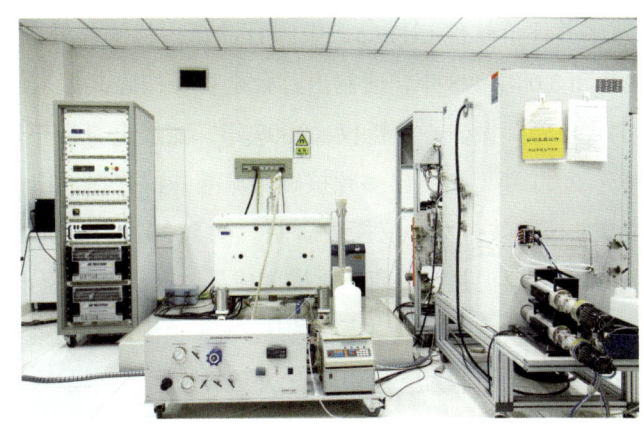

高温高压驱替状态核磁共振测量系统

多年来，依托国家油气重大专项、超前基础研究和勘探生产工程技术攻关等重点项目，研发形成系列科技创新成果。1989年，李宁首次提出非均匀各向异性体积模型并导出电阻率—孔隙度、电阻率—含油气饱和度关系一般形式（通解方程），证明经典的Archie、Waxman–Smits和Clavier等公式均为一般形式在给定条件下的特例。电阻率—含油气饱和度关系一般形式为非均质复杂储层含油气饱和度精确定量计算奠定坚实的理论基础，极大地丰富和发展测井评价基础理论。依托国家、中国石油集团重点科研项目，始终面向油气勘探热点和难点，立足标志性实验装备，瞄准国内外最新测井仪器装备，通过持续攻关与研究，以95件国内外技术发明专利构建了复杂储层测井解释评价技术体系，在储层电、声、核、核磁及岩石物等方面研发形成：非均质复杂储层岩石物理实验与高精度数值模拟技术、元素测井处理解释技术、电成像资料高精度处理及定量评价技术、核磁共振测井定量处理技术、阵列声波和远探测声波高精度处理技术、三维阵列电阻率测井响应正演、多参数快速分级反演等新技术、电缆地层测试资料处理解释技术、形成大斜度井/水平井交互式测井处理解释评价技术等9项面向物理方法的测井处理关键技术。"十五"期间，系统总结、完善和深化形成低电阻率油气层测井评价技术、建立低矿化度低电阻率油气藏识别评价技术、构建酸性火山岩测井评价技术、碳酸盐岩储层测井评价技术、低孔低渗油气藏测井解释评价技术、致密砂岩"三品质"测井解释评价技术、页岩气页岩油测井解释评价技术、低饱和度油气层测井解释评价技术等8项面向地质对象的测井评价配套技术。20世纪90年代开始，研发我国第一套大型工作站多井评价软件CIFSun、中国石油新一代测井处理解释软件平台CIFLog1.0及其升级版2.0和3.0。1998年，研制出首台全直径核磁共振岩心分析仪；2001年研制出国内首套便携式核磁共振岩心分析仪；2007年，完成全直径核磁共振岩样分析仪成果转化并实现量产；2011年，研制出多频核磁共振测井仪并在油田开展规模应用；2019年，完成贴井壁iMRT核磁共振测井仪探头研制。截至2021年，形成3种核磁岩样分析仪器和2种核磁测井仪器探头并实现商业化推广成果，被评为国家重点新产品。

测井技术研究所先后承担完成3项国家油气重大专项项目和20余项中国石油集团重大科研课题，为支撑中国石油复杂储层油气勘探、推动测井技术进步发挥了重要作用。经过40余年的发展，逐步构建形成较为完善的非均质复杂储层测井评价理论方法及技术体系，成功研发出中国石油新一代大型处理解释软件CIFLog，先后3次获国家科学技术进步奖、1次中国专利金奖及11次省部级科技成果特等奖和一等奖，培养造就以李宁院士为代表的一批知名测井专家，推动了中国石油测井专业的科技进步。截至2021年底，有正式职工34人，其中89%拥有博士学历、89%具有高级技术职称，6人曾任中国石油集团高级技术专家，硕士、博士研究生导师6人。

二、中国石油集团测井公司应用基础研究

1998年，中国石油集团测井重点实验室依托原江汉测井研究所开始建设。2003年，依托单位变更为中国石油集团测井公司。2007年，中国石油集团测井公司开始测井重点实验室科技基础平台建设研究，建设岩石物理与测井数值模拟研究平台、测井仪器刻度标准体系研究平台、测井新理论与新方法研究平台和油气藏动态检测方法研究平台。开展测井技术试验基地科技基础条件平台建设研究，建设测井装备（仪器）试验基地和测井软件试验基地和薄互层/水淹层测井试验基地3个平台，2013年8月开始运行。中国石油集团测井重点实验室有高温高压声学及机械力学参数实验系统、高温高压毛管压力—岩电联测实验系统、全直径高温高压核磁共振驱替成像系统、高精度CT扫描系统、岩心预处理设备、物性实验测试设备、电学特性实验测试设备、声学和机械特性测试设备、放射性测量设备、核磁共振测量设备、人工岩心制作加工设备等重点设施设备，具有从岩心处理到电、声、核、磁、电化学等5类岩石物理性质的实验测试与分析能力。

（一）岩石物理实验基础平台

2004年，针对低孔低渗致密岩样难饱和、难驱替及物理性质特殊等问题，开展致密岩样岩石物理实验工艺研究，通过建立低孔低渗储层岩石物理测量和分析方法，解决非线性饱和度模型的建立和参数的确定问题，形成低孔低渗岩心实验及数据处理分析技术，在长庆油田、青海油田、吐哈油田等低孔低渗地层得到较好的应用效果。为解决页

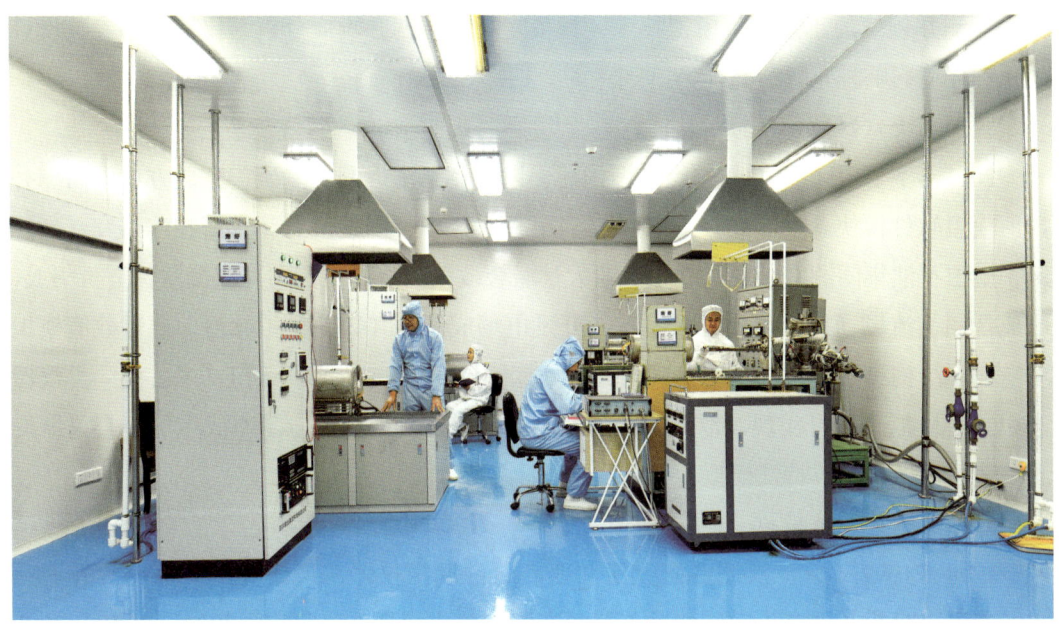

中国石油集团测井重点实验室

岩、煤岩等非常规储层柱塞岩心制备难题，2012—2013 年，采用金刚石线切割岩样的方法解决页岩、煤岩岩样加工成功率低的难题。2012—2015 年，建立恒速应变法破裂压力实验、岩心压后裂缝信息提取、岩心压后裂缝复杂度定量表征、岩心可压裂性指数计算等技术和方法，实现岩心压裂后参数定量表征，对评价岩石力学性质和压裂选层均具有重要价值。2004—2015 年，形成低孔低渗岩心实验及数据处理分析技术、页岩及煤岩线切割技术、泥页岩可压裂性实验及定量评价技术。

（二）测井数值模拟平台

2010 年，中国石油集团测井公司决定自主研发测井数值模拟平台，建设一套电、声、核模拟测井计算平台，支撑测井方法研究、仪器研制及现场应用等，对电法和放射性测井数值模拟模块进行系统的分析并加以集成，形成测井数值模拟软件平台 LogSIP1.0。平台包含数字测井功能，在侧向和感应测井上首先实现数字测井。2010—2011 年，形成具有统一规范、统一接口、输入输出可视化、具备二次开发功能的测井数值模拟软件平台。

2020 年 5 月，开发测井数值模拟集成平台 LogSIP2.0，形成以结构设计、数值模拟、数据处理为核心的模拟测井研发软件平台。2021 年，在声波理论基础研究方面，形成一套地层径向声速剖面成像反演方法。在电法理论基础研究方面，开发通用三维正演数值模拟软件，突破亚毫米级网格与百米级网格剖分融合技术，形成近井眼三维电性体反演成像和裂缝延展度定量表征方法。截至 2021 年底，形成电磁、电极、声波、放射性和新方法等测井领域的正演数值模拟技术，具备复杂地层测井响应分析、仪器结构参数设计优化和环境影响校正等研究能力。

1. 侧向类仪器数值模拟

2011 年，采用布尔操作进行模型构建，以麦克斯韦方程为基础，完成方位侧向测井数值模拟软件模块开发。2015—2016 年，开展大规模稀疏矩阵并行求解技术研究。2020 年，中国石油集团测井公司与北京工业大学联合攻关，将所有侧向类模拟软件进行集成，形成低频交流场通用数值模拟子系统，开发电场成像测井数值模拟软件，通过数值模拟对电极系结构参数进行优化，实现径向最远探测深度由 1.4 米提升到 1.7 米。侧向类仪器通用数值模拟软件可实现对双侧向、阵列侧向、方位侧向和微电阻率成像等多类仪器的测井连续模拟、响应特性模拟，优化仪器设计参数。

2. 感应测井数值模拟

1998—1999 年，江汉测井研究所和西安石油勘探仪器总厂研究所联合攻关阵列感应方法研究时，开展基于感应测井仪器的有限元数值模拟方法研究。2004—2006 年，开展阵列感应成像测井工业化仪器及配套模拟匹配仿真计算软件研究，建立一套基于模式匹配算法的数值模拟软件。2006—2010 年，依托国家项目多频阵列感应成像测井技术研究，建立配套刻度装置及配套软件。2011—2015 年，开展快测型阵列感应测井仪器方法研究，形成钻井液侵入分析软件。2015 年，提出基于视电导率函数的电场测井理论新认识，形成复杂探测器设计、高精度正演方法。2016 年，利用数值模式匹配算法，通过大量数值模拟计算，建立一套三维感应井眼校正库。2018 年，通过建立水平井阵列感应测井响应信息库，开发出测井响应特征分析软件。2020 年，开展感应仪器地层模型响应研究，通过建模 8 类地层模型，推动感应测井仪器由均质向非均质测量、由径向近探测向兼顾井周电阻率高精度成像及远探测储层边界识别的跨越，使得感应测井探测深度由 3 米提升到 30 米。

3. 宽频介电测井数值模拟

2016—2018 年，中国石油集团测井公司与西安电子科技大学合作，开展宽频介电天线机理研究，2017 年 8 月，开发基于商业软件 HFSS 的宽频介电天线响应数值模拟软件。2019—2020 年，中国石油集团测井公司与浙江大学合作，开展宽频介电天线复杂环境响应图版计算及响应规律研究，实现单因素仿真速度由原来的 6 个月提升到分钟级。2020 年，实现不同天线阵列、天线结构、发射频率、测量环境的 S11、S21 信号的快速仿真；实现宽频介电虚拟测井及纵向分辨率表征。在均质空间中可基于幅度相位测量信号反演地层介电常数、地层电阻率。2021 年，宽频介电测井数值模拟软件应用到仪器设计及数据处理中。

4. 声波测井数值模拟

2014年，中国石油集团测井公司与中国石油大学（北京）合作开发基于直角坐标系的三维声波测井正演数值模拟软件。2015年7月，开展基于柱坐标系的2.5维声波测井正演数值模拟软件开发。2017—2018年，开展声波测井频散曲线计算软件、声波测井模式波激发函数正演软件及基于实轴积分法的声波测井正演数值模拟软件的研制，能够进行声波测井仪器的三维建模。实现对补偿声波、数字声波、阵列声波、三维声波和随钻声波等仪器的测井连续模拟、响应特性模拟，仪器设计参数优化。

5. 核测井数值模拟

2003—2005年，开展阵列中子测井蒙特卡罗数值模拟研究，实现源距、屏蔽体厚度、屏蔽体开角等探测器设计参数的优化。2005年，开展EILog测井成套装备补偿中子和高精度岩性测井仪数值模拟研究，形成环境影响校正图版。2011—2013年，依托国家课题"地层矿物测井技术研究"、集团公司课题"地层元素测井仪器研制"，采用蒙特卡罗模拟与模型井群试验相结合的方式，对锎铍源FEM地层元素测井仪进行研究，得到硅、钙、硫、铁、钛、钆、铝、钾、镁、锰、氢、氯和钠13种元素的标准谱和相对灵敏度，形成一套标准谱实验验证规范。2016—2017年，开展脉冲中子源的可控源地层元素与孔隙度测井仪SESP蒙特卡罗数值模拟软件研发，形成基于可控中子源的一体化探测器阵列和多参数测量方法，建立可控源中子测井岩性校正图版。2021年，形成仪器的数值处理方法，主要有基于加权直接解调法的可控源地层元素解谱方法和基于多组耦合场理论的可控源密度高精度计算技术。

6. 核磁共振测井数值模拟

2004年，中国石油集团测井公司联合中国石油勘探开发研究院和中国石油大学（北京），开展核磁共振测井仪关键技术研究。2006年，初步形成探测器数值模拟平台。2008年，提高软件计算精度，并基于新平台的模拟结果，对探测器磁体和天线结构进行优化。2014年，将二维有限元数值模拟方法升级为三维有限元数值模拟方法，增加偏心型核磁共振探测器数值模拟模块。2016年3月，增加振动影响及随钻模拟测量模块，形成随钻工况条件下探测器测量影响因素分析方法。

7. 岩石物理数值模拟

2011年，中国石油集团测井公司与中国石油大学（华东）联合开展基于三维数字岩心的岩石物理数值模拟方法及软件研究，通过开展多尺度三维数字岩心建模技术、有限元、随机行走等核心算法的研究，形成数字岩心处理分析软件，实现岩石电性、声波、核磁等参数模拟。2014—2015年，中国石油集团测井公司联合中国石油大学（华东）、长江大学开展多尺度三维数字岩心建模研究，形成高精度三维数字岩心建模技术，涵盖孔隙网络提取、生成以及融合三项关键算法，并形成碳酸盐岩电阻率三维数值模拟技术。

8. 随钻核测井数值模拟

2011年，中国石油集团测井公司与中国石油大学（华东）联合开展可控源中子孔隙度、可控源密度随钻测井方法研究，开发基于蒙特卡罗算法的数值模拟计算软件。2015年，自主开发可控源中子孔隙度、可控源密度随钻测井数据处理校正软件模块。2016年，开展方位密度与可控源综合成像随钻中子及密度井径加权、采集时间加权校正技术研究。2019年，中国石油集团测井公司联合西安交通大学开展随钻可控源中子孔隙度环境校正数据库及软件的开发，完成可控源地层元素钙、硅、钛、镁、铝等标准谱制作及超松弛求解元素含量的处理方法研究。

9. 随钻电阻率测井数值模拟

2008年，开展双感应、电磁波电阻率随钻测井仪器数值模拟研究。2010年，基于三维有限元数值模拟计算软件ANSYS平台，中国石油集团测井公司联合中国石油大学（北京）开发随钻双感应测井仪器数值模拟软件，形成天线系统设计方案。2013年，开展随钻方位侧向电阻率数值模拟，可输出电位、电流、电流密度、视电阻率等。2017—2018年，开展随钻深探测电磁波电阻率成像测井仪器研发、随钻高分辨率伽马与侧向扫描综合成像测井仪、随钻远探测样机与前探测探测器数值模拟软件的研发。同时，开发方位探边电磁波电阻率数值模拟模块研发，为仪器设计提供各种参数。2019年，通过三维随钻高分辨率侧向电阻率成像测井仪数值模拟模块，对复杂仪器结构进行模拟研究，设计仪器天线系统及信号处理软件。2020年，通过三维随钻深探测电磁波成像测井响应数值模拟仿真，对仪器探测特征初步分析，建立完整的刻度理论与方法。同年，开发随钻远探边电磁波测井响应数值模拟模块，为实现30米探边提供理论和数据支撑。

10. 过套管地层电阻率测井仪数值模拟

2004年，中国石油集团测井公司联合中国石油大学（北京），开始过套管地层电阻率测井数值模拟方法的攻关，为过套管地层电阻率测井仪器TCFR6561提供设计参数和环境校正理论依据。2005年，建立简化的无限长套管传输线模型，形成基于传输线方程法正演响应模拟计算软件。2013年，建立校正图版和方法，形成过套管地层电阻率测井三维有限元模拟校正软件，模拟仪器探测特性及测井影响因素校正。软件可设计21种不同地层模型，考察仪器地层视电阻率测井响应特性，实现高精度数值模拟测井响应研究。

（三）物理模拟研究

物理模拟研究工作主要由石油工业测井计量站承担。1995年，为满足石油测井行业发展的需求，中国石油天然气总公司提出组建石油测井仪器质量监督检测中心，面向国内外市场，开展石油测井仪器质量监督检测工作，挂靠在西安石油勘探仪器总厂。1997

年，中国石油天然气总公司将石油测井仪器质量监督检测中心更名为中国石油天然气总公司石油测井仪器计量站。1998年，中国石油化工集团公司、中国石油天然气集团公司联合提出中国石油天然气总公司石油测井仪器计量站归属中国石油集团，成立中国石油天然气集团公司石油测井仪器计量站。2000年，国家石油和化学工业局将中国石油天然气集团公司石油测井仪器计量站冠名石油工业测井计量站（简称测井计量站），授权承担石油天然气测井行业质量监测、计量检定（校准）和标准化技术归口任务。石油工业测井计量站是国内唯一的石油行业测井专业计量站。2003年起，挂靠单位变更为中国石油集团测井有限公司。

测井计量站建立和保存石油测井行业计量标准装置，在行业内开展授权范围内的检定、校准、刻度等量值传递工作，承担石油测井仪器计量检测标准和规范的制修订工作。建有实体模型井有93口，共118个标准地层，建立7类核测井仪物理模拟与刻度标准装置，配套研制放射性测井仪二级刻度器。通过石油工业测井计量站的自然伽马行业最高标准井对自然伽马刻度器进行校准，建立国内与国际自然伽马量值的比对溯源关系，有4项行业最高标准装置，3项专用计量工作标准装置，专用计量设备、计量仪表、计量衡器等配套设施齐全，标准装置的标称量值分布点广、设置合理，与大庆、辽河、长庆、大港、中原、江汉、华北、胜利、四川等地区及油田的工作标准井、刻度器建立周期量值溯源关系，在石油行业内开展计量刻度工作。

石油工业测井计量站刻度井群

1. 自然伽马标准刻度井和自然伽马二级刻度器

自然伽马标准刻度井采用单井三层地坑结构，高放射性花岗岩模块、低放射性大理石模块采自美国，石灰岩屏蔽模块采自国内，由3种模块叠加而成。其API量值于1994年2月从美国休斯敦大学的自然伽马标准井中传递确定，标称值为（207.45±1.98）API。1998年，被定为测井行业自然伽马最高计量标准装置，开展全行业范围内量值传递工作。2006年，石油工业测井计量站将放射性矿粉封胶固定在半圆形金属外壳内，研发出新型自然伽马二级刻度器，该刻度器具有方便携带的特点，适合于车间刻度和现场校验。

2. 中子孔隙度标准刻度井和补偿中子二级刻度器

中子孔隙度标准刻度井采用单井单中子孔隙度地坑结构，应用天然岩块法、堆积法、石板叠加法建造而成。中子孔隙度标准刻度井共有26口，包括9口中子孔隙度标准井、11口井径校正井、6口岩性校正井。中子孔隙度标准刻度井是中子孔隙度测井行业最高计量标准装置，其孔隙度量值采用体积法确定，标称值范围0.1%~100%。2006年，完成由充满淡水的金属筒和配套的多种外径尺寸尼龙阻尼棒组成二级刻度器，主要用于车间刻度。

3. 密度/岩性密度标准刻度井和补偿密度/岩性密度二级刻度器

密度/岩性密度标准刻度井采用单井单密度/岩性密度地坑结构，由混凝土、砂岩、灰岩、白云岩、花岗岩等模块构成。密度/岩性密度标准刻度井共有18口，包括11口密度/岩性密度标准井并有8种模拟泥饼和专用液压推靠系统与之配套，7口密度井径校正井。2006年被确定测井行业密度/岩性密度是测井行业最高计量标准装置，其密度量值采用体积法确定，10个密度模块密度值范围为（1.178~2.916）克/厘米^3，6个岩性密度模块Pe值范围为（0.24~8.93）巴/电子。2006年，完成密度二级刻度器制作。二级刻度器由金属镁块刻度井、金属铝块刻度井、模拟泥饼的铁片和铝片与打压系统组成，主要用于车间刻度。

4. 自然伽马能谱标准刻度井和自然伽马能谱二级刻度器

自然伽马能谱标准刻度井是自然伽马能谱测井行业最高计量标准装置，标称值溯源至国家放射性物质一级计量标准，其铀，钍，钾量值通过化学元素分析确定，标称值范围为铀（0.1~22）微克/克、钍（0.1~60）微克/克、钾0.1%~6%。自然伽马能谱标准刻度井采用单井四层地坑结构，由人工配比铀、钍、钾含量的混凝土浇筑而成。自然伽马能谱标准刻度井有6口。2007年，完成自然伽马能谱二级刻度器的制作。二级刻度器由含铀钍钾放射性矿粉封胶固定和放置这些封装物的圆形金属外壳组成该刻度器体型小巧方便携带，适合于车间刻度和现场校验。

5. 中子寿命标准刻度井群

中子寿命标准刻度井有 5 种中子俘获截面 Σ 值，分为有套管和无套管两种状态。中子寿命标准刻度井采用天然模块法、堆积法、配比法建造，白云岩地层由天然模块加工而成，砂岩地层由人工堆积建造，矿化度井由不同浓度液体配比而成。中子寿命标准刻度井 2009 年 7 月通过中国石油集团鉴定并投入使用。2010 年，建成中子寿命标准刻度井群，共 10 口，Σ 值范围（6.4 ~ 84.8）c.u.。

6. 碳氧比标准刻度井

2010 年 1 月，建成 12 个砂岩标准层，由 12 个罐组成，安装在 6 个井坑内；2015 年 7 月，建成 2 个灰岩标准层位，由 2 个罐组成，安装在 1 个井坑内。为解决原油和水的混合液不能长期保持均匀稳定问题，从各种有机化合物中筛选出丁二醇水溶液作为原油/水混合液的模拟液，实现稳定复现含油饱和度的标准量值。2015 年，建成碳氧比标准刻度井群，共计 14 口，孔隙度（14 ~ 35）p.u.，饱和度 0 ~ 100%。14 个标准层位，其中 12 个砂岩标准层和 2 个灰岩标准层，饱和度设计范围 0 ~ 100%；孔隙度设计范围 15% ~ 30%；岩性有灰岩、砂岩两种；配套 1 套不同井径套管和井眼流体替换装置。

7. 地层元素标准刻度井

2017 年建成地层元素标准刻度井群，共计 13 口，分为单一元素井、天然岩石井和混合井，分别采用天然岩石模块整体方式，天然石料堆积方式，纯度较高的单一元素金属模块，元素化合物粉末 + 基质材料堆积等方式建成。单一元素井由硅、钙、铁、硫、钛、钆、铝、镁、钾、钠、碳、水、盐水等 13 口井组成，天然岩石井由大理石、花岗岩、玄武岩、页岩、白云岩、砂岩等 6 口井组成，混合井 2 口由 9 种已知元素含量的矿粉混合堆积而成。刻度井元素含量由陕西省能源质量监督检验所、西安地质矿产研究院、中国石油集团测井重点实验室等联合检测确定。该井群是国内规模最大的元素刻度井群。该装置的建成满足了各种放射性测井方法及仪器对中子非弹谱、俘获谱的测试需求。

8. 感应测井仪刻度装置

该装置包括 Z 刻度环（小、中、大环直径分别为 0.3 米、0.5 米、1.2 米）、XY 刻度环（中、大环直径分别为 0.8 米、1.2 米）等 2 种刻度环和配套的刻度软件，其中 XY 刻度环倾斜角度为 60 度，主要用于三分量感应测井仪器。感应测井仪刻度装置为感应类仪器提供仪器工程刻度系数和仪器测量精度线性验证。1995—2003 年，完成阵列感应测井仪刻度盘，建立定点刻度参数图版；2004—2007 年，采取滑动刻度的方式，解决刻度 k 值一致性和重复性问题；2006—2012 年，形成温度精细校正、半空间刻度、偏心校正、井眼自适应校正等方法；2017—2018 年，三维感应 XY 刻度环采用固定斜角和滑动导轨等措施，提高刻度精度。

9. 电声成像物理模拟刻度装置

该装置是国内首套电成像测井极板性能测量刻度实体物理试验装置，实现全四轴自动化控制，直接测量电成像测井仪器极板性能；半空间地层模型测量，模拟多种地层类型和地质特征；定量分析探测器性能。2015 年，完成物理模拟驱动装置研制并投入使用，电声成像模拟驱动装置步进测量精度小于 0.2 毫米、模拟测速 1～500 米/时、Z 轴间隙精度 0.5 毫米、夹持器旋转速度 1～10 转/分、模型尺寸 1.0 米 ×1.5 米 ×0.5 米（三块）、井眼尺寸 8.5 英寸。该装置支撑中国石油集团测井公司 5 类微电阻率成像测井产品系列仪器的研发和定型。

10. 声波物理模拟与刻度

2009 年，采用钢套管材料建成试验井，建立声波仪器校验与刻度标准。2015 年，研制多极子阵列声波测试装置，建立操作规程并投入使用。截至 2020 年，多极子阵列声波测试装置支撑了阵列声波远探测、存储式过钻具声波测井仪和全景式声波测井仪研制的研发。

11. 声速标准装置

该装置是中国石油集团石油专用计量器具中的计量标准器具。2012 年，石油工业测井计量站在数值模拟计算分析的基础上，提出行业声速标准刻度井设计方案；2018—2019 年，完成两口声速标准刻度井安装，并分别用多极子阵列声波测井仪和补偿声波测井仪对两口标准井进行测试验证，2021 年 6 月，声速标准装置及其余配件投入使用。

12. 核磁物理模拟与刻度

2003 年，石油工业测井计量站初步掌握核磁共振测井刻度原理方法及装置特点。2011 年，开展核磁共振测井仪刻度原理及方法的研究，研制 1 套用于多频核磁共振测井仪 MRT 的刻度软件及刻度水箱，提出核磁测井仪的校验方法。2016 年，针对偏心核磁共振测井仪 iMRT，开发和设计 1 种模块式可变介质刻度水箱。2018 年，设计 1 种可模拟仪器转动条件下的刻度物理模拟装置。截至 2021 年，该装置为探测器研制、核磁共振测井仪 MRT 检测、MRT 仪器样机测试和刻度、偏心核磁 iMRT 探测器性能检测及流体识别实验，提供测试环境。

13. 生产测井物理模拟与刻度

2011 年，中国石油集团测井公司联合西安石油大学开展仪器模拟刻度研究，形成 1 套过套管电阻率测井刻度检测校验装置及配套的方法、软件。采用刻度环、地层模拟盒、铝合金块等组成的刻度装置，模拟油井套管电流分布，采用单参数溯源、综合参数传递的计量检定方法，实现过套管地层电阻率测井仪器的刻度标定，提供仪器性能测试计量标准，优化仪器性能测试指标。截至 2015 年，该刻度装置为电阻率多维成像测井技术与装备之专题过套管电阻率测井仪研制提供支撑。

14. 随钻仪器物理模拟与刻度系统

随钻电阻率测井仪器标定装置由溶液罐、悬臂吊、溶液循环和净水系统组成。2010年，针对随钻感应、双感应、电磁波、泥浆电阻率仪器测试和刻度的要求，设计标定装置的尺寸为直径 3 米、高 4 米，2011 年 12 月，建成单只玻璃钢溶液罐的标定装置。2019年 7 月，建成两只玻璃钢溶液罐的标定装置，用于电法类随钻测井仪器。2011—2015 年，双感应电阻率随钻测井仪及电磁波电阻率随钻测井仪利用该装置进行标定或刻度。

2018 年 7 月，建成随钻环境模拟测试系统，可进行钻井液循环，进行随钻测井仪器在不同流量及压力下的通讯能力检测实验，实现对随钻环境模拟系统的远程综合控制，可对不同频率的随钻电磁波传播电阻率和感应电阻率测井仪器进行测试和验证，并能支撑各类随钻测量系统 MWD 和其他随钻仪器与定向遥测随钻测井仪配套测试。

15. 模拟试验井

中国石油集团测井公司模拟试验井主要包括后村模拟试验井场、任 91 井及台 2 井。后村模拟试验井场位于陕西省西安市雁塔区西延路 72 号，由一号模拟井、二号模拟井、三号模拟井和四号模拟井组成，用于测井仪器质量检验。一号井井深 110.9 米，井内全部为钢套管，主要用于声波变密度、声幅、自然伽马、接箍磁定位组合等工程类测井仪器的测井试验；二号井井深 450.62 米，该井为悬挂式，只有表层 10 米套管用水泥固井，主要用于声速、感应仪器的测井试验；三号井井深 105 米，主要用于双侧向、微球类测井仪器的测井试验；四号井井深 612.38 米，1996 年投入使用，主要用于测井系统的组合测井试验。2013 年，建成后村模拟试验井场的模拟试验井井架。

任 91 井位于河北省任丘市郊，该井井深 4000.44 米，套管下深 3900.09 米，最大井斜 3 度 30 分，裸眼段主要为灰岩地层，最高井温 145 度。2004 年 12 月 15 日，由中国石油集团测井公司华北事业部 57151 队进行测井，建立标准剖面，可在震旦纪雾迷山组地层 3900.09 ~ 3990 米裸眼井段内进行井下仪器试验，在 2900 ~ 3900.09 米井段的套管内进行声波幅度等仪器试验。台 2 井位于湖北省荆门市郊，井深 2440 米，套管下深 784 米，裸眼段主要以灰岩为主，含少量泥质。由于落物等原因，测深 1600 米左右。

三、测井解释评价综合应用研究

1998 年，中国石油天然气集团公司成立后，所属工程技术分公司（中油油服、中油技服）负责中国石油集团工程技术板块测井业务管理。1999 年，中国石油天然气股份有限公司成立，其所属勘探与生产分公司负责测井工程技术服务市场管理、测井技术攻关和先进测井技术优选应用等。各区域油田公司的测井技术由其勘探处（勘探事业部）或开发处（开发事业部）等相关职能部门管理，在勘探技术研究院设立测井室（所）或地球物理室（所），负责测井设计、资料处理、解释评价、技术攻关和管理等。中国石油集团测井公司与各区域油田公司陆续联合成立测井研究院（测井评价中心），依托国家科技重大专项、中国石油集团和中国石油股份科技专项，参加区域油田公司的重大专项，共同开展测井解释评价综合技术攻关和研究，形成了复杂油气藏和非常规油气测井评价技术系列，生产应用效果显著，技术成果丰硕。

（一）低阻油气层测井评价技术研究

低阻油气层在我国主要含油气盆地广泛分布，对于新区勘探和老区增储上产都具有重要意义。此类油气层由于隐蔽性强、常规技术手段解释符合率低，长期以来一直是测井评价技术的攻关难点和重点。测井攻关以渤海湾盆地中浅层为重点，兼顾准噶尔盆地陆梁油田、塔里木盆地哈德油田以及吐哈盆地雁木西油田等西部典型低阻油层发育区块，在原中国石油天然气总公司勘探局"九五"研究成果的基础上，中国石油股份公司勘探与生产分公司组织中国石油勘探开发研究院及辽河、大港、华北、冀东、长庆和吐哈等多家油田联合开展技术攻关，在国内首次系统地建立陆相低阻油气层测井岩石物理与评价技术体系。

该项成果紧密围绕发现与评价低阻油气层这一核心问题，提出了一套定性与定量相结合、测井与地质相结合、测井与油藏工程相结合的系统研究思路和综合识别评价技术流程，首先通过岩石物理—测井—地质—油藏多学科结合的综合分析揭示了我国陆相低阻油气层发育的主要成因机理，在此基础上建立了一整套包括主控成因分析、低阻油气层定性识别与定量评价等核心内容的理论、方法与有形化技术。其中的特色关键技术包括针对低阻油气层的测井采集方法和采集环境设计技术、针对不同成因的低阻油气层定性识别技术、低阻油气层测井定量评价技术、模块式地层测试器测前设计与产能预测技术、基于核磁共振测井的流体检测技术及低阻油气层分布预测技术等。成果在渤海湾、鄂尔多斯、准噶尔、松辽及吐哈等含油气盆地推广应用效果显著，测井解释符合率提高16%~28%，并发现了近亿吨三级油气地质储量。

2019年，中国石油集团测井公司依托集团公司重大专项测井重大技术现场试验与集成配套，开展低对比度油气层测井识别技术研究与应用课题研究，对大庆、长庆、新疆、华北油田低对比度油气层根据成因类型开展评价技术研究。形成的低阻低对比度储层解释评价技术包括复杂岩性、复杂孔隙结构、复杂水性、钻井液侵入4类低对比度油气层处理技术。

（二）低饱和度油气层测井评价技术研究

低饱和度油气层在松辽、鄂尔多斯、准噶尔、塔里木、渤海湾等大型含油气盆地广泛发育，随着油气勘探技术的发展和储层改造技术的进步，日益成为勘探开发重点领域之一，但其"四性"关系复杂，国内外没有成熟的评价方法、技术与标准可以借鉴，测井识别评价难度大，解释符合率低。自 2015 年开始，中国石油股份公司勘探与生产分公司组织大庆、长庆、华北、吐哈、青海、冀东和塔里木等多家油田以及中国石油集团勘探开发研究院、中国石油集团测井公司联合攻关。

该项研究原创了低饱和度油气层成因机理分析技术。基于激光共聚焦等先进配套实验方法，通过微观孔隙结构、流体分布特征研究与宏观源储配置关系、构造特征分析相结合，明确低饱和度油气层的五类成因机理，有效指导了饱和度分布规律评价研究。

在关键参数评价方面，创建以束缚水饱和度、可动水饱和度及含水率等参数评价为核心的岩石物理分析与测井评价技术体系。建立完整的低饱和度油层岩石物理实验流程与方法，基于配套稳态相渗、岩电及核磁共振实验测量及规律分析，建立了不同测井资料条件下的束缚水饱和度计算方法，揭示了油水相渗随孔隙结构的变化规律，研发了不同储层品质的油相和水相渗透率测井计算方法，据此形成含水率测井评价关键技术。

在流体识别方面，构建了相控流体识别图版、热中子俘获截面含油指数、双视地层水电阻率及核磁介电结合法等 4 类流体识别关键技术，并以含水率、可动油体积指数及含水饱和度等参数为依据，建立了油水同层精细分类方法与标准，显著提高了流体识别精度。

在产能预测方面，突破了低饱和度油层压裂产能测井预测精度差的瓶颈问题，利用渗流理论、毛管模型及物质平衡方程，建立压裂液注入过程的裂缝、储层和相渗模型，通过返排生产过程模拟，实现直井压裂后的含水率预测；依据物性、电性、有效厚度及压裂液等关键参数建立了压后产能分级预测方法。

低饱和度油气层测井评价技术已在鄂尔多斯、松辽、渤海湾和柴达木等盆地 3600 余口井规模应用，解释符合率由攻关前 60% 左右提高至 80% 以上，发现工业油层 1700 余层、累计厚度 4200 余米，有力支撑了低饱和度油气层领域的 10 亿吨级三级储量提交。减少试油 700 余层，直接节约费用 3 亿元以上。获 2021 年中国石油十大技术进展。

（三）缝洞碳酸盐岩气藏测井评价技术研究

针对四川盆地寒武系、震旦系与上古生界、塔里木盆地台盆区奥陶系与寒武系、鄂尔多斯盆地奥陶系以及柴达木盆地干柴沟组等领域的缝洞碳酸盐岩（石灰岩、白云岩和混积岩），将缝洞储层精细刻画与流体识别为攻关重点，中国石油股份公司勘探与生产分公司组织西南、塔里木、长庆和青海等油气田公司以及中国石油勘探开发研究院、中国石油集团测井公司联合攻关。

该项研究基于大量岩心—高清微电阻率图像等资料，提出了基于电成像测井的岩性岩相识别方法，系统建立了基于电成像测井的碳酸盐岩岩相特征图版库，借鉴斯伦贝谢等国外先进技术，提出利用电成像测井提取孔隙度分布均值—方差二维图版的四象限有效储层分类方法。

在径向上，通过攻关，首次提出具有深度梯次和方位定向能力的有效储层识别方法、基于测井"图像基因"特征确定礁滩和岩溶风化壳有效储层的全新技术思路，发明了用颜色（反映油气特性）、形态（反映储层特性）和层理（反映沉积特性）等"图像基因"交集直接识别礁滩和岩溶风化壳有效油气储层的方法，解决了复杂礁滩和岩溶风化壳储层测井评价的重大关键技术难题；发明了基于井下叠前逆时偏移成像判别井壁纵深隐蔽有效储层技术，在常规测井方法探测不到因而误认为没有储层的井壁纵深地带发现了高产有效储层。

结合阵列声波测井构建斯通利波衰减指数的储层有效性识别标准，分不同区块分别构建了裂缝孔洞型、裂缝型、洞穴型和孔洞型等不同类型储层的流体识别图版、基于电成像测井的构建视地层水电阻率谱的流体定性识别方法；建立了基于元素全谱测井的热中子俘获截面流体识别方法；基于系统的缝洞碳酸盐岩储层岩电实验研究，明确了不同类型碳酸盐岩储层（包括含沥青质储层）的岩电参数变化规律，建立了可表征储层孔隙结构特征的岩电参数确定方法。

该技术方法已在中国石油集团主要碳酸盐岩探区进行了规模化推广应用，取得了显著应用效果。各探区上的一次解释符合率90%左右，产能级别预测准确率90%左右，为四川盆地磨溪—高石梯、塔里木盆地哈拉哈塘与塔中、鄂尔多斯盆地靖边以及柴达木盆地英西等区块的规模探明储量的提交发挥关键作用。

2016年，中国石油集团测井公司以国家重大专项"大型油气田及煤层气开发"项目的课题为依托，开展测井储层有效性及流体性质判别研究与应用专题研究。2019年，通过持续研究与应用，形成碳酸盐岩缝洞储层解释评价技术，主要包括特殊矿物测井识别及复杂岩性矿物组分定量计算技术，裂缝、溶蚀孔洞测井识别及缝洞有效性评价技术，储层参数建模及定量计算技术，储层有效性评价技术，储层流体性质判别技术。研究成果广泛地应用于西南油气田勘探开发中，取得良好效果，储层测井解释符合率90.23%。

（四）复杂岩性火山岩气藏测井评价技术攻关

以松辽盆地徐家围子地区深层为重点，包括准噶尔盆地五彩湾、三塘湖盆地马朗凹陷石炭系等目标，中国石油股份公司勘探与生产分公司组织大庆、新疆和吐哈等油田以及中国石油勘探开发研究院开展联合攻关。

该研究通过系统的岩石物理实验和测井响应特征总结，明确基性与酸性火山岩的测井特征差异，形成一套以ECS和电成像测井相结合的三维岩性识别新方法，找到准确识别火山岩岩性、岩相和喷发期次的新思路；研究提出完整的非均质复杂岩性储集层孔隙度、饱和度精确定量计算的基础理论和实用模型，建立复杂火山岩储集层解释框架；在微裂缝模拟井定量研究基础上，建立复杂岩性储集层裂缝参数定量计算方法，进而给出了一种较为实用的非均质裂缝孔隙度定量计算方法；以高温高压全直径岩心实验为基础，利用数值模拟研究裂缝对饱和度计算的影响规律，提出考虑裂缝影响的饱和度定量计算方法。通过攻关，构建了火山岩测井评价技术体系，解释符合率85%左右，比攻关前提高15个百分点以上，为大庆油田在松辽盆地北部的庆深大气田发现作出重要贡献。研究成果被评为2007年中国石油国内十大科技进展。

2008—2009年，中国石油集团测井公司在吐哈油田开展三塘湖盆地马朗凹陷石炭系火山岩储层测井综合评价研究，通过两年持续研究与应用，形成火山岩储层评价技术系列，主要包括火山岩储层岩性评价技，火山岩储层物性评价技术，火山岩储层含油饱和度评价技术。在LEAD平台下开发火山岩处理解释集成处理程序，建立火山岩岩性自动识别方法动态库，形成开发火山岩处理解释方法动态库。

（五）致密油气测井评价技术研究

"十二五"以来，以致密油气、海相页岩气为代表的低品位资源逐渐成为我国油气勘探的主体，其矿物组分复杂、黏土含量高、极低孔渗等特征，岩石物理实验难度大、精度低，测井响应机理复杂，储层参数定量计算和准确评价挑战大，为此，勘探与生产分公司将致密油气和海相页岩气列入攻关重点领域，并按照所提出的"七性"关系、"三品质"和油气甜点等逐步推进的评价思路，中国石油股份公司勘探与生产分公司组织长庆、新疆、西南、大庆、辽河、青海和华北等油气田以及中国石油勘探开发研究院、中国石油集团测井公司联合攻关。

针对蜀南地区海相页岩气的地质特点，建立具有自主产权的页岩气测井评价技术体系，制定中国石油页岩气储层测井解释标准。首次提出基于双分子层吸附理论的高压吸附气含量计算新模型，解决了传统Langmuir模型高压条件下计算精度偏低的缺陷，可以准确计算高压页岩地层的吸附气含量；提出铀曲线非线性模型、多参数统计计算TOC等新方法，有效解决高—过成熟海相页岩地层传统TOC计算方法不适用的难题，计算精度显著提高；建立针对页岩气储层的脆性评价与地应力计算技术，有效解决了工程品质评价的难题；建立页岩气水平井随钻测井资料处理解释流程与基于多参数权重法的储层品质测井分类技术，有效解决了页岩气水平井甜点评价难题。

针对鄂尔多斯盆地长6段与长8段、准噶尔盆地玛湖百口泉组与乌尔禾组以及松辽盆地齐家—古龙地区青二段、青三段等致密油测井评价难题，基于系统配套的岩石物理实验研究，建立完整的"七性"参数计算方法，形成了源岩品质、储层品质和工程品质评价评价方法，并以此为基础建立了甜点优选标准和水平井分簇分段设计方法；创新研发形成元素谱测井氧闭合新模型、小孔加密核磁测井反演、各向异性地层地应力测井评价、砂体结构非均质性定量评价、含浊沸石砾岩储层评价以及含沥青砾岩储层测井评价等单项处理解释特色技术。

该测井评价方法与技术在四川盆地蜀南区块、鄂尔多斯盆地陇东致密油、新疆吉木萨尔与玛湖致密油和大庆齐家—古龙致密油等领域实现规模应用。基于攻关形成的具有自主产权的致密油气测井评价技术系列，编著《陆相致密油气岩石物理特征与测井评价方法》，编制形成石油行业标准《致密油气测井资料综合评价技术规范》（SY/T 7306—2016）、《致密油气储层岩石物理实验室测量 技术规范》（SY/T 7307—2016）、《致密油甜点评价技术规范》（SY/T 7312—2016）及中国石油集团公司标准《页岩气测井评价技术规范》（Q/SY 1847—2015）。研究成果获 2016 年中国石油国内十大科技进展，并获中国石油集团公司科技创新奖二等奖。

（六）页岩油测井评价技术研究

中国陆相页岩油资源丰富，广泛分布于鄂尔多斯、松辽、渤海湾、准噶尔、四川和柴达木等盆地，具备石油战略性接替潜力，是中国"十四五"期间油气重点勘探开发领域之一。2019 年以来，针对中国陆相页岩油的地质特征和油藏特征，以源储共存型页岩油为重点，中国石油股份公司勘探与生产分公司组织大庆、长庆、新疆、西南、青海和吉林等油气田公司以及中国石油勘探开发研究院、中国石油集团测井公司联合攻关。

研发建立了以电成像测井为主并兼顾阵列声波和三维感应测井的页岩油宏观结构评价方法及其分类标准，融合矿物含量和宏观结构形成了岩相识别方法；推广应用引进的俄罗斯制造的及后续自主研发的现场全直径岩心二维核磁共振测量技术，并借助于二维核磁共振测井（CMR-NG），明确了页岩油可动油、束缚油、可动水和束缚水的原位分布特征，建立了以有效孔隙度和可动油含量的技术方法；形成了声波径向剖面的静态脆性指数技术方法；提出了融合宏观结构和微观特征（有效孔隙度、可动油含量和静态脆性指数）的页岩油甜点评价方法与标准。

该方法、技术与标准推广应用于松辽古龙页岩油、鄂尔多斯盆地陇东长 7_3、准噶尔盆地玛湖地区风城组以及四川盆地凉高山组等页岩油勘探开发领域，在城 96、城页 1、城页 2、玛页 1 和平安 1 等页岩油重点探井的"甜点"段优选发挥了关键作用，为发现高产油流、实现勘探重大突破作出积极贡献。

2018 年，中国石油集团测井公司针对准噶尔盆地吉木萨尔芦草沟组页岩油和玛湖风城组页岩油，开展准噶尔盆地页岩油测井评价关键技术研究，同时还研究长庆油田陇东地区、大港油田沧东凹陷、吐哈油田准东区块、新疆油田吉庆区块等。2020 年，开展页岩油测井评价关键技术研究与应用研究，形成页岩油实验评价技术系列，主要包括页岩岩石物理实验样品预处理技术，页岩孔隙度测量及孔隙结构表征技术，基于物模与数模的含油性评价技术，匹配产出机理的可动性评价技术，吸附油、游离油等页岩油赋存状态的定量表征技术，水平井含水率评价含水饱和度评价技术，有利层段测井响应特征库及优选标准，页岩油甜点分类技术。

（七）页岩气综合评价技术研究

2016年，中国石油集团测井公司，依托3个国家重大专项专题等项目，通过5年的持续研究和应用提升，形成针对不同沉积相不同地质特征的页岩气评价技术系列。陆相页岩气解释评价技术体系包括陆相强非均质性页岩储层品质评价技术，陆相高吸附比页岩气储层含气性评价技术，陆相高频相变页岩储层可压裂性测井评价技术，陆相页岩综合分类及甜点评价技术，陆相页岩气层测井采集与综合评价技术。海相页岩气解释评价技术体系包括页岩气岩石物理实验技术，页岩气关键参数计算技术，页岩气储层的特殊（偶极子声波、电成像、元素、核磁共振）测井评价技术，页岩气井的测井解释综合品质评价技术，水平井分簇射孔井段及储层改造井段优选技术，综合品质储层分类产能预测技术，页岩气储层关系参数、多属性三维定量描述技术，深层页岩气综合评价技术，高生物硅含量页岩气评价技术，浅层页岩气甜点和有利靶体、靶区评价技术，强改造、复杂应力山地页岩气评价技术，EILog快速与成像测井系统页岩气测井系列评价技术。

（八）煤系地层（煤层气）地质工程一体化评价研究

2010年，中国石油集团测井公司依托中国石油股份公司煤层气重大科技专项的研究课题，开展大宁实验区153个煤系地层岩心纵横波速度及含气量关系测定研究。2013年，依托股份公司煤层气重大科技专项二期课题研究，历时3年持续开展测井评价研究。2019年，中国石油集团测井公司与中石油煤层气公司开展煤系地层地质工程一体化研究，形成煤系地层一体化评价技术系列，主要包括煤系地层岩性评价技术，煤储层煤阶评价技术，煤储层工业组分量计算技术，煤储层含气量计算技术，煤系地层储层参数评价技术，煤层顶底板岩石力学评价技术，煤层顶底板出水评价技术，煤储层压力预测技术，煤储层产能预测技术，煤体评价与有利区预测技术，煤层气排采综合评价技术，煤系地层地质工程一体化评价及射孔层段优选技术。

（九）复杂碎屑岩储层评价技术研究

2010—2015年，为解决复杂砂砾岩评价难题，中国石油集团测井公司以国家科技重大专项"油气测井重大技术与装备"为依托，开展砂砾岩储层测井特征及评价方法研究。2017—2020年，依托集团公司新疆重大专项课题，开展新疆油田砂砾岩评价研究。主要形成复杂砂砾岩评价技术系列，包括复杂砂砾岩岩石物理实验技术，复杂砂砾岩岩性评价技术，浊沸石砂砾岩储层评价技术，复杂砂砾岩成像测井处理技术，复杂砂砾岩储层参数计算技术，复杂砂砾岩储层超压油层评价技术，超压储层含油饱和度解释技术。

（十）高原咸化湖盆混积岩测井评价技术研究

2016年，为解决混积岩评价难题，中国石油集团测井公司联合青海油田开展针对青海、柴达木盆地区域混积岩解释技术研究，形成高原咸化湖盆混积岩复杂储层测井评价技术系列。主要包括超低孔超低渗透岩石物理实验技术，混积岩储层孔隙结构评价技术，储层有效性分类评价技术，多方法结合的流体识别技术。

第五节　发展成像测井技术助力非常规油气勘探开发

1998—2003年，中国石油集团各测井公司主要应用国产数控XSKC-92、SKC-9800、DLS-1、CJX-521、SK88和SKH-2000等设备为各油田提供裸眼测井服务，使用少量引进数控和成像测井装备提供裸眼井高端测井服务。2003年，中国石油集团各测井公司有裸眼测井队伍314支，装备319套，年完成裸眼测井14738井次。截至2021年底，中国石油集团测井公司有综合测井队438支，裸眼井测井队169支和随钻测井队38支；主力裸眼测井装备581套，随钻装备39套，主要应用CPLog测井成套装备为各油田提供裸眼井成像测井服务，有电缆输送、存储式和随钻测井等多种作业方式，具备各种复杂井况裸眼测井能力，完成裸眼测井20579井次，其中随钻测井240井次，服务对象涵盖中国石油集团16个油气田分公司，中国石化集团、中国海油集团和延长石油集团等油气田企业，以及中东、中亚、亚太、非洲和美洲5个区域19个国家。中国石油集团测井公司全面进入成像测井阶段。

一、裸眼测井采集技术实现跨越发展

1998—2005年，少量引进数控、成像测井设备与大量国产数控测井设备共存。2003年，中国石油集团引进ECLIPS-5700和EXCELL-2000成像测井设备55套，CSU、3700等数控测井设备61套；国产数控测井设备主要包括西安石油勘探仪器总厂生产的XSKC-92、SKC2000、环鼎公司生产的520/521和中国电子科技集团公司第二十二研究所生产的SKH3000等，生产厂家多，技术标准不统一，兼容性差，严重制约测井服务保障能力，市场竞争能力低。

（一）成像测井技术

2004年，为适应油田天然气勘探复杂碳酸盐岩测井需求，中国石油集团测井公司引进2套LOGIQ成像测井装备，主要为长庆和青海油田提供服务。2005年，中国石油集团各测井公司开始应用EILog、LEAP600和慧眼1000等国产数控测井设备，逐步替代引进CSU、3700等数控设备。6月，中国石油集团测井公司长庆事业部建立满足国际市场要求的服务规范，中标壳牌中国勘探与市场有限公司长北作业区块陕141井区反承包市场测井射孔业务，促进服务能力提升。9月，EILog快速与成像测井系统完成长庆油田庄检1井测井作业，标志着中国石油集团测井公司研制的EILog快速与成像测井系统正式投产应用。这一年，新疆测井公司引进1套MCM-500成像测井系统投入应用。至此，中国石油集团同时拥有斯伦贝谢、阿特拉斯和哈里伯顿世界3大测井服务商的成像测井装备，互为补充，满足油田不同储层的测井需求，能够提供声波成像、电成像、交叉偶极子声波、阵列感应和核磁共振等高端成像测井服务。

2006—2008年，中国石油集团测井公司研发的EILog快速与成像测井装备投入现场95套，应用该设备完成探井测井1429井次，开发井及生产测井12591井次，成为中国石油集团测井公司测井主力装备，基本替代数控设备，EILog阵列感应测井在长庆油田取代常规双感应—八侧向测井。大庆钻探测井公司研制高分辨率快速测井平台慧眼投入应用。中油测井技术服务有限责任公司研制的LEAP600测井系统服务于国外15个国家。渤海钻探研发应用远探测声波成像测井技术，可探测井眼径向深度10米的地层裂缝产状，适应复杂非均质储层勘探开发精细测量要求。截至2008年底，应用该仪器测井4口，创产值300万元。国内其他测井设备生产商也加快数控测井设备升级改造，SDZ-3000/5000、HH2530等在油田勘探开发中相继投入应用。

2009—2015年，中国石油集团各测井公司开始为油田提供国产成像测井技术服务，有效解决引进成像设备供货周期长、配件供给和维保困难的难题，提升保障效率。中国石油集团测井公司应用EILog快速与成像测井装备为油田提供阵列感应、阵列侧向、微电阻率成像、超声波成像、阵列声波和核磁共振等成像测井服务；长城钻探测井公司LEAP800测井系统配套的交叉偶极子声波、井周成像和大庆钻探测井公司慧眼测井系统配套的0.2米超薄层测井系列在服务油田取得良好应用效果。这期间，各测井公司还应用便携式测井地面系统，挂接单项成像测井井下仪器，实现成像测井技术的灵活应用。2009年，中国石油集团测井公司175℃/140兆帕EILog高温常规测井仪器在华北和吐哈油田推广应用；开始应用EILog微电阻率成像MCI和超声波成像测井UIT为油田提供技术服务。2010年，中国石油集团测井公司EILog阵列侧向HAL和多极子阵列声波MPAL成像测井仪器开始投入使用。川庆钻探测井公司应用自主研制的直径76毫米180℃/150

兆帕 KGX76 高温高压小井眼仪器系列，包括自然伽马、井径、双侧向、补偿声波和补偿中子等常规测井项目，为西南油气田小井眼开发井、老井开窗侧钻井及海相地层小井眼超深井提供测井服务，2010 年，测井 20 余井次。西部钻探测井公司应用引进的 LOGIQ 成像测井系统和 HOSTILE 系列井下仪器，先后完成集团公司重点探井莫深 1 井等一批超深高温高压井测井。2013 年，中国石油集团测井公司应用 EILog 地层元素 FEM 在长庆油田、吐哈油田、浙江油田等完成 10 井次作业。2014 年，大庆钻探测井公司应用慧眼 1000 地层化学元素测井仪器作业 20 口井。2015 年，中国石油集团测井公司应用自主研发多频核磁共振 MRT 测井 226 井次，实现用国产核磁共振测井解决常规储层孔隙结构评价和油气识别难题，EILog 快速与成像测井系统"3 电 2 声 1 核磁"等国产成像测井仪器的推广应用，开始替代进口成像仪器，在中国石油集团找油找气中发挥主力军作用。2015 年，中国石油集团测井公司有裸眼井测井装备 215 套，其中 172 套 EILog 快速与成像测井装备（成像测井系统 117 套、快速测井系统 55 套）。西部钻探测井公司引进斯伦贝谢 MAXIS-500 成像测井系统，完成新疆油田重点区块玛湖区域 7 井次作业。截至 2015 年底，中国石油集团有 EILog、LEAP800 和慧眼 3 大自主知识产权的成像测井设备，包含声波、电法和放射性等测井方法的成像井下仪器，基本实现成像测井国产化，从根本上改变中国测井先进装备长期依赖进口的局面，有力保障中国石油集团增储上产。

2016—2017 年，中国石油集团各测井公司利用长期以来在服务油田深耕细作优势，凭借对服务油田技术需求、地质与井况特性、地貌特征和作业环境的了解，开展精准服务。2016 年，中国石油集团测井公司针对塔里木油田高温高压测井难题，开展高温微电阻率成像测井仪耐温耐压改进试验；5 月，应用改进的高温微电阻率成像测井仪完成塔里木油田玉龙 6 井作业，井深 7420 米，测量段自井底至深 7030 米处，井底温度 160℃。渤海钻探测井公司应用方位远探测反射波测井仪器完成 5 井次测井作业，实现方位和 40 米远距离探测。

2018—2021 年，中国石油集团测井公司发挥重组优势，应用新技术新工艺，在裸眼井测井施工中进一步降低占井时间，提高测井资料采集质量，强调"提质、提速、提产、提效"，服务油气、保障钻探。2018 年 6 月，在新疆油田玛湖 27 井首次应用斯伦贝谢 MAXIS 声波扫描成像测井仪（Sonic Scanner）进行多种频率扫描信号采集，是中国石油集团测井公司第一支三维成像测井仪器。2019 年 7 月 7 日，中国石油集团测井公司使用塔里木版 CPLog 微电阻率成像和双侧向测井仪，完成亚洲陆上最深的塔里木油田重点风险探井轮探 1 井测井作业，该井井深 8882 米，井底温度 171℃、压力 135 兆帕，两个项目测量段最深分别为 8500 米和 8877 米，创下 CPLog 最深作业纪录。2020 年，应用 175℃/140 兆帕 @20 小时 EILog 成像测井设备在吉林 G11-7 井首次实现常规+阵列感应组合测井；应用EILog远探测阵列声波测井12井次，实现对井周80米范围内裂缝、缝洞、储层边界、断层等地质构造的探测和量化评价。2020年，中国石油集团测井公司利用资源共享优势，及时调度油基泥浆电成像测井仪完成新疆油田、塔里木油田和吉林油田等13口井测井任务，满足油田需求；协调EILog三维感应成像仪器为大庆、西南和长庆等油气田提供50余井次服务，解决薄互层油气和非常规油气准确识别难题，实现感应测井技术从地层均质测量到各向异性测量。2021年，应用自主研制的iMRT偏心核磁共振测井仪在青海油田C906井有效解决常规核磁共振测井在盐水钻井液测井时需替换钻井液的问题，缩短完井周期，得到青海油田充分肯定；在吉木萨尔页岩油高矿化度钻井液推广应用11口井，突破常规核磁共振仪器不能在电阻率低于0.02欧姆·米钻井液中测井的技术瓶颈。应用自主研制200℃@20小时高温高压微电阻率成像测井仪器，完成西南油气田J1井（井深7728米、井温173.8℃、压力160兆帕）的测井作业。

（二）随钻测井技术

中国石油集团开展随钻测井技术服务起源于中国石油天然气总公司北京地质录井公司。1997年，北京地质录井公司从美国哈里伯顿公司引进国内第一套PathFinderLWD全系列随钻测井系统，包括MWD、自然伽马、电阻率、中子和密度测量仪器等，组建随钻测井队伍，开始为塔里木等油田提供随钻测井技术服务。1998—2007年，中国石油集团随钻测井以MWD随钻测量为主，辅以自然伽马测井仪，主要应用于定向井施工作业中。2008年，长城钻探测井公司引进美国GE公司随钻测井技术，当年施工16口井，创产值1600余万元，成为中国石油集团各测井公司中开展随钻测井技术服务的第一家。中国石油集团测井行业开始新增随钻测井队伍类别，2008年，长城钻探测井公司有随钻测井队伍4支，国内2支、国外2支。2009年，中国石油集团测井公司开始推广应用MWD+方位自然伽马感应电阻率随钻测井系列。2011年，中国石油集团随钻测井队伍11支，其中，中国石油集团测井公司6支，长城钻探测井公司5支。2011年，中国石油集团测井公司应用自主研发随钻地层评价测井系统FELWD测井37井次，长城钻探测井公司应用购置设备完成16井次。2012年，中国石油集团测井公司自然伽马、感应电阻率和脉冲中子孔隙度三参数随钻测井系统批量应用，完成测井65口。2014年，长城钻探测井公司研制出随钻方位电阻率成像仪器和近钻头伽马地质导向仪器，现场试验2口井。12月，中国石油集团测井公司引进2套贝克休斯公司旋转地质导向仪器AutoTrak GT4-G，可提供中子、密度及超声井径等测井服务，随钻业务由随钻测井服务扩展到旋转地质导向。2015年，川庆钻探测井公司引进哈里伯顿公司SOLar随钻测井仪器投入应用，中国石油集团测井行业随钻测井队伍33支，其中中国石油集团测井公司26支，长城钻探测井公司6支和川庆钻探测井公司1支，共完成随钻测井115井次。2017年，中国石油集

2021年5月24日，中国石油集团测井公司完成华H90-3井旋转导向5060米水平段随钻作业

团测井公司应用随钻伽马成像测井仪器作业8井次，在青海油田完成测录导一体化作业11口井。2018年，中国石油集团测井公司应用自然伽马、电阻率、补偿中子、密度随钻测井仪器系列，完成6口井测井试验，应用4.75英寸方位侧向电阻率成像随钻测井仪器在西南油气田完成高石001-H26井现场作业。长城钻探国际公司随钻中子密度仪器国产化取得进展，完成3口井现场试验。2019年，中国石油集团测井公司将自主研发的随钻测井系列仪器与进口旋转导向互联互通，形成旋转地质导向系统，并在四川页岩气区块阳102H26-4井成功应用，首次在高黏度、高比重钻井液、水平段实现旋转地质导向钻井，应用方位自然伽马准确识别地层，井眼轨迹符合工程要求。2021年，中国石油集团测井公司随钻测井队伍发展至46支，完成随钻测井386井次，形成常规MWD仪器配接方位伽马成像、方位电阻率成像、近钻头伽马和旋转导向工具系列，可承担水平井、大位移井、分支井和丛式井地质导向、随钻地层评价测井等服务，通过集成创新，形成的旋转地质导向系统具备作业能力，实现从随钻测井到旋转地质导向的跨越式发展。

（三）存储式测井技术

从21世纪初开始，随着钻井技术发展，"少打广采"实现油气产量最大化成为勘探开发首选方式，丛式井、分支井、水平井越来越多，20世纪90年代，引进湿接头水平井测井工艺技术是解决测井"下得去"的主要办法。但是，该工艺存在施工复杂、井口占用时间长等问题。"十一五"末，国外出现存储式测井工艺技术。该工艺是将测井仪器放入钻杆内，利用下钻方式将仪器传输到目的层，释放仪器出钻杆，再起钻测井，测井数据存储在仪器的存储器中，最后通过地面软件处理得到测井曲线，无须电缆输送，具备恶劣井况条件测井能力，立即成为测井"下得去"首选方式，受到各油田青睐。斯伦贝谢、威德福等国外公司应用存储式测井工艺技术，采用服务、联合作业等方式进入中国石油市场，为油田提供测井技术服务。国内各大测井公司和测井仪器制造商开始研制存储式测井设备并投入应用。2012年，西部钻探、长城钻探、大庆钻探和渤海钻探等测井公司先后使用购置 LWF 过钻杆存储式测井设备，解决服务油田复杂井测井难题。4月，中国石油集团测井公司首次使用该工艺完成长庆油田苏 14-8-11H 井测井作业。2013年，为保障中国石油集团勘探开发大斜度井、水平井等复杂井况下的测井需求，各钻探集团和中国石油集团测井公司推广应用存储式钻杆输送测井技术，完成测井 700 井次。渤海钻探测井公司在塔里木油田中古 XX 井创造井深 7810 米、井斜 87.87 度、水平段长 1400 多米等多项国内存储式测井施工纪录。2016年，中国石油集团测井公司在 15 米一串测基础上形成无缆式一串测工艺技术，10月，使用该工艺在青海油田狮平 1 井完成首次作业。2017年，渤海钻探测井公司应用自主研制全井况存储式测井仪器，完成 2 口井测井试验。2018年，中国石油集团西南油区页岩气水平井测井工作量大增，测井时效要求高，中国石油集团测井公司应用自主研发的 CQ-TPML-B 存储式测井系统测井 16 口井，测井项目包括常规系列、自然伽马能谱测井和阵列声波测井等，使用该工艺作业占井时间与湿接头水平井测井工艺相比缩短 30%，成为页岩气水平井作业利器。2020

2021年5月27日，中国石油集团测井公司应用自主研发 FITS 过钻具存储式测井仪器在长庆国家级页岩油示范区华 H100 水平井平台现场作业

年，环鼎公司开发出电缆/泵出存储双模式测井仪器，井下仪器直径 73 毫米，除常规仪器外还有自然伽马能谱、阵列侧向、阵列感应、偶极子声波等测井仪，开始在油田投入应用。2021 年，中国石油集团测井公司在长庆油田柴平 22-28 水平井中正式应用自主研制的 CPLog 过钻具测井仪器 FITS 系列，采用泵出方式完成自然伽马、连斜、阵列侧向和偶极子声波等资料采集。2021 年，中国石油集团测井公司采用存储式测井工艺技术测井 960 井次。

此外，中国石油集团各测井公司还先后应用国产 SL6000、直推电磁波存储式、Xtream、引进过钻头 ThruBit 等存储式测井仪器及配套工艺技术，满足油田勘探开发测井需求。

（四）智能远程测井技术

2016 年，中国石油集团测井公司提出"互联网+测井"技术发展方向。2019 年，开始实施远程测井作业。该技术是基于 CPLog 网络化测井装备、智能绞车和测井车载路由传输网络，数据通过内网物联卡进行传输，数据存储在内网服务器，实现在基地完成现场测井装备操控和测井数据采集作业。远程测井与现场测井采集可同时进行，现场工程师和远程工程师均可采集记录测井数据，并且现场工程师具有控制优先权。6 月，在长庆陇东成功进行首次远程测井现场技术验证。2020 年，中国石油集团测井公司建立远程作业支持中心，升级 9 支小队设备，开展现场试验工作；9 月 24 日，在长庆油田西 355 井首次完成远程测井试验；11 月 9 日，应用远程测井采集技术完成吉林油田德深 11-4 井现场试验，测井工程师在基地远程操作测井现场设备完成采集作业。2020 年，开展生产井试验 23 井次，总体采集成功率不到 50%。2021 年，中国石油集团测井公司远程测井实现 37 支队伍设备升级，完成 403 井次示范应用，测井智能化作业系统累计试验 216 口井，能够在井下自动输送仪器，实现传统作业方式变革，提高队伍利用率，减少现场作业人员。2021 年 5 月 17 日，在塔里木油田重点探井轮探 3 井实施远程测井成功。12 月 4 日，在大庆油田喇 5- 检 PS27023 井推广 CPLog 应用中，首次与吉林大庆分公司实现远程测井，成功获取全套地质资料。

二、裸眼测井提速提效

中国石油集团各测井公司始终跟随油田勘探开发步伐，靠近设置组织机构，部署队伍，实现就近服务，保障队伍、设备及时到井，与协作方无缝衔接。1998—2005 年，受数控测井技术限制，组合能力不强，不能够实现电法、声波和放射性 3 种方法的全系列组合；引进成像设备有"大满贯"测井功能，但是测井项目多，仪器组合长度长，钻井口袋短及安全风险增加，在实际作业中很少被采用。这一时期，中国石油集团各测井公司主要通过改进管理方式，包括工程复杂预防和快速处置、提升作业成功率和正点到达率等措施，实现测井提速提效。2005年，中国石油集团测井公司在长庆油田榆29-1井仪器解卡打捞中，针对该井特征，选择旁通式穿心解卡打捞工艺成功打捞，克服用常规穿心打捞工艺在井口剁断电缆问题，减少打捞处置时间。

2006—2012年，EILog、LEAP等国产高精度测井系列在中国石油集团各油田推广应用，设备各种辅助短节齐全、组合能力强、保障快、维护质量专业，达到测得好、测得快目标，减少仪器下井次数实现技术提速。2008年5月，中国石油集团测井公司应用EILog仪器大组合在长庆油田桃2-11-6井一次下井取得18条测井曲线，减少仪器下井2次，单井测井时间比传统工艺施工时间减少4~5小时。2010年，中国石油集团开始实行测井专业占用井口时间的统计分析制，纳入"测井工程年报"专项管理。当年平均每井次占井时间11小时，比"十五"末下降28%。2011年，川渝地区超深、大斜度等复杂井多，湿接头水平测井对接成功率是影响川庆钻探测井时效最大因素，通过对工具的升级改造，对接成功率达90%，同比提高5%，实现提速。2012年，中国石油集团测井公司针对长庆油田"短口袋、高效率、低阻卡"测井要求，改造升级24.3米长的EILog155℃/140兆帕常规井下组合仪器，形成适应油开井12.6米、探评井19.1米和气开井17.1米的3大组合仪器系列，在油田推广应用，实现2串并作1串测，单井占井时间由12.8小时缩短到8小时。大庆钻探推广应用慧眼1000快速平台测井，将4~5次下

2012年8月，中国石油集团测井公司研制的15米一串测快速测井平台保障长庆油田5000万吨产能建设

井减少为 2 次下井，平均单井时间缩短 3~4 小时。

2013 年开始，中国石油集团各测井公司针对大斜度井、水平井等复杂井应用存储式测井工艺技术代替湿接头水平井工艺技术，当年作业 700 井次，水平井提速 30%。2014 年，渤海钻探测井公司大力推进快测技术，2 串测、1 串测快测工艺应用比例 61.3%，平均测井时效 11.44 时/井次。中国石油集团测井公司创新应用硬电缆输送测井工艺，成为应对大斜度井、水平井等复杂井的首选快速电缆测井工艺技术，完成 20 口井完井测井作业，有效缩短占井时间。2016 年，中国石油集团各测井公司主动适应大斜度井、水平井等复杂井的施工环境，积极完善并应用硬电缆、爬行器、连续油管等输送工艺以及过钻杆存储式和随钻等测井技术，减少测井占井时间，实现技术提速。中国石油集团测井公司应用直径 76 毫米 EILog200℃/170 兆帕高温高压小井眼一串测系列，在青海油田东坪完成井内最高温度 186℃的一串测作业，并开始在油田推广应用。2017 年，长城钻探测井公司在国内外市场规模化应用连续油管、爬行器输送工艺，较湿接头水平井工具测井单井平均节省作业时间 16.7 小时。

2018 年，中国石油集团测井公司建立保障机制，统筹队伍装备，保障重点区块作业。在中国石油集团页岩气重点区块成立川渝页岩气前线协调组，实现队伍、装备、人员等资源优化配置与共享。及时协调 69 套装备、811 人支援长庆油田 6000 万吨产能建设，测井队伍日均作业时间降低 3 小时，到井及时率由 5 月初的 81.4% 提高到 9 月的 98.41%。2019 以来，中国石油集团测井公司发挥专业重组优势，转变生产方式，集约利用生产资源，按照网格化大生产区域保障机制建立 5 个联保区域推行片区负责制，形成 2 小时生产高效保障圈就近生产组织，减少无效时间，缩短测井占井时间；以井为中心，提升资源配置能力，在 16 个油田区域推广一队双机、一队两班等生产模式，实行井型专测、项目专测和区域专测；创新提速手段，推广应用测井提速提效模板、提速提效学习曲线 187 口井（平台），在川渝、陇东、新疆玛湖和吉木萨尔、大港、大庆古龙等重点产建区域开展"四提"（提质、提速、提效、提产）劳动竞赛。2021 年，中国石油集团测井公司到井及时率 99.98%，作业一次成功率 97.9%，实现测井综合提速 3.45%。

第六节　生产测井技术进步助力油气田综合治理

1998—2021 年，随着中国石油集团所属各油气田不断进入高含水开发期，生产测井作为监测油气田开发动态的主要技术手段，在注产剖面测井、剩余油评价、井筒完整性检测、试油测试和油藏动态综合研究等方面越来越发挥重要作用，中国石油集团所属各生产测井技术服务和研究单位，加强生产测井技术和装备研究，自主研制国产化系列装备，应用新技术新装备不断适应和满足各油气田综合治理需求，为油气田提升采收率，实现控水、稳油、增气提供技术支撑和保障。

一、生产测井服务规模

1998—2002年，中国石油集团各油田存续企业所属测井公司、部分油田的试油试采公司或测试公司为属地油田开展生产测井服务，生产测井设备以国产数控设备为主，有少量进口DDL、Sondex和EXCELL-1000和EXCELL-2000等数控设备，大庆油田测试技术服务分公司以自主研发PL2000小型数控测井系统为主。

2003年，中国石油集团有生产测井队171支，分别部署在中国石油集团测井公司、大庆测井公司、大庆测试技术服务分公司、大港测井公司、中油测井（CNLC）、四川测井公司、辽河测井公司、吉林测井公司和新疆测井公司等；有生产测井设备173套，井下仪器有自然伽马、磁定位、温度、压力、流量、持率及流体密度等七参数注产剖面测井仪，中子寿命测井仪SMJ-D和剩余油饱和度测井仪RMT两种剩余油评价测井仪，俄罗斯声幅变密度测井仪MAK-2、俄罗斯伽马密度套管壁厚测井仪SGDTK923、井下电视和井下超声成像等工程测井仪器。2003年，中国石油集团完成生产测井17529井次。

2008年，中国石油集团5个钻探工程有限公司和中国石油集团测井公司共有生产测井队64支，此外大庆油田测试技术服务分公司有生产测井队伍101支。2008年，中国石油集团完成生产测井7356井次（不含大庆油田测试技术服务分公司工作量）。2009年，大庆油田测试技术服务分公司研制完成生产测井地面系统——EXCEED（超越）生产测井地面快速平台，开始更新该公司1998年研发的PL2000小型数控测井系统。

2010—2017年，中国石油集团测井公司先后投产引进的SERVER3000测井地面系统、小井眼变密度组合下井仪、六扇区水泥胶结测井仪（SBT）、八扇区水泥胶结测井仪（RIB）和方位声波测井仪（AABT）、环空产出剖面测井仪、小直径高精度双持水环空测井仪、多相阵列成像测井仪（MAPS）、脉冲中子全谱测井仪（PSSL）及四中子测井仪，研发PLIS-4100生产测井地面系统、七参数生产测井仪（HSR）、音叉密度测井仪、阵列电磁波持水率计和井下光纤噪声探测器。2013年4月，西部钻探测井公司研制的猎鹰（KCLog）套管井成像测井系统投入应用。

2017年12月，中国石油集团测井公司重组后，生产测井队伍发展为94支。从2018年开始，中国石油集团测井公司推广应用自主研发PLIS4100生产测井地面系统与EILog集成化生产测井技术。截至2021年底，中国石油集团有生产测井设备285套，其中中国石油集团测井公司163套、大庆油田测试技术服务分公司118套、渤海钻探工程有限公司油气井测试分公司4套；有生产测井队244支，其中中国石油集团测井公司生产测井队122支（含综合队68支）、大庆油田测试技术服务分公司有生产测井队118支、渤海钻探油气井测试分公司有生产测井队4支。2021年，中国石油集团完成生产测井67990井次。

二、生产测井技术新突破

中国石油集团各测井测试单位通过开展注产剖面、剩余油饱和度和工程测井等测井服务，在生产井稳油稳气、注入井控水控压、油气藏开发描述、延长油气井开采周期、提高单井产量和作业时效等方面作出应有贡献。

（一）注产剖面测井

2001年，为解决注产剖面测井受流体黏度影响测量精度问题，大庆油田测试技术服务分公司采取定点测量方式，通过两个相距一定距离的探测器探测示踪剂的流动速度，计算出油套环空中某一测点流量，通过递减确定层段注入量，解决了注化学剂配注井的注入剖面测井精度问题。2004年，中国石油集团测井公司采取同位素时间推移测井和井温测井相结合的方法，提高吸水剖面测井精度，同时为满足低流量—高流量剖面测井的技术需求，应用引进脉冲中子氧活化测井，在长庆、华北和大庆等油田推广应用。2005年10月15日，大庆油田测试技术服务分公司在大庆外围州62—平61井水平井采用爬行器工艺，将磁性定位器、自然伽马仪、井温仪、压力计、集流式涡轮流量计和电容含水率计组合下井，首次成功录取大庆油田水平井产出剖面测井资料，与采用挺杆传输或油管传输工艺作业相比，时效明显提高。同年，大庆油田测试技术服务分公司应用自行改进脱气井的溢气型同轴线相位法找水仪，效果良好。2007年，中国石油集团测井公司自主研发相关流量仪器在华北油田投入应用，通过追踪注入后同位素运移前沿和相关流量测井，提高注入剖面测井精度。大庆油田测试技术服务分公司对电磁流量计、示踪相关流量计、同位素吸水剖面测井仪、井温、压力、磁性定位进行优化组合设计，通过采油遥测技术，一次下井，可录取到不同测量方法的多套测井资料，适用于测量分层配注、笼统注入条件下注聚井及注水井注入剖面测井。2014年，中国石油集团测井公司在长庆油田神平1井产气剖面测井中首次应用连续油管输送工艺开展存储式生产测井，替代挺杆传输和油管传输工艺，满足提升水平井施工时效。2015年，中国石油集团测井公司开始推广应用PLIS-4100生产测井地面系统、七参数生产测井仪HSR、音叉密度测井仪、阵列电磁波持水率计和井下光纤噪声探测器。其中自主研发的音叉密度测井技术，实现无放射源流体密度测井；自主研发的井口防溢流装置在长庆油田投入使用，吸水剖面测井溢流可控，实现绿色环保清洁生产。2016—2018年，中国石油集团测井公司推广应用水平井分层测压技术，建立适合长庆油田低液量水平井产液剖面"一趟测"施工工艺、仪器序列，注产剖面测井时效大幅提升。2017年，中国石油集团测井公司使用环空产出剖面测井仪、小直径高精度双持水环空测井仪和多相阵列成像测井仪MAPS，提高小井眼产出剖面测量精度。同年，在国家级二氧化碳捕集与埋存先导试验中，中国石油集团测井公司应用自主研制低温仪器和低温防喷装置，在长庆油田国家级二氧化碳驱试验区块气体示踪剂注入井投产应用。12月，中国石油集团测井公司在浙江油田YS108H11-3井首次应用水平井分布式光纤产液剖面测井技术施工，该技术在低渗透和稠油油藏环保注气井注产剖面测井中得到推广应用。2018年，中国石油集团测井公司推行清洁生产，应用光纤动态监测技术，为智慧油田提供多方位监测手段。2020年5—7月，中国石油集团测井公司在吉林油田木147和木152注产同测试验区，根据地层孔隙度及孔喉直径特征，优化 In^{113}（铟）同位素载体，根据动态监测方案，在区域油水井注产关系未发生变化条件下，采集注入剖面、产出剖面、井间示踪和剩余油饱和度动态测井资料，完成注产剖面测井68口，两个试验区块累计增油1002.29吨，产能自然递减率同比下降8.4%，助力吉林油田稳油增产。同年，中国石油集团测井公司应用连续油管作业机和套管外光纤定位MOT测井系统，为新疆油田建设智慧油田提供多方位监测手段。2021年

2017年11月9日，中国石油集团测井公司在长庆油田完成国内首口超低渗透油藏二氧化碳驱动态监测测井

12月，中国石油集团测井公司在辽河油田通过布设太阳能供电远传分布式光纤长效监测系统，进行裸光纤测井在线监测和无线远传，完成长达17天分布式光纤长效监测，取得合格温度资料，推动光纤测井数字化与智能化发展，为辽河油田建设区块长效智能化监测网络提供技术支撑。

（二）工程测井

2000年，大庆油田测试技术服务分公司应用自主研发直径46毫米小直径井壁超声成像测井仪为大庆油田服务，提高了在套管损坏严重井段、油套管和小井眼的通过性能，为特殊井取证和报废井决策提供依据。2001年，大庆油田测试技术服务分公司从美国Sondex公司引进40臂井径成像测井仪MIT投入应用，在消化吸收引进技术基础上，自主研发制造的16臂、20臂、36臂和40臂等多传感器井径仪成为大庆油田套管状况检测的主要手段。2002年，大庆油田测试技术服务分公司在方位井径仪基础上自主研发方位—井壁超声成像测井仪投入现场应用，直观形象的指示套管损坏和变形方位，为油田分析判断套管损坏机理、采取有效的防护措施、较好地预防套管损坏提供技术支持。2008年，中国石油集团测井公司应用40臂井径测井仪和电磁探伤测井仪组合在华北油田苏55-4井完成套管检测作业，实现套损检测一串测井，作业时效提高50%。2011—2017年，中国石油集团测井公司应用小井眼变密度组合下井仪、40臂井径测井仪、电磁探伤测井仪、六扇区水泥胶结测井仪SBT、八扇区水泥胶结测井仪RIB、方位声波测井仪AABT及超声成像测井仪UIT等提供完整的工程测井和井筒完整性检测服务。2013年，西部钻探测井公司在吸取俄罗斯MAKII-SGDT仪器和扇区水泥胶结仪器基础上自主研发RCB/RCD固井质量综合评价系统，实现扇区声波—扇区水泥密度成像组合测井。2016—2018年，中国石油集团测井公司开展井筒检测仪器一串测兼容性改造，开展多臂井径、磁测厚、扇区水泥胶结与噪声测井仪组合测井，在西南油气田首次应用八扇区水泥胶结与多臂井径成像组合完成威202H16-5井测井作业，比单测节约时间30%以上，通过组合生产测井技术提高作业时效，得到各油田公司欢迎。2019年5月16日，中国石油集团测井公司采用水力泵送工艺完成新疆油田玛湖地区MAHW11005井40臂井径成像测井作业，检查套管变形状况，为后续优化桥射联作施工提供技术支持。

（三）剩余油饱和度测井

2000年底，大庆油田测试技术服务分公司应用引进哈里伯顿公司EXCELL-2000数控成像测井地面仪，配套RMT和SpFL等19种井下仪，形成注产剖面、井筒完整性和剩余油评价综合测井能力。2002—2005年，在大庆、新疆、吉林和胜利等油田服务1500余井次。2004年，中国石油集团测井公司应用引进的脉冲中子—中子测井仪PNN，开展剩余油饱和度成像测井。2006年，中国石油集团测井公司购置俄罗斯过套管电阻率

ECOS 测井仪投入应用，并在消化吸收基础上实现国产化。2010 年，中国石油集团测井公司引进俄罗斯宽能域中子伽马能谱测井和氯能谱测井等技术投入应用，剩余油饱和度测井技术快速发展，在华北和辽河油田应用效果良好。2013 年，中国石油集团测井公司首次使用脉冲中子全谱测井 PSSL 技术在华北采油三厂路 27–15XN 等 8 口井开展测井，在华北油田新近系中浅层油水层识别和剩余油挖潜取得较好应用效果；在华北油田路 3 断块推广应用热中子成像测井 TNIS 技术 52 井次，华北油田在沙河街组中高矿化度地层采取稳油控水措施成功率 82.5%，应用效果良好。

第七节　优化提升射孔工艺技术释放油气田产能

1998—2021 年，中国石油工业处于高质量发展时期，射孔技术成功实现从打开油气通道到保护油气层以提高完井效果的转变。中国石油集团各测井公司坚持技术创新，针对非常规油气勘探开发热点和超深、超高温、超高压井射孔难点，研发桥射联作、三超井射孔、定向射孔、复合增效射孔等技术，为油气田的油气增效、致密油气的开发及储层改造提供技术支撑。在此期间，除中国石油集团各测井公司之外，还有部分油田的试采公司或测试公司开展射孔服务。

一、油管联作工艺技术成功缩短试油时间

20 世纪 90 年代，油管传输射孔与测试联作工艺因集负压射孔技术、地层测试技术为一体，减少了洗压井和起下作业次数，保护油气层，实现高效施工，在全国各油田得到普通推广应用。20 世纪末，中国石油集团各测井单位通过发展完善，形成超正压射孔与酸化压裂、加砂压裂和测试等多种联作工艺技术，在改善产层的流动通道，提高完井效果方面发挥积极作用。

1998 年，四川石油管理局测井公司在四川秋 17 井实现国内首次应用超正射孔工艺技术作业。2000 年，川东地区沙坪场气田天东 93 井、天东 88 井采用超正压射孔与酸化压裂联作技术，与周围同产层且储层参数相当的天东 84 井、天东 92 井比较，产量明显提高。随后，超正压射孔与酸化联作在川渝地区作业 200 余井次，在碳酸盐岩储层应用取得较好效果。2002 年，在四川油气区域发展超正压射孔与酸化、与加砂压裂、与测试的联作技术，形成超正压射孔—酸化—封隔器完井测试技术及油管带压射孔技术等，该联作工艺首次在川东北地区罗家寨气田罗家 7 井的飞仙关高含硫气藏采用，获日产 44.96

万立方米的高产气流。2005年，中国石油集团测井公司应用油管输送射孔与地层测试联合作业工艺，完成青海油田跃3323井施工任务，实现测试管柱一次下井同时完成射孔和测试两项作业，并且能够实现负压射孔，避免压井液对油层再次污染，获得真实地层产能。同年，完成长庆油田和1井油管传输负压射孔+地层测试+水力泵排液三联作施工试验。2006年，为解决单封隔器结构常规射孔工艺局限性，引进应用双封隔器结构跨隔射孔工艺，在吐哈盆地红台17井完成测射联作施工。2007年，中国石油集团测井公司在油管输送射孔施工中全部采用压力起爆方式，作业一次成功率99%以上，并完成长庆油田陇东区块最深井镇探2井（井深5298米）油管传输环空加压射孔作业。同年，使用增压装置在长庆油田元中平4井完成水平井油管传输射孔作业，增加射孔可靠性，提高射孔完井安全性。2008年，在长庆油田柳139-07井应用多级投棒起爆技术，一次投棒完成两层（夹层52米）射孔施工，解决长庆油田长度10~100米多夹层段射孔作业难题，该工艺解决无法压力起爆的长跨度、多层段油管传输射孔难题，可节省夹层枪，降低射孔施工成本。2013年，在青海油田跃更234井运用多级投棒射孔器，完成射孔作业，作业一次成功率100%。2018年，利用一趟管柱分层分时射孔测试联作工艺，完成大港油田歧北101X1井射孔任务。满足甲方利用一趟管柱将两层射孔器及试油测试工具一次下井，分别对2个目的层进行射孔测试的要求，实现试油与测试结合，缩短试油周期，节省作业成本，降低井控风险。2019年，采用自主研发同层啮合射孔工艺，完成大港油田港6-41井射孔施工，通过"移位换相"装置，管柱上部射孔器再次对同一目的层进行相位啮合重复射孔，实现深穿透和高孔密泄流面积，满足甲方一趟管柱完成两次射孔作业需求。2020年，应用多级增压射孔工艺，完成中国海油湛江油田WZ11-1N-A6S1井单层夹层段733米超长跨度射孔任务，该井使用13套增压装置，创多级增压射孔工艺应用新纪录。

截至2021年底，中国石油集团测井公司形成投棒、多级投棒、压力和压差4种起爆方式并能与测试、压裂和酸化多种试油工艺联合作业的油管传输射孔工艺技术系列，具备能满足不同井况、不同地质和工程需求的油管传输射孔作业能力。

二、增效复合射孔技术应用取得新进展

20世纪80年代初，中国开始增效复合射孔技术研究，到20世纪90年代在一些油田得到应用。21世纪初，随着对其造缝机理的深入认识，凭借先进的数据记录和处理手段，一定程度上解决了复合射孔的安全性、可评性等难题。通过引进燃气式超正压射孔工艺，发展成内置式、外包裹式、悬挂式、后效体4种增效复合射孔工艺技术，能够依据井况和工程地质需求，为油田有针对性提供增效复合射孔服务，成为油田勘探开发普遍使用的

一种完井方式。在大庆、新疆、青海、长庆和川渝等油田区域取得较好的应用效果。

2005年，中国石油集团测井公司引进燃气式超正压射孔技术，在吐哈油田全面推广应用，满足吐哈低渗透油田对单井增产需求。2007年，针对青海油田低渗透油层较多，中国石油集团测井公司开始采用双复式射孔器在青海油田跃II53-5井射孔作业，取得单井日产量比原产量高2吨的佳绩，有效解决单井产量低问题。

2009—2017年，中国石油集团各测井公司相继开展增效复合射孔工艺技术推广应用。期间，长城钻探测井公司超高温复合射孔技术实现突破，完成小井眼深穿透复合射孔应用112口井，首次在兴古7-10井使用耐温180℃超高温复合火药，射孔一次成功。渤海钻探测井公司完善配套178型多级脉冲聚能射孔技术，凭借该技术扩大中国海油渤海市场，在国内海上首次采用大直径多级脉冲射孔技术，成功进入油区探井领域。川庆钻探测井公司形成一套满足于不同地质条件、集安全施工设计和作业效果评价为一体的可控气体压裂复合射孔技术，在川渝地区、塔里木油田、青海油田、晁乐湖田等进行了推广应用。2013年，中国石油集团测井公司应用UDP后效体增效射孔技术，完成塔里木油田桑塔1-4井射孔作业，该技术使射孔弹起爆产生云雾爆轰，且能量利用率高，通过孔道内压力释放到井筒而产生负压冲刷，达到清洁孔道效果，实现油气井增产。2015年，在长庆油田池312-325和新411井依次完成高能气体射孔技术现场试验，全年应用48井次。2019年，中国石油集团测井公司在冀东油田高64-30井完成StimGun复合射孔作业，射厚19.6米，为冀东油田近5年来单井复合射孔射厚最长纪录。

三、桥塞坐封工艺技术提升发展

为提升作业的安全性，中国石油集团测井公司开展桥塞坐封无火药化应用研究，由最初用地面点火引爆推动桥塞坐封发展成液压和电动液压驱动实现坐封。2007年，在长庆油田苏14-8-27井成功完成带压油管桥塞施工，桥塞坐封位置3460米。同年，中国石油集团测井公司使用国产可溶球座代替复合桥塞陆续完成长庆油田木平135-39井、木平135-38井和木平115-38井等3口井100簇37段桥射联作施工任务，2019年，在长庆油田固平23-271井完成国内首次EST电动液压坐封工具桥射联作现场作业。2021年，中国石油集团测井公司天津分公司应用76型小井眼电控液压坐封工具，完成苏25区块2口井4段桥射联作拉链式施工，8月，采用小直径可溶桥塞成功完成吉林油田首口侧钻井吉侧+18-8井桥射联作施工，该井套管内径为82.25毫米，属于非标准尺寸套管，本次成功应用桥射联作工艺在国内油田尚属首次。液压和电动液压方式驱动实现坐封丢手工艺，解决了在复杂井和井筒异常水平井中无法采用电缆输送坐桥塞的问题，降低民爆物品的管理风险。金属可溶性桥塞规模应用实现压裂完成后无需钻磨，保证井筒全通径，有效避免井筒干预作业带来的施工风险，节省作业时间，提高生产效率。

四、超高温超高压超深井射孔技术获得重大突破

针对塔里木盆地这一中国最大的深埋油气富集区，埋深超过6000米的石油和天然气资源分别占全国的83.2%和63.9%，油藏具有埋藏深度深、地层压力高、地层温度高的特点。2010年以后，中国石油集团加大塔里木盆地油田深层油气的开发力度，而常规射孔器材和射孔技术难以满足日益严苛的高温、高压需求。在此期间，四川、大港、新疆等测井公司相继开展超高温超高压射孔器材及配套技术研究，形成超高温超高压射孔器材和施工工艺，超高温超高压射孔技术在塔里木油田、青海油田、西南油气田广泛应用。2011年，川庆钻探测井公司使用研制出的耐温200℃/100小时、承压175兆帕超高温超高压射孔器材及配套工艺技术，在四川油田元坝21井成功应用，后又在塔里木油田KS205井，井深7220米、井温170℃、施工压力166兆帕的条件下，完成超高压压力开孔起爆。在克深区块成功应用20井次（89型16井次，121型4井次），射孔弹发射率100%，在塔里木库车山前区块替代国外同类射孔工艺技术。2018年，川庆钻探测井公司研制出175兆帕/210℃，形成73型、86型、89型、121型超高温超高压射孔器系列，在川渝、青海等地区广泛应用。其中在青海油田昆2井施工，创造柴达木盆地施工井深7015米、温度194.4℃和压力148兆帕3项之最。为解决塔里木油田克深9区块、克深13区块等近8000米油气井射孔需求，川庆钻探测井公司研究形成最高工作温度210℃、最大工作压力210兆帕的89型射孔器材。2019—2020年，在博孜9井、克深21井、克深134井等50口井成功完成射孔施工作业，并在井深8882米的轮探1井完成射孔井段8737~8750米射孔作业施工，创下亚洲陆上射孔作业井深最深、射孔井段最深纪录。

五、定向射孔工艺技术快速发展

为解决油气层常规射孔孔眼有效率低和压裂弯曲摩阻大的问题，通过控制孔眼朝向，使射孔弹只沿确定方位发射而产生定向射孔技术。中国石油集团测井公司在水平井射孔中应用重力偏心定向射孔器作业，减少地层出砂量。2007年，中国石油集团测井公司在长庆油田元中平6井油管传输射孔中开始应用不同相位内置式配重块结构89型水平井自定向射孔器，满足井眼在储层位置对射孔角度要求，延缓底水过早淹没储层和延长生产井采油周期。2011年，开始在各服务油田压裂井推广应用定方位射孔技术，实现最大主应力方向射孔，降低地层破裂压力和地面施工压力，提高压裂效果。8月，应用电缆定方位射孔技术在长庆油田宁98井完成139.7毫米套管内2个层段射孔任务；10月，采用

油管传输方式在长庆油田元 291-49 井完成 4 个层段和跨度 28 米定方位射孔施工。2012年，应用电缆动力旋转 PSJ 定方位技术，一次下井完成长庆油田陇东区块谷 39-98 井射孔作业，至此，中国石油集团测井公司形成电缆输送、油管输送、动力旋转及重力偏心4 种定向射孔工艺技术。2016 年，随着非常规油气勘探开发的发展，中国石油集团测井公司开始在分簇射孔技术基础上，优化射孔方向，形成优势压裂面，提升压裂效果，当年，华北事业部在吉林油田应用该技术 2 井次，效果良好。2018 年，辽河分公司采用定向加常规分簇射孔方式完成川渝页岩气区块威 202H7-2 井桥射联作任务；应用电缆定向射孔工艺完成吉林油田红 87-17-11 井射孔作业。2021 年，西南分公司应用爬行器输送定向枪在浙江油田 YS137H1-2 井完成避光纤定向射孔，实现油田实时监测射孔井压力温度目标。截至 2021 年底，中国石油集团测井公司定向射孔工艺技术在桥射联作中广泛应用。

六、射孔与桥塞联作技术助力非常规油气开发

中国石油集团测井公司桥射联作技术源于多级点火技术，实现一次下井完成射孔与电缆桥塞坐封作业，满足非常规油气井分段压裂需求，提高试油时效。2011—2013 年，中国石油集团测井公司应用德国 DYNA 公司多级点火技术、Magnum 投球式封堵复合桥塞及 Baker 系列坐封工具等引进工艺技术，开展桥射联作。2012 年 6 月，开始在长庆油田陇东油区山 154-44 井完成电缆分级点火射孔作业，一次下井成功率和分级点火成功率均为 100%。7 月，在长庆油田元 285-98 井完成桥塞—射孔联作施工。2013 年，在长庆油田安平 59 井完成首口水力泵送桥塞—射孔联作 7 段桥塞封堵和 38 簇多级射孔施工任务，一次下井成功率、分级点火成功率、桥塞座封成功率和投球压裂成功率均为 100%。2014 年，中国石油集团测井公司实现多级点火技术、复合桥塞及坐封工具等桥射联作核心技术和关键设备国产化；4 月，使用国产化技术完成长庆油田合平 6 井 11 段 44 簇和合平 5 井 7 段 42 簇桥射联作任务，国产桥射联作技术开始推广应用。2018 年，开始应用等孔径极限射孔技术完成长庆油田页岩油华 H11-3 井 10 簇 / 段射孔作业，保障油田加密切割压裂需求；9 月，开始应用爬行器输送射孔工艺完成西南油气田威 204H42-4 井首段射孔施工，增加页岩气水平井首段射孔输送工艺选择。2019 年，在西南油气田宁209H24 平台，应用不倒防喷管工艺，每次换装管串节约 30 分钟。2019—2020 年，利用引进 FHE Riglock 插拔式井口快速连接装置，在西南油气田威 204H66 平台投入应用，井口安装拆卸操作实现机械化，时效提高 50%。这一时期，中国石油集团测井公司开展远程液控插拔式井口快速连接装置的国产化研制与应用，在长庆油田页岩油示范区华H41-2 井现场首次应用国产化远程快速插拔井口连接器施工 45 段，远程对接和远程锁紧

成功率100%，单层节约25分钟，实现人员远离高压区、减少登高次数和工厂化无缝连接作业。2020年，中国石油集团测井公司利用自主研制插拔式井口装置在滇黔北昭通国家级示范区阳102H33平台成功完成30段桥射联作施工，国产化装置通过投产验收；11月8日，采用连续油管隔板定向射孔工艺，完成四川页岩气宁209H7-2井射孔任务。12月，利用单接头模块化桥射联作射孔器完成大港油田官页5-3-1L井射孔任务，该射孔器将单接头与模块枪合二为一，单段提效40%，劳动强度降低40%，满足单段多簇射孔要求。

截至2021年底，中国石油集团测井公司形成桥射联作2.0工艺，包括模块化射孔器、插拔式井口装置、一次性桥塞坐封工具、不倒防喷管工艺、全井筒电缆高速起下技术和等孔径射孔技术，有爬行器牵引、连续油管和穿电缆连续油管3种桥射联作首段桥射联作输送方式，有选发开关、隔板延时和智能点火（地面写程序，下井后通过温度压力唤醒，锂电池供电点火）3种起爆联方式，满足各类复杂井况作业要求，实现桥射联作保压裂工作目标。

第八节 打造精细评价体系助力油气田增储上产

中国石油集团各测井公司通过开展快速解释、精细评价和综合研究3个层次解释评价工作，形成常规及非常规油气解释评价技术系列。随着测井采集信息及测井数字处理技术的不断发展，测井解释评价技术逐渐由单井解释转为多井解释及区域评价，随着成像测井技术的推广和深化应用，复杂地质条件油气藏、非常规油气藏解释评价技术日趋发展完善，为油气藏描述、地质工程一体化研究提供了丰富的资料，为油气田勘探新领域、新层位的发现和提高单井产能等方面作出巨大贡献。

一、创新解释理念提升综合评价能力

1998—2002年，成像测井资料普遍应用于我国各油气区风险探井和重点井中，中国石油集团各测井单位应用核磁共振测井资料分析储层孔隙度结构、计算束缚水饱和度、评价储层流体性质，解决了低孔隙度、低渗透率油气层、稠油层、低电阻率油气层等储层评价问题；结合地质成因特征，建立成像测井裂缝解释模式，开展裂缝解释方法、地层各向异性和岩石力学参数评价等研究，为解决油气田地质、工程问题提供技术支撑。

2003—2006年，中国石油集团各测井公司强化理论与实验相结合，丰富评价手段，

以提高资料优质率和解释符合率为重点，通过求准储层参数、规范测井解释流程、分区域分类型建立和完善油气水层解释标准，在重点区域开展理论和实验研究，将储层参数和油藏地质相结合，解决不断出现的复杂油气层评价等实际问题。

2007—2009 年，中国石油集团测井公司以发现油气层和储量产量增长为目标，创新发展解释技术，建立适用于各种测井系列的解释标准体系，应用核磁共振和阵列声波资料，提高孔隙度、渗透率计算和裂缝有效性评价精度，有效提高发现识别油气层能力和水平；推广数字岩心和统一软件，坚持采集、实验和解释一体化，深化油气层认识，发挥测井识别油气层"眼睛"的作用。在鄂尔多斯盆地华庆白豹地区、陇东塔儿湾地区、冀中坳陷南部孙虎潜山构造带、吐哈盆地北部山前带、三塘湖盆地马郎凹陷下组合、柴西昆北断阶带切 12 号构造、酒东营尔凹陷长沙岭构造和冀东油田南堡 4 号构造等勘探重大发现中发挥测井应有作用。

2010—2017 年，中国石油集团各测井公司为解决油气田地质难题，加强测井数据库系统建设和测井系列设计优化研究，加强测井、岩心分析、试油等资料的管理与应用，开展产能预测方法研究，形成了泥质砂岩、碳酸盐岩储层油气含量计算方法；围绕复杂岩性、致密岩性、煤层气、页岩气等开展测井综合评价，有效提高测井资料评价准确率和解释时效，测井解释从常规向非常规油气藏评价迈进。

2018—2020 年，中国石油集团测井公司创新测井评价方法，强化岩心刻度测井提高解释精度，完善"一量三谱"测井解释技术，建立"一量四谱"评价体系。针对勘探开发面临的复杂岩性油气藏难题，应用"测井+岩心""测井+录井"预测油气层产能，应用"测井+地震"资料描述油藏，"测井+试油"预测非均质地层产能，"随钻测井+旋转地质导向"控制钻头轨迹，"测井+测试"描述剩余油分布。建立油气储量与电阻率谱、声波谱、孔隙结构谱和矿物组分谱"一量四谱"关系，通过"四谱"计算井旁油气储量；开展非常规油气层岩性、含油性、物性、电性、烃源岩特性、脆性和地应力各向异性为内容的"七性关系"研究，实现烃源岩品质评价、储层品质评价和工程品质评价，以预测产能为标准选择"甜点"，为射孔设计、水平井井眼轨迹设计和压裂层段优选提供建议方案；建立具有 7 大数据库的测井大数据平台，打通与梦想云平台的数据通道；用套后阵列声波预测压裂缝延伸高度，开展压裂效果评价工作，形成的双探头相关流量评价、井筒完整性评价和"剩余油饱和度测井+分采"监测治理一体化等技术系列，为油藏综合治理服务，实现增产增效目标，支撑各油田的测井解释评价工作。2021 年，中国石油集团测井公司强化快速解释、精细评价和综合研究工作；建立重点探井测井专家支持系统和井筒质量云服务等应用，开展油气田老区测井评价挖潜工作；创新页岩含油性评价等特色评价技术，助力大庆古龙页岩油、准噶尔南缘与川中太和气区等国内重点领域勘探突破，从技术层面上支撑了鄂尔多斯盆地庆城油田页岩油累计探明石油地质储量10.52亿吨，成为21世纪以来我国油气勘探领域标志性成果之一。

二、裸眼井精细评价特色技术保障高效勘探开发

（一）复杂碎屑岩储层解释

1998—2002年，中国石油集团各测井单位针对不同油田碎屑岩特点强化理论与实验相结合，优化解释参数，提高储层参数计算精度，完善各区块各层位油气水层解释标准，丰富评价手段，推广成像测井资料处理解释新技术，解释工作量大幅增长，解释符合率稳步提高。

2003—2005年，中国石油集团测井公司以求准储层参数为主要目标，建立以流动单元计算储层渗透率、可变饱和度指数m值计算含油饱和度方法；利用双电法联测、曲线微差识别、阵列感应识别油水层、视地层水电阻率等油水解释图版及分类产能预测评价技术，为华北油田冀中大王庄构造带、淀南构造带及吐哈油田鲁克沁构造带等含油区块的连片和扩大作出突出贡献。

2007—2010年，大庆钻探测井公司针对复杂火山碎屑岩储层开展研究工作，在海拉尔盆地贝尔凹陷、乌尔逊凹陷乌南地区，分岩性、分层位确定骨架参数，建立常规、核磁孔隙度参数计算模型，建立饱和度模型方程，利用支持向量机方法和核磁测井建立流体性质识别方法及不同物源方向油水层识别图版，应用核磁孔隙结构参数构建综合评价指数，建立储层分类标准，应用核磁孔隙度多元回归方法求储层产能，为区域储量上交及勘探开发作出贡献。

2010—2012年，中国石油集团测井公司开展数字岩心实验，提供孔隙度、渗透率分析数据，实现微观孔隙结构认识储层物性及产能。2013—2017年，中国石油集团各测井单位，开展多井对比研究，确定区域含油气层系储层孔隙度、渗透率等精细计算方法，完善饱和度计算模型，提高复杂油气藏测井解释精度；结合区域地质构造特征，开展地层水、油气层展布规律研究，实现测井—油藏的区块综合评价；开展核磁共振测井响应特征研究，利用核磁、阵列感应联合计算地层油气含量，预测致密油气产能，形成测井—地质—油藏相结合的复杂碎屑岩油水层精准评价技术，在华北油田冀中、二连地区、大庆油田长垣以西区块、大港油田歧南低斜坡歧122-11西断鼻等复杂碎屑岩储层评价中取得良好地质应用效果。

2018—2021年，中国石油集团测井公司准确识别粗砂岩和砂质砾岩岩性，建立"贫泥"砂砾岩储层测井相及图库，完善阵列感应径向侵入特征、核磁共振测井孔隙结构及阵列感应—侧向联测等技术，深化微电阻率成像视地层水电阻率谱、核磁共振谱和远探

测声波井旁裂缝处理评价技术研究，提高解释符合率和产能预测准确率，为华北油田矿区流转区块巴彦河套盆地吉兰泰、兴隆、磴口及沙布构造带等含油区带勘探开发及康探1井、高探1井、切探2井、唐东12X1井等油气井获得高产作出突出贡献。

（二）低渗透—超低渗透率储层解释

1998—2002年，长庆测井建立低渗透—超低渗透率储层孔隙度、渗透率及饱和度计算模型。2003年，中国石油集团测井公司在二连油田用流体声阻抗和纵波等效弹性模量判断油气层，建立油气层判别标准和压裂后试油产能预测方程。

2005—2007年，中国石油集团测井公司、吉林测井公司等单位利用核磁共振测井资料开展储层孔隙微观结构、储层分类及储层有效性评价，形成核磁共振测井定量评价储层品质法、径向电阻率比值法、视电阻率增大法、阵列感应电阻率差异法及比值法等低渗透—超低渗透率储层油水层识别方法，准确识别长庆油田鄂尔多斯盆地胡148井区长9井、峰2井、高52井等一批高产油层，为姬塬油田、安塞油田延长组找到新含油层系作出贡献。

2008—2011年，中国石油集团测井公司、长城钻探测井公司、渤海钻探测井公司等单位，建立基于阵列感应低阻环带及流体特性指数、电阻率径向变化模式等识别方法，形成超低渗透率碎屑岩储层压裂后测井产能预测技术，解决储层及工程测井评价难题。

2012—2016年，中国石油集团测井公司在长庆油田建立基于储层流动单元的水淹解释模型和标准，在鄂尔多斯盆地多个区域应用，水淹层解释符合率85%以上。2019—2021年，开展常规资料+成像资料综合应用，地质+测井+工程综合评价，准确评价储层物性、含油性和工程品质，助力鄂尔多斯盆地盐池西北部复杂构造区、平凉甩开勘探和青石峁—高沙窝致密砂岩油气勘探获得新突破。

（三）致密砂岩气层解释

1998—2002年，长庆测井针对鄂尔多斯盆地上古生界致密砂岩岩性气藏建立岩屑砂岩和石英砂岩识别方法及解释模型，在致密砂岩气水识别中发挥重要作用，测井解释符合率大幅度提高。

2006—2010年，针对国内天然气藏类型多、储层复杂的特点，中国石油集团测井公司形成深侧向电阻率与自然伽马交会区分致密砂岩岩相技术，阵列感应—双侧向联测等流体性质识别方法，提出"微相+非均质性+厚度""三因素综合评价法"评价思路，并建立产能预测模型，在长庆、吐哈等油田应用，为扩大吐哈油田柯柯亚地区侏罗系地层含油气范围，落实该地区储量规模提供了重要依据。2011—2015年，研究致密砂岩气层裂缝发育规律，分析裂缝与产能关系，建立纵横向储层对比、气层挖掘效应、阵列声波测井识别气层，感应—侧向联测双饱和度、密度与核磁共振双孔隙度包络面积、核磁可动水分析和泊松比—体积压缩系数交会法等气水层识别方法，解决致密砂岩气藏气水层识别难题，解释了长庆油田神 52 井等一大批高产工业气流井，鄂尔多斯盆地上古生界含气面积不断扩大，并在苏里格气田南区、子洲—清涧地区南部找到了新的含气富集区。

2016—2017 年，中国石油集团测井公司、川庆钻探测井公司等开展致密砂岩核磁共振测井研究，形成一维、二维核磁共振解谱，岩石物理参数计算，变 T_2 截止值处理和孔隙结构评价等技术，为准确计算储层孔隙度、渗透率，分析孔隙结构，识别流体类型提供技术手段。该技术为川中沙溪庙组多口井日产无阻流量超 200 万立方米的发现作出贡献。

2018—2021 年，中国石油集团测井公司按照"地质工程一体化"原则，建立多矿物定量计算模型及粒度识别图版，2D 岩石力学参数计算方法和动静态转换模型，优选黄氏应力计算模型，提高地层三轴应力和破裂压力计算精度，为西南油气田川中沙溪庙组秋林 16 井、永浅 3 井获特高产气流发挥重要作用。明确储层产液性质与构造、物性及裂缝发育关系，利用能谱测井资料建立岩石组分定量评价技术和变骨架孔隙度计算方法，精细评价岩性，识别低阻气层，为长庆油田致密气藏储量评价、开发层系优选、压裂优化设计及鄂尔多斯盆地浅层天然气初步落实储量 450 亿立方米作出贡献。

（四）低电阻率、低对比度储层解释

2003—2007 年，长庆、吐哈、青海、吉林等测井单位，开展低电阻率、低对比度油气层成因机理研究，形成以孔隙度—电阻率交会图、双电阻率比值法、核磁共振测井差谱法等测井解释方法。为长庆油田鄂尔多斯盆地镇北、青海油田柴达木盆地涩北气田和吐哈盆地红南、连木沁等地区低阻、低对比度油气层评价提供支撑。

2008—2012 年，中国石油集团测井公司依据阵列感应电阻率径向变化特征和对薄层分辨能力较强、含油饱和度计算更准确的优势，形成阵列感应侵入因子法，在低阻、低对比度油层解释中显示出明显的优势；建立自然电位比值法、时间推移法等油水层识别方法，解决长庆油田环江区块延安组、吐哈油田玉果构造带低电阻率油层判识困难问题。

2013—2017 年，建立相渗等效产水率含油饱和度下限法，形成基于数字岩心的可变岩电参数计算含油饱和度技术和二维核磁图谱流体识别定量解释标准，创建核磁共振移谱积分面积差流体识别技术，实现核磁共振移谱流体判识方法从定性到定量的突破，长庆事业部、吐哈事业部低电阻率、低对比度储层解释符合率大幅提高。

2019—2021 年，中国石油集团测井公司根据低对比度油气层成因类型开展评价技术研究，形成视地层水电阻率法、孔隙度重叠法、体积差值法等复杂岩性、复杂孔隙结构、复杂水性和钻井液侵入低对比度油气层评价技术，为大港油田港 2-62-4 井、新疆油田前哨 4 井，以及大庆、长庆、华北等油田低电阻率、低对比度油气层的发现发挥重要作用。

（五）碳酸盐岩储层解释

1998—2004 年，大港、华北、四川、长庆等测井单位开展基于电成像测井资料的裂缝、孔洞的识别方法研究，形成碳酸盐岩储层裂缝发育情况、裂缝产状、储集类型识别技术，助力大港油田千米桥、华北油田任丘北奥陶系潜山等碳酸盐岩储层高效勘探开发。

2005—2009 年，中国石油集团各测井公司开展碳酸盐岩测井系列优选研究，形成纵横波速度比值法、孔隙度谱与视地层水电阻率谱法等气层识别方法。川庆钻探测井公司成功解释四川盆地龙岗 1 井长兴组、飞仙关组高产气层，为川北地区龙岗礁滩气藏勘探获重大发现发挥作用。中国石油集团测井公司华北事业部应用常规资料及阵列声波岩石力学参数判别评价华北油田潜山内幕 5 个层组盖层和隔层有效性，为肃宁和孙虎潜山找到新的含油气富集区作出贡献。

2010—2016 年，中国石油集团测井公司、川庆钻探测井公司等完善微电阻率成像测井资料裂缝与孔洞识别技术，形成完善的阵列声波测井各向异性判断储层有效性和流体性质方法，建立了新的碳酸盐岩储层产能分级标准和产能预测模型，助力长庆油田鄂尔多斯盆地奥陶系马家沟组中下组合天然气勘探找到含气新层位，西南油气田川中古隆起安岳气田震旦系灯影组气藏和寒武系龙王庙组气藏及华北油田冀中牛东潜山获得勘探新发现。

2018—2021 年，中国石油集团测井公司形成侧向＋阵列感应＋微电阻率成像＋阵列声波的碳酸盐岩测井系列，利用微电阻率成像缝洞图像分割技术、电导率频谱分析技术，建立裂缝参数、含水饱和度计算模型，评价储层有效性并形成碳酸盐岩油气层识别技术。长庆分公司建立膏盐下碳酸盐岩地层岩性识别、裂缝参数定量计算模型，解决致密碳酸盐岩储层气水识别、有效性评价和产能评价难题，为鄂尔多斯盆地盐下马四天然气勘探突破提供技术支撑；华北分公司利用远探测声波测井识别远端裂缝技术，刻画井筒地层特征，形成强非均质性碳酸盐岩储层立体评价及压裂选层技术系列，在华北油田杨税务和孙虎潜山等取得良好效果，对安探 1X 井等 8 口井通过储层有效性评价及油水界面判断、压裂选层试油建议等工作，获高产油气流；西南分公司以碳酸盐岩缝洞精细解释评价技术创新为引领，激活四川盆地万亿立方米规模增储空间；塔里木分公司基于电阻率数值＋响应特征＋储层类型＋储层划分标准＋流体性质评价标准，综合评价重点探井满深 4 井油气层，为超深层白云岩储层勘探开发上产提供技术支持。

（六）火成岩油气解释

2002—2005 年，大庆测井公司针对东部深层营城组和沙河子组火山岩储层，利用常规测井、井周声波成像、交叉偶极阵列声波和核磁共振测井资料，进行岩性识别、储层参数计算、流体性质判别等综合解释评价，形成一套酸性火山岩测井评价技术，火山岩储层测井综合解释符合率90%以上，满足大庆油田松辽盆地深层勘探开发和储量上交技术需要。

2006—2009年，大庆测井公司建立中基性蚀变火山岩储层参数动态求取方法及饱和度计算模型，解决了低阻矿物充填孔隙程度及流体性质识别技术难题；中国石油集团测井公司在三塘湖盆地马朗凹陷石炭系火山岩储层，开发火山岩处理解释集成处理程序，建立火山岩岩性自动识别方法动态库，形成火山岩处理解释方法动态库；吉林测井公司建立以斯通利波流动指数为基础的渗透率计算模型和基于港湾效应的背景电导率校正饱和度模型，提高了流体性质识别准确度。2010—2015年，优选火山岩油藏水平井测井系列，测井与地震资料相结合，实现井眼轨迹准确归位，并确定井眼上下储层边界距离，研发对称、非对称水平井测井探测特性正演方法和软件，形成水平井油气层识别和储层划分定量评价方法，提高火山岩水平井测井解释符合率，试油及压裂层改造优选建议为大庆油田、吐哈油田火山岩油气藏勘探开发提供了技术保障。

2018—2021年，中国石油集团测井公司分岩性、储层物性及含油性定量评价模型，建立成像测井识别基岩结构构造模式图像，形成"成分+结构"的岩性识别方法，通过岩性、岩相划分，形成不同区域岩性剖面图和平面分布图，应用微电阻成像视地层水电阻率谱及其均值和方差识别气层方法，二维核磁和声波弹性参数等识别储层流体性质方法，形成储集层发育指数和物性变化指数识别有效储层的方法，利用三维感应提供水平电阻率和垂直电阻率，提供各向异性分析和流体类型识别解释成果。形成基于纵波频散度与频散均值、孔隙度与斯通利波能量的储层有效性评价方法，提供压裂层优选建议，为新疆油田车探1井、石西16井等石炭系油气层、西南油气田昌深1HC井、肇深32H井、隆深1HC井等8口深层井、辽河油田驾探1井、福山油田花东5-2X井等火成岩储层的发现及勘探突破提供技术支撑。

（七）变质岩油气解释

1998—2000年，辽河测井利用常规测井资料识别花岗岩、片麻岩等，根据电阻率值径向差异以及三孔隙度测井曲线判断裂缝发育井段，识别划分储层。2001—2005年，对变质岩储层优势岩性和裂缝定性识别、半定量计算，建立储层级别评价标准，宏观描述优势岩性区带展布情况，形成变质岩储层综合评价技术，综合评价兴马潜山带南部马古1井，试油获高产油气流，准确解释兴古7井太古界油层，为辽河油田发现潜山内幕油气藏作出贡献。2006—2010年，用成像系列测井资料识别、计算裂缝参数，评价储层有效性，形成变质岩储层测井岩性识别、精细评价及多井对比技术，解决岩性识别、储层划分、参数计算、地层产状及空间展布等问题，准确解释兴马潜山带兴古8井、兴隆台潜山带马古 12 井，为兴隆台潜山带规模储量上报提供重要依据。2011—2015 年，准确划分变质岩岩性，并确定优势岩性，开展储层参数及有效性评价，形成太古界潜山变质岩岩性识别、储层参数计算、井旁地层产状等测井配套技术，在曹台潜山带和茨榆坨潜山勘探开发井测井解释中综合应用，为该区域取得新发现和高效开发作出重要贡献。

2018 年，中国石油集团测井公司华北分公司研究河套盆地吉兰泰凹陷变质岩不同岩石类型测井响应特征，寻找岩性敏感参数，建立岩性识别图版及标准，评价裂缝孔洞发育情况，确定储集空间类型，划分储层级别并初步建立储层划分标准，根据测井解释成果和试油建议，在流转矿权后该区第一口变质岩井 JHZK2 井试油获得工业油流，为吉兰泰油田的发现及该区上交预测储量提供重要依据。2019—2021 年，在变质岩储层，利用聚类分析法划分吉华 1 区块 4 类 6 种岩性，建立有效孔隙度、裂缝孔隙度、裂缝定量参数、孔隙度谱、视地层水电阻率谱等计算模型，形成多参数融合的储层品质定量评价标准，确定储层品质区域分布规律，结合油水界面深度，对压裂层参数主控因素进行分析，开展储层品质、工程品质及压裂层优选平面综合研究，优选储层和压裂层试油建议，为吉华 1 井区变质岩油藏探明储量和巴彦油田建产作出重要贡献。

（八）页岩油气解释

2009 年，浙江油田在昭通开始页岩气勘探工作，随后页岩油气测井解释评价工作陆续开展。2012—2017 年，中国石油集团各测井单位利用测井资料，建立页岩油、页岩气"三品质"（烃原岩品质、储层品质、工程品质）计算参数，开展页岩油气测井定量评价与产能预测配套技术研究，形成"甜点"小层识别、储层综合品质评价和产能预测方法与标准，测井评价参数由"四性"上升到"七性"关系评价。在大港油田沧东凹陷孔二段页岩油、长庆油田鄂尔多斯盆地长 7 页岩油、浙江油田昭通页岩气、西南油气田长宁—威远海相页岩气、新疆油田准噶尔盆地二叠系页岩油、华北油田束鹿凹陷、吉林油田让字井地区油气评价中取得良好效果。

2018—2019 年，中国石油集团测井公司开展页岩气评价井、水平井处理解释流程研究，完善页岩气处理解释软件；研究高分辨率电阻率曲线提取技术，提高页岩油薄层识别能力和储层含油饱和度计算精度；利用核磁共振测井形成页岩油赋存状态定量表征技术，建立基于动态力学参数、矿物成分含量指数计算方法；对水平井声波时差和电阻率曲线进行各向异性校正，提高储层参数计算精度，为压裂优选层段提供依据；处理解释远探测阵列声波内层界面横向变化及裂缝延伸发育情况，形成水平井远探测声波处理解释技术，在大港油田官东、大庆油田古龙、西南油气田宁 216 井区、威 208 井、泸 203 井等新区块应用，满足勘探开发技术需求。2020—2021 年，建立测井综合品质因子、物性指数计算及产能预测模型，开展页岩油气储层岩石力学计算方法、储层沉积特征、分布规律研究，完善可压性测井评价方法，为页岩油气纵向上"甜点"和平面上含油气有利区的优选提供保证。在长庆油田陇东、西南油气田长宁—威远、大庆油田古龙、大港油田黄骅坳陷、吉林油田中央坳陷区大情字井构造、浙江油田昭通页岩气示范区等区域应用，为页岩油气勘探开发作出重要贡献。

（九）煤层气测井解释评价应用

1998—2002年，国内煤层气勘探起步阶段，华北测井公司确立煤层"三高三低"（高声波时差、高补偿中子值、中高电阻率值，低自然伽马值、低体积密度值、低光电吸收截面）测井特征及识别煤层方法，形成煤层水分、灰分、固定碳、镜质体反射率和含气量测井解释方法，实现煤储层参数测井半定量—定量评价，编制形成煤层气测井处理程序CXL，初步形成煤层气测井评价技术。

2003—2008年，中国石油集团测井公司华北事业部丰富和完善煤层气解释模型，分析煤层机械特性参数变化规律，煤层气测井处理程序CXL增加煤层顶底板封盖性、煤层机械特性和煤层压裂模拟设计等模块，分析煤层顶板底板裂缝、沉积构造、岩性识别及煤层结构，计算评价煤层及顶底板层岩石机械特性，进行井眼稳定性分析和煤层压裂模拟设计，预测煤层压裂裂缝高度，在山西沁水盆地郑庄、樊庄等5个区块推广应用。

2009—2010年，中国石油集团测井公司利用测井资料分析煤层特性、含水层特征及顶底板分析解释成果，形成煤层气测井精细评价技术，初步形成中国石油天然气行业标准《煤层气测井解释规范》。2011—2012年，中国石油集团测井公司华北事业部首次形成原生、碎裂、碎粒和糜棱煤体结构成像测井特征识别方法。根据解释结果，YSL1井压裂后裂缝高度为17.1米，排采37天后见气，日产气量1500立方米。2012—2017年，在晋城、长治、韩城和保德等18个地区开展煤层含水量评价、含气量计算及渗透率评价等工作，探索煤层产水量及顶底板砂岩产水量预测方法，建立煤岩结构含气量计算模型和煤层产水量预测模型，实现利用煤层气井产出剖面解释模型对气体流量测井资料进行定量解释，计算产气量与井口产气量相对误差低于10%，形成基于物质平衡理论产能预测技术和有利区预测技术。在产气吉2-05井等8口井中，进行煤层气井累积式气体流量测井资料定量解释，计算的产气量与井口产气量相对误差低于10%。

2018—2021年，中国石油集团测井公司确定区域上覆地层压力梯度，规范储层压力取值方法，完善地应力计算模型，建立煤层气产能预测模型及标准，划分区块产能级别；建立测井相煤体结构定量—半定量评价方法，为煤层气"甜点"区、井位部署、压裂层段优选及排采提供技术支撑。开展煤层气随钻地质导向远程支持与水平井解释评价研究，依据水平井定向解释数据成果图及煤体性质，设计适合煤层开发优质储层的射孔压裂方式，与工程充分结合，减少无效煤层压裂改造，形成水平井测导作业+"甜点"解释评价+分簇射孔设计+桥射联作一体化综合服务技术系列。在山西郑庄、晋城等区块，四川筠连区块，云南威信区块，新疆乌东、吉木萨尔等矿区推广应用，为不同区域煤层气高效开发和快速上产提供测井技术支持。

三、"测井+工程+油藏"一体化解释技术精准服务油田效益开发

（一）注入剖面解释评价与应用

1998—2002年，中国石油集团各测井单位推广应用WATCH生产测井解释平台，利用放射性同位素示踪法解释注入剖面测井资料，解决同位素沾污、进层的校正问题，提高解释符合率。长庆、华北、大庆、大港等测井单位利用注水连续流量、放射性示踪+流量+压力+井温，分层注水流量+压力+井温等解释方法，为定制和调整注气方案、调剖和增产措施提供依据。大庆油田有限责任公司测试技术服务分公司，利用配注井吸水剖面放射性相关测量方法，计算出油套环形空间中某一测点流量，通过递减确定层段注入量，解决了注化学剂配注井的注入剖面测井问题。

2003—2004年，中国石油集团各测井单位，针对长期注水对地层温度影响、稠油区域井筒容易黏附同位素颗粒等影响资料品质问题，将同位素面积法、同位素时间推移法、井温法有机结合，克服地层大孔道及油管外壁、油套管内壁同位素沾污问题，解决吸水剖面测井精度降低问题。2005—2007年，应用直径43毫米、直径38毫米、41毫米氧活化测井仪相关流量测井方法计算每个吸水层的吸水量，摆脱同位素沾污、进层的影响。

2008—2013年，中国石油集团测井公司研制成功集同位素面积法、时间推移法、井温法及示踪流速测量法于一体的相关流量测井及解释评价方法，在华北油田应用获好评，并在其他油田推广应用；中国石油集团测井公司、长城钻探工程公司应用高温直读五参数和38毫米五参数组合仪，建立示踪流量资料处理解释方法，解决稠油热采区块的动态监测问题；中国石油集团测井公司、西部钻探测井公司等引入能谱水流测井技术，判断管外窜槽、漏失位置等，采用超声波流量计和同位素并测方法，定量处理测井资料，解决同位素结构沾污、沉淀和存在高渗透层遇到的解释难题，形成超声波流量计+同位素注水剖面、放射性同位素、脉冲中子氧活化、电磁流量、超声波流量和相关流量等较完整的生产动态测井解释评价技术。

2014—2017年，中国石油集团测井公司开展吸水剖面和同心调配井资料影响因素和规律性研究，完善解释流程，提高单相流解释、两相流解释及流动关系式解释精度。利用气体示踪剂进行追踪测试，按油管、套管和油套环空的运动计算相应流量，在塔里木油田、吐哈油田、长庆油田、冀东油田等推广应用；形成具有自主知识产权的微波持水率产液剖面测井技术，准确评价高含水抽油井产液剖面，为油田注水调整提供依据。大

庆油田测试技术服务分公司,形成适应于特高含水老油田水驱、化学驱、二氧化碳驱开发方式的注产剖面测井系列技术,解决注二氧化碳井超临界流体测量难题。

2018—2021年,中国石油集团测井公司用小直径氧活化测井,计算水流量,用于油套分注井注入剖面和油水井精准找漏测试,在注聚合物井注入剖面检测以及大孔道井和污染严重井注入剖面测试中应用。通过开展二氧化碳、天然气及空气泡沫驱动态监测实验,形成工程+注气+压裂效果+气体示踪监测的三采注气配套动态监测测井、测试评价技术,在长庆油田、大港油田、辽河油田、塔里木油田、冀东油田等应用,为后续措施提供准确依据。采用分布式光纤DTS+DAS组合模式开展水平段射孔压裂情况连续实时监测,测井解释结果与储层情况和压裂情况相吻合。

(二)产出剖面解释评价与应用

1998—2002年,中国石油集团各测井单位用图版法、模型评价法、优化刻度法处理解释自喷井、机采井、电泵井、气举井等产出剖面测井资料。用气举法、抽汲井过环空法和井温法等解释人工举升井产出剖面测井,为制订配产方案、产层改造、稠油控水和增产措施、开发方案调整、确定产层剩余油饱和度等提供依据。

2003—2004年,中国石油集团测井公司开发示踪流量油水两相产出剖面测井、涡轮流量油、气、水三相解释处理软件,挂接到LEAD平台,实现示踪流量、涡轮流量产出剖面计算机处理,解释成果图加入流量剖面、单层产油量、产水量、含水率,提供丰富直观解释成果。大庆油田测试技术服务分公司研发成功阵列阻抗相关产液剖面测井技术,在油田高含水井堵水、压裂措施的选层、油田开发方案的制定等方面广泛应用。2005—2006年,中国石油集团测井公司利用六参数示踪流量组合仪、七参数涡轮流量组合仪和国外八参数测井持气率仪测井资料,解释自喷井油、气、水单相、两相或三相的产出剖面,形成裸眼井产出剖面测井解释评价方法,为指导油田后续开发提供重要依据。

2007—2010年,中国石油集团测井公司应用21毫米集流式流量组合仪测井资料,处理解释多分枝水平井产气剖面和稠油产出剖面,解决了大套管掺稀开采、流动速度慢、在非主产层解释误差大等问题。2011—2012年,针对煤层采气井过环空测量,产气量很低,含水率高,流型复杂等分层气水两相产出剖面测试难题,在国内首次研制成功适用于煤层气井产出剖面测量的累积式气体流量计,建立低流量高含水、气水两相产出剖面解释模型和解释图版,形成具有自主知识产权的集气式煤层气井测井技术。2012—2013年,规范生产测井、测试资料验收标准及解释流程,完善解释模板,实现同位素吸水剖面测井资料统一解释标准,形成一套适用于低液量水平井产液剖面解释方法,解决低液量流动状态下产液剖面精确评价难题,形成示踪流量、涡轮流量、集流式流量及集气式流量等系列。西部钻探测井公司开展集流伞高温五参数直读式仪器油水两相和气水两相垂直井流动试验，形成基于气体影响校正高温稠油产液剖面解释方法。2014—2017年，中国石油集团测井公司建立三相反演模型，实现示踪流量测井油、气、水三相定量计算，形成低产井过环空示踪流量产出剖面定量解释技术；利用自行研制的电磁波持水率计、涡轮流量计采集的测井资料，开展水平井产液剖面测井工艺技术及解释方法研究，形成连续油管水平井资料采集技术和解释评价技术。

2018—2019年，中国石油集团测井公司开展微波双频微波持水率测井解释方法研究，形成双频微波持水率多参数评价技术，解决高含水油井持水率高精度测量和低产出井油、气、水流体持率识别2项技术难题；开展增强型EMAPS流动成像仪器油、水两相流动试验，建立水平井流动成像产液剖面解释、流型识别和流动成像算法，形成适用于低产液水平井油、水两相流动成像评价技术；阵列式多探头全井段、阵列化持水率产出剖面测井，在大港油田、长庆油田等应用，高含水率测井解释精度误差小于±1%。2020—2021年，开展分布式光纤井温（DTS）测井最优化解释模型处理方法研究，形成适合水平井分布式光纤井温产液剖面测井流程、分析流程及处理评价流程，建立水平井EMAPS流动成像油水两相滑脱速度井斜校正模型，准确评价水平井产液量及含水率，水平井产液剖面解释评价精度提高10%。开展高精度阵列流动成像HFAIT仪器分层阵列涡轮、电阻探针和光纤探针油水两相流动试验，建立层流模型和井斜校正模型，开发PLATO光纤解释软件，形成示踪流量、涡轮流量、集流式流量、阵列流量等适用不同生产环境的产出剖面测井系列，在新疆油田、大港油田、辽河油田、华北油田、长庆油田等区域应用效果良好。

（三）剩余油解释评价与应用

1998—2002年，中国石油集团各测井单位引进碳氧比能谱测井，确定碳氧比剩余油饱和度分布的三维地质模型，将神经网络技术应用于碳氧比测井解释中，碳氧比解释技术不断完善，测井解释符合率80%以上，初步形成单井饱和度剩余油测井解释评价技术。2003—2007年，为适应不同储层类型剩余油饱和度技术需求，中国石油集团测井公司先后引进国外储层评价仪RMT、脉冲中子—中子测井PNN、过套管电阻率测井CHFR剩余油饱和度测井和配套解释评价软件，利用剩余油饱和度RMT测井碳氧比、中子寿命和活化谱测量信息，采用曲线重叠法及CHES程序处理解释，确定储层流体性质或水淹级别，为控水增油措施提供合理化建议。在大庆油田、辽河油田、华北油田、吐哈油田、吉林油田、大港油田等区域处理解释碳氧比测井资料1200多井次，增油效果明显，解决了污水回注、地层水性复杂，常规测井资料解释水淹层的困难。

2008—2012年，中国石油集团各测井单位引进俄罗斯过套管电阻率、宽能域—氯能谱剩余油测井仪器及配套软件，克服套管井核测井探测深度小，受井眼、套管、地层非均质性等因素影响较大等限制，在新疆油田、华北油田、吐哈油田区域推广应用。2010—2012年，中国石油集团测井公司在华北油田、长庆油田、吐哈油田等对过套管电阻率测井资料综合解释，编制区块水淹层定性解释图版和解释标准，解释符合率89.5%。

2013—2017年，中国石油集团各测井单位开展高温低矿化度油藏脉冲中子全谱PSSL、热中子成像TNIS、中子寿命SMJ-D/E和宽能域—氯能谱测井剩余油饱和度测井技术研究，建立完善适用于低孔隙度、低矿化度地区的TNIS热中子成像改进体积模型和PSSL脉冲中子全谱解释模型、解释图版和解释标准，形成剩余油测井与电缆控制分层采油相结合的剩余油挖潜一体化技术，在华北油田、吐哈油田、塔里木油田、长庆油田、新疆油田及苏丹等境外地区推广应用剩余油饱和度测井解释技术，在主要开发区块解释剩余油潜力层，实施卡层补孔作业，措施成功率80%以上，增油效果明显，为油田剩余油挖潜提供技术保障。

2018—2021年，中国石油集团测井公司利用引进的脉冲中子饱和度RAS储层评价系统、全谱饱和度TNIS、PNN+测井技术、四中子套后剩余油测井技术，开展分层采油测试技术及剩余油饱和度定量处理方法研究，形成剩余油饱和度"测井+分采"监测治理一体化技术，剩余油测井解释由单井评价向区域剩余油分布规律研究方向转变，满足了各油田区块、不同地质条件储层的剩余油测井评价需求。在华北油田、塔里木油田、新疆油田、辽河油田、吉林油田等区域主要开发区块，利用脉冲中子饱和度RAS、全谱饱和度TNIS等5种饱和度测井资料，提升储层水淹级别划分精度，划分储层剩余油潜力级别，明确区域剩余油潜力，水淹层解释符合率提高到88%，措施成功率82%以上。开展动态监测+剩余油测井+完井的动静态结合区块剩余油综合评价工作，形成完整的"测井+地质+油藏"开发一体化剩余油评价技术体系，在长庆油田、新疆油田、辽河油田、华北油田、塔里木油田、吉林油田等共处理解释储层参数测井981井次，提供油田综合治理一手资料，扩展技术服务能力，保障油气田稳产上产。

（四）井筒完整性检测评价

1998—2000年，中国石油集团各测井单位用WATCH平台和SUN工作站评价套管几何形状及固井质量。2004—2006年，连续测斜处理软件投入应用，提供井斜角、真方位、总水平位移、总方位及全角变化率逐点成果表等解释成果。利用18臂、36臂和40臂成像测井仪，可对套管的腐蚀、变形进行检测，测井结果可生成直观的井周成像图，丰富了套管质量检测手段。2007—2008年，中国石油集团测井公司将声幅—变密度、国产井下声波电视、SONDEX60臂井径测井仪及配套软件，统一挂接在LEAD软件平台，并建立一套完善的套损检测解释软件、模型和方法，确保大工作量固井质量评价保质保量完成。2009—2012 年，开展管柱扭曲、错断、损伤、变形及腐蚀监测，发现油水井地质工程问题，形成"一井一策"工程检测技术系列。利用引进 RIB 八扇区水泥胶结、SBT 固井质量组合测井，采用水泥抗压强度和变密度频谱分析技术，实现分扇区水泥胶结和管外窜通性等固井质量定量评价，在长庆油田、华北油田等气井、储气库井和特殊井型等应用，满足套管外环形空间水泥环精准评价要求。

2013—2015 年，中国石油集团测井公司利用引进的固井质量组合测井仪 AMK2000，实现 360 度井周水泥密度图谱显示，高温小井眼、水平井扇区水泥胶结固井质量评价方法，在华北油田、吉林油田、长庆油田、冀东油田等推广应用，为水平井压裂改造段选取和射孔方式选择提供依据。

2018—2021 年，中国石油集团测井公司开展大斜度井和水平井仪器偏心校正方法研究，建立不同套管尺寸和不同偏心距离校正解释模型，形成小直径扇区水泥胶结与扇区水泥密度（RCB/RCD）双成像精细评价技术，在新疆油田、塔里木油田、大庆油田、吉林油田、辽河油田等应用，提高固井质量成像解释精度，满足中国石油集团对固井质量检测的技术需求。建立多臂井径与电磁探伤测井评价方法，形成以多臂井径 + 电磁探伤管柱损伤评价技术系列，开展光纤测井研究工作，形成 MOT 磁方位管外光纤定位测井评价技术，实现套管井管外光纤高精度定量评价，在新疆油田、辽河油田、华北油田等推广应用。2021 年底，形成多臂井径、电磁探伤、超声成像、鹰眼、八扇区水泥胶结、分扇区水泥密度、噪声、窜漏检测、光纤测试等多系列、多方法的井筒完整性检测技术。

（五）测试及油藏动态评价

1998—2004，中国石油集团各测井单位利用引进的解释软件开始重点井测试资料的解释工作，解决注水层伤害严重造成的工程难题。2010—2013 年，中国石油集团测井公司购进 PanSystem 常规试井解释软件，建立低渗透油藏压力测试资料验收标准、解释方法及标准，在长庆油田、宜宾页岩气井等推广应用。2014 年，中国石油集团测井公司与吐哈油田公司合作，开展温米油田温西 3 区块油气藏测井测试综合评价、储层注采关系及剩余油分布研究，提出开发区块综合治理措施与建议，最大限度挖掘区块剩余油。2016—2021 年，优选长庆油田 5 个油藏开展区域适应性分析、油藏储层动用、剩余油富集区等研究工作。应用姬塬油田吴 433 区资料，完成水淹层解释、小层对比、三维地质建模、剩余挖潜措施建议等工作，制订综合治理、加密调整方案，指导三次采油先导试验，改善该区开发效果。分布式光纤实时成像测井系统，达到温度半定量、振动定性解释能力，在巴彦油田兴华 1-2X 井等建立长期监测系统。

第九节　开拓海外市场打造中国石油测井国际品牌

1998年，随着中国石油集团在国外勘探开发项目的启动，给工程技术服务队伍"走出去"创造了有利条件，面对国内测井工程技术服务市场日益激烈的自相竞争，中国石油集团的各测井公司纷纷积极开拓海外市场，探索国际化发展的道路，与国际知名公司同台竞技，不断拓展海外测井技术服务和射孔器材市场，打造中国石油测井的国际品牌。

一、中油测井技术服务有限责任公司开拓海外市场

1996年11月，中国石油天然气总公司成立中油技术服务有限责任公司，中油测井有限责任公司（简称中油测井公司，英文简称CNLC）划为其下属子公司，进入苏丹市场，迈出海外技术服务的第一步。2000年11月28日，中国石油集团将中油测井有限责任公司、北京地质录井技术公司、金华龙油气测试公司等3家公司合并重组成为一个集测井、录井、测试、定向井/随钻测井等专业服务为一体的井筒技术公司，并更名为中油测井技术服务有限责任公司，继续沿用CNLC品牌。当年12月20日，中油测井技术服务有限责任公司成为中油国际工程有限责任公司全资子公司。

（一）海外业务市场

1. 非洲大区

1998年1月，CNLC中标苏丹共和国大尼罗石油作业公司(GNPOC)苏丹1/2/4区块的测井服务合同，实现首次在国际竞争性招标中中标；首次在国外完全按照国际惯例进行测井、射孔和垂直地震服务；首次在国外建立测井数据处理中心。1998年3月，在苏丹1/2/4区建立海外第一个CNLC作业基地；4月15日，完成第一口井（HAMMRA-2井）测井任务。2001年，获苏丹1/2/4区测井和射孔服务延期合同，并与大港测井公司、四川测井公司采用资产联营的合作模式，签订苏丹3/7区、6区测井合同。2004年，CNLC作业队伍增加，服务领域从测井扩展到测试、录井和资料解释评价。2006年，第一次中标以测井资料为主题的储层研究课题"苏丹Neem油田低电阻率油层综合评价"，通过研究在NEEM油田发现一套低电阻率油藏，增加探明石油地质储量200多万吨，为后续开展石油地质综合研究等创造有利条件。多年来CNLC在南、北苏丹技术服务中，陆续引入化学堵水、NMR核磁录井、ESP/Y-TOOL电潜泵生产井产液剖面测井、井地电位(EPI)剩余油评价和旋转井壁取心、随钻测量、LEAP800成像测井系统，国产全谱饱

和度测井等多项技术，解决了油田需求，打磨了 CNLC 技术服务能力。作为海外第一个成规模作业的测井市场，苏丹市场为 CNLC 培养了大批具备国际化视野优秀管理和技术人员，为其他海外市场开拓提供了人才支持，形成了以南苏丹、北苏丹为支点，辐射周边国家的非洲区域市场。

自 2004 年，CNLC 陆续在利比亚、阿尔及利亚、尼日尔、毛里塔尼亚、乍得等非洲国家注册分公司，为后续投标和公司运作做准备。2004 年 6 月，在利比亚为 Repsol 提供测井服务，在叙利亚为中国石油集团 GBEIBE 油气田区块提供测井服务。2005 年，在尼日尔首都阿贾德兹设立基地，为中国石油集团的 Tenere 区块提供测井服务。截至 2021 年底，在尼日尔作业区有测井队伍 8 支，成为非洲地区 3 个规模最大、收入最高的作业区之一。2006 年 9 月，在阿尔及利亚开始正式作业。2008 年 5 月，开始为意大利 ENIOIL 公司提供海上录井作业服务。从 2007 年进入乍得为中国石油集团海外项目提供测井、录井和测试技术服务，后又进入台湾中华石油公司市场，有 9 套测井设备，服务项目覆盖常规测井、特殊测井、套后测井、射孔等，助力乍得成为中国石油集团重点海外项目，与南北苏丹、尼日尔成为 CNLC3 个非洲最大规模的市场。

非洲的社会和政治环境复杂。2007 年 4 月 24 日，中原油田的埃塞俄比亚营地遭遇恐怖袭击，CNLC 于 4 月 25 日紧急中止埃塞俄比亚项目并立即撤离，项目从启动到被迫中止撤离仅 5 个月。2008 年 2 月 6 日，因乍得发生政变战乱，12 名 CNLC 中方人员安全撤离抵达北京。2011 年 2 月 21 日，"阿拉伯之春"横扫北非中东，利比亚局势陷入动荡，CNLC 安排利比亚项目人员开始撤离，从的黎波里—突尼斯—迪拜—北京，一万多千米，3 月 1 日所有中方人员安全回国。2011 年，"阿拉伯之春"蔓延到叙利亚，内战爆发局势跌入动乱之中，CNLC 再次组织中方人员撤离回国。

2. 中东大区

伊朗是 CNLC 业务在中东开启国际业务的第一个国家，继伊朗之后陆续进入了阿曼、伊拉克、科威特（录井服务），在迪拜自贸区注册子公司作为 CNLC 在中东的物流和采购中心。1998 年 11 月，CNLC 中标伊朗国家石油公司（NIOC）为期两年的测井合同，这是首次在非中国石油集团投资的海外项目公开招标中取得大额测井合同，打破了西方技术服务公司对伊朗测井市场的长期独占局面。1999 年底，开始筹建伊朗测井基地。2002 年起，相继进入伊朗南方油田（NISOC）测井项目，NIOC 南部油田和中部油田测井、测试、射孔市场。同年，获 NIOC 海洋平台的测井合同，取得海上测井新突破。2010 年以后，陆续引入自主研发 114 复合射孔器、LEAP600B 测井系统、连续油管 (CTU) 传输射孔、和完井测井、油基泥浆电成像 (OMRI)、小井眼核磁共振等新的特色技术、自寻北高精度陀螺测井仪器、数字化连续测卡仪器等新技术新工艺、随钻地层评价测井、过油管桥塞等新技术新工艺，实现了伊朗市场规模与服务范围的不断扩大。随着美国政府对伊朗的制裁，CNLC业务也受到很大影响。

2002年，CNLC注册巴基斯坦分公司；同年，获巴基斯坦石油公司（POL）的测井合同。经过2年的努力开拓，服务项目扩大到测井、测试和录井服务领域。2006年2月由于受到恶性竞争影响，退出了巴基斯坦市场；12月巴基斯坦的油公司做出测井以及测试工作量保障承诺后，CNLC重返巴基斯坦，并获OGDCL项目5年的测井、测试合同。后由于因为社会安全环境恶化，撤出全部中方人员。2018年，CNLC第三次进入巴基斯坦市场，并实现作业队伍和员工全部本土化。

2005年7月，CNLC自主研发的LEAP600B测井设备进入伊拉克北部库尔德地区开展测井服务，在严峻的社会安全局势下，历时十几年持续发展，经历油价低迷和新冠肺炎疫情，CNLC在伊拉克服务规模不断扩大，形成了品牌和规模效应。截至2021年底，从北部艾尔比尔到南部鲁迈拉共有7个作业基地为不同油公司服务，共有设备22套，能提供常规测井、特殊测井、垂直地震测井、套后饱和度及生产井测井、综合地质研究等一系列测井服务，年收入过亿元，成为在伊拉克有一定知名度和竞争力的综合性测井公司。

2006年5月，CNLC启动壳牌阿曼PDO项目，完成了两口井测井作业后，整体表现得到甲方好评（综合评分99.5分）。CNLC进入阿曼主要目的就是要接受壳牌等国际大油公司在HSE、作业、资料质量等方面严苛的管理与考验，并以此提升自身管理能力和品牌知名度。2011年，阿曼项目由于工作量减少而关闭，设备运出。

3. 中亚大区

哈萨克斯坦是中亚地区最大的国家也是最大油气生产国。2000年1月14日，CNLC中标阿克纠宾油气股份公司2000年度测井、射孔和解释项目服务合同，哈萨克市场进入实质性运作，并陆续将服务拓展到哈萨克全国各地市场。2004年，CNLC自主研发的LEAP600B测井设备首次进入滨里海地区的北布扎奇的测井射孔国际市场。2006年，中国石油集团从加拿大石油公司购入PK油田，CNLC为保证油田作业，在不到一个月的时间将相关设备动迁到位，完全满足油田测井作业需求，受到客户的高度认可，以此为契机相继进入周边AYDAN和KAM油田测井射孔、录井和地质研究市场。2015年，CNLC在哈萨克斯坦共有83支测录试及解释队伍，雇员400余人，当地化率达90%，作业区域跨越5个州，服务近20个油公司，一跃成为哈萨克斯坦陆上最大的测井公司。自2016年开始，地质研究项目成为一项重要的收入来源，几乎占据作业区总收入的半壁江山。哈萨克斯坦市场连续多年成为CNLC作业量最多的市场，同时也通过哈萨克斯坦将服务扩展到中亚其他国家。

2007年，CNLC在土库曼斯坦首都阿什哈巴德注册成立分公司。2012年，自主研发LEAP800成像测井系统进入该项目应用。2015年，水平井动态监测作业在土库曼斯坦规模化应用。2019年9月24日，中标意大利埃尼公司(ENI)土库曼斯坦项目"2+1"测井服务合同，在高端服务市场取得实质性突破。

2007年6月19日，在乌兹别克斯坦首都塔什干注册子公司——中油测井石油服务公司；7月23日，与CNODC签订项目测井、测试服务合同。2018年9月21日，为"一带一路"重点探井明15井提供射孔和测试资料解释。

4. 南美大区

委内瑞拉是CNLC在美洲市场进入的第一个国家，1997年8月28日，CNLC在委内瑞拉注册第一家海外分支机构——中国石油委内瑞拉技术服务公司（CVTS），相继为中美公司（中石油投资区块）、委内瑞拉国家石油公司（PDVSA）及其他油公司提供测井服务。2001年，中标PDVSA的2口定向井服务合同，业务从单一的射孔扩展到测井、录井和定向井服务领域。2004年，签订南部Barinas地区定向井合同及东部PDVSA的测试、射孔合同。2006年起，为PDVSA湖上市场提供TCP射孔服务。2009年，受全球金融危机和国际油价持续走低影响，Maturin测井基地关闭。2012年8月，重启生产井测井服务，因甲方付款及社会安全形势问题，2013年退出该市场。为打开技术开发和物流支持的窗口，2005年12月1日在美国休斯敦注册子公司，设立办事处，开展技术引进和物流及采购业务。

继委内瑞拉之后，CNLC进入厄瓜多尔秘鲁和古巴等南美洲国家。但由于这些国家油气规模小，距离中国遥远，业务发展也受到一定程度的限制。2008年7月16日，在厄瓜多尔使用LEAP600B测井系统完成安第斯公司第一口井测井作业。2009年12月古巴项目启动，只有古巴石油公司一家客户，该公司所有钻井都是超长大位移井，2011年，一次作业完成一口2788米大位移水平井测井，2020年1月，完成一口6200米裸眼段水平井常规测井作业，4600米超长水平段CBL作业，创造超深井作业记录。2017年，在秘鲁中标测井项目2年期测井合同，执行完成后，2020年10月项目关闭，设备撤离。

5. 亚太大区

泰国是CNLC在亚太地区服务的重点市场。2009年，随长城钻探工程有限公司大包项目进入。2020年5月，中标泰国国家石油勘探公司（PTTEP）3年期测井服务合同，标志着泰国非中国石油集团市场取得实质性突破。

截至2021年底，CNLC足迹遍布非洲、中东、中亚、南美和亚太五大区25个国家，形成五大区域市场：非洲地区以苏丹为中心，覆盖苏丹、南苏丹、阿尔及利亚、利比亚、尼日尔、乍得、毛里塔尼亚和埃塞俄比亚等8个国家市场；中东地区以伊拉克为中心，覆盖伊朗、伊拉克、叙利亚、阿曼和巴基斯坦等5个国家市场；中亚地区以哈萨克斯坦为中心，覆盖哈萨克斯坦、土库曼斯坦、乌兹别克斯坦、阿塞拜疆和蒙古国等5个国家；南美地区覆盖古巴、厄瓜多尔和秘鲁等3个国家市场；亚太地区覆盖泰国、缅甸、孟加拉国和印度尼西亚等4个国家市场。

（二）建立与国际接轨管理体系

2001—2004年，为适应海外市场快速发展形势，CNLC构建按项目专业划分的垂直领导系统和按指挥职能划分的横向领导系统组织结构，采取弱矩阵式网络化业务流程运作模式，发挥现代化公司管理效能，2004年9月，CNLC获国务院国有资产监督管理委员会"中央企业先进集体"称号。2003—2005年，CNLC参考加拿大控制基准委员会（COSO）内部控制框架建立"控制环境、风险评估、控制活动、信息与沟通、监控"建立内控体系，规范岗位流程，发现风险点，控制规避经营运作风险，增强企业核心竞争力。2004年，为满足国际市场对HSE管理的高标准、严要求，CNLC在测井、录井和测试3个专业的单井QHSE计划书中推行工作危害分析（JHA）工作方法，建立国际标准HSE管理体系，获挪威船级社DNV认证。2006年，在苏丹作业区试点推行HSE"护照"管理模式，从测井专业开始编制标准化作业流程（SOP），建立测录试专业项目管理标准和模板，通过项目管理专业资格认证（PMP），建立制度，固化流程，使海外项目作业现场管理实现从"没章法"到"按照国际标准执行"的跨越。2008年5月19日，CNLC获中国对外承包工程商会首批颁发的"AAA级信用企业"信誉资质证书。2007年，针对海外社会安全紧张形势，启动全面风险管理体系建设，建立海外项目社会安全信息系统，在2011年的利比亚项目全体员工紧急撤退中发挥重要作用，海外队伍社会安全风险防范能力显著增强。2008年，根据海外业务发展需求，开发海外作业管理系统（OMS），对人事、市场、设备、生产和QHSE等多方面信息收集管理。从2006年6月开始搭建国际化人才成长平台，为技术和管理人才晋升发展制订8年成才的职业生涯规划，建立并完善适用于中外方员工的17级工程师晋级体系，对中方工程师和外国雇员工程师采取统一标准培训考核晋级，截至2021年底，CNLC海外项目本土化率高达80%。

二、中国石油集团测井有限公司开拓海外市场

2004—2007年，中国石油集团测井公司国际业务由所属国际项目部统一管理，先后中标孟加拉国、突尼斯测井项目和乌兹别克丝绸之路公司录井项目。2008—2017年，中国石油集团测井公司国际事业部，坚持以自主装备和技术开拓市场，业务范围覆盖裸眼测井、生产测井、射孔、地层测试、VSP、旋转取心等领域，形成工程技术服务、装备销售、解释评价3项业务。2018年，中国石油集团测井公司第三次重组后，所属天

津分公司、大庆分公司、辽河分公司继续与中国石油集团的钻探公司合作开发国际市场，2020年12月，长城钻探国际测井业务划入中国石油集团测井公司，成立国际公司。2021年7月，中国石油集团测井公司整合国际业务资源，将天津分公司和大庆分公司的海外业务和人员、国际事业部划入国际公司，实行海外业务统一管理。

（一）海外业务市场

1. 乌兹别克斯坦项目

2003年11月，中国石油集团测井公司长庆事业部与长庆钻井公司捆绑进入乌兹别克斯坦，为乌兹别克斯坦国家石油天然气集团公司提供6口井水平井测井服务，2005年12月完成合同工作量。2006—2007年，长庆事业部与吐哈石油勘探开发指挥部井下公司合作，为俄罗斯卢克石油公司乌兹别克斯坦作业公司提供27口修井套后测井和生产测井服务，完成任务后撤回国内。2007年7月15日，长庆事业部使用国产综合录井仪中标中国石油乌兹别克斯坦丝绸之路公司吉达-3井录井服务合同，由青海事业部提供一支录井队开始在乌兹别克斯坦开展录井服务。2008年7月，国际事业部使用EILog-06装备中标乌兹别克瑞士油气公司11口开发井裸眼井测井和生产测井服务合同，进入乌兹别克斯坦非中资测井市场。2009—2021年，相继为中国石油乌兹别克斯坦丝绸之路公司、中国石油乌兹别克斯坦新丝路公司、明革布拉克公司、韩国大宇能源公司、韩国国家天然气公司、捷克ERIELL钻探集团和乌兹别克斯坦EPSILON财团等客户提供测井录井服务，并采取合作方式，为俄罗斯鞑靼斯坦地球物理公司提供阵列侧向和核磁共振成像测井服务，为乌兹别克斯坦国家地球物理公司提供水平井测井和超深井测井服务。

2. 孟加拉国项目

2006年3月20日，中国石油测井公司国际工程处与孟加拉西莱特天然气田有限公司、孟加拉石油勘探生产公司签订2口气开井测井合同和2口修井测井合同，进入孟加拉国市场。由吐哈事业部提供1支测井队开展测井射孔及解释评价服务，2007年12月完成合同工作量后撤回国内。2010年10月，国际事业部使用EILog-06装备中标孟加拉石油勘探生产公司3份服务合同。2011年1月二次进入孟加拉国市场，持续开展测井射孔及解释评价服务。2012年8月31日，使用1套国产综合录井仪为孟加拉天然气田有限公司提供录井服务，2013年底，完成4口井综合录井服务，撤回国内。

3. 加拿大项目

2010年6月18日，中国石油集团测井公司国际事业部在加拿大阿尔伯塔省注册子公司。2011—2016年，使用2套EILog-06装备开展油砂测井服务，累计测井231井次。2016年12月2日，撤销加拿大项目，加拿大子公司2017年9月29日关闭。

（二）测井资料解释评价研究服务

2015年，中国石油集团测井公司与中国石油天然气勘探开发有限公司（CNODC）开展战略合作，在北京成立CNODC海外测井技术支持中心，参与中国石油集团海外五大合作区资料处理解释和油藏评价研究工作，海外油气评价市场覆盖中亚、南亚、澳洲、非洲及美洲等21个国家36个区块。同年，为孟加拉国天然气田有限公司在Titas区块发现高产气层，在Bakhrabad区块一口30年前完井、先后经历两次修井的老井中发现新气层日产600万立方英尺。帮助孟加拉石油勘探生产公司在Rupgonj区块发现储量500亿立方英尺的大气藏，孟加拉国《每日星报》在头版作专题报道。

（三）EILog测井成套装备销售

2010—2014年，中国石油集团测井公司先后向俄罗斯鞑靼斯坦公司销售微电阻率成像测井仪、阵列声波测井仪，向伊朗波斯公司销售EILog-06测井设备，向阿塞拜疆当地公司销售随钻测井设备，向伊拉克石油服务公司销售微电阻率成像测井仪器，实现EILog测井成套装备在国际市场的商业化应用。

三、各油田区域测井公司开拓海外市场

（一）四川测井公司

1994年，四川石油管理局测井公司1支DDL-V数控测井队与长城钻井队赴泰国提供测井射孔服务，是四川测井公司首次进入国际市场，先后采取自主开发、资产联营及钻井总包区域服务等方式进入泰国、苏丹、俄罗斯、印度尼西亚、阿尔及利亚和土库曼斯坦等6个国家。2000年，四川测井公司与中油测井采取资产联营合作，1套ECLIPS-5700S设备进入苏丹市场。2002年，以合作形式将1套ECLIPS-5700成像测井设备租赁给俄罗斯公司，派出队伍在俄罗斯境内进行测井作业。2003年，苏丹市场平稳运作，俄罗斯项目取得东西伯利亚3口井作业的阶段性成果，实现收入约1600万元。2004年，先后有3套设备分别赴阿尔及利亚、印度尼西亚等市场，国外市场规模进一步扩大。2005年，通过资产联营与中油测井公司继续合作，苏丹和阿尔及利亚市场收益较好，泰国项目进展顺利。2006年，加强与中油测井的海外合作，1套ECLIPS-5700成像测井设备进入印度尼西亚市场，2007年发展为2套设备，工作量逐步增加。2008年，2套ECLIPS-5700成像测井设备与川庆钻探一起进入土库曼阿姆河右岸项目，当年完成测井作业27井次，该项目正常平稳运行至2017年。

（二）新疆测井公司

1999年6月9日，新疆测井公司组建DDL-Ⅲ测井项目组，首次赴哈萨克斯坦阿克纠宾油田进行生产测井服务。2000年，开拓水平井射孔作业市场，市场份额得到巩固和扩大。2002年，与新疆石油管理局钻井公司合作参与也门共和国水平井技术服务，同年应用国产521设备首次进入沙特阿拉伯水平井测井市场。2007年12月，新疆测井公司整建制划归西部钻探工程有限公司，利用西部钻探海外市场总包投标方式进入哈萨克斯坦、乌兹别克斯坦等国家测井技术服务。2012年进入乌兹别克斯坦ERIELL公司的测井市场。2014年，应用2套国产HH2530测井装备成功开拓中亚市场。2016年，在西部钻探以"CALLOUT"模式中标乌兹别克斯坦新丝路油气联合有限责任公司在卡拉库里投资区块建设11口开发井的测井项目，确保3～5年测井工作量；与定向井技术服务公司完成阿克纠宾地质导向合作协议谈判及签订工作，全年完成2口水平井地质导向服务。2017年，在西部钻探与乌兹别克斯坦新丝路油气联合有限责任公司签订4年工作量11口井。2018年，重组到中国石油集团测井公司后，其海外业务划归国际事业部。

（三）大庆测井公司

2000年7月29日，大庆测井公司在印度尼西亚油田市场中标，首次进入国际市场。2002年，大庆测井公司发挥自行研制的DLS数控测井仪的技术优势，进入吉尔吉斯斯坦市场，为甲方提供裸眼井测井、生产井测试、大修井测井、射孔等全套电缆测井服务。2003年9月，印度尼西亚Jabung测井项目公开招标，大庆测井公司凭借水淹层特色测井技术（C/O能谱和氧活化测井技术）优势一举中标。经过几年的磨炼，以良好作业质量、服务水平站稳印度尼西亚市场。2012年，大庆测井自主研发的慧眼1000测井系统成功进入印度尼西亚市场；2017年12月，大庆钻探测井公司在印度尼西亚项目中标并签订项目合同工作量45口，全年实现收入1808万元。海外市场运营印度尼西亚、伊拉克、蒙古3个项目，资产总额14.1亿元。2018年，重组到中国石油集团测井公司后，继续承担以上海外业务。2021年7月，其海外业务划归国际公司。

（四）大港测井公司

2007年，大港测井公司实现国际市场零的突破，继进入苏丹市场后又有一支队伍进入印度尼西亚市场。2008年2月，大港测井划归渤海钻探后，国外市场有印度尼西亚、苏丹市场和伊拉克米桑、委内瑞拉2个总包项目。2013年，在渤海钻探委内瑞拉市场进行产出剖面测井、吸水剖面测井、剩余油饱和度测井、固井质量测井等测井服务。2014年，渤海钻探测井在印度尼西亚市场积极推广远探测声波测井等技术，成功中标1个项目。2015年，渤海钻探测井的油基泥浆测井技术在印度尼西亚市场崭露头角发挥作用，并顺利实施中油印尼Jabung区块3口探井作业。2016年，渤海钻探测井在委内瑞拉市场的产出剖面测井、剩余油饱和度测井等生产测井和射孔工作量初见成效，获200多万美元合同。2017年，渤海钻探测井印度尼西亚市场顺利完成中油印尼Jabung区块8口井工作量。2018年，重组到中国石油集团测井公司后，继续承担印尼海外项目业务。2021年

7月，其海外业务划归国际公司。

（五）大庆测试公司

2000年4月27日，大庆油田测试技术服务分公司生产测井研究所技术服务队赴俄罗斯鞑靼油田完成5口C/O测井任务。2002年4月22日，大庆油田测试技术服务分公司赴哈萨克斯坦测井服务小分队，从大庆出发，奔赴哈萨克斯坦阿克纠宾油田履行服务合同。9月16日，完成在哈萨克斯坦第1口井剩余油饱和度RMT测井任务。2007年1月23日，大庆油田测试技术服务分公司与美国帕罗博公司签订关于井径仪独家销售代理协议及购销合同。5月，在蒙古塔木察格油田19区块，完成第一口井塔19-57的测试任务。2019年2月26日，大庆油田测试技术服务分公司蒙古项目部参加蒙古国测试服务市场的议标谈判，确定了蒙古塔木察格油田19区块和21区块的测试服务工作量和服务价格。

四、射孔器材国际销售

从2000年起，四川和大庆等射孔器材制造企业将射孔器材出口作为新的市场主攻目标，通过建立API质量体系和API产品注册，展示中国石油射孔器材制造企业形象，提升中国石油射孔器材产品国际知名度。

（一）四川射孔器材有限责任公司

2002年，四川射孔器材有限责任公司借船出海，通过中国石油天然气勘探开发公司（CNODC）将射孔弹销售到阿塞拜疆和哈萨克斯坦项目，四川射孔弹首次走出国门。2004—2005年，四川射孔器材有限责任公司通过美国石油协会（API）Q1质量体系认证，安全等级达到1.4D级，7种射孔弹通过API产品注册，扩大了四川射孔器材有限责任公司射孔器材国际影响力。2006年，开始与哈里伯顿公司进行合作，成为哈里伯顿公司在东南亚地区射孔器材指定供应厂家，负责哈里伯顿亚太、中东和北非等海外公司射孔枪供应。2012年，国外客户由1家扩大到12家，并首次获美国客户生产订单。2014年11月，一次性向土库曼斯坦国家天然气康采恩公司出口24万发射孔弹和配套器材，是单次出口射孔器材金额最大一笔订单。2015年，向伊朗NIDC公司一次性出口15000米86型射孔枪，是单个合同出口射孔枪数量最多一次。2017年10月以来，陆续向美国及南美洲、欧洲高端市场出口73型、80型、86型、114型和178型号射孔枪，向美国出口80型和86型盲孔射孔枪25万余支。2020年，通过取得一系列欧洲质量标准认证，首次向乌克兰出口86型高温"先锋"弹2万发。2021年，积极拓展欧洲和南美新市场，共出口射孔弹12万发，射孔枪25.5万米，出口产值突破亿元，创历史新高。截至2021年底，四川射孔器材成功销售到亚洲、非洲、北美洲、南美洲、大洋洲及欧洲37个国家和地区，累计出口射孔弹 133 余万发，射孔枪约 74 万米，在国际油气勘探开发领域获得良好声誉。

（二）大庆油田射孔器材有限公司

1996 年 4 月，大庆油田射孔器材有限公司（1986 年 5 月—2017 年 12 月为大庆石油管理局射孔弹厂）技术人员在配合土库曼斯坦一口"死井"射孔作业中，使用自主研发的 YD102 射孔弹完成任务，经测试，获日产油 15 吨。这口井的复活在土库曼斯坦产生较大影响，该国为大庆油田射孔器材有限公司颁发产品进口免检证书，当年销售射孔弹 3000 发，打开了"庆矛牌"射孔器材产品出口海外的大门，到 1998 年，土库曼斯坦射孔弹配套销售达到 2 万发 / 年。

2003 年 5 月，"庆矛牌"射孔器材在乌兹别克斯坦竞标中获 11 万发射孔弹及配套产品订单。2004 年，大庆油田射孔器材有限公司"庆矛"（英文"KING SPEAR"）商标完成马德里国际商标注册。自 2005 年开始，为提升"庆矛"品牌知名度，大庆油田射孔器材有限公司累计有 39 种产品通过 API 认证。2006 年 12 月，向乌兹别克斯坦出口射孔弹 11 万发、射孔枪 5605 米及导爆索 9287 米，是大庆油田射孔器材有限公司最大一笔国外订单。2008 年，大庆油田射孔器材有限公司经过 10 年角逐，5 次竞标，最终打开叙利亚市场。2015 年，大庆油田射孔器材有限公司向印度尼西亚出口一批射孔枪，是大庆油田射孔器材有限公司成立以来，国际市场销售从代理转向自营成功案例。2019 年，大庆油田射孔器材有限公司首次进入美国页岩气市场，销售 600 支页岩气专用射孔枪，海外市场开发取得突破性成果。截至 2021 年底，大庆油田射孔器材有限公司累计出口射孔弹 400 余万发，导爆索超过 50 万米，实现国际市场新飞跃。

第十节　　全面建设世界一流测井公司

2002 年 12 月 6 日，中国石油集团测井有限公司成立后，以建设"国内第一、国际一流"专业化公司为目标，明确以发展成套测井装备为重点，大力推进技术创新；以提高经济效益为目标，大力推进管理创新；以优质服务为宗旨，全面提高测井质量的三大工作任务，走研发、制造、服务一体化发展道路，用先进技术为油田勘探开发提供优质服务，全面推进具有国际竞争力跨国公司建设。构建现代企业制度，建立健全规范化法人治理结构，设立 7 个机关部室，成立 5 个事业部和技术中心，建立面向测井技术服务市场的事业部制管理体系，实行中国石油集团测井公司、事业部、项目部三级管理。

2007年7月21日，中国石油集团测井公司长庆事业部60101队获"中国石油标杆班组"称号

2004年，研发成功测井成套装备样机，命名为EILog快速与成像测井系统。2004年11月，开始EILog测井成套装备试生产。2005年9月，长庆事业部60101队应用的第一套具有自主知识产权EILog测井成套装备在长庆油田正式投产。2007年7月，该队获中国石油集团"标杆班组"称号。组建运行3年，技术服务能力明显提高，成套装备研发成功，经营收入接近翻番，职工收入显著增加。构建面向市场的经营机制、科学协调的运行机制、持续改进的管理体系。加强队伍建设，经营管理、专业技术、技能操作三支人才队伍选拔培养使用考核机制初步形成，党的建设、领导班子建设、职工队伍建设、思想政治工作等取得明显成效。

2006年，中国石油集团测井公司以成像测井研发为重点，建立以技术中心为主，测井仪器厂、华北制造项目部密切配合的成套装备制造体系，推广应用和继续完善发展成套装备，进一步巩固内外市场。12月28日，中国石油集团在北京宣布EILog测井成套装备研制成功。2007年，明确认识发现油气层是测井的本质，以建设和实施ERP系统为重点，加强经营管理。在中国石油集团总部政策、资金扶持和各油田公司支持下，累计制造100套成套装备，推广65套，极大地增强测井服务能力和水平，研制完成4种成像测井仪器，并小批量试生产。2008年，全面推广成像测井，研究应用解释数据库和数字岩心技术，开发LEAD2.0测井综合应用平台实现裸眼井常规测井与成像测井、套管井生产测井与工程测井的集成应用。以成像测井拉动市场，以精细解释培育市场，以优质服务巩固市场，使中国石油集团内部综合市场占有率91.59%。中国石油集团测井公司建立以ERP系统为平台的公司内控体系。2009年，中国石油集团测井公司面对金融危机、价格下降、钻井大包带来的困难和挑战，开展深入学习实践科学发展观活动，确定"一体、两翼、三路并举"发展思路，大力发展成像测井。认真落实中国石油集团"三控制一规范"要求，按流程和职责健全机关设置，进一步理顺管理体系。2010年，以"创新测井、评价油气，全面建设国际一流中石油测井公司"为工作主线，调整优化结构，转变发展方式，把现有的创新测井技术统一为以油气层评价为中心的测井技术系列EILog，统一成像测井和数字岩心技术手段与油气评价服务目标，延伸测井产业链，发展旋转井壁取心、随钻测井服务、测井油气评价、仪器销售等业务。7月，中国石油集团重大推广专项"EILog快速与成像系统推广应用"，由中国石油集团科技管理部组织，以裸眼井测井技术装备更新或升级为重点，逐渐淘汰在用的小数控测井装备，在大庆石油管理局、西部钻探、川庆钻探、长城钻探、渤海钻探等公司推广应用100套EILog快速与成像系统的重点推广应用工作启动。

"十一五"期间，中国石油集团测井公司贯彻落实发展测井技术、增强国际竞争力、促进油气储量产量增长发展定位。开发乌兹别克斯坦、伊朗、蒙古国、孟加拉国和加拿大等海外市场，EILog测井成套装备在海外市场应用，并销往伊朗、俄罗斯等国家。作业队伍由168支增加到244支，其中成像测井队伍由16支增加到124支，队均综合用人从25人减少到18人，劳动生产率年均增长13%，作业能力显著提高，找油找气取得突出成果；全面推广应用EILog快速与成像测井技术系列，推广应用集成化常规测井装备126套，研发推广"3电2声"5种国产成像测井仪器200支，承担中国石油集团测井公司86%测井工作量，科技进步获重大成就。主营业务收入实现翻番，建立规范化、信息化经营管理体系，安全环保工作进入集团公司安全生产先进行列，和谐测井有效推进，员工收入明显提高，投入4亿多元，新建、改造18个科研生产生活基地，保障能力显著增强，科研生产生活条件明显改善。中国石油集团测井公司党委按照"大党建、大政工、大宣教、大监督"工作思路，扎实推进党的思想建设、组织建设、作风建设、制度建设和反腐倡廉建设，持续实施"双千人"培训计划，加强国际化人才培养，建立中国石油集团高级技术专家、中国石油集团测井公司两级专业技术骨干队伍。较好地完成"十一五"工作目标。

"十二五"初，中国石油集团测井公司提出坚持走市场化之路，当好评价油气主力；坚持走成像化之路，创新地层成像测井，大力发展可控源绿色测井；以市场规模控制投资，实施精细化管理和低成本战略的规划。2011年，中国石油集团测井公司提出创新地层成像测井、当好评价油气主力，扩大煤层气、储气库、页岩气测井市场规模，进入吉林油田、浙江油田、延长油田、中国石化塔河油田测井市场、海南福山油田浅海探区测井市场、新疆煤层气和铀井射孔市场，开发长庆油田生产测井和测试作业市场，开发新疆、大港等多个油田测井评价市场，开发乌兹别克斯坦、孟加拉国、蒙古国、缅甸、加拿大等国测井市场。EILog快速与成像测井装备完成测井工作量占比88%。开发包括解释知识库、测井资料库、数字岩心库、油气评价库的统一软件LEAD3.0，实现处理解释一体化和初步自动化。引进过套管电阻率、宽能域氯能谱、脉冲中子氧活化测井、井间微地震、测试等10项生产测井新技术投产应用，推广应用复合射孔、压冲增压射孔、小井眼超深穿透射孔、水平井定方位射孔等技术，形成配套射孔技术系列。2012年，中国石油集团测井公司成功研发"15米一串测"，设备利用率提高6.8%，实现采集作业、资料传输和处理评价全程提速；建立以价值为导向的全员绩效考核体系，完善单井责任承包分配机制。EILog测井成套装备在第12届中国国际石油石化技术设备展览会亮相。年底资产总额比2003年增长286.83%。2014年，以核磁共振测井仪投产应用为标志，形成"3电2声1核磁"为主的成像系列，中国石油集团测井公司成立之初确定的综合化地面、集成式常规、国产化成像的成套装备开发任务基本完成，生产地面系统215套，下井仪器74种8423支。并将钻井测控、压裂测控、注采测控、测井数据、油藏评价等列入中国石油集团测井公司主营业务范围。2015年，面对传统测井市场工作量下降、新兴测控市场开发难度大、总体市场竞争更加激烈外部环境，提出以油气藏为工作对象、以油气含量为中心、以单井产量为目标、搞好测井研发制造服务新理念，推广先进技术，完善测井业务链。深入开展"三严三实"专题教育活动，全面推进从严治党，加强党的思想、制度、组织、作风建设，落实党风廉政建设主体责任和监督责任，坚持用社会主义核心价值观引领测井文化建设和精神文明建设。"三项督查"、职代会、厂务公开等民主管理工作扎实推进。建立劳动模范、状元能手、技能专家等高技能人才创新工作室。2015年8月31日，全国政协副主席、科技部部长万钢，在陕西省政协和中国石油集团有关领导的陪同下，专程到中国石油集团测井公司视察国家重大重点项目"油气测井重大装备与技术"实施情况，参观考察标志性成果EILog快速与成像测井成套装备生产线。

"十二五"期间，中国石油集团测井公司开发"3电2声1核磁"成像测井仪器，整体达到国际先进水平，实现测井技术由常规测井向成像测井重大跨越，推动测井产业转型升级。EILog被评为中国石油集团公司"十二五"十大工程技术利器，成为中国石油测井主力装备，从根本上改变我国测井先进装备长期依赖进口的局面。在长庆等12个油气田测完井4.2万余口，识别油气层超过40万层，有力保障中国石油集团增储上产。与"十一五"末相比，工业总产值年均增长11.44%；资产总额年均增长10.34%；主营业务收入年均增长10.07%。万元产值能耗比"十一五"末下降33.37%。队均综合用人从18人减少到11人。投入2.3亿元，新建、改造14个生产基地，保障能力显著增强，职工工作生活条件明显改善。获全国文明单位。

"十三五"初，中国石油集团测井公司提出坚持创新驱动，以"互联网＋测井"为核心技术，以油气藏为工作对象，以油气含量为工作重点，以单井产量和效益为服务方向，坚持研发制造服务一体化的发展理念。2016年，中国石油集团测井公司深入开展"两学一做"学习教育活动，贯彻创新、协调、绿色、开放、共享发展理念，以经济效益为中心，完善以产业链、业务链、产品链、数据链、创新链、价值链为主的生产经营流程，坚持协调推进。按照"党政同责、一岗双责、失职追责"要求，形成"直线贯通、属地连片"安全环保责任落实体系。中国石油集团测井公司党委深入贯彻中央全面从严治党要求，突出全面从严、强化融入中心、注重改革创新、发挥"四个作用"，严格落实"三重一大"决策制度，推动全面从严治党向基层延伸。2017年，进一步完善成像测井、随钻测井、生产测井"三位一体"业务结构；加强党的建设、队伍建设和作风建设，把党建工作总体要求写入公司章程，着力推进党建信息化平台试点工作，认真开展"四合格固堡垒"实践活动；持续强化监督检查和党内巡察；开展干部选拔任用专项监督检查、落实个人有关事项报告制度，队伍建设、班子建设持续加强。2018年，中国石油集团测井公司以习近平新时代中国特色社会主义思想为指引，深入学习贯彻党的十九大精神和新发展理念，忠诚履行"服务油气、保障钻探"责任使命，树立"天南地北测井人，五湖四海一家亲"的融合理念，全力打造专业化重组新公司。把测井技术路线由传统"四性"关系，转变为"一量四谱"关系。瞄准打造国际一流测井技术装备，开发FILog地层成像测井系统。加强与钻探公司合作，推动与油田、钻探公司风险共担、利益共享，主体市场保持稳定，主动做好海外勘探开发公司的测井技术服务和技术支持，射孔器材进入美国页岩气等市场。2019年，中国石油集团测井公司深入开展"不忘初心、牢记使命"主题教育，聚焦习近平总书记关于大力提升勘探开发力度的重要批示，认真落实集团公司油气增储上产、提速提效工作部署，提出完善地层成像测井系列，开发地面系统、"互联网＋下井仪器"远程测井系统，完成全域测井仪器研发，形成地层成像测井系统。牢固树立"为甲方创造价值，油服才有价值"理念，在长庆油田、新疆油田等11个油气田实现"一对一"服务，在13个竞争性市场推动总包服务，巩固主体市场份额。改进生产模式，按照队伍、人员、设备"三共享"，生产、标准、后勤、安全、市场、结算"六统一"原则，整合各类资源，促进资源效能

2015年2月，中国石油集团测井公司获全国文明单位

最大化。全年油气层解释符合率95.54%，为中国石油集团2019年度25项油气勘探重大发现、重点领域油气开发作出测井贡献。

2020年，中国石油集团测井公司以"四个转变"为着力点持续推进党建"四化"任务，为加快建成世界一流中国石油集团测井公司提供坚强保证。大力推进公司治理体系和治理能力现代化，开展理论创新，加强油藏研究和方法研究；开展装备创新，初步形成中国石油集团测井装备CPLog；开展服务创新，提出10个保障工作思路，实行提速提效和资源共享，进一步提高企业经营管理水平。面对突如其来的新冠肺炎疫情和油价下跌严峻形势，一手抓疫情防控，一手抓提质增效，稳步推进改革发展各项工作，全面完成"三供一业"分离移交，取得来之不易的经营业绩。中国石油集团测井公司党委坚持党对国有企业的领导不动摇，坚决贯彻党的基本理论、基本路线、基本方略，增强"四个意识"，坚定"四个自信"，做到"两个维护"，把党的建设写入中国石油集团测井公司章程，坚持把党的领导融入公司治理各环节，修订完善"三重一大"决策制度，有效发挥党委把方向、管大局、保落实的作用。研究提出党群工作系统化、业务工作制度化、基础工作标准化、党建工作特色化"四化"工作任务。全面深化基层党建"三基建设"，持续深化"四诠释、四合格"岗位实践活动。改革创新发展和生产经营管理呈现新面貌，测井产业变革和高质量发展局面初步形成。

"十三五"期间，中国石油集团测井公司认真落实中国石油集团"七年行动计划"工作部署，紧跟油气勘探开发需求提升"四种能力"，实施创新驱动，坚持稳中求进，持续深化改革。累计完成产值比"十二五"增长88.82%。年产值最高突破百亿元，累计缴纳税费12.5亿元。主体市场占有率提高7.67个百分点，国内新进入76个油气区块市场，国外新进入18个项目市场，新增14项业务；射孔弹远销美国、阿塞拜疆等7个国家。服务保障方式均衡高效，灵活组队297支，年均协调队伍96支、设备85支，到井及时率提高4.5个百分点，测井综合提速年均3%以上，累计测井45万井次，有效发挥服务保障作用；加强测井资料应用，油气藏研究能力持续提升，油气层解释符合率、产能预测准确率分别提高1.48、12.5个百分点，在油气勘探开发中积极贡献测井力量。大力开展科技创新攻关，技术装备水平国内领先，打造形成中国石油测井成套装备CPLog，推出新一代远程测井地面系统，自主成像测井技术跨入多维高精度成像时代，地层评价随钻成像测井形成系列，水平井高效桥射联作2.0技术系列推广应用。累计推广应用地面系统347套、下井仪器2.24万支、软件1400套。中国石油集团测井公司治理体系和治理能力明显提升。强化风险管控和隐患排查治理，实现安全生产。持续推进"党建四化"工作任务，实施党建工作责任制考核评价，自中国石油集团开展党建责任制考核以来始终保持A级。大力培养选拔优秀年轻干部，一批忠诚事业、担当作为的专

2017年4月，中国石油集团测井公司辽河分公司女子装炮队获"铁人先锋号"称号

业化高素质骨干人才在不同岗位发挥重要作用。积极践行社会主义核心价值观，持之以恒正风肃纪，大力弘扬劳模精神、劳动精神、工匠精神，辽河分公司女子装炮队获中国石油集团"铁人先锋号"称号，改善员工生产生活条件，捐赠1473万元助力陕西"三县一村"脱贫攻坚，获"改革开放40年中国企业文化优秀单位"称号，和谐发展氛围更加浓厚。

2021年，中国石油集团测井公司深入开展党史学习教育活动，认真学习贯彻党的十九届六中全会精神，充分发挥党建引领保障作用，坚决落实"第一议题"制度，围绕中国石油集团党组关于测井改革创新发展的系列批示精神、技服企业支撑保障国家能源安全和高质量发展两大任务，加快推进数字化转型、智能化发展，国际国内协同发展格局初步形成，公司治理体系和治理能力进一步优化，高质量布局基本完成，建立中国石油测井院士工作站，努力建设测井原创技术策源地和现代产业链链长，汇聚各方力量共建测井科技创新生态圈。

中国石油集团测井公司党委建设具有测井特色的党建与生产经营有机融合的企业党建生态系统，党建工作"十项任务"走深走实，有力促进党建与生产经营管理的同频共振、深度融合，持续提升党建工作质量，充分发挥群团组织桥梁纽带作用，大力营造和谐稳定发展环境，为"改革深化年"各项任务完成提供坚强保障，一体推进"三不腐"机制建设，党风廉政建设和反腐败工作取得新成效。

中国石油集团测井公司研究部署改革三年行动，深化内部改革，着力推动技术研发、装备制造、解释评价、装备共享、维修保养、物资采购、国际业务、监督管理、计量质量、辅助系统等 10 项重点改革，完成研发、制造、物装、物采、评价、监督、国际等业务资源整合，压减二级、三级机构 3.27%，同步完成任期制和契约化、部门职能优化、二线领导项目制等改革任务，海外业务顺利划转，初步实现主营业务归核化、区域资源集约化、企业管理精益化、责任分工清晰化、队伍建设专业化，全面完成集团公司测井业务专业化整合和公司内部主体改革任务。树立"市场导向、油田至上、一体协同、竞合共赢"理念，准确把握"六个坚持"基本遵循，坚持工程思维，持续完善市场营销机制，推进市场开发着力多打粮食，突出"增量"激励，提升市场竞争力。完善科技创新管理体系，实行"平台+项目"研发模式，设立科技创新基金，试点"揭榜挂帅"机制，实施科技型企业岗位分红激励。加快多维成像测井、过钻具测井、随钻测导、套后测井和光纤测井试验，大力推广偏心核磁、地层元素、三维感应、随钻测录导、桥射联作 2.0 和油水井井口计量装置等先进成熟技术，解决好油田技术需求，提供超值服务。以井为中心组织生产，区域资源配置持续优化，基本形成 2 小时生产高效保障圈，增强服务能力。围绕"五油三气"等重点领域和海外 5 大合作区，创新页岩含油性评价等特色评价技术，助力塔北富满、长庆环西、准噶尔南缘、川中太和气区等国内

2018 年 11 月，中国石油集团测井公司向陕西省紫阳县东木镇燎原村捐赠扶贫帮扶资金

重点领域勘探突破，2021年完成各类作业8.76万井次、同比增长5.34%，刷新作业纪录84项。推进装备制造工程升级智能水平，制造仪器652台（套/支）、射孔弹180万发、射孔枪50.63万米。全年完成总产值创历史最好水平，实现"十四五"良好开局。获中国石油集团"2021年度先进集体""质量健康安全环保节能先进企业""科技工作先进单位"等称号，CPLog多维高精度成像测井系统入选中国石油集团十大科技

2021年2月，中国石油集团测井公司获全国脱贫攻坚先进集体

创新成果，并亮相代表我国科技创新最高水平的"十三五"科技创新成就展。中国石油集团测井公司参加的陕西省国资系统助力脱贫攻坚汉中合力团获"全国脱贫攻坚先进集体"称号。

中国石油集团测井公司成立以来，大力弘扬石油精神和大庆精神铁人精神，筑牢国有企业的"根"和"魂"，以成套装备为重点大力开展技术创新，研发具有完全自主知识产权的多维高精度成像测井系统CPLog，建立CNLC服务品牌及CPLog、CIFLog两大技术品牌支撑体系，结束我国先进测井装备长期依赖进口的历史，在满足自身需求的同时远销海外。瞄准"深、低、海、非"勘探开发和老区挖潜技术难题，不断完善测井技术服务系列，服务钻井、压裂、注水、采油等油气生产全过程，精准识别油气层150多万层，为油气田增储上产稳产、钻井工程提速提效提供有力技术支撑。中国石油集团测井公司积极履行企业社会责任，累计缴纳税费42亿元，向社会提供近5000个配套就业岗位，向属地提供扶贫帮困资金2000余万元，连续7年保持"全国文明单位"。

"十四五"时期，中国石油集团测井公司将以习近平新时代中国特色社会主义思想为指导，深入学习贯彻党的十九大和十九届二中、三中、四中、五中、六中全会精神，坚定不移贯彻新发展理念，落实"四个坚持"兴企方略、"四化"治企准则和"四精"工作要求，履行"服务油气、保障钻探"两大使命，以建设世界一流测井公司为目标，编制实施"十四五"规划，推进测井高质量发展。实施市场导向、创新驱动、精益管理、人才强企、数字转型、国际发展六大战略，打造世界领先水平的CPLog测井装备和CIFLog软件平台，引领测井行业发展。推进市场开发、生产组织、技术研发、装备制造、解释评价、信息建设、安全环保、企业管理、品牌打造、支持保障的测井业务十大工程，把党的领导融入生产经营全过程，建立完善"决策、执行、监督"的管理体系和"总部机

关管总、研发制造主建、服务公司主战"管理模式，推进二级单位主营业务归核化，健全完善授权管理体系、风险防控体系，坚持市场化方向深化三项制度改革，使市场在资源配置中发挥决定性作用。按照"强弱项、促提升、上水平"三个阶段，以强化政治建设、思想建设、队伍建设、组织建设、廉政建设、文化建设、工会工作、青年工作、综治维稳、机关建设的党建工作十项为基础任务；建立责任分工、统筹协调、人才交流、督查落实、激励奖惩的五项保障机制，以党建工作与生产经营深度融合为切入点，不断推进"党建四化"任务，促进"四个优化提升"，建设具有测井特色的党建与生产经营有机融合的企业党建生态系统。推进企业治理体系和治理能力现代化，全面建设世界一流测井公司，制定三步走发展目标。第一步：到2021年底，多维高精度成像等成熟先进技术推广应用；国际测井业务形成五大区块；有序平稳推动体制机制改革，高质量发展布局基本完成；实现产值超105亿元，利润总额超3.27亿元。第二步：到2025年，实现高质量发展，综合实力跻身国际先进行列，结构优化、管理先进、体系完善、实力晋级；主体技术达到国际先进，多维高精度成像、超高温高压射孔技术国际领先；国内市场稳步提升，国际市场跨越发展；测井业务归核化重组完成；具有较强高端市场竞争优势、国际影响力；实现收入超150亿元，利润总额超5亿元，其中国际测井业务实现收入25亿元。第三步：到2030年，基本建成世界一流测井公司，制度先进、治理先进、技术一流、品牌一流；指标达到先进，规模实力行业前列；智能测井进入国际领先行列；基本实现数字化转型，国际竞争实力、品牌影响力名列前茅；实现收入超220亿元，利润总额超10亿元，其中国际测井业务实现收入50亿元。

第六章

中国石化测井开辟一体化基础上的专业化发展之路

1998—2021 年

1998年7月27日，中国石油化工集团公司（简称中国石化集团）成立。按照中国石化集团"稳定东部、发展西部、准备南方、拓展海外"的战略构想和"一体化协调、专业化管理、市场化运行"的总体要求，旗下7个专业测井公司（处）通过多次整合重组，初步建立了一批具有中国石化集团特色、适应市场变化、满足不同类型油气藏勘探开发需要的测井专业化服务队伍，由此成为中国石化集团上游企业中的一支骨干力量，为油气田勘探开发提供了有力支持，为推进石油工程领域专业化发展发挥了重要作用。

　　2020年，中国石化集团党组立足保障国家能源安全大局、担当国家战略科技力量的核心职责，按照"全球视野、国际标准、石化特色、高端定位"的发展思路，将中国石化石油工程技术服务有限公司各地区测、录、定业务和有关技术研究业务整合重组，成立中石化经纬有限公司，全面打造集资料采集、处理、解释和仪器研发、制造、销售、服务于一体，对标国际一流的测录定专业化公司，定位技术先导型企业。

　　2020年以来，中国石化集团测录定战线全面学习贯彻习近平总书记视察胜利油田重要指示精神和中国石化集团党组关于"高质量勘探效益开发""稳油增气降本"的发展战略，把初心使命融入"爱我中华、振兴石化"的血脉中。针对油气储量总体品位日趋下降，优质资源接替不足，勘探开发对象由常规向非常规、中浅层向深层超深层、构造油气藏向岩性油气藏转变的现状，以社会化大科技、一体化大运行为发展路径，以"支撑油气、服务钻探"为核心使命，不断推进科技创新和技术进步，在勘探大突破、原油稳增长、天然气大发展中发挥重要的技术保障作用，不断创新超越，书写石油工业发展史上新的篇章。

第一节　中国石化测井专业改革重组之路

　　中国石油化工集团公司所属测井队伍主要来源于原中国石油天然气总公司和中国新星石油有限责任公司。

1998年7月27日，中国石油化工集团公司成立。胜利、中原、河南、江汉、江苏、安徽、滇黔桂等7个测井专业公司（处）随油田从原中国石油天然气总公司划入中国石化集团，隶属中国石化集团各石油管理局（勘探局），分别为中国石化胜利石油管理局测井公司（简称胜利测井公司）、中原石油勘探局地球物理测井公司（简称中原测井公司）、河南石油勘探局地球物理测井公司（简称河南测井公司）、江汉石油管理局测井工程处（2005年11月，更名为江汉石油管理局测录井工程公司，简称江汉测录井公司）、滇黔桂石油勘探局测井录井公司、江苏石油勘探局地质测井处、安徽石油勘探开发公司。1998年12月，安徽石油勘探开发公司并入江苏石油勘探局，其测井业务并入江苏石油勘探局地质测井处（简称江苏地质测井处）。主要职责是保障各石油管理局、勘探局的勘探开发。

中国新星石油有限责任公司前身为原地质矿产部石油地质海洋地质局。1996年12月7日，国务院以原地质矿产部石油地质海洋地质局及其所属石油系统的普查勘探、科研队伍为基础，成立中国新星石油有限责任公司，有西北、西南、东海、东北、华东、华北等油气勘探开发基地。2000年2月29日，中共中央和国务院进一步深化石油工业体制改革，中国新星石油有限责任公司整体并入中国石油化工集团公司，更名为中国石化新星石油有限责任公司（简称新星公司）。

2000年7月，中国石化集团整合重组新星公司研究单位，成立中国石化勘探开发研究院，设立测井技术研究部，定位为中国石化测井评价技术和测井地质工程一体化的产学研用融合中心，围绕"三北一川"（西北、东北、华北；川渝）与海外生产支撑，开展相关技术研发以及处理解释技术应用。2009年6月，在中国石化勘探开发研究院德州石油钻井研究所基础上，成立中国石化石油工程技术研究院，设立测录井研究所，定位为中国石化测录井高新技术研发中心和测录井发展参谋部，开展基础前瞻、重大瓶颈技术攻关。

2003年6月，新星公司地区石油局划归中国石化集团总部管理，所属测井专业队伍隶属中国石化地区石油局，主要职责是保障各石油局的勘探开发。其中：中国石化西南石油局测井公司，主要由原地质矿产部东北石油物探大队、第二普查勘探大队等测井队伍组成，服务区域遍及东北、西南等地区，2007年，与滇黔桂石油勘探局测井录井公司所属测井队伍整合重组为中国石化西南石油局测井公司（简称西南测井公司）；华北石油局数字测井站，主要由原地质矿产部第五普查勘探大队、第四普查勘探大队、第九普查勘探大队、第三普查勘探大队等测井队伍组成，服务区域遍及湖北、江苏、山西、内蒙古、河南等地区；华东石油局测井站，主要由原地质矿产部华东石油物探大队、第六普查勘探大队等测井队伍组成，服务区域遍及华东、东北等地区；东北石油局测井站，主要由原地质矿产部吉林石油普查会战指挥所测井队伍组成，2008年，测井业务划归华东石油局测井站；西北石油局测井站，主要由原地质矿产部第一普查勘探大队测井队伍组成，服务区域遍及青海、新疆等地区，2000年7月，撤销建制。

2010年，中国石化集团上市后，改革进一步深化，实行上市企业与存续企业分开分立，测井技术服务单位除采油厂监测队伍和上海海洋石油局测井队外，均成为各油田存续企业下属单位，主要职责是服务油田分公司勘探开发、开拓外部市场和增强生存发展空间。

2012年12月28日，中国石化借鉴国际一流油服公司"专业化、市场化、国际化、综合一体化"的发展规律、成功经验和管理模式，按照市场分级管控，业务"分灶吃饭"、资源统筹共享等原则，加快推进运营模式，从管理型向经营型转变，从根本上解决影响石油工程业务发展的体制机制性障碍，实现石油工程业务的快速发展，按照"市场化运营、专业化发展、差异化竞争、一体化管理、集团化管控、规范化治理"的发展模式，成立中石化石油工程技术服务有限公司（简称石油工程公司）。各测井单位隶属石油工程公司地区公司，分别为胜利石油工程公司测井公司（简称胜利测井公司）、中原石油工程公司地球物理测井公司（简称中原测井公司）、江汉石油工程公司测录井公司（简称江汉测录井公司）、西南石油工程公司测井分公司（简称西南测井分公司）、华北石油工程公司测井分公司、河南石油工程公司测井公司、华东石油工程公司测井分公司、江苏石油工程公司地质测井处。2016年，华北石油工程公司和河南石油工程公司整合重组为新的华北石油工程公司，华北石油工程公司测井分公司和河南石油工程公司测井公司整合重组，成立新的华北石油工程公司测井分公司（简称华北测井分公司）。华东石油工程公司和江苏石油工程公司整合重组为新的华东石油工程公司，华东石油工程公司测井分公司整合江苏石油工程公司地质测井处的测井业务，成立新的华东石油工程公司测井分公司（简称华东测井分公司）。

2016年12月，为加快随钻测控技术的发展，胜利石油工程公司以钻井工艺研究院测控研究所为主，成立随钻测控项目管理部；2017年12月，更名为随钻测控技术中心；2019年12月，命名为中国石化石油工程随钻测控技术中心；2020年4月，更名为胜利石油工程公司测控技术研究院。

2020年12月，中国石化集团按照"全球视野、国际标准、石化特色、高端定位"的发展思路，重组整合石油工程公司各地区公司测井公司、录井公司、定向井公司（业务）和胜利石油工程公司测控技术研究院成立中石化经纬有限公司（简称经纬公司），吴柏志任执行董事、党委书记、总经理,下设胜利测井公司、胜利地质录井公司、胜利定向井公司、江汉测录井分公司、中原测控公司、西南测控公司、华北测控公司、华东测控分公司和地质测控技术研究院等9家单位。经纬公司作为中国石化集团测录定业务的核心主体,以保障油气、服务钻探为使命,负责中国石化集团测录定技术装备仪器研发制造、取全取准资料、新技术推广应用、测录井资料处理解释评价、生产组织运营及市场开拓等。围绕油气田勘探开发需求,全力打造技术先导型企业。紧盯石油工程发展方向和中国石化勘探开发需求,经纬公司依靠多年积累,培育形成了深层碳酸盐岩、页岩油、页岩气、致密碎屑岩、火成岩和东部老区高含水等6类油气藏集成配套技术;"经纬视界"电缆(随钻)测井技术、"经纬领航"定向(旋转)技术、"经纬探索"录井系列、"经纬东方"定测录导一体化系列和"经纬刚毅"牵引器+系列等5大系列技术产品;远距探测技术、高温高压测井技术、井场智能信息技术、近钻头地质导向技术、随钻方位伽马成像技术等26项特色技术。

2021年3月,经纬公司整合所属地区公司的随钻测控、测井、录井和定向井等专业研发中心(所),重组成立地质测控技术研究院。主要承担测录定高端和前沿技术与产品的研发、实验、制造、销售、维保和一体化服务等。有随钻测控中国石化集团优秀创新团队。

2021年底,经纬公司有6个管理部门、2个专业机构、8个区域专业经营单位、1个地质测控技术研究院;用工总量11664人,其中大学本科及以上4374人,副高级及以上职称2289人,科研人员891人;固定资产原值50.77亿元,净值15.25亿元;各类装备1928台(套),其中测井装备403台(套)、录井装备1046台(套)、定向井装备479台(套);施工队伍998支,市场遍布国内19个省(自治区、直辖市)和海外13个国家。2021年测井28044万标准米、录井进尺762万米、定向进尺552万米;实现收入50.24亿元、利润1.87亿元。

第二节　积极拓展内外部市场

1998年以来,中国石化集团各测井单位顺应改革重组带来的新变化,积极应对国际石油市场复杂多变的新形势,特别是2015年油价断崖式下跌带来的严峻考验,牢固树立市场观念、竞争观念、效益观念,大力实施"走出去"战略,拓展内外部市场,实现了从走出"家门"到走出国门的跨越,提升了竞争力和影响力。20多年来,中国石化集团内部形成了西北、东北、华北、川渝、东部老区5大区域市场，外部形成了以中东地区为主战场，辐射中亚、北非、中非、拉美、南亚等地区的市场格局，市场服务国内遍布20多个省（自治区、直辖市），海外覆盖30多个国家。

一、集团内市场

在西北、东北、华北、川渝工区和东部老区，中国石化集团各测井单位充分发挥服务和保障作用，以精湛的技术、过硬的质量和精准化的服务，在油气勘探开发中发挥测井价值，贡献测井力量。

（一）西北工区

中国石化集团西北工区主要指中国石化西北油田分公司、胜利新春石油公司、河南油田新疆采油厂等市场。西北工区顺北、塔河断控体和溶洞型碳酸盐岩油气藏、准噶尔深层致密碎屑岩油气藏，具有埋藏深、岩性致密、矿物复杂、低孔低渗、储层类型多样等特点，测井施工中面临着高温高压和井型复杂等问题和困难。2000年以后，中国石化集团各测井单位陆续进入该工区。随着市场规模不断扩大，施工队伍不断扩充，服务领域不断拓展到水平井射孔、生产井测井、资料解释等，主要配备SL-3000型、SL-6000型、CLS-3700、ECLIPS-5700和EXCELL-2000等测井装备，能够提供所有常规测井及

2006年3月14日，华北石油管理局数字测井站完成塔深1井测井施工任务

成像测井服务。中国石化集团各测井单位通过综合应用常规测井、二维核磁、气测图版等资料，形成了储层含油气综合评价方法和评价标准，有效支撑了顺北和塔河缝洞型碳酸盐岩的勘探开发。依靠成像测井仪器高分辨率的技术优势，解决了塔河油田奥陶系、寒武系裂缝、溶洞地层的储层识别和低密度水泥浆固井评价难题，形成了一套膏盐井、负压井、高硫井、超深井的资料采集技术，为塔河油田储层的精细划分提供了重要的测井参数。截至 2021 年，中国石化集团各测井单位先后完成庄 1 井、董 1 井、永 1 井、塔深 1 井、顺 1 井、海参 1 井、鹰 1 井、顺南蓬 1 井、顺北 11 井、塔深 5 井、顺北 41X 井、顺北 803 斜井等一批重点井、疑难井、超深井施工，为顺北油气田超深层"千吨井"的勘探开发，提供了有力的技术支撑，展现了中国石化测井应对超深、超高压、超高温井的施工能力。

（二）东北工区

中国石化集团东北工区主要指东北油气分公司。东北工区岩性多样，利用常规测井资料进行储层岩性识别难度大，测井施工中面临高温高压等挑战。中国石化集团各测井单位以高温直推存储式测井等多项技术为主，形成火成岩储层综合分析技术，满足勘探开发的需要。1998 年，华北测井分公司通过改造井下仪器和开发地面系统软件，在松南 76 井中成功运用长源距声波测井方法，准确划分出天然气储层，为东北松南盆地的天然气识别解决了一大难题。2003 年，中原测井公司针对东北工区低压低渗油气地层的特征，大力推广负压射孔技术。胜利测井公司积极推广 LWF 存储式水平井工艺，为甲方解决小井眼、超长水平段测井难题。1998 年以来，中国石化集团各测井单位先后完成宾参 1 井、彰武 2 井、北 2-5HF 井、SW2-5HF 井、北 216 井等一批重点井施工，全力保障了东北油气田的勘探开发，其中在北 216 井施工中，首次使用带压射孔桥塞与储层保护联合完井工艺技术，实现了不压井直接作业投产，极大缩短了开发周期。

（三）华北工区

中国石化集团华北工区主要指华北油气分公司。华北工区主要包括鄂尔多斯致密碎屑岩油气藏和山陕煤层气藏。中国石化集团各测井单位建立渗流、宏尺度和微尺度三大类参数测录井评价技术和裂缝储层有效性综合判别方法，为复杂储层勘探与压裂改造选层提供了依据。2000 年，中原测井公司为鄂尔多斯盆地东南部风险勘探地区第一口深层气探井富古 1 井提供测井、射孔服务。2009 年，华东测井站在山西完成多口煤层气井施工，其中延 1 井首获工业气流，揭开了延川南煤层气田商业开发的序幕。2016—2021 年，中国石化集团各测井单位深度参与了东濮凹陷文 23、文 96、卫 11 等地下天然气储集库建设，为中国中东部地区天然气安全平稳供应提供了有力保障。

2005年11月，华北石油管理局数字测井站参加鄂尔多斯10亿立方米产能建设总结表彰大会

（四）川渝工区

中国石化集团川渝工区主要指西南油气分公司、勘探南方分公司（又称勘探分公司）、中原普光、江汉涪陵、华东南川等。川渝工区主要包括海相碳酸盐岩油气藏、页岩气藏、致密碎屑岩油气藏等，具有储集空间类型多，岩性复杂等特征，页岩气藏层位多、类型多、埋藏深，以大位移水平井开发为主，测井施工中面临高含硫和电成像测井不能满足高温高压等难题，储层评价难度大。中国石化集团各测井单位在川渝工区域建立超深井测井、高含硫产气剖面生产测井和高抗硫无枪身深穿透射孔技术，研发了高温电成像测井仪器，形成了储层有效性、页岩含气量、储层品质等一系列解释评价技术，最大限度满足了高压气藏勘探开发的需求。2000—2021年，西南测井分公司相继完成川孝169井等一批勘探井测井施工及解释，实现了油气勘探的新发现；施工完成的彭州1井测试取得了重大突破，拉开了川西海相勘探的帷幕。2004—2021年，胜利测井公司完成包括勘探南方分公司第一口海相页岩水平井焦页1HF井、川东北首口页岩气探井涪页HF-1井、普光1井、元坝2井、大湾102井等多口高难度重点井测井，为"普光、元坝海相天然气勘探取得重大发现"和"大湾构造天然气勘探取得重要进展"作出贡献。2005—2021年，中原测井公司完成普光204-2H井、普光101-3井等多口重点井施工任务，在普光大湾区块试气投产会战中，完成多口高含硫井的射孔任务，对该地区发现油气资源和元坝礁滩相天然气勘探发挥了重要作用。2013年，江汉测录井公司在焦页1-2HF井，优质完成1504.21米水平段22层的分段桥塞多级射孔联作施工，通过自主

研发和联合攻关，牵引器、多级射孔等国产化工艺技术实现突破；在焦页42平台完成并创造中国石化集团多级射孔作业最深（5927米）纪录，打破了该项技术被国外公司的垄断，降低了勘探开发成本。

（五）东部老区

中国石化集团东部老区主要指胜利东部、中原、江汉、河南、江苏等老区。经过几十年的共同发展，中国石化集团各测井单位深度融合到本地区油田，无论隶属关系如何变化，精准高效服务老区市场的责任和使命没有变化。推行精细化市场服务模式，实行"项目经理负责、公司领导分工承包"，向采油厂、油公司等派驻项目管理人员；建立回访机制，对发现的问题及时汇总、统计、分析，确保关键问题有措施、有结果、有反馈。2020年，经纬公司成立后，设立处理解释中心，下设11个分中心，通过分中心与油公司联合办公，实现"源头参与、过程控制、开发建议、后期跟踪"，从井位论证源头介入，到完井验收，直至后期投产，全方位参与其中，与甲方形成问题共商、技术共享、互利共赢的合作关系。围绕精细勘探、精细开发，坚持新技术推广和老技术挖潜相结合，在重点区块、老区提高采收率、不同油区储层解释模板适用性等方面进行深入研究，为油气田增储上产提供更丰富的地质信息和技术手段。充分发挥资料解释作用，切实满足油田开发后期对测井技术的需求，持续开展老井复查，不断发现了新的含油层系和区块，为老油区稳产开发提供了资源补充。2012年以来，胜利油田在中国石化集团内部率先开展低品位储量的效益开发规模矿场试验，胜利测井公司参与胜利油田和胜利工程公司的联合项目部，在十几个区块参与油藏、储层质量开发方案、工程技术配套方案等综合研究，目标能在赢利的条件下将油气采出来有望实现胜利油田近7.0亿吨的难动用储量的效益开发，先后完成了盐227、义178等十几个区块井工厂的所有采油、井下、测录井定向、射孔施工和资料解释评价，为保证胜利油田每年原油稳产在2340万吨以上作出积极贡献。华东测控分公司与油公司联合开展页岩油地质—工程一体化评价项目攻关，为页岩油井的地质、工程评价提供了大量可靠的评价数据，施工完成的溱页1井最高日产原油66吨，实现了苏北盆地页岩油勘探的重大突破。

在海上及其他区域，中国石化集团各测井单位完成一系列重点井、疑难井施工任务。2011年以来，胜利测井公司在南海北部湾服务历时8年完成涠2井、海2井、涠4井、涠8井等的测井、射孔施工，其中涠4井获高产油气流。2017年，中原测井公司完成羌参1井（海拔5030米）四开测井施工，是当时世界上井位海拔最高井。

二、集团外市场

在集团外油气田及其他国有企业、地方企业、民营企业的测井市场，中国石化集团各测井单位牢固树立"成就甲方就是成就自己"的市场服务理念,坚持"巩固传统优势"与"培育三新业务"协同发力,持续聚焦常规和非常规、油气和非油气,不断开拓多元化、差异化、规模化市场,着力推动以传统油气市场为主向多元化发展迈进,市场规模不断扩大。

在冀东油田,中国石化集团各测井单位立足于解决实际问题,精准提供技术服务。该区域断层多、断块小、油藏类型多、油水关系复杂,属于复杂小断块油气田。勘探开发中面临着致密砂岩、火成岩、水淹层、低阻等复杂油气藏,以及测井施工中大斜度井多,施工难度大的难题,中国石化集团各测井单位以直推存储式测井技术为主,综合应用阵列声波、核磁共振、电成像、地层元素、声波远探测等测井方法,建立致密砂岩有效储层划分、火成岩岩性识别、远井眼缝洞评价等技术,千方百计解决资料采集和资料评价难题,为勘探开发提供有利层段选取、压裂方案制订、油气储量上报等技术支撑。

在西南油气区,中国石化集团各测井单位以勘探开发为己任,与甲方单位密切合作,共同助力油气开发,从测井、射孔施工到资料处理,提供全方位技术支持。2016年,胜利测井公司完成中国地质调查局安页1井测井、射孔施工,获4个地质层系页岩气、油气重大突破性成果,为安页2井、安页3井、安页4HF井等的勘探开发合作奠定基础。2020年,江汉测录井分公司应用牵引器+RIB测井工艺优质完成阳101H26、泸203H5平台套管固井质量测井任务,相比传统钻具输送存储式工艺提高施工效率30%。西南测井分公司进一步推广水平井爆炸松扣技术服务,为页岩气水平井钻井复杂情况处理提供了新手段。

在山西和陕西等区块,中国石化集团各测井单位深入研究该区域地质特点,量身定做不同的施工技术方案,切实满足甲方需求。为适应非常规油气资源勘探开发需要,中国石化集团各测井单位在该区域实现从传统油气市场到非常规油气市场的跨越。2008—2012年,中原测井公司为韩城分公司韩城5亿立方米煤层气产能建设478口井和忻州分公司保德5亿立方米产能建设项目438口井提供测井射孔服务;完成延页平1井测井任务,是鄂尔多斯盆地中生界第一口页岩气水平井,是国土资源部非常规油气资源勘探开发、探索页岩气产能和资源储量的研究项目;完成SX-306井常规完井和成像测井施工,该井是全国页岩气资源战略调查先导试验区山西省晋城地区的第一口页岩气战略调查井。2015年,华北测井分公司与甘肃煤田地质勘探院合作,完成甘肃省内首口页岩气调查参数井页探1井的测井施工。2018年,华东测控分公司顺利中标延长气田天然气井处理解释评价服务项目,至2021年,处理解释评价天然气井335口、1000余井次。2019年,江汉测录井公司在长庆油田陇东区块华H32井首次完成牵引器射孔施工,优质完成苏东014平台首段牵引器射孔施工,至今已在长庆油田完成施工178井次。2019年,胜利测井公司完成大吉-平18井泵送桥塞射孔施工任务，拉开了山西致密气和煤层气市场的序幕，服务领域从泵送桥塞射孔扩展到裸眼测井、生产测井、资料解释评价，为市场规模的持续扩大奠定了基础。

在东北、青海、河南、安徽、湖北、新疆等地区，中国石化集团各测井单位紧密跟踪国内油气勘探开发形势，持续关注油气勘探开发动向，依靠过硬的技术实力和高效的施工组织，持续扩大市场规模。河南测井公司2006年中标大庆头台油田完井测井项目，扩大了东北完井测井市场，进一步开发了辽河油田C/O能谱测井、氧活化、电磁探伤和伽马测井项目，强化了东北地区测井市场的裸眼井测井、生产井测井和射孔市场施工服务能力。2018年，华北测井分公司开始为辽河油田提供宽能域测井服务，2019年，开始为辽河油田提供多级射孔服务，2021年，为辽河油田页岩油和难动用两个项目提供测井与多级射孔服务。中原测井公司完成青海油田冷湖七号构造上的第一口重点探井冷七1井测井任务，获青海石油勘探局科学技术进步奖二等奖；中标安徽页岩气开发有限公司、河南豫中地质勘察工程公司、淮南矿业集团、湖北核工业二一六大队等单位多个项目测井、射孔施工。江汉测录井公司完成湖南省煤田地质局煤层气井ZK2705井测井施工，首次进入该地区煤层气市场，积极与地方市场合作，服务湖北、湖南等周边市场，参与多口重点井施工，扩大了市场规模。在新疆，中国石化集团各测井单位同国家能源局、新疆煤田地质局及新疆地区多家地方企业和十余家民营企业合作，参与完成了新吉参1井等数十个项目施工，油气市场规模持续扩大，助力了新探区油气发现。

在非油气领域，中国石化集团各测井单位以国土资源部门、地质调查局、地方能源开发集团等作为服务重点，将服务领域拓展到非油气市场。2009—2010年，胜利测井公司与中国地质科学院探矿工艺研究所签订测井工程技术服务合同，完成汶川地震断裂带科学钻探WFSD-2、WFSD-3

2009年，胜利测井公司在WFSD-2测井施工现场

孔测井服务项目，汶川地震断裂科学钻探（WFSD）项目是国务院批准实施的国家科技支撑计划专项，由国土资源部会同科学技术部和中国地震局组织实施的汶川地震断裂带科学钻探工程。凭借高新技术和优质服务，中国石化集团各测井单位在非油领域的业务范围从国家矿产资源基础勘查到干热岩新型能源评价、市政地热能开发、盐矿化工综合利用等不断深入和发展，在地震带研究、地热、水文、市政、黄金开采、盐卤、轨道交通建设等领域，中标大量项目，服务范围覆盖东北、苏浙皖、新疆、江西、河北、山西、内蒙古、四川、北京、山东、江苏等多地区多省（自治区、直辖市），为其提供测井、射孔和资料解释服务，在提高经济效益的同时，履行了社会责任，提升了中国石化集团的知名度和美誉度。

三、国际市场

中国石化集团各测井单位积极应对国际测井市场日趋复杂的形势，稳步实施"走出去"战略，不断提高国际化经营水平，增强市场竞争力和项目管理能力，质量和效益同步提升，中东、中亚、非洲、拉美等市场不断稳固。

（一）海外市场

中国石化集团各测井单位从项目运作到合同签订，从风险管控到施工过程，严格按照国际标准执行，优质高效地完成各项施工任务，极大提升了竞争力和影响力。1994—1998年，胜利测井公司先后派出2批14人到秘鲁进行施工服务，在秘鲁塔拉拉油田6区块、7区块测井施工中，使用自主研制的SDCL-2000型测井系统、VCT-2000射孔系统及下井仪器，完成裸眼井测井79口88井次，固放磁测井84口87井次，射孔107口111井次，测井资料解释145口井，施工业绩得到秘鲁市场的高度认可。1997年，中原

1994年，胜利测井公司欢送到秘鲁施工人员

测井公司中标埃塞俄比亚 Calub Gas Share 公司 Calub 气田测井射孔项目，工作量为 8+2 口井，在 CALUB9 号井进行油管输送射孔作业后喷出工业气流，日产气量 18 万立方米，为下一步开拓市场奠定坚实基础；2005 年，中原测井公司再次进入埃塞俄比亚市场。2001 年，胜利测井公司开始为东胜精攻石油开发集团公司在蒙古国承包的风险勘探区块提供测井、射孔等服务，为加强放射源、火工危险物品管理，制定完善了中英蒙三国语言的危险品管理制度，被当地政府及安全总局备案，作为行业管理样本；近 20 年来，胜利测井公司在蒙古国先后中标蒙古金海测井市场项目、纵横公司服务项目、北大青鸟公司服务项目、CAPCORP 蒙古公司服务项目等，共完成测井、射孔、井壁取心等 1409 井次，1 人被蒙古国能源部授予劳动模范称号。2002 年，胜利测井公司作为分包商签订伊朗卡山项目测井施工合同，截至 2006 年先后有 2 批 7 人次到伊朗，使用 EXCELL-2000 型和 SL-3000 型测井设备，完成 ARN-1 井、ARN-2 井、ARN-3 井和 FKH-1 井等井的作业施工；2009 年，中国石化集团伊朗雅达项目启动，2010—2014 年，共完成 53 口井、180 多井次的现场测井和资料解释服务，完成合同额 2400 万美元。2006 年，华东测井站到非洲加蓬开展测井服务，2006—2015 年，累计施工 113 井次，收入 4256 万元。2006 年，西南测井公司进入缅甸市场，从事测井资料采集、取心、射孔、爆炸松扣、处理解释等一条龙服务，提供解释的 PATOLON-1 井是中国石化集团在缅甸伊洛瓦底盆地 D 区块预探井，该井完井测试天然气日产能 14.58 万立方米、原油 4 吨，测试 7 个层均与解释结论相吻合，这是一次具有重要价值的工业油气发现，为西南测井公司在缅甸市场的发展打下了良好的基础。2010 年和 2015 年，中原测井公司两次进入缅甸提供测井射孔服务。2009 年，江苏油田地质测井处一举中标叙利亚两年共 6000 万美元的测井项目，累计完成测井 325 井次，收入 1550 万美元，该项目后因政局原因停工。2010 年，河南测井公司进入印度尼西亚测井市场，完成两口井测井任务；2014 年，中原测井公司进入该国测井市场，2018 年下半年项目结束。2012 年 9 月，胜利测井公司动迁 1 套 ECLIPS-5700 成像测井系统及相关井下仪器赴土耳其市场，共完成图兹湖项目 11 个储气库 78 个井次的测井施工任务，实现劳务产值 2224 万元；2015 年，与甲方在前期合同的基础上续签 UGS-1A 井合同；2016 年，与 Ecolog International EnerjiAnonimŞirketi. 公司签订测井服务合同。2017 年，华东测井分公司首次进入厄瓜多尔市场，主要服务区域是中国石化集团国际工程公司的 ITT 项目，开展固井质量测井业务；2018 年以后，陆续拓展了射孔作业、套损检测及校深作业项目；截至 2021 年底，实现产值超过 2100 万元。

中国石化集团各测井单位在俄罗斯、阿塞拜疆、哈萨克斯坦、吉尔吉斯斯坦、韩国、泰国、马来西亚、苏丹、刚果、尼日利亚、马达加斯加等多个国家和地区从事测井、射孔、资料解释等服务，极大提升中国石化集团在国际市场的知名度和美誉度。

（二）反承包市场

反承包是外商投资国内项目，国内施工单位作为承包商的一种工程承包模式。中国石化集团各测井单位发挥设备管理、施工经验和HSE管理优势，加强合作交流，积极开展反承包市场业务，培养锻炼了一批适应国际市场需要的复合型人才。1999年，中原测井公司中标美国菲利普斯（PHILLIPS）公司山西兴县LXC-006等6口井的测井、射孔项目；2000年4月，利用"爆炸法油井水泥注灰"方式，3小时完成LXC-008井7英寸套管内10米厚水泥塞施工任务，受到PHILLIPS公司现场监督高度评价。1999—2000年，胜利测井公司在美国能源开发有限公司反承包市场的埕岛西A区块油田，先后完成CZK-1井、CB102-1井的测井服务；2002年，胜利测井公司优质高效地完成PHILLIPS公司在浅海区域CDX-4P井等17口井施工服务；2009年，再次与PHILLIPS公司签订埕岛西海上21口井射孔施工承包合同；2014年6月，PHILLIPS公司将其权益全部转让给Genting CDX Singapore PTE LTD，合同期延长至2026年4月15日。2004年，胜利测井公司中标美国杜邦（中国）公司杜邦1井的测井、射孔和注液测试项目，历时11个月，优质高效地完成了全套施工项目，全方位展现了综合服务能力。2004—2007年，中原测井公司中标并完成加拿大必和必拓公司2V井、4L Pilot井、BD9井、SF2井等18口井测井施工，其中BD6井的测量井段井眼直径仅有98毫米，采用国产直径70毫米型测井仪器施工。2006年，中原测井公司与法国斯伦贝谢公司合作，中标澳大利亚中澳煤层气能源有限公司位于陕西省和山西省的深层煤层气测井项目，中原测井公司负责常规裸眼测井、固井质量测井及测井资料解释项目。

中国石化集团各测井单位与美国雪佛龙海外石油有限公司、美国德士古公司、加拿大法玛斯特有限公司、加拿大哈斯基（Husky）石油中国有限公司、加拿大亚加能源有限公司、远东能源公司、马来西亚云顶石油天然气（中国）有限公司等合作，在反承包市场上展示了高超的技术水平和过硬的队伍素质。

第三节　持续加强科技创新

1998年以来，测井技术进入全新发展时期。中国石化集团各测井单位围绕油气勘探、开发和非油领域对测井技术需求，探索和攻关研究新领域新类型油气藏测井技术，以基础和前瞻研究带动技术创新，按照"引进—消化吸收—再创新"的思路，集中力量进行成套测井装备研制，带动测井总体水平的提升。测井队伍全面配备引进或自主研发的数控测井仪器、成像测井仪器。各测井单位研发或配备先进的测井解释工作站和测井资料处理软件，在复杂储层、非常规油气层测井评价和流体性质识别技术方面不断取得新进展。射孔技术取得长足进步，泵送桥塞及多级射孔联作技术为页岩油气勘探开发提供重要支撑，在保障中国石化集团高质量勘探、效益开发中发挥重要作用。

一、科技创新成果丰硕

中国石化集团成立以来，各测井单位先后承担国家级科研课题20余项、省部级科研课题119项，累计获国家科技奖励3项、省部级科技奖励50项，授权国家发明专利311件，其中涉外专利授权13件，中国石化专有技术18件，软件著作权181项。

1998—2012年，中国石化集团各测井单位确立"发现油气层、评价油气层、解放油气层"的技术发展方针，始终坚持实施创新驱动，靠高新技术发展的工作思路，瞄准测井技术前沿，立足市场需求和生产需要，不断提升科技支撑能力。建成较为齐全的生产科研基础设施，实现测井装备数控化，并逐步向成像化迈进；具备在大斜度井、定向井、水平井以及复杂井况条件下进行测井、射孔施工作业的能力；形成了裸眼测井、生产测井、射孔取心、测井资料处理解释评价和岩石物理实验5大技术系列，服务能力进一步增强。SL-3000型数控测井系统、DF-MIES新型多功能数控采集系统、SL-6000型高分辨率多任务成像测井系统作为主要研发成果，为中国石化集团"稳定东部、发展西部、准备南方、拓展海外"战略目标的实现作出积极贡献。

2012—2020年，中国石化集团各测井单位以生产需求为导向，石油工程公司成立测井技术研究中心，整合研发资源，发挥集成优势，坚持走"研发—制造—销售—服务"一体化发展道路，推动技术创效向更高层级迈进。开展测井、射孔、解释评价技术研究，按照"储备一批、发展一批、推广一批"的思路开展科研攻关和应用。加强前瞻性技术研究，明确有特色、高水平的研究目标，提高对先进测井技术的掌握能力；加强核心和关键技术的研发，为市场开拓提供技术支撑。MVLog900网络成像测井系统研发成功，元素测井、声波远探测测井、微电阻率扫描等成像测井技术获得突破。

2020年以来，经纬公司坚持把科技研发作为核心动力，技术创新水平持续提高。

测井方面，聚焦"应采尽采"，加快超高温高压测井项目研发进程，提高特深层、复杂井况测井资料采集能力。过钻头采集工艺、高温直推存储式测井工艺，解决了复杂井况"下不去""测不成"等系列难题，超深井测井资料采集能力取得较大提升。随钻测井实现从无到有的突破，电磁波电阻率、自然伽马、自然伽马能谱、中子、密度、超声井径等仪器快速投入应用。

射孔方面，坚持特色技术再提升，发展完善高导流、动态负压以及云爆等清洁射孔技术，开展射孔参数及工艺优化技术研究，进一步提高储层改造和增产效果。针对页岩油气开发，完善分段泵送桥塞射孔联作技术系列。"牵引器+"技术序列，解决长距离水平井、套管变形井等复杂井况射孔施工难题。研制射孔压裂一体化远程控制井口快速连接平台和模块化射孔器，消除交叉作业风险，降低工作强度，提升施工时效，满足井工厂快速拉链式施工需求。

解释评价方面，以实现"透明储层"为目标，开展深部碳酸盐岩、致密碎屑岩、页岩油、页岩气、火成岩和东部老区高含水等复杂储层精细评价研究，研发复杂储层解释软件模块，打造国内领先的复杂储层测录井评价技术系列。

产品线建设方面，为加快特色技术集成和关键技术突破，强化技术和产品品牌建设，提升自主品牌发展活力和产品竞争力，地质测控技术研究院构建了旋转导向产品线、随钻测量/测井产品线、测井仪器装备产品线、录井仪器装备产品线等4条产品线和MatriNavi I 型旋转导向系统、175℃ MWD 随钻测量仪器、MRC 电磁波电阻率仪器、MVLog900 网络成像测井系统、EXPLORER ZH-3 综合录井仪等18条产品线，有效延伸产业链条，打造一批国内先进、国际知名的品牌技术和拳头产品，推动地质测控技术研究院核心竞争力提升和产业结构升级。

二、科研基础设施完善

20世纪60年代以来，中国石化集团各测井单位陆续建成一批实验室和标准井群。利用这些实验室和标准井群，开展岩石物理实验分析，为精确评价测井资料和解释方法研究提供重要的基础数据；进行高温高压实验、电缆深度标定、下井仪器刻度、下井仪器和射孔器材质量检验或性能测试，保证测井资料采集和射孔施工作业质量，同时满足了测井仪器和射孔器研究、制造的需要。

（一）岩石物理实验室

通过对岩心进行孔隙度、渗透率和饱和度物性参数、岩电参数、声波参数、核磁共振参数等物理实验分析，为测井资料解释提供准确的解释参数，建立储层参数与测井响应之间的关系，形成适合不同地层地质特点的解释模型，提高测井资料解释的精度。

华北石油勘探会战初期，胜利油田电测站建成岩石物理实验室，开始进行岩心含油饱和度和电阻率、孔隙度、渗透率的关系分析。1989年，胜利油田测井公司重建岩石物理实验室，建立了完善的岩心预处理系统和岩电参数测量系统。2000年10月，首批被胜利油田科学技术委员会授予胜利油田重点实验室。截至2021年，胜利测井公司岩石物理实验室已配置较为完善的岩心物性分析、电阻率分析、电化学实验、声波实验、介电常数和核磁共振等测量系统，成为电、核、磁配套，功能齐全的综合性实验室。可提供岩石孔隙度、渗透率、粒度分析、岩电参数、声波速度及力学参数、自然伽马能谱、岩石核磁共振电化学电位等20余项实验分析数据，先后完成胜利油田内外部20多个油气区岩样实验分析测量，为复杂储集体、海相页岩气及陆相页岩油测井评价模型建立提供了重要的实验数据。岩石物理实验室是中国石化集团随钻测控重点实验室的重要组成部分。

（二）高温高压实验室

为满足深井、超深井下井仪器温度和压力性能检验的需要及引进的3600系列测井仪验收，按照石油化学工业部要求，胜利油田测井总站1977年建造了第一套高温高压（185℃、150兆帕）试验装置。2000年，第二套高温高压试验装置建成投产，最高工作压力180兆帕，最高工作温度250℃，既可对仪器单体进行温度、压力测试，也可连接地面系统进行整体性能测试，出具包括压力、温度变化曲线在内的检测报告。2019年，中原测井公司建成最高工作压力200兆帕、最高工作温度250℃的高温高压实验室。2021年，胜利测井公司为完成超高温超高压科研攻关项目，建成第三套高温高压试验装置，最高工作压力210兆帕，最高工作温度260℃。

2000年8月30日，胜利测井公司第二套高温高压试验装置建成投产

（三）高温高压射孔效能实验室

高温高压射孔效能实验室用于检测和评价射孔弹或射孔器的实际效能，并通过高温高压环境中打靶试验，对影响射孔效能的因素进行研究，提高对射孔形成的流体通道的认识，为研制高效能的射孔器提供依据。2004年，胜利测井公司设计建造了高温高压射孔效能实验室，高温超高压射孔试验容器工作压力80兆帕，工作温度200℃；高温高压射孔试验容器工作压力20兆帕，工作温度150℃。可进行射孔弹钢靶、混凝土靶、岩石靶射孔试验，出具压力和温度曲线、射孔瞬间压力变化的压力—温度曲线以及射孔弹穿

深、孔径等实验报告。2006年，完成国内7家射孔弹厂生产的不同型号射孔弹砂岩靶射孔试验。2010年，依托国家重大专项，通过改造和升级，配套2台超高压试验容器，最高工作压力分别为120兆帕、145兆帕，最高工作温度分别为250℃、240℃。

（四）生产测井动态模拟实验室

胜利测井公司、中原测井公司分别于2002年、2003年设计建造了模拟井筒和任意井斜的生产测井动态模拟实验室，开展了流量计、含水仪影响因素研究，建立了校正方法，标定了流量计和含水仪，绘制了解释图版，同时提供利用图版对实际资料进行黏度等影响因素校正的方法，解决仪器标定、流态模型及解释方法研究问题，为生产测井资料实现标准化处理解释评价打下了良好基础。

2002年12月8日，胜利测井公司生产动态模拟实验室建成投产

（五）核测井标准刻度井群

核测井标准刻度井群是参照API（美国石油学会）核测井标准刻度井，并按照国际原子能机构推荐的关于铀矿勘探放射性测井模型制作规定，优选天然岩石模块制作的标准刻度井群。胜利测井公司历经6年科研攻关，1984年完成2口核测井刻度井、10口科学试验井的研究建造，并通过石油工业部科学技术司鉴定。自然伽马标准刻度井、中子标准刻度井被推荐为一级标准刻度井，各项技术指标达到国外同类设施技术水平，介质的均匀性、参数分析精度等技术指标高于国外同类设施技术水平，填补了国内核测井技术的空白。1986年，开始为国内各大油田以及生产厂家提供仪器刻度服务。

（六）测井资料对比井

1996年，为满足测井仪器研发和应用，胜利油田测井公司建成孤古8测井资料对比井。孤古8井完钻井深2800.8米，套管下深1945.65米，套管井段以下为216毫米（8.5英寸）钻头所钻裸眼井段，裸眼井段孔隙度、电阻率分布范围适合测井仪器性能检测和测井资料对

胜利测井公司孤古8测井资料对比井

比。1996年，胜利油田测井公司先后用MAXIS-500、EXCELL-2000、ECLIPS-5700成像测井系统在该井进行自然伽马、自然电位、井径、深侧向、浅侧向、微球聚焦、深感应、中感应、八侧向、补偿声波、补偿中子、补偿密度、声成像、电成像、核磁共振测井，在综合对比测井资料的基础上，以MAXIS-500系统所测资料为依据，优选了地质剖面上有代表性的井段，编制了以常规电阻率测井、孔隙度测井、声波成像测井、微电阻率成像测井和核磁共振测井等资料为主要内容的《孤古8井参考曲线及数据图册》，建立了孤古8井测井资料的参考标准。

（七）复杂储集层测井刻度井

2005年以来，胜利、华北、西南等测井单位先后设计建造了复杂储集层测井刻度井。通过微电阻率扫描成像测井仪和超声波成像测井仪在刻度井内测得的岩石层界面、裂缝、孔洞、砾岩层理等资料，检验仪器分辨率，开展成像测井仪器研制应用试验和数据成像处理软件的研究。

（八）随钻测控重点实验室

1996年，随钻测控重点实验室成立。2000年，通过质量、环境、HSE、职业安全等管理体系认证。2008年，通过计量标准考核认证。该实验室2005年被评为胜利油田重点实验室，2011年被评为中国石化重点实验室，2015年升级为山东省示范工程技术研究中心，2020年被评为山东省随钻测控工程实验室。实验室有无磁高温实验装置、无尘正压房、元器件高温老化实验箱、槽式烘箱、振动试验台、碰撞试验台、压力计以及定向器标定架等高端科研设施，可开展随钻测控方法研究、仪器工具研制、仪器工具综合性能评价等实验研究。电路测试系统引进配套自动光学检测仪、红外热成像

2020年11月21日，中国石化地质测控技术研究院随钻测控重点实验室

分析仪、电路检修系统等国际先进电路分析检测设备，可以自动检测和识别电路焊接缺陷；红外热成像分析仪可进行电路热分布分析，从而对电路板设计和布局进行优化，同时可进行电路故障诊断；电路检修系统主要是对电路板通过光学和红外热辐射分析仪定位故障点后进行维修。

（九）综合管理一体化平台

2021年，经纬公司利用先进的智能视频AI分析、物联网、GIS地理信息系统、北斗定位等技术，建成集生产运行、技术支持、施工现场监控、放射源在线监控及应急支持于一体，能够实现智能视频监控、远程安全生产调度、车辆主动安全预警、车辆盲区预警以及驾驶员驾驶行为智能分析功能的综合管理平台。该平台具备视频4G实时传输、语音对讲、车辆定位、行车记录、里程统计、轨迹查询、电子围栏、驾驶行为分析、违章报警等功能，人工监控与数据智能预警技术相结合，为专家远程会诊，安全生产监管提供有力技术支持。

三、建设"科改示范"地质测控技术研究院

地质测控技术研究院是经纬公司的直属研发机构，主要承担测录定高端和前沿技术与产品的研发、制造、销售、维保和一体化服务。2021年底，有人员265人，硕士71人，博士13人，副高级及以上职称137人，硕士及以上占比27%，副高级及以上职称占比52%。其中，中国石化集团引进"双百"人才4名。坚持"小机关、大研发"原则，有中国石化集团随钻测控重点实验室和3个中国石化集团创新团队，高起点谋划顶层设计，搭建了"4+6+N"矩阵式管理架构，即青岛研发、东营修造、西北维保、西南维保等4个基地，方法研究、大数据研究、软件研究、机械研究、电子研究、总装工艺研究等6个研究所，以及根据技术研发需求，组建的N个重点项目组。着力构建"一流的攻关研发平台、一流的科研管理体系、一流的科技人才队伍、一流的技术装备系列"，立足

打造成为中国石化上游高端技术创新的"策源地"和"孵化器"。

（一）开展"大兵团"联合作战

2021年，与中国科学院声学研究所、中国石油大学（华东）联合申报国家项目，推动测井行业高端发展；与斯伦贝谢公司、贝克休斯公司合作推进旋转导向平台互联互通、联合市场服务；与中国电子科技集团有限公司第二十二研究所、中国船舶重工股份有限公司第七一六研究所联合攻关，实现关键技术快速突破；与中国石化集团石油工程技术研究院签订战略合作协议，在旋转导向、近钻头伽马成像等方面开展联合攻关，构建了与国际油服高端技术互联互通、与合作商共享成熟技术、与知名高校产学研用深度融合、与科研院所联合攻关4个战略合作平台，推动资源共享，促进优势互补，积极推进社会化"大科技"，走出了一条自主研发和联合攻关并行发展之路，形成了贯通方法研究、仪器研制和推广应用的完整创新链条。

（二）共建"石大经纬产教融合研究院"

2021年，与中国石油大学（华东）探索校企产教融合的长效合作机制，联合打造高水平研发团队，共建共享高端实验设施，培养测录定专业化人才，为科研突破加油赋能。开展10个课题攻关，解决勘探开发和测录定技术发展瓶颈难题。设立中国石化集团"石大经纬学者"5名，选聘学术业绩突出，能够带领相关研究方向达到国际先进水平的人才。

（三）建设高层级重点实验室

2021年，与中国科学院地质与地球物理研究所联合申报资源探测智能技术与装备国家重点实验室，与中国石油大学（华东）联合申报深层油气国家重点实验室。加强与地方相关企业创新力量优化整合，申报完成山东省智能导控重点实验室、山东省工程实验室、山东省随钻测控工程技术研究中心、青岛市创新应用实验室。

（四）建设实钻试验基地

2021年，在胜利油区修造建设中国石化集团实钻试验基地，占地面积15624平方米，划分为井场、随钻水力试验场、库房、遮雨棚及办公室5大功能区，满足随钻测控仪器工具的现场试验需求，推进装备产业化发展，完善产品试验测试体系建设。

（五）实施项目"揭榜挂帅"

2021年，遴选确定旋转导向、超高温高压常规项目测井仪器研制、复杂储层综合评价、随钻测井、高温随钻测量及高速数据传输、定测录导一体化、井场智能中心、偶极横波远探测仪器研制、直推存储式测井仪器研制与应用、高温电成像测井、高端录井装备等10个重点项目实施"揭榜挂帅"、项目化管理，成立重点项目组，实行项目长负责制，赋予项目长人事、考核、经营、物资采购权利，加快推进产品研发、产业化发展。

（六）健全科研激励机制

2021年，在项目组内实行"以岗定薪、职级分离"，对研发工程师进行分类定级，签订劳务、岗位"双合同"，实行差异化薪酬；建立以成果质量为导向的科研综合评价制度和"上不封顶"的成果转化创效奖励机制，通过"能上能下""能进能出""能增能减"的考核方式，激发科研人员创新活力，推进产品产业化快速发展。

（七）推动科研资源聚集

2021年，内部整合科研资源、科技人才，实施"大集中、小精专"研发，打造贯通方法研究、仪器研制和推广应用的完整创新链条；配套建设青岛、东营、西南、西北4个研发修造基地，按照商业标准集中攻关关键核心技术，实现"大集中"，依托区域公司发展精专特色技术及成果转化应用，实现"小精专"。

地质测控技术研究院聚焦"转型升级、打造高端"，通过推进完善公司治理体系、健全市场化选人用人机制、强化市场化激励约束机制、创新科研管理体系建设等方面的改革，以新体制新机制，激发创新活力，突破关键核心技术，加大科技成果转化，打造中国石化集团企业所属研究院所科改样板和自主创新尖兵。

第四节　大力发展测井新技术

一、裸眼井测井

1998—2021年，中国石化集团各测井单位始终把推动测井技术进步、提高技术服务水平放在首位，密切跟踪国内外先进技术的发展方向及动态，围绕油田勘探开发中急需解决的测井技术难题，紧密结合市场变化和需求，技术引进和技术研发并举，自主研发和对外合作结合，坚定不移走"引进—消化吸收—再创新"技术发展之路，数十项技术填补了中国石化集团技术空白，有效保障了中国石化集团高质量勘探和效益开发。

1998—2021年，中国石化集团各测井单位先后完成EXCELL-2000成像测井系统、ECLIPS-5700成像测井系统、MAXIS-500成像测井系统、LOGIQ数据采集系统、eWAFE高级多功能数据采集系统以及部分国内外特色技术装备引进配套，相继成功研制具有完全自主知识产权的SL-3000型数控测井系统、DF-MIES新型多功能数控采集系统、SL-6000型高分辨率多任务成像测井系统及MVLog900网络成像测井系统。依靠自身力量实现了测井技术的更新换代，建成了中高档搭配、项目齐全、工艺完备、功能强大的裸眼井测井技术系列，成像测井与复杂井测井手段逐步完善，施工能力不断增强。

（一）技术引进

进入20世纪90年代，国外测井技术已经步入成像测井阶段，国内则刚刚由数字测井过渡到数控测井阶段，与油田勘探开发需求的日益增长不相适应，急需引进相应的测井装备，保障油田勘探开发。

1. EXCELL-2000成像测井系统

EXCELL-2000成像测井系统为哈里伯顿公司20世纪90年代中后期开发生产的新一代数字传输成像测井系统，能够满足声电成像及核磁共振等高分辨率、大数据量仪器测井需求，其前身是EXCELL-1000数控测井系统。胜利、华北等测井单位分别于1994、2000年引进EXCELL-1000数控测井系统。1996—2010年，胜利、中原、江汉、华北、西南等测井单位先后引进EXCELL-2000成像测井系统，包括常规下井仪器和成像测井仪（环周声波扫描成像测井仪、微电阻率扫描成像测井仪、交叉偶极阵列声波测井仪、增强型微电阻率扫描成像测井仪、P型核磁共振测井仪），同时配套超高温高压小直径测井仪（直径70毫米，耐温260℃，耐压172兆帕）和水平井湿接头测井工具等。主要承担重点探井、开发井的测井以及绝大部分核磁共振、微电阻率扫描成像等成像资料采集任务。2000年4月，胜利测井公司采用EXCELL-2000成像测井系统及湿接头水平井工艺，历时15小时完成埕北21-平1井的测井施工，该井是中国石化"十条龙"重点科研攻关项目的第一口井，斜深4837米，最大斜度93.6度，水平位移3167.33米，是当时国内海油陆采水平位移最长的一口井。

2. ECLIPS-5700成像测井系统

ECLIPS-5700成像测井系统为阿特拉斯公司20世纪90年代初开发的增强型的测井系统，配备了较为完善的下井仪器系列，包括常规下井仪器和成像测井仪（环周声波扫描成像测井仪、微电阻率扫描成像测井仪、交叉偶极阵列声波测井仪、扇区水泥胶结测井仪、高分辨率阵列感应测井仪、阵列侧向测井仪、核磁共振测井仪等），兼容CLS-3700数控测井系统所有的常规测井仪器，可满足现代测井仪器阵列化、谱分析化、成像化的大规模数据处理的需求。

1997—2010年，胜利、河南、华东、中原、江汉、西南等测井单位先后引进ECLIPS-5700成像测井系统，为各单位重点井施工和市场开拓主力装备，队伍装备水平得到极大提升。中国大陆科学钻探工程是国家"九五"重大科学工程项目，胜利测井公司承担中国大陆第一口科学钻探井科钻1井（CCSD-1井）测井服务。2001—2005年，使用ECLIPS-5700测井系统进行8次综合测井，除常规测井项目外，还完成正交偶极子阵列声波成像、环周声波扫描成像、微电阻率扫描成像等测井项目。测井资料质量满足合同的要求。在国内首次解决了利用成像测井资料进行岩心归位的难题。

3. LOGIQ 数据采集系统

LOGIQ 数据采集系统为哈里伯顿公司新一代网络成像测井系统。系统集成了新的遥测数据和新的电源模式方案，提供远程控制功能，对作业需求量大的常规测井系列进行了系统集成，一次下井可以完成所有常规测井资料的采集，提高了测井作业时效。在隐蔽性油气藏、低孔低渗透油气藏、非均质油气藏、超高温高压油气藏等难动用油气藏的勘探开发中具备独特的技术优势。2010—2013 年，胜利测井公司相继引进 3 套 LOGIQ 数据采集系统，包括常规系列下井仪器及阵列感应、井眼补偿阵列声波、正交偶极声波、快速井周超声波成像、增强型微电阻率扫描、元素俘获测井等成像测井仪器。2010—2011 年，在中东先后完成 F31、APP3、F15 等 300 余井次的裸眼、套管测井以及资料处理解释任务，实现合同额 1.6 亿元。

4. eWAFE 高级多功能数据采集系统

中原测井公司 2004 年引进斯伦贝谢公司 MAXIS-500 多任务采集成像地面系统，系统兼容 CSU 数控测井系统下井仪器。2020 年，引进斯伦贝谢公司生产的两套最新型 eWAFE 数据采集系统，配套过钻头存储式测井仪器 THROUGHBIT，该仪器外径小，可穿钻头，在通井同时完成测井，实现"通测一体化"，有效解决仪器下钻遇阻及井涌、井漏等影响测井及仪器安全的问题，在困难井测井的提速提效方面发挥了重要作用。2020 年 12 月，采用过钻头电成像 + 阵列侧向完成普光 305-3T 井测井施工，井深 6441 米，井斜 88.41 度，是中国石化集团第一口过钻头电成像测井。

（二）自主研发

在通过引进先进技术实现快速测井技术向高端跨越的同时，中国石化集团各测井单位持续增加研发投入，加大合作力度，消化吸收先进技术，加快测井装备自主研发，全力助推裸眼测井技术装备系列国产化升级。

1. SL-3000 型数控测井系统

SL-3000 型数控测井系统主机采用工控 586 计算机，与各测井面板内的 13 块单片机构成分布式控制系统，主机与各测井模块功能独立，界面清晰。系统支持各种信号传输方式的测井仪器，采用的冗余测量通道技术、测井模块自诊断技术、数据通信纠错技术、大规模集成电路技术等，提高了工作的可靠性、稳定性、使用范围和容错能力。系统可完成裸眼测井、套管井测井、生产测井、井壁取心、射孔等作业，可以挂接 CLS-3700 系列的常规仪器和特殊仪器，具有较强大的组合测井能力，能够完成满贯组合测井，在钻具输送湿接头工艺水平井测井时大量采用。

1998 年 5 月 8 日，胜利测井公司自主研发的 SL-3000 型数控测井系统通过中国石化集团胜利石油管理局科委组织的技术评审，并获中国石化集团科学技术进步奖二等奖。

1998年7月28日，SL-3000型数控测井成套设备出口伊朗，结束了国内成套测井装备只有进口没有出口国外的历史。2001年10月，胜利测井公司销往滇黔桂石油勘探局测录井公司的SL-3000型成套测井设备交付完毕，这是胜利测井公司首次在国内销售成套测井设备。1998年开始，SL-3000型数控测井系统陆续装备组合测井队，逐渐成为开发井裸眼测井主力施工设备，并销售到大港、西南、大庆等油田。胜利测井公司使用该设备远赴蒙古国、伊朗、哈萨克斯坦、阿塞拜疆等国家和新疆、冀东、东北、川东北等油气区服务，取得了良好的经济及社会效益。

2. DF-MIES新型多功能数控采集系统

2005年，中原测井公司自主研制成功DF-MIES新型多功能数控采集系统，并在生产中推广应用。系统具备裸眼井测井、生产井测井、射孔取心等多种功能，能配接国产常规下井仪器、CSU下井仪器等，也可以挂接RFT、SBT、SHDT、双频电阻率、高分辨率静自然电位等特殊项目，具有灵活的接口，便于功能扩展和外出服务。

3. SL-6000型高分辨率多任务测井系统

SL-6000型高分辨率多任务测井系统采用基于以太网的分布式系统结构，两台主机与各测井模块中的嵌入式处理器通过交换机连接在一起，构成网络系统。系统硬件采用模块化、

2005年10月15日，中原测井公司DF-MIES多功能数控采集系统

网络化结构，采用大规模可编程器件和DSP（数字信号处理）技术使硬件设备软件化，增加了系统的可靠性、稳定性、灵活性和可扩展性。地面系统软件分为前端机软件、主机测井采集软件和现场快速解释软件3部分。测井采集软件运行在Windows平台上，操作方便、简单易学，具有软件示波器功能，便于进行测井质量控制。系统采用的数字遥测系统，为下井仪器提供与地面系统通信的通道，传输速率达到23万比特/秒。建立了LDT电缆遥传和下井仪器总线标准，并按照此标准研制了常规和部分成像测井仪器，这些仪器的信号都是在下井仪中完成数字化后传输到地面。系统具有较强的兼容能力，除配套的LDT系列下井仪器外，还可挂接部分ECLIPS-5700系列下井仪器；支持PCM3506和PCM3508两种编码传输方式，以兼容CLS-3700和SL-3000系列仪器。系统能完成裸眼成像测井和常规测井、生产测井、井壁取心、射孔、爆炸松扣等作业。该系统2004年通过中国石化集团科技部技术鉴定，2005年获中国石化集团科学技术进步奖二等奖。该

系统打破了国外三大测井公司在高新测井技术领域的垄断，提高了国产测井装备在国内外测井市场的竞争力。除胜利测井公司大规模配备外，还销售到江汉、西南、河南、华东等。2021年，中国石化集团各测井单位共有47套SL-6000型成像测井地面系统用于裸眼井测井，成为裸眼测井主力设备。

4. MVLog900网络成像测井系统

2013年，为追赶世界先进测井技术发展步伐，满足油田勘探开发和市场开拓及设备更新换代的需求，胜利测井公司着手研发MVLog900网络成像测井系统。2016年11月9日，MVLog900网络成像测井系统通过中国石化集团专家组测试。2019年8月31日，通过中国石化集团科技开发部组织的成果鉴定，成果整体达到国际先进水平。其中高温长电缆测井数据高速传输能力达到国际领先水平，7000米电缆情况下，系统传送速率1100千比特/秒，井下仪器通讯总线最高传输速率10兆比特/秒以上。该系统具有网络化、开放式、高时效、高可靠性的特点，统一标准接口，可进行远程网络技术支持，可实现大数据量测井任务。系统兼容SL-6000型及ECLIPS-5700、EXCELL-2000成像测井系列仪器。同时能够配接WTC七参数、声幅变密度等生产测井仪，具备射孔、井壁取心作业能力和多种扩展配接功能。2020年，MVLog900网络成像测井系统开始产业化。成功应用于渤海湾盆地、四川盆地、塔里木盆地的油气资源勘探开发，累计完成近百口井的测井任务。高时效组合测井仪器，能够提高测井时效，减少占井时间；高温高压小直径仪器能够为深层勘探提供技术支撑，进一步延展了勘探深度；声波远探测、微电阻率扫描、阵列侧向等成像测井仪器，为提高复杂储层评价能力和勘探潜力的认识提供了新技术、新方法。

（三）国产测井系统

自20世纪90年代开始，西安石油勘探仪器总厂和一批军转民企业、民营企业经过攻关，研发了各具特色的数控和成像测井系统，极大支持了中国石化集团测井技术的进步和能力的提升。主要包括以下几类系统：

（1）HH-2530成像测井系统，本系统由北京环鼎科技有限公司研发制造，兼容530、520、521等多系列裸眼井常规测井仪器、生产测井系列化仪器和哈里伯顿公司EXCELL-2000 DITS系列常规和成像测井仪器，并具有射孔取心等服务功能，还可以扩展特种测井仪器和哈里伯顿公司的新型IQ系列仪器。2007—2011年，西南、河南、中原、江汉测井等陆续装备28套该系统。

（2）SKD-3000A数控测井系统，本系统由中国电子科技集团公司第二十二研究所研发制造，能够完成裸眼井测井、生产井测井、射孔、取心等施工服务。2000年，中原、河南、西南测井等陆续装备该系统。

（3）SDZ-3000数控测井系统，本系统由中国电子科技集团公司第二十二研究所研发制造，综合了常规测井仪器的全部性能，能够完成裸眼测井、生产测井、射孔取心等施工。2005—2010年，中原、华东、西南、河南等测井公司陆续装备该系统。

（4）SDZ-5000数控测井系统，本系统由中国电子科技集团公司第二十二研究所研发制造，能够配接CLS-3700系列、CSU系列、DDL系列和SKD3000系列测井仪；配接SDZ-3000快速测井平台以及第二代快速测井平台SDZ-5000；能够进行射孔取心和成像测井扩展功能等。2008—2012年，河南、中原、华北等测井公司陆续装备该系统。

（5）ERA-2000高精度数控测井系统，本系统是西安石油勘探仪器总厂研发制造，除挂接自身仪器外，还可配接CSU、SKC-2000、CLS-3700、801/83等多系列下井仪器，适用于裸眼井、套管井测井。2004年，西南、河南等测井公司陆续装备该系统。

（四）特色技术

1. 高温测井

2008—2019年，胜利测井公司研制完成4类适用不同尺寸井眼、不同耐温耐压指标的高温测井系列仪器。

常规超高温仪器。仪器直径89毫米，耐温230℃，耐压150兆帕，主要测量井径、自然伽马、井斜方位、双侧向、补偿声波、补偿中子、补偿密度等数据。应用该仪器完成胜科1井（井底温度235℃）所有常规项目资料采集，实现国内高温高压井测井突破。此后，相继完成河南油田泌深1井（井底温度236℃）、冀东油田南堡5-4井（井底温度193℃）、胜利油田桩古10-68井（206℃）等多口井的测井任务。

超高温小直径仪器。有直径70毫米、耐温230℃、耐压160兆帕和直径73毫米、耐温230℃、耐压172兆帕两种类型，包括井下高速遥测自然伽马组合仪、连续测斜仪、井径、双侧向、数字声波、中子密度组合仪等。应用该仪器完成元坝7井测井，井深7366米，井底温度169℃，井底压力163兆帕。2019年7月，在青海地区完成热岩参数井GR1（194℃）高温井测井施工。

直径92毫米型高温仪器。在直径89毫米高温仪器的基础上进行了升级完善，耐温200℃（10小时）、耐压175兆帕，配套增加自然伽马能谱、数字声波、岩性密度等。在西北油田顺南、顺北区块，完成30余口井超深井测井施工，完成了西北油田分公司顺北油气田重点探井顺北平1井五开综合测井施工，测量井深8450米，创当时钻具输送泵下枪对接深度最深、测井垂深最深、电成像测井和XMAC测井亚洲最深井测井施工新纪录。

存储式高温高压测井仪器。2017—2019年，借助中国石化集团重大专项"特深层油气勘探开发工程关键技术与装备"，联合中国电子科技集团公司第二十二研究所完成存储式高温高压直推式测井仪器研发，仪器直径92毫米、耐温200℃（20小时）、耐压206

兆帕。2021年8月，采用存储式超高温高压仪器完成胜利新春公司征10井测井施工，创中国石化集团存储式超高温高压仪器测井压力最高纪录（175兆帕）。2021年12月—2022年1月，采用高温直推存储式仪器，完成渤深斜10井（加深）常规、放射性测井，创国内直推存储式测井温度（201℃）最高纪录。这期间，经纬公司所属测井单位与杭州丰禾、吉艾科技等国内军工或民企合作，相继推出存储式高温高压直推式测井仪器，为中国石化西北、西南油气田勘探开发提供强有力的技术支持，特别是顺北区块复杂井况条件下的资料采集，资料采集率由2019年75%提升到2021年底的93%。

2. 成像测井

元素测井仪（EMT）。2017—2018年，胜利测井公司研制成功地层元素测井仪，该仪器既可使用化学源也可以使用脉冲中子源。在湖南煤炭地质勘查院部署的参数井QSD1井中，进行哈里伯顿GEM和MVLog900 EMT测量，通过对比，曲线一致性较好，资料质量符合测井资料质量控制标准要求。利用地层元素测井资料直观计算出地层矿物含量，根据处理成果，显示测量井段龙马溪—五峰组底部脆性矿物含量高，为有利储集段。地层元素矿物含量的准确计算，为储层评价和物源分析等提供有力支持。截至2021年，完成施工30余口井。

偶极横波远探测技术。2019年6月3日，胜利测井公司研制的"偶极横波远探测技术"通过中国石化集团科技部鉴定。该项技术实现了测井探测从近井壁到远井筒、从一孔之见到一孔远见的突破，径向探测距离扩展到80米左右，大大提高测井探测的体积范围，对井旁裂缝发育带的评价（有效性、产状、组合关系）、选择"井旁甜点"具有重大意义。声波远探测研究成果进一步拓展了测井资料应用的尺度空间，对缝洞型碳酸盐岩储层的高效勘探开发起到重要的技术支撑。TH102105井常规测井未见良好储层，使用横波远探测成像测井仪，在井筒外65米范围内发现4组缝洞体，酸化压裂后获日产78立方米的高产油流；编写排64侧井完钻方案设计时，根据远探测成像处理结果建议向南侧钻后，试油日产液能力由4.4立方米提高到31.4立方米。2021年，这项技术在西北、西南等4大油气区推广应用，成功应用300余口井，全球首次成功探测地下8000米以下超深井井外信息，研究成果和应用效果先后被央视《朝闻天下》和央广网报道。2021年，"偶极横波远探测技术"获中国石化集团科学技术进步奖二等奖。

高温高压微电阻率扫描成像测井仪。2020年，胜利测井公司、西南测井分公司分别联合研制推靠臂式和灯笼体式高温高压（200℃、172兆帕）电成像测井仪。2021年，分别完成塔深5井（井深9017米、井温182℃、压力108.7兆帕）、仁探1井（井深8445米、井温191℃、压力155兆帕）等多口高温高压井测井任务。

雷达测井成像系统。针对成像测井技术探测深度浅，对缝洞型储层和井旁构造的识别局限于近井地带等问题，利用雷达波在地层中的传输特性，获取井周地层参数信息，2012年12月23日，华北测井分公司自主研发雷达成像测井仪，实现对井旁构造成像，达到识别远井缝洞体的目的，进而实现对远井地带的储层评价，形成了以雷达成像技术为核心的雷达成像测井系统，系统组成包含地面采集、数据传输、下井仪器、数据处理解释等，并建成国内首个三维箱型结构的雷达成像测井仪标准井，能够适应7000米地层的温度和压力，耐温150℃、耐压140兆帕，能够准确识别出径向探测距离10米（目标实现30米）的裂缝—溶孔洞发育层段。通过在新疆塔河及大牛地气田应用，能有效解决缝洞体远探测的难题，填补了国内外该项测井技术空白，其中大深1井首次在马四发现一套溶洞型储层，最终建议测试取得突破，测试折算产气32718米^3/日。

井间电磁成像测井系统。2014年12月，胜利测井公司研制成功井间电磁成像测井系统，该系统主工作频率5~1000赫兹，可完成近千米井间距的电阻率测量与成像。主要技术指标为耐温175℃、耐压140兆帕，适用地层电阻率范围0.2~50欧姆·米，井间距为裸眼或非金属套管井665米、井间单层金属套管井485米，误差振幅小于0.5%、相位小于0.5度。2019年，实现井间距425米实验，发现在160米左右存在高导体；在接收井425米处，深度200米附近出现局部高导。井间电磁成像技术实现了由点到面，进而到体的突破。为油田中后期开发方案的制定和提高采收率提供了新的技术支持。

微地震监测仪。2020年3月，西南测井分公司研制微地震监测仪。结合常规测井资料，建立波场正演数值模型，分析工区纵横波反射等波场特征，建立了井中微地震监测数据采集技术；通过对射孔信号波形，压裂缝事件旅行时间、纵横波初致时差及波形进行分析评价，建立了井中微地震监测资料可靠性评价技术；在压裂现场实时展示裂缝事件分布情况，进行压裂异常监控，压裂效果评价、对比，实时指导压裂方案调整，建立了微地震资料现场解释技术；通过室内精细解释，结合压裂工艺参数，分析裂缝发育特征，进行压裂工艺优选，综合地质认识，指导开发方案调整，建立了微地震资料压后评价技术。2020年，该项技术广泛应用于川内致密砂岩储层、威荣、永川等深层页岩气地区的压裂监测，为开发方案调整提供了有效支撑，对于指导油气田高效经济开发具有重要意义。

3. 复杂井测井

泵出存储式测井系统。2010—2011年，胜利测井公司、西南测井分公司与山东胜利伟业工程技术服务有限公司合作研制完成SL-6000LWF泵出存储式测井系统。系统由地面仪器、井下管具和井下仪器构成。仪器技术指标为耐温175℃、耐压140兆帕、直径60毫米。该仪器带特殊钻头划眼通井的同时完成测井，下钻过程中仪器处于被保护状态。施工时，需先将仪器通过特殊工具固定在钻具内，测井前，需通过投棒或加压从钻具泵出仪器。自 2010 年投产以来，累计完成 900 余口井的测井施工，2021 年 3 月，西南测控公司采用泵出式测井工艺完成元坝 102-4H 井测井施工，创中国石化集团泵出式测井最深（8200 米）纪录。

过钻头存储式测井系统。该仪器耐温 175℃、耐压 140 兆帕、直径 50 毫米。2021 年 11 月 29 日，胜利测井公司采用过钻头存储式测井系统完成樊页 1-4HF 井施工，该井完钻井深 6023 米、垂深 3626 米、水平位移 3604 米，创过钻头存储测井水平位移最大纪录。该系统是胜利页岩油国家示范区测井资料采集首选仪器。

二、随钻测井

（一）AMR 随钻方位电阻率测量系统

地质测控技术研究院创新采用基于正交天线的方位电磁波电阻率测量、刻度及电阻率边界成像技术设计，国内首次实现旋转、滑动全过程边界探测及成像，探测深度 5.6 米，可提前探测边界距离和方向。2021 年 11 月，服务于永 3-平 16 井，在国外某公司无法提供旋转导向和随钻测井服务的情况下，累计进尺 609 米，完钻井深 6751 米，无故障工作时间 1069 小时，储层钻遇率 100%，获工程方和甲方高度认可。

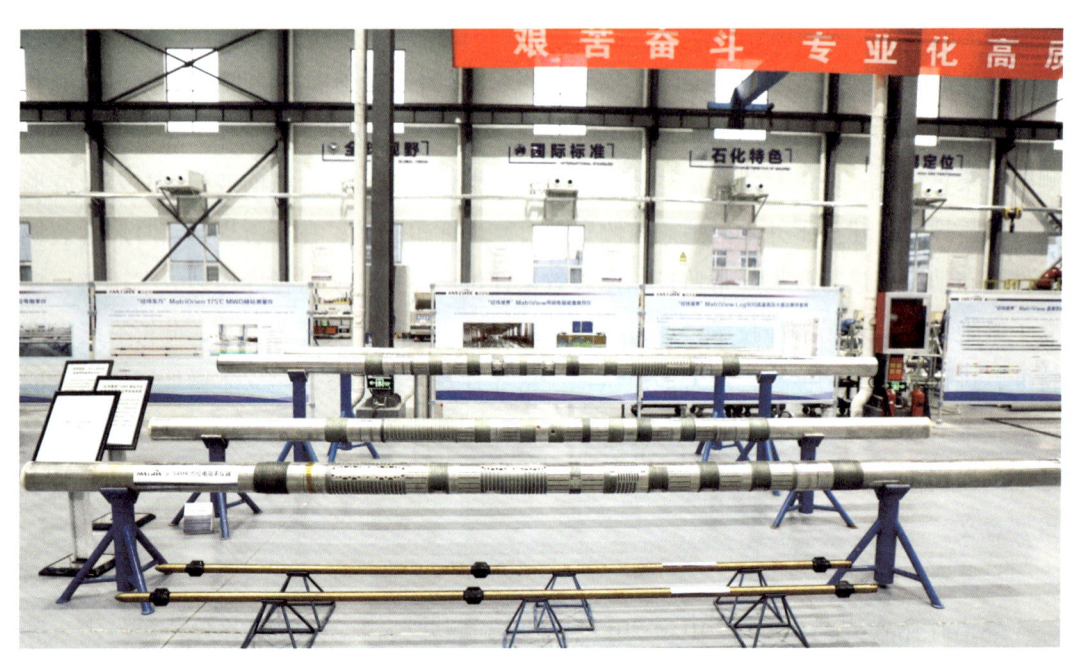

2018 年 6 月 18 日，经纬公司地质测控技术研究院随钻方位电磁波电阻率仪器 AMR

（二）AGR 随钻方位伽马成像系统

2019 年 11 月 24 日，地质测控技术研究院研制的随钻方位伽马成像系统，实现了高速旋转状态下 8~16 扇区方位伽马快速、精确测量，形成了 360 度全井周伽马图像，解决了常规自然伽马测量仪不能区分地层上下边界、无地层各向异性判别等难题，仪器类型包括一体化探管式、近钻头无线短传式、集成钻铤式三大类。2021年，获中国石化集团科学技术进步奖二等奖。

（三）随钻中子密度成像仪器

地质测控技术研究院研制的随钻中子密度成像仪器，采用中子密度仪器集成在一根钻铤的方案，采用可打捞源设计，形成放射源安全施工方案，设计了直井、大斜度井、水平井3种模式的打捞方案，采用超声波井径加权方法对中子密度资料进行校正正处理，可实时测量钻遇地层的中子孔隙度和密度值，并提供16扇区方位密度成像图和井径成像图。截至2021年底，完成8口井的现场试验。2021年11月，胜利油田罗6-斜14井，在电缆中子密度仪器遇阻的情况下，随钻中子密度资料直接用于测井解释，为该井的测井综合解释提供了重要资料。

（四）近钻头伽马成像系统

2016年12月16日，中国石化集团石油工程技术研究院测录井所研发国内首套电磁无线高速短传近钻头伽马成像仪器，实现各种类型钻井液应用全覆盖。直径178毫米，近钻头短节长度0.9米，上短节1.1米；伽马距钻头0.5米，实时8扇区/存储16扇区伽马测量；井斜距钻头0.7米，动态井斜测量精度±0.5度；耐温150℃，耐压140兆帕。能够挂接国内多厂家的MWD传输设备，2021年完成中国石油集团叙永区块8口井页岩气水平井技术服务，累计进尺超万米，一次下井成功率达93%。

（五）随钻高分辨率电阻率成像系统

2018年10月23日，中国石化集团石油工程技术研究院测录井所研制国内首套高分辨率电阻率成像仪器，可用于地层岩性识别、裂缝评价、漏失层探测、地质导向等。直径172毫米、121毫米两种系列，耐温175℃，耐压140兆帕；能够测量2条侧向电阻率曲线，测量范围0.2~20000欧姆·米；提供2套成像图，图像分辨率10毫米，裂缝分辨率3毫米；可以实时8扇区/储存128扇区成像。2019—2021年，在西北、川西、川东南现场测试应用10余口井。

（六）电磁随钻测量系统（EM-MWD）

2012年7月19日，中国石化集团石油工程技术研究院测录井所研制了电磁随钻测量系统，通过低频电磁波实时传输，具有不受钻井液类型约束、测斜速度快等优势，能够显著缩短非生产时间，提高生产效益，仪器外径90毫米、120毫米、165毫米、203毫米，适用于直径118毫米以上井眼，最大传输速率12比特/秒，连续工作超过200小时。生产20余套，销售4套，在四川、江苏、鄂北、伊朗阿瓦兹等区块自主应用近百口井，实现了工业化应用。

（七）连续旋转式随钻高速传输系统

2021年12月18日，地质测控技术研究院突破了高速泥浆脉冲激励与控制和高噪声背景下弱信号模式识别及处理关键技术，解决了仪器水力结构设计、电机控制及信号处理方法难题。2021年12月，在胜利油区桩斜191井完成通井条件下井深3683米功能试验，数据传输速率4比特/秒，上传解码率100%。

三、生产井测井

1998年以来，中国石化集团各测井单位通过开展注采剖面、剩余产能评价、井筒完整性评价和井间测试等测井服务，在老井挖潜、提高储集层采收率、井下异常检查和提速提效等方面作出贡献。

2018年7月，胜利油田整合各采油厂原监测大队，成立油藏动态监测中心，主要承担胜利油田生产井测试、技术研发、仪器研制、解释评价等业务，是国内第二大动态监测服务企业。用工1183人，副高级职称以上194人，有测井、测试等生产车辆153台、各类测试测井仪器797支（套），资产原值3.86亿元，净值1.62亿元。2021年实现劳务收入3.25亿元。

（一）注入剖面测井

1998年，胜利测井公司、中原测井公司、江苏测井公司、河南测井公司陆续配置五参数（自然伽马、磁性定位、温度、流量和压力）测井组合仪，解决了同位素的粘污、大孔道层位井的注入剖面测井问题。2003年，中原测井公司引进了适合于35兆帕以上的钢丝存储式高压注水井吸水剖面测井技术，解决了高压注水井吸水剖面测井难题。2004年，胜利测井公司、中原测井公司、江苏测井公司、华北测井公司等先后配套了脉冲中子氧活化测井仪，该仪器不产生粘污，不受大孔道等影响，可以在注聚合物井中进行测井。一次下井可测得上水流、下水流的流量和井温、压力、自然伽马、接箍等多种参数，解释准确度和精度进一步提高。2009年，中原测井公司、江苏测井公司、胜利测井公司等引进连续示踪相关流量注入剖面测井技术，仪器一次下井测量可以完成常规注入剖面放射性测井、双探头相关流量测井。2010年，胜利测井公司配备耐温400℃存储式热采五参数测井仪（磁定位、温度、压力、流量、干度），开展了高温多参数注蒸汽剖面测试，主要用于测量稠油注汽井井筒内干度、热损失数据及各油层的吸汽量。

（二）产出剖面测井

2000年，胜利测井公司、中原测井公司、江苏测井公司、河南测井公司、西南测井公司、江汉测井公司等陆续配备国产直径22毫米、26毫米、38毫米、43毫米的七参数测井仪，可以测量套管接箍、自然伽马、压力、温度、流体密度、持水率、流量等7个参数；其中直径 22 毫米、26 毫米的仪器用于环空测井，使用伞式集流器，解决低产井流量测量困难的问题；直径 38 毫米、43 毫米仪器用于自喷井测井。2008—2009 年，胜利、中原测井公司先后引进 Sondex 公司的 PLT 八参数测井仪、水平井阵列式测井仪，测量水平井中流体的分层、分段流动参数，基本满足水平井产出剖面测井需求。2010 年，胜利测井公司完成模拟抽油机产液剖面施工工艺技术研究，可用于直井、大斜度井、水平井的产液剖面施工，与牵引器输送水平井工艺相结合完成曲 9- 平 10 等一大批井的产液剖面测井。2012 年，中原测井公司研发 43Y-F3 型高抗硫多参数组合测井仪，2014 年 3 月，该仪器首次在普光气田完成普光 304-1 井产气剖面测井施工，标志着中原测井公司在酸性气田产气剖面测井工艺技术获得成功，打破了国外公司垄断的局面。

2018 年 7 月 20 日，中国石化集团西南测井分公司在高含硫生产井测井施工现场

（三）剩余油饱和度测井

1999 年，胜利测井、中原测井、河南测井等单位配套了中子寿命测井仪，用以确定地层剩余油饱和度，评价储集层水淹状况和出水层。2000 年，中原测井公司、胜利测井公司引进高精度碳氧比能谱测井技术，中原测井公司利用该项技术先后在文明寨、濮城、文中等油田应用 200 余井次，取得较好效果。胜利测井公司承担冀东油田"南堡陆地明馆浅层油藏剩余油饱和度测井二次评价与应用研究"科研课题，实施碳氧比测井 127 井次，发现潜力层 175 层，措施有效 150 层，有效率 85.7%，应用效果显著。2000 年，胜利测井公司引进康普乐公司的 PND-S 测井仪，直径 43 毫米，可过油管测量，具有碳氧比测井、中子寿命测井的功能，能获得更多的地层信息，在储层评价和剩余油监测中应

用，取得较好的地质效果；在完成胜利油区测井任务的同时，先后为辽河、中原、江苏、大港、塘沽、河南、青海等多个油田提供服务。2007年，中原测井、胜利测井、江汉测井、河南测井等单位先后引进脉冲中子—中子PNN测井技术，该技术可在低矿化度与低孔隙度地层中保持相对较高的测量准确度，截至2021年，仍然是剩余油饱和度测井的主要技术；2015年，中原测井公司设计研发了高抗硫脉冲中子—中子PNN测井仪器，在普光酸性气田成功应用20余井次。2006年、2013年，河南测井、华北测井等单位先后引进美国哈里伯顿公司RMT-I储层监测仪器。2009年，江苏测井、华北测井等单位分别引进俄罗斯宽能域中子伽马能谱测井技术。2011年，江苏测井、江汉测井、河南测井等单位先后配置全谱饱和度测井技术，丰富了储层剩余油评价的手段。2011年，胜利测井、江苏测井等单位引进俄罗斯过套管电阻率测井仪，在评价储层水淹特征、确定水淹程度以及求解剩余油饱和度等方面发挥了重要的作用。2011年，江苏地质测井处采用水力驱动法对Y25平1井进行国内首次PNN、PND、钇中子组合测井，通过3种测井方法的相互验证与综合对比，深化认识剩余油分布与水淹规律，提高油田开发水平与开发效果。2012年，胜利测井公司创新开展瞬变电磁法过套管地层电阻率测井技术研究，该技术通过发射双极性矩形波，在发射脉冲间隙时间段内利用接收线圈测量地层二次场信息获取地层电阻率；这类仪器采取非接触式连续测量，可以大大降低对井筒条件及井身结构的苛刻要求。2017年，胜利测井、中原测井、西南测井等单位探索开展"光纤传感测井关键技术研究"及"水平井分布式光纤测井技术研究"，研制能够连续测量的光纤温度、压力传感器，开展了部分解释方法研究。2020年，西南测井分公司在新10-2井利用连续油管光纤产剖测试技术完成产剖测试，在页岩气水平井林页3HF井进行光纤测井，对全井段多个生产制度进行实时监测，取得了较好应用效果。

1998年，胜利测井公司与中国科学院401研究所合作研制对人体伤害小、污染少的同位素示踪剂进行井间监测。2000年，与石油大学（华东）合作研制JC-3型同位素井间监测仪，使用50毫米×50毫米晶体，可进行256道放射性能谱采集，对自动记录的监测数据和放射性同位素能谱进行分析，确定同位素的类型、到达时间和浓度。2003年，研制成功VCT2000-JC4型井间同位素监测仪，使用50毫米×100毫米和50毫米×120毫米晶体，采用10位AD放射性能谱采集，改进处理软件，提高测量精度，降低功耗。

（四）井筒完整性检测

1998年以来，中国石化集团各测井单位先后从美国西方阿特拉斯、康普乐等公司引进扇区水泥胶结测井仪，之后进行探索研发该类仪器。2004年，胜利测井公司研制成功SL-6424固井声波成像测井仪，实现环周高分辨率360度覆盖测量，形成扇区水泥成像图；先后完成包括大陆科学钻探 1 井、胜科 1 井等重点井的测井施工，取得较好的应用效果。同年，河南测井公司从俄罗斯引进 MAK2-SGDT 固井质量测井仪器，在测量Ⅰ、Ⅱ界面胶结的同时，还可以测量套管偏心、套管厚度及环空水泥环平均密度值。2012 年 8 月，西南测井分公司与中国电子科技集团公司第二十二研究所合作开发 MCET-1000 存储式声幅变密度测井系统，在元坝 272H 等一批复杂井成功应用。2009 年，江苏地质测井处先后引进 8 扇区、12 扇区水泥胶结测井仪器，并在华东地区推广应用。

（五）套管质量检查

2001 年，中原测井公司引进美国鹰眼电视测井技术，利用可见光原理，通过井下摄像头对井筒进行扫描，监测套管或油管的内腐蚀、破裂、变形、井壁结盐结垢情况和井下落物的形状。2003 年开始，中国石化集团各测井单位陆续配套了 24 臂、36 臂、40 臂、60 臂等多臂井径成像测井技术，该类仪器通过探测臂与套管内壁接触，测出独立的井径曲线，形成套管三维图像、二维套管截面图及井壁展开图，评价套管的变形、错断、孔眼、裂缝、腐蚀及结垢等状况。2003—2009 年，江苏、胜利、中原、河南、西南等测井单位先后从俄罗斯引进 EMDS-TM-42E、MID-K 两种型号的电磁探伤测井仪，该类仪器测量结果可以反映套管状况，根据测量结果可计算出套管的壁厚，判断套管上的裂缝、孔洞、变形等。

（六）套管井井斜、方位测井

2000 年，胜利、中原、江苏、江汉等测井单位开始配套陀螺测斜仪，为套管开窗侧钻井选择合理的开窗位置和治理油井抽油杆与油管偏磨提供依据。2013 年，江苏地质测井处采用牵引器推靠陀螺仪器，完成超大斜度 Q1-3HF 井的套管方位及井斜的测井任务。

（七）水平井测井

从 1998 年开始，中国石化集团各测井单位积极探索"水力法""双管柱法""湿接头""连续油管"等水平井施工方法，并在多项水平井测井项目中得到了应用。2008—2011 年，胜利、江苏、中原等测井单位先后引进英国 SONDEX 公司水平井牵引器，解决了多数水平井生产测井快速施工问题。2009 年，胜利测井公司承担中国石化集团科研项目"水平井生产测井施工工艺与解释方法研究"，建立了水平井资料解释模型，并研制了水平井牵引器，广泛应用于各类水平井施工。江汉测录井公司先后研制三代"经纬刚毅"多功能大功率牵引器、抗震性牵引器以及针对小井眼射孔的直径 70 毫米模块化大功率牵引器，解决了超长水平井套后测井和页岩气压裂首段射孔的技术难题。2021 年 10 月，华东测控分公司采用"经纬刚毅"牵引器输送工艺完成重庆南川胜页 9-6HF 水平井固井质量测井施工，井深 6572 米，最大爬行距离 3972 米。

2011年10月28日，中国石化集团江汉测录井公司"经纬刚毅"牵引器

第五节　全面推进射孔技术进步

中国石化集团各测井单位牢固树立为增产而射孔的理念，不断加强射孔技术的引进与科研攻关，形成了射孔安全技术、射孔器技术、射孔工艺技术、射孔实验检测技术、特殊施工工艺技术5大技术工艺系列，保障了油气高质量勘探和效益开发。

一、射孔安全技术

火工品使用安全是射孔作业最核心的要素，中国石化集团始终严格贯彻落实"安全第一、预防为主、综合治理"安全生产方针，持续加强射孔技术安全管理与研发攻关，切实保障本质安全。

（一）安全起爆装置

1998年，胜利测井公司成功研制的SLAS-9700型油气井射孔多级自控型安全起爆装置，采用分离式与压控式相结合的方法隔离起爆通道，避免了地面误爆风险，该成果获

1997年5月29日，中国石油天然气总公司在胜利测井公司召开油气井射孔安全自控技术座谈会

北京国际发明展览会金奖和国家经贸委安全科学技术进步奖三等奖；1999年，为消除油管输送射孔溜磴钻造成的误射孔和误操作造成的地面爆炸，成功研制自动解锁式起爆装置；2003年，研制内置压力保险型油井用安全起爆器切割短节，成功应用于爆炸切割、爆炸松扣、电缆桥塞等施工作业；2008—2009年，研制投棒输电射孔（DEBP）技术及安全自控系统，解决油管输送射孔施工的安全问题；2012年，研制只在强电流脉冲作用下才能起爆，不受静电、射频和电脉冲等影响的EFI安全电雷管和油气井无起爆药安全点火系统；2015—2020年，参加编写《井筒作业用民用爆炸物品安全规范》（标准号SY 5436—2016），参加起草《陆上石油天然气安全开采规范（测井、射孔）》。

（二）数控射孔取心系统

20世纪90年代，随着计算机技术的应用，中国石化集团多家测井单位开始推广和研发自动化程度更高、深度控制更精准的多型号、多种类数控射孔取心仪、射孔起爆检测设备，有力保证了射孔器能效。1998—2003年，胜利测井公司研制并装备VCT-2000S型、SL-3000S型、VCT-2000BX型数控射孔取心地面系统。2013年，研制CPS-2013型数控射孔便携仪。1999年，中原测井公司研制DF-Ⅳ数控射孔取心仪并投入应用，全面实现射孔取心地面系统数控化。2003年，河南测井公司研制射孔深度自动校正系统。

(三)射孔器材库

经过多年的建设和发展,截至2021年,中国石化集团各测井单位共有各类火工器材存储库(站)10个,主要包括胜利测井公司两个射孔器材库、西南测控公司射孔器材库、中原测控公司射孔器材站、华东测控分公司永安射孔器材库、江汉测录井分公司江汉、清河两个民用爆炸物品储存库以及华北测控公司鄂北、南阳、西北3个危险品管理站。各单位结合国家、地方和施工要求,持续完善射孔器管理,多种先进的管理方式相继应用到各类火工器材、火工品的管控使用当中,形成了精准严细、各具特色的管控模式,有效筑牢了安全屏障。

胜利测井公司射孔器材库有东营、河口两个库区。其中东营库区占地面积16233平方米,设计火工品最大储存量5吨,年储存射孔弹35万余发、雷管6000发、导爆索30000米,年装配和发放起爆器500余套、射孔枪20000多米、配件1万余件(套);库区通过持续改造升级,做到每一件火工品"户籍"管理,每一件射孔器材闭环管控,所有数据信息化呈现,整个库区半军事可视化运行,是中国石油化工集团公司二级要害部位、山东省反恐示范点。中原测控公司射孔器材站库区占地17220平方米,设计炸药总储存量1500千克、雷管5000发;通过建立网络动态平台、周界报警及入侵报警系统,实现每件(套)民爆物品全生命周期有效监控、站内情况全时段监控,是濮阳市辖区唯一的民爆物品存储库房、中原油田甲级要害部位、中国石油化工集团公司二级反恐单位。

二、射孔器技术

聚焦油气田高效开发难题,大孔径高孔密防砂、双复增效、深穿透、超深穿透、高抗硫深穿透、高抗硫无枪身等多种射孔器成功研发并投入应用。2001年,胜利测井公司研发双复射孔器,并在胜利油田推广应用。2002年,与山东机器厂合作研制114BH23型、102BH23型大孔径高孔密防砂射孔器,其中114BH23型穿孔入口孔径20.8毫米,达到同类产品领先水平。2003年,研制140型射孔器和140型大孔径、高孔密、深穿透水平井定向射孔器;8月,在胜利油田重点科学钻探井郑科平1井的射孔施工中成功应用,共射开井段496米,其中,施工最长一次射孔井段177.2米,中央电视台"新闻联播"以"我国首次使用大孔径射孔技术钻探稠油井获得成功"为题进行了报道。2004年,中原测井公司研制89型多级脉冲增效射孔器,在中原油田推广应用300多口井。2006—2008年,中国石化集团各测井单位开展了射孔器穿深效能综合技术研究,逐步形成了10个系列60多个品种的射孔器生产能力。2007—2009年,胜利测井公司通过开展中国石化集团科技攻关项目"高温高压下射孔技术研究",研制成功新型炸药(代号L-105),开发了耐温220℃/48小时的新型超高温89型、102型深穿透射孔弹和配套器材，采用新型超高温深穿透射孔器施工 123 口井，一次成功率和发射率均 100%，为高温高压储层勘探开发提供技术支撑，项目获中国石油化工集团公司技术发明奖二等奖。2008 年，中原测井公司参与完成中国石油化工集团公司项目"普光气田产能建设关键技术研究"，研制成功 102 型和 114 型高抗硫深穿透射孔器，抗硫化氢分压不低于 9 兆帕，耐压 120 兆帕，API 混凝土靶穿深超过 1000 毫米，结束了高抗硫射孔器依赖进口的历史，成本降低 60% 以上，获中国石油化工集团公司科学技术进步奖一等奖；之后成功研制了 63 型高抗硫无枪身射孔器，采用带压作业过油管射孔工艺解决了高含硫气井动管柱难度大、井控风险高的问题，在毛坝 505-1 井等 5 口井成功应用，打破了国外公司垄断。胜利测井公司首次采用自主研发的 178 枪 178 低碎屑射孔弹完成了埕北 11NC-1 井组 8 口井的射孔施工，满足了 $9^5/_8$ 英寸套管井开发需要。2010 年，西南测井分公司联合兵器工业部 213 研究所研制成功超高温射孔系列器材，在河飞 302 等一批高温高压井中得到广泛应用。2012 年，中国石化集团各测井单位进一步加强射孔器攻关，研制 89 型、102 型和 127 型超深穿透射孔弹，地面试验穿深分别达到 920 毫米、1200 毫米和 1500 毫米以上，满足了低孔低渗油气藏的开发需求。2014 年，华北测井分公司研制 38 毫米小直径射孔器材，填补了中国石化集团小直径射孔器技术空白。2016 年，胜利测井公司研制高导流射孔器，打靶实验证明，高导流射孔器有效孔容提高 63% 以上，孔道流动效率提高 19% 以上。江汉测录井公司研发成功水平井长井段射孔延时起爆器，一趟管柱可完成 N 级延时起爆。2018 年，中国石化集团各测井单位研制小直径泵送桥塞射孔器，逐步形成 68 毫米、73 毫米、80 毫米小直径多级射孔桥塞联作射孔器系列，满足了中国石化集团页岩气复杂井泵送射孔施工需求。2020—2021 年，胜利测井公司相继研制成功陆地、海上及非常规射孔器气动防爆装枪装置，实现了射孔器装配由人工到半自动化的跨进。

三、射孔工艺技术

20 世纪末，射孔工艺技术逐步实现了从电缆输送到油管输送、从满足常规油气藏到非常规油气藏的全方位发展，形成了适用于不同工程和地质条件的高效清洁、复合增效、泵送桥塞联作等射孔工艺技术。

（一）高效清洁射孔

中国石化集团各测井单位相继开展了高效清洁射孔工艺技术的引进、研究和应用，形成以负压射孔、动态负压射孔、高导流射孔、后效射孔等为代表的多种高效清洁射孔工艺技术，满足多种储层精细开发需要。

20 世纪 90 年代后期，中国石化集团各测井单位开展射孔测试联作工艺技术应用，配套形成适用于各种尺寸套管的联作工艺技术，研发了油管输送隔离式负压射孔工艺、压力式负压射孔工艺、投棒式负压射孔工艺。2007年6月，胜利测井公司完成冀东油田庙23-平1井89枪/89弹射孔施工，射开目的层1007.8米，创水平井射孔井段千米纪录；2010年，成功研发平衡压力射孔负压返涌技术、负压留枪工艺技术。2013年5月，采用负压留枪工艺技术完成CB812A-5井施工，日产油68.7立方米。2017年，完成中国石化集团科技攻关项目"高导流射孔技术研究"，形成了高导流射孔技术，累计应用498口井，平均单井液量提升21%；2012—2016年，承担国家油气重大专项任务"深部低渗透储层提高产能井筒技术（射孔）"，开发动态负压射孔技术，累计应用230余井次，射孔后自喷井达17%。2016年1月，完成中国石化南海北部湾重点探井涠4井射孔施工，日产油气超过千吨。2021年，中原测控公司采用负压高效清洁射孔技术，在卫11、白庙等储气库完成50口井射孔施工。2017年，江汉测录井分公司完成后效射孔技术研究，先后完成万16井、钟2斜-18C井等25口井的推广应用，比常规射孔流动效率提高38%；2021年10月，在中国石化集团重点探井塔深5井（8890米）创国内射孔井深最深（8840米）施工纪录。

（二）增效射孔

针对低渗透致密油层开采难度大等问题，中国石化集团各测井单位研发复合射孔、多级脉冲复合射孔等技术，实现射孔孔道内扩张造缝，改善孔道的渗透性，形成增效射

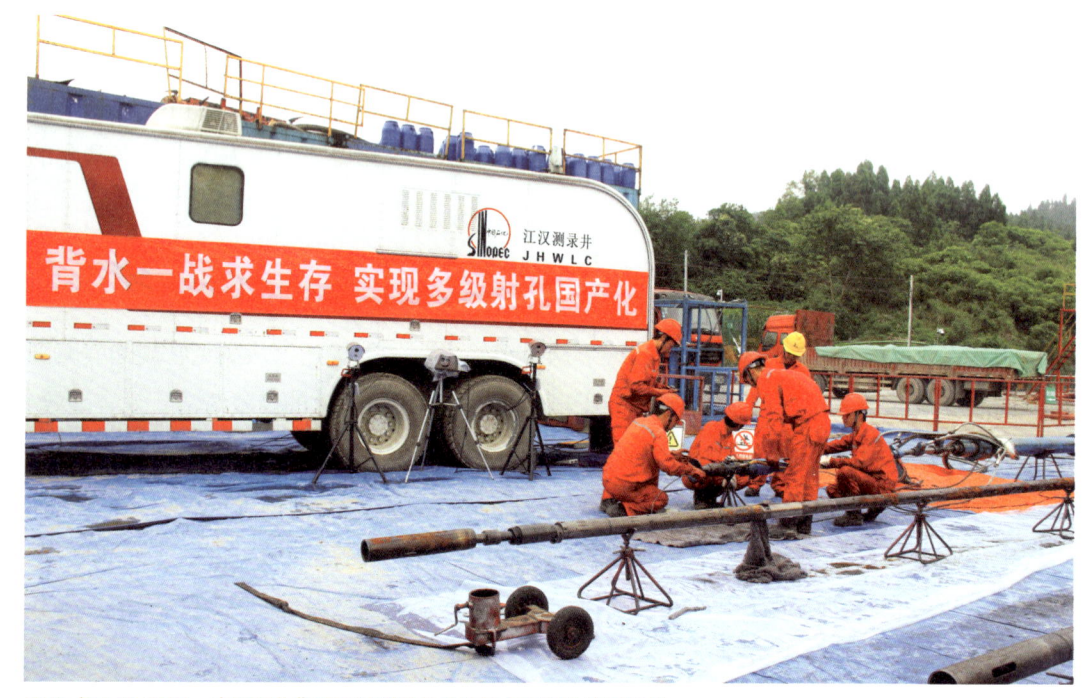

2018年6月17日，中国石化集团江汉测录井分公司多级射孔施工现场

孔工艺技术。1998—1999年，中国石化集团各测井单位相继应用内置式、外套式、下挂式复合射孔器。2002年，中原测井公司编写石油天然气行业标准《复合射孔施工技术规程》（SY/T 6549—2013）。2012年1月，采用102型复合射孔器、油管输送射孔方式，完成普光气田大湾404-2H井射孔施工，创造了当时国内射孔井一次入井射孔弹最多（11994发）、射孔跨度最长（1215.5米）、一次射开油层厚度最大（941.8米）新纪录。2001—2003年，中国石化集团各测井单位相继研发出102型、108型、140型3种规格的双复射孔器，胜利油田高峰期年施工500口井以上。2009年，江汉测录井分公司采用多脉冲复合射孔技术完成广3斜-8井射孔施工，初期产液量较临井同层提高近10立方米，产油量增加5吨。

（三）定方位射孔

2008年，胜利测井公司研发油管输送定方位射孔技术，后续又研发电缆输送定方位射孔技术，一次下井完成深度校正、方位测量调整及射孔作业，提高了施工效率，方位精度2度，为精确地层压裂改造提供技术支撑，填补了中国石化集团定方位射孔技术空白。2010年9月，组织完成的"超高温深穿透定方位射孔技术研究与应用"项目获全国化工科学技术大会一等奖。研制成功的国产电缆定方位射孔器，分别在胜利油区和西部新区推广应用160余井次，压裂破裂压力平均降低约10兆帕。

（四）泵送桥塞与射孔联作

面对页岩气大规模勘探开发需求，中国石化集团各测井单位主动加压，逐步完成工艺技术配套，形成自身特色和服务能力。2009年以来，以江汉测录井公司为主的各测井单位先后经历立项研发、现场测试、规模化应用、工艺改进、完善提升等阶段，通过开展"非常规水平井分级射孔工艺""泵送桥塞与多级射孔在深层页岩气的应用研究"项目攻关研究，形成了完备的泵送桥塞多级射孔技术及配套装备，为中国石化集团首个页岩气开发提供了强有力的技术支持。以江汉测录井公司为代表的中国石化集团各测井单位作为"涪陵大型海相页岩气田高效勘探开发"项目的参与者，获国家科学技术进步奖一等奖。

2017年，江汉测录井公司成功研制耐温160℃全套井下工具和140兆帕高压井口密闭装置系列，全面推行20级分簇点火射孔国产电子选发模块。2018年，实现牵引器技术与多级射孔技术跨专业融合，提升了水平井首段射孔的作业时效，大幅降低作业成本。2019年，全面推广使用井口快速插拔装置、模块化射孔枪等集成化工具器材，显著提高作业效率，实现1桥15簇施工作业，完成中国石油昭通页岩气示范区YS112H12-3井28段408簇射孔服务。西南测井分公司通过"深层页岩气耐高温高压可溶桥塞研制及应用"及"石化经纬重点项目"科研攻关，研发出耐高温高压系列全可溶桥塞，形成2大

2017年7月20日，中国石化集团西南测井分公司泵送桥塞与射孔联作施工现场

类型9种规格的产品，并实现规模化应用。2021年，江汉测录井分公司编写完成中国石油化工集团有限公司标准《牵引器射孔作业技术规范》（Q/SH 1557 3003—2022）。

四、射孔效能实验检测技术

2000年之前，中国石化集团各测井单位对射孔弹、射孔枪的检验，主要采取厂家自检提供报告、部分抽检打靶、第三方送检（大庆油田射孔器材质量监督检验中心）方式。2000年8月，胜利测井公司建成高温超高压试验装置，该装置内径300毫米、长度7000毫米、最大承压80兆帕，对射孔枪进行耐压检验。2005年，建成高温高压射孔效能实验室。2008—2010年，建成超高温高压射孔效能检测系统，设有内径分别为380毫米和600毫米，深度为3000毫米的两个超高温高压射孔试验容器。其中，380毫米的实验容器孔隙压力和围压为50兆帕，井筒压力为80兆帕，最高工作温度

2005年12月15日，中国石化集团胜利测井公司高温高压射孔效能实验室

250℃；600毫米的实验容器孔隙压力和围压为80兆帕，井筒压力为145兆帕，最高工作温度240℃。射孔效能检测系统能够在井筒压力、孔隙压力和围压三腔压力环境下进行射孔效能检测，整体性能达到国际领先水平。该实验室承担胜利石油管理局重点实验室项目"模拟井筒条件下射孔效能检测与评价"，首次建立4种类型射孔靶的制作和检测方法，首次揭示温度、压力对射孔弹穿孔性能的影响规律，首次建立动态负压数学计算公式，形成动态负压的产生和控制方法；编写中国石油化工集团有限公司标准《射孔效能检测方法》（Q/SH 0536—2013）；完成"十二五""十三五"国家油气重大专项课题研究（射孔部分）。

五、特殊施工工艺技术

（一）工程射孔

工程射孔是使用射孔弹对油管或钻杆进行射孔，实现管内外循环联通。为满足各油气田工程处置施工需求，中国石化集团各测井单位相继开展工程射孔施工服务。2013年，江汉测录井公司引进管柱带压穿孔技术，在江汉工区、西北油田分公司和塔里木油田投入应用，先后完成新疆西北局YJ1X井6323米处3½英寸油管射孔、S119井5400米处5英寸钻杆射孔等工程施工。

（二）爆炸松扣

爆炸松扣是利用炸药爆炸的冲击波，将需要松扣的节箍震松，从而达到瞬间松动卸开节箍的工艺技术。2001年，胜利测井公司在成功研发爆炸松扣工艺和装置基础上，与中国兵器工业集团公司第204研究所合作，研制适用于不同卡点深度、井内液体密度和钻具类型的多种型号爆松弹。2006年，与中国兵器工业集团公司第213研究所合作，成功研制耐压120兆帕、耐温220℃高温高压导爆索捆绑式爆松器。2008年，研发药盒式深井承压爆松器。2020年，研发耐温200℃/6小时、耐压140兆帕、外径36毫米的超深井易碎壳体式爆松器。2007年，西南测井分公司引进爆炸松扣工艺；2016年，形成超深井爆炸松扣服务能力；2018年，完成川深1井施工，创爆炸松扣最深（8277.93米）纪录。2020年，通过开展"水平井爆炸松扣关键技术的研究与应用"项目攻关，相继为川庆钻探工程公司、西部钻探公司提供服务，年施工30口井以上。

卡点测量作为爆炸松扣的重要环节，目的在于找准井筒内管柱具体卡点位置。1998年，胜利测井公司利用自主研发的钻杆卡点测量仪和硬磁性材料管柱卡点SL-Ⅱ型测卡仪，完成胜利油田郑科平1井、利79井等多口重点井的钻具卡点测量。2015年，购置扭矩式测卡仪器，与改进后的SL-Ⅱ型测卡仪搭配成为爆炸松扣重要装备，年均施工20口井以上。2020年，西南测井分公司自主研发注磁测卡仪，先后完成了威202H57-3井、阳 101H1-6 井等 40 余口井测卡施工服务。

（三）爆炸切割

爆炸切割是利用炸药冲击波对井内管具进行切割的工艺。1999 年，胜利测井公司与中国兵器工业集团公司第 204 研究所共同研发适用各种尺寸油管、钻杆及套管的全系列切割弹。2002 年 9 月，首次使用 38 毫米小油管输送切割技术，成功切开桩 115-平 1 井 1695 米处水平井段油管。2003 年，探索出泵送式电缆输送切割技术。2015 年，配套完成连续油管切割工艺。2017 年，完成井深 5161 米、井底温度 170℃桩 169-斜 2 井钻杆切割施工。2020 年，成功研制热熔切割工具和耐温 200℃/6 小时、耐压 140 兆帕、直径 36 毫米的超深井切割装置，完成塔河 TK886X 井油管切割，切割深度 5488 米。

第六节　全面提升复杂储层测井精细评价水平

按照中国石化"稳定东部、发展西部、准备南方、拓展国外"的战略构想，复杂隐蔽油气藏成为各油田勘探开发的主战场。测井评价在取全取准测井资料基础上，探索和攻关研究新领域、新类型油气藏测井评价技术，深化资料处理，做精做细解释评价，测井解释符合率不断提升。截至 2021 年，形成包括岩石物理实验基础研究、常规油气藏、非常规油气藏及非油气领域测井精细评价技术体系，年处理解释能力超过 1 万井次，为中国石化"三北一川"勘探开发及东部老区油气储量的稳固增长和产能建设作出积极贡献。

一、创新测井评价理论和方法

20 世纪 90 年代中期，成像类测井信息开始应用，为各类复杂储层测井评价新思路、新方法的创新提供了重要条件，能更直观地观察各类非均质地质现象，精细地描述地层特性。中国石化集团测井解释人员针对各类复杂油气藏在勘探开发中面临的主要问题，加强岩石物理实验研究，开展数字岩心、数字井筒模拟技术研究，逐步形成"层内模式细分""九性关系分析""三大类参数计算"等评价复杂油气藏和非常规油气资源的新理论和新方法，增强了找油气能力，为保持油气储量与产量持续稳定和发展提供了重要技术支持。

（一）岩石物理实验研究助力技术发展

胜利测井公司岩石物理实验室依托重点实验室建设和国家专项等研究课题，逐步建立电法、声波、放射性、核磁共振、电化学和物性等 6 大实验技术系列，根据油田生产需要开展岩石实验分析研究，利用岩心资料获取各种岩石物理特性参数，进行测井基础理论和方法研究。1998 年以来，实验人员分析岩样 2095 块，取得岩石物理实验数据 2 万余个，建立测井解释标准 92 个，绘制解释图版 886 幅，确保新钻井测井解释符合率始终保持在 90% 以上。对永 935 井沙四段下亚段致密砂砾岩采集岩样开展实验分析，刻度常规和成像资料，成功评价低对比度砂砾岩油层，试油日产油 7.9 吨，配合增加上报探明储量 1000 万吨。

"十二五"至"十三五"期间，完成全直径岩心实验 462 块次，小直径岩心实验 3650 块次，高温高压不同矿化度条件下岩心实验 276 块次，开展数字岩心测井建模技术研究，深化复杂地质体测井表征技术，构建数字井筒，为碳酸盐岩、致密砂岩、低电阻率油气藏等七类复杂储层测井精细评价技术体系的建立奠定基础。

2011 年 11 月 18 日，中国石化集团胜利测井公司从美国岩心公司引进的覆压孔渗测量仪

2011—2021 年，针对页岩油气的特点，采用特殊取样和实验工艺，采集岩样 236 余块，实验取得 1256 块次的孔、渗、岩电、核磁、声波等分析数据。实验分析数据刻度测井信息，构建页岩油气评价所需的各类参数计算模型，开展地质和工程双甜点测井评价方法研究，形成海相和陆相页岩油气测井评价技术。同期，进一步完善力学参数测量技术，完成东营、新疆等工区 203 块岩心的声波及岩石力学参数测量，为地震精细处理与评价、页岩油气可压性评价、气层识别与含气饱和度计算提供有力支持。根据实验结果建立了济阳坳陷页岩油动静态转换模型，为分级压裂建产能提供了重要依据。

（二）复杂储层测井精细评价理论和方法进展

1. 三大类参数计算方法

1998 年以来，胜利测井公司研究建立核磁共振信息孔隙度刻度、孔隙度计算以及确定 T_2 截止值的方法；建立适应不同地区的 SBVI–T_{2gm} 图版，形成利用 T_2 分布分析孔隙结构的方法。2009 年开始，通过承担国家重大专项及中国石化集团重点攻关项目，开展"宏尺度参数、微尺度参数、渗流参数"三大类参数计算方法研究，实现致密碎屑岩有效性和储层类别的定量评价。2017 年，形成"九性关系"为核心复杂储层分析方法，撰写的《测井评价的"九性关系"及其研究方法》被评为《测井技术》期刊 2018—2019 年度"最具影响力论文"。

2. 五类参数计算模型

2010 年以来，为满足服务工区页岩油气资源评价和选区选带需要，中国石化集团各测井单位相继开展页岩油气地质参数计算和甜点评价方法研究。开展常规岩石物理实验及数字岩心构建研究，利用岩心分析数据刻度常规、核磁共振、地层元素等测井信息，搭建页岩油气层五类参数（矿物成分及含量、物性和孔隙结构参数、含油性参数、地化参数、岩石力学参数）的计算方法，建立页岩油气测井评价体积模型，创建页岩油气地质和工程甜点评价技术体系。五类参数计算模型助力了四川盆地海陆相页岩油气田的商业开发，为胜利油田陆相页岩油高效勘探和国家级开发示范区提供强有力的技术支持。

3. 伪核磁 T_2 谱

2010 年，胜利测井公司开发利用一维常规测井曲线构建二维伪核磁共振 T_2 谱方法，实现测井资料由一维信息向二维信息的转变；2014 年，获国家发明专利授权。2014—2016 年底，在胜利、川东北、东北等油气区 195 口井致密碎屑岩储层评价中应用，提高了储层有效性判断和流体性质识别成功率。成功评价盐 22、义古 66-斜 1 等勘探深层砂砾岩油藏探井，配合申报探明含油面积 17.55 平方千米，石油地质储量 8068.26 万吨。

4. 偶极横波远探测测井评价技术

2013 年，胜利测井公司承担中国石化集团科研项目"偶极横波远探测仪器研发及评价技术"，利用正交偶极子阵列声波测井资料提取反射波，实现了对井旁岩层 25～30 米范围、360 度储集空间分布特征刻画，在碳酸盐岩、火成岩和页岩油气等复杂储层应用，提高缝洞等地质异常体解释能力。2015 年，研发的仪器及处理解释软件实现对井旁 80 米范围内缝洞型储层有效性评价、井旁缝洞等地质异常体精细刻画，为优化钻井设计和压裂施工设计提供技术支持。TH102105 井录井和电成像显示井周裂缝不发育，偶极横波远探测资料处理解释结果显示井外 60 米范围内的缝洞发育，经酸压试油日产油 87 立方米。该技术 2021 年获中国石化集团科学技术进步奖二等奖，2021 年底，完成国内东西部油田 100 余口井声波远探测处理解释。2019 年，西南测井分公司开展基于 XMAC-Ⅱ偶极声波测井资料远探测技术研究，形成断缝体（断溶体）测井评价技术，在碳酸盐岩、页岩气等领域开始应用，评价永兴 1 井雷口坡组碳酸盐岩储层井外发育有效裂缝，经测试获日产天然气 11 万立方米。2020 年开始，中原测井公司利用声波远探测技术识别评价井旁储层的含气性，福宝 1 井通过声波远探测处理解释优选测试层段，经测试日产天然气 51.2 万立方米。

5. 二维核磁测井信息评价技术

为解决低丰度、低对比度油气层测井评价问题，2014年开始，胜利、西南、华北等测井公司相继开始研究应用二维核磁测井资料识别评价油气层。2014年5月，胜利测井公司采用MRIL-P型核磁仪器，通过增加特殊发射脉冲序列，采用同一回波间隔不同等待时间、同一等待时间不同回波间隔的测量，在苏101井实现一次下井采集T_2（横向弛豫时间）-D（扩散弛豫时间）二维核磁共振测井信息，利用T_2-D交会精细评价储层流体性质，发现了油层，经测试获工业产能。2015—2019年，为解决T_2-D在致密储层流体识别效果不明显的问题，西南测井分公司在MRIL-P核磁测井仪器设计合适的观测模式，实现采集T_1（纵向弛豫时间）、T_2数据，制作T_2-T_1交会图版区分天然气和可动水信号，建立川西陆相及海相储层的T_2-T_1流体识别图版，在彭州3-4D井等碳酸盐岩井中应用，准确评价流体性质和气水界面。2018年，华北测井分公司开始利用"二维核磁信息流体评价技术"解释低对比度致密砂岩气层，锦145井完井测井后气层、水层难以识别，通过多观测模式测量核磁信息提取二维T_1和T_2谱对储层精细评价，解释结果和测试结果吻合。

6. 碎屑岩储层产能特征评价技术

为满足致密碎屑岩油气高效勘探、效益开发的需要，2010年，胜利测井公司依托国家专项研究任务，基于径向渗流力学原理，综合应用测试、测井和岩心分析资料，计算束缚水饱和度、相对渗透率、供液半径等油藏参数和工程参数，建立产能与油藏参数的关系，构建产能预测模型。通过建立层内流动单元细分模式，分析影响产能评价的主控因素，优化产能预测模型，建立不同生产压差、流体黏度等条件下的产能预测图版，指导压裂选层。华东、中原、华北等测井单位根据服务工区致密碎屑岩油气层的特点，形成相应的产能预测测井评价技术。

二、构建复杂储层测井精细评价技术体系

中国石化集团各测井单位和研究机构坚持科研生产"两条腿走路"，开展系列测井评价技术的创新，截至2021年，逐渐形成致密砂岩、砂砾岩、滩坝砂等致密碎屑岩储层、低电阻率油气层、碳酸盐岩、火成岩、变质岩等裂缝性油气层，以及页岩油气等测井评价技术体系，为不同类型隐蔽型油气藏勘探开发提供重要的技术支持。

（一）致密碎屑岩测井评价技术

20世纪90年代中后期，国内油气勘探重点转向中深层找油，中国石化集团各测井单位根据市场服务工区地质特点，开展解释方法研究，截至2021年底，建立致密砂岩储层地质参数计算、多参数流体性质识别、产能预测以及岩层沉积构造、可钻性和可压

性等评价方法，逐渐形成各具特色的致密碎屑岩储层测井评价体系，为油田增储上产作出贡献。

1. 低孔渗砂岩储层有效性测井评价技术

20世纪90年代中期，胜利测井公司以承担石油天然气总公司新区勘探事业部研究课题"临南深层测井资料评价技术"为契机，尝试对埋深超过3500米砂岩储层有效性进行划分，根据孔、渗、饱等参数变化划分油层、差油层；依托国家重大专项、中国石化先导项目等各级研究课题，常规和成像类测井资料相结合，建立低渗透储层层内岩相划分、岩性系数划分岩性，以及加权系数评价储层质量和储层类别划分、多信息综合识别流体性质等解释方法，构建低渗透砂岩油层测井评价技术；完成中国石化上海油气分公司在北部湾部署的涠2井等6口探井测井评价，其中涠4井完钻测井后解释油层（含气）3层84米，自喷日产原油1124吨、天然气7.6万立方米，创当时中国石化海域油气勘探单井测试日产最高纪录。中原测井公司相继开展薄储层和低渗透有效储层下限测井评价方法研究，形成薄互储层识别、多信息判别流体性质、产能预测等低孔渗砂岩测井评价技术，在白音查干、查干、乌里雅斯太等凹陷应用，提高了解释符合率。20世纪90年代，河南油田部署探井勘探泌阳凹陷安棚深层，部分井试油结果虽然获油气流，但产能和经济评价不高，河南测井公司开展测井方法及应用研究，利用核磁共振测井评价储层有效性，成功解释泌253井，压裂后日产油3.96立方米、日产气4.81万立方米。华北数字测井站针对鄂尔多斯盆地致密油气藏油（气）层、水层对比度低的特点，开展技术攻关，形成了基于孔隙结构评价的孔缝体定量表征、测井识别储层甜点及地震属性甜点空间分布描述为核心的甜点测井评价技术；在鄂尔多斯盆地300余口井应用，测井解释符合率达90%，指导了红河油田HH37P115等井位部署，测试获日产30.6万立方米工业气流。江汉测录井公司针对新沟致密油藏难以识别的特点展开研究，利用"雷达图、多矿物组分模型"等方法识别岩性，建立致密油储层物性、含油饱和度、地应力参数等评价模型；完成新钻井解释评价并优选射孔压裂层段，新391井、新1–1HF井等多口井获工业油流，为老油区重上百万吨提供了契机。华东测井分公司通过开展低渗透和特低渗透砂岩导电机理研究，形成以油水识别和测井产能预测等为核心的测井评价技术，在方4–2井等5口井中应用，压裂后累计增油3816.7吨，产能预测符合率87.5%。

2. 深层砂砾岩测井评价技术

1998年始，砂砾岩体成为济阳坳陷重要的规模储量勘探阵地，胜利测井公司初步解决了砂砾岩储层岩性识别、储层划分的问题。2008年，胜利测井公司承担中国石化集团科技攻关项目"深层砂砾岩体测井评价技术研究"，形成以三大类参数组合评价储层质量、井筒多信息（测录试）梯度智能型流体分析技术为核心的测井综合评价方法，开发的测井评价软件通过中国石化科技部组织的软件测试。该项目获中国石化集团科学技术进步奖二等奖，获 2 项国家发明专利授权。1998—2012 年，配合胜利油田在陡坡带砂砾岩体油气藏累计上报探明石油地质储量 2.42 亿吨，测井解释符合率由 2008 年以前的 53.64% 提高到 90.1%。

3. 滩坝砂极薄储层测井评价技术

2013 年 7 月，胜利测井公司和中国石化石油工程技术研究院测录井所联合承担中国石化集团科技攻关项目"地质约束条件下滩坝砂测井评价技术研究"，形成了以沉积结构单元测井自动反演、"双泥质指示因子"饱和度计算为核心的滩坝砂综合评价技术。获中国石化集团科学技术进步奖二等奖，获国家发明专利授权 2 项。截至 2021 年，在胜利、东北、江苏等 500 多口井中应用，支持了储量申报和难动用储量开发。

4. 弱信号油气层测井识别技术

2016 年，中原测井公司承担国家重大专项任务"东濮凹陷弱信号油气层测井识别及配套挖潜技术"的研究工作，针对致密储层、泥浆侵入及油页岩间等弱信号油气层识别难的问题，在油气成藏模式约束下开展技术攻关，形成利用裂缝与地层倾向交会识别流体、仿可动流体孔隙度设定核磁共振 $T_{2cutoff}$ 以锐化突出油气信号识别油气层等方法，构建了岩电参数可选的 W–S 含油饱和度模型。在 61 口新井中应用，油气层测井解释符合率 92.6%。对 139 口老井复查，新增油气层 610.5 米 /289 层。

5. 低电阻率油气藏测井评价技术

胜利、中原、江汉等测井单位相继形成完善的低电阻率油气藏测井评价技术。胜利测井公司通过总结渤海湾盆地高束缚水饱和度、高矿化度地层水、黏土矿物附加导电性、钻井液侵入等 7 种类型低电阻率油气层，优化建立以"黏土束缚水—毛管束缚水—可动水饱和度"三饱和度模型为核心的测井评价技术。2010 年始，依托国家专项以及中国石化集团先导项目等研究课题，改进低电阻率油气层评价方法及软件，集成到人工智能专家系统，实现工业化应用。完成金家、广利、平方王等油田 300 余口井测井解释，为产能建设提供准确解释成果，成功解释阳信油田发现井阳 101 井。中原测井公司用复合岩性法建模，建立不同区带低阻油气层识别方法与评价体系，对东濮凹陷内 10 个油田 7 个含油层位进行复查，实现 436 口井新增油（气）层 1212 层 3120.8 米。试油投产 74 井次 218 层 607.2 米，解释符合率 83.2%。江汉测录井公司针对服务市场低电阻率油层特点进行分析，建立低阻油层测井解释模型，成功解释松滋油田红花套组、江陵区块、八面河区块等区块的低阻油层。

6. 致密砂岩天然气测井评价技术

胜利、中原、西南、华北等测井单位针对低孔渗砂岩天然气藏特点，结合市场需求，开展测井评价技术攻关，形成各具特色的致密碎屑岩测井评价技术，在鄂尔多斯盆地、川渝地区、东部老区、东北地区、西北地区等致密砂岩天然气藏评价中应用，助力天然气资源产能建设。

21世纪初，胜利油田加强致密碎屑岩天然气藏勘探，胜利测井公司开展技术攻关，创新层内岩相识别和流体模式细分、多参数梯度识别流体性质的评价理念，形成致密砂岩天然气测井评价技术。2010年，为服务中国石化四川盆地致密碎屑岩勘探的需求，依托中国石化集团先导项目"川东北元坝地区陆相致密砂岩储层测井评价技术先导试验"，总结分析气层"块状低阻、产层更低"的影响因素，形成了完善测井评价技术，成功评价元坝6井、元陆11井等多口新钻探井。2013年，起草的行业标准《致密砂岩气藏测井资料处理解释规范》（Q/SH 0595—2014）、《致密砂岩油藏测井资料处理解释规范》（Q/SH 0594—2014）颁布实施。2020—2021年，为中石油煤层气公司提供测井和解释技术服务，完成67口井测井资料精细评价。中原测井公司为服务致密砂岩天然气藏勘探，利用偶极声波、核磁共振、电成像等测井信息结合地质、钻井、录井等井筒信息综合评价天然气层，提高气层解释符合率；2009—2010年，成功评价PS18井和W203-62井，试气获高产工业气流，获重大油气发现奖，为东濮凹陷油气精细勘探作出重要贡献。西南测井公司针对四川工区致密碎屑岩气藏特点，开展专题研究，形成储层识别、参数解释模型构建、裂缝识别与评价、流体识别等适合不同层系储层特点的天然气储层测井识别与综合评价技术系列，支持了川西新场、大邑、川东北马路背构造须家河组勘探获重大突破。华北测井分公司为突破制约鄂尔多斯盆地大牛地、东胜气田致密砂岩气藏开发技术瓶颈，开展技术攻关，建立基于孔隙结构变岩电参数＋泥质校正的致密砂岩"阿尔奇"饱和度模型，形成基于储气系数、储水系数、含气性指数、含水性指数、可压性指数建立产能预测方法，成果获国家发明专利授权4件，获中国石化集团技术发明二等奖；全面实现工业化，成功应用864井次，其中临兴、神府区块应用80口井，解释符合率提高到88.2%；在杭锦旗锦58井区应用了41口井，解释符合率提高到89.6%；成功解释JPH-479井，经分段压裂测试无阻流量达100万米^3/日，是杭锦旗首口无阻流量达到百万立方米的井。

（二）海陆相碳酸盐岩测井评价技术

中国石化集团各测井单位针对渤海湾、四川、塔里木等工区海陆相碳酸盐岩油气藏生产需要，开展测井评价技术研究，建立各具特色海陆相碳酸盐岩测井评价技术系列，为普光、元坝、顺北、顺南、埕北等油气资源发现和产能建设提供重要的技术支持。胜利测井公司依据国内海陆相碳酸盐岩油气藏特点，逐渐形成包括不同沉积单元岩石物理体积模型、不同类型储层识别及表征、储层参数计算等的测井评价技术。形成以井筒近远储集空间刻画、流体甄别为核心的海陆相碳酸盐岩测井评价技术系列，完成车古201井应用，发现潜山内幕油田—富台油田。2003年4月，成功评价中国石化在四川盆地东北部部署的预探井普光1井，助力发现国内迄今规模最大、丰度最高的海相碳酸盐岩大气田——普光气田。2007年10月，精细解释大斜度超深井元坝1-侧1井，在四川盆地又发现一个千亿立方储量的大型气田。江汉测录井公司根据四川建南构造飞仙关组和长兴组碳酸盐岩储层特征，建立"岩心刻度测井、地层组分模型、岩石导电效率"与测井新技术为一体的储层类型与储层有效性评价法；形成"小波能谱峰值尺度、双饱和度差、多孔介质的饱和度模型"相结合的气层综合识别法，在鄂西、渝东、四川等服务工区应用，完成平桥1井等30余口井测井评价。中原测井公司通过开展中国石化集团先导项目"普光地区碳酸盐岩油气藏储层分类判别研究"，形成4种储集空间类型的测井识别方法，确定了储层分类的参数集合，建立了储层分类的解释模型和解释标准，形成6种判别流体性质的方法，助力普光气田的勘探开发。西南测井公司参与元坝气田一期、二期开发井测井解释，为两期51亿的产能建设提供精细解释成果；通过开展国家重大专项任务"川西雷四段高放射性潮坪相白云岩储层评价技术"研究，形成以有效储层识别和流体性质判别技术为核心的综合评价技术，获国家发明专利2项。华北测井分公司针对碳酸盐岩储层裂缝识别难及裂缝参数计算精度偏低的问题，对大牛地气田和塔巴庙探区下古生界碳酸盐岩测井综合评价技术展开攻关，形成常规测井裂缝识别方法，构建双重孔隙介质的物性参数测井解释模型；解释大牛地气田300余口井，储层识别效果明显。

（三）火成岩/变质岩测井评价技术

中国石化集团各测井单位针对渤海湾、准噶尔、松辽等含油气盆地火成岩、变质岩的特点，借助微电阻率扫描成像、核磁共振等成像测井技术，实现对复杂岩性储层的定量评价。加大测井评价技术攻关力度，形成以岩性自动识别、成像测井空白带充填刻画储集空间、储集空间类型刻画和判识、裂缝参数估算、储层类别划分、声波远探测描述储集空间展布、多参数流体性质识别等为核心的综合评价技术体系，开发处理解释软件。在准噶尔等含油气盆地勘探开发中应用，2003—2021年，累计完成了200余口火成岩和变质岩完钻井的评价，助力了油田增储上产。

20世纪90年代中后期，胜利油田开始对商河油田火成岩油藏展开勘探，1996年商741井完钻后，胜利测井公司依据测井采集的电成像和核磁共振信息，评价火山碎屑岩和辉绿岩储集空间类型与分布，描述裂缝发育层段及特征。1999—2003年，对变质岩油气藏进行系统分析，形成片麻岩、伟晶岩等10余种变质岩的划分方法，认识到裂缝发育与岩性密切相关，成功评价埕北古斜503等30余口探井。2012年，针对春光油田、东北地区、胜利东部等火成岩勘探面临的问题，不断完善测井综合评价技术，截至2017

年，配合甲方在车排子、哈山地区石炭系合计上报石油地质储量15271万吨。中原测井公司针对拐子湖凹陷油气勘探的需求，研发变质岩测井评价技术，进行推广应用，变质岩岩性判别符合率92.6%，储层裂缝识别准确率92.9%。

（四）水淹层测井评价技术

20世纪90年代后期，为满足老油田开发建设的需求，河南、胜利、中原、江汉等测井单位开展水淹层解释评价技术研发，提高水淹层分级解释的符合率，为老油田剩余油挖潜、稳产提供技术保障。胜利测井公司依据东部老油田开发进程，在原有可动水法等定量评价水淹层基础上，形成核磁共振测井信息、介电测井和高频感应提取介电常数计算产水率、混合水电阻率估算剩余油饱和度、数字岩心建立饱和度模型等水淹层定量评价技术，提高水淹层分级解释的符合率，为胜利东部老区稳产增长作出贡献。河南测井公司依托"双河油田剩余油饱和度解释方法推广应用"等6项研究项目，开展水淹层基础机理实验研究，形成以产水率和重建油层原始电阻率法为主，三饱和度重叠技术、核磁测井技术、RMT（PNN）测井技术、高分辨率感应测井技术等为辅的水淹层评价技术系列，完善了配套的测井处理软件平台，应用到国内多个油田。江汉测录井公司根据江汉盆地老油田动态开发的特点，不断完善不同区块的水淹层识别与划分标准，对江汉盆地钟市油田73口井水淹层进行识别与水淹级别划分，为开发方案调整提供资料依据。中原测井公司根据中原油田注水开发油藏剩余油分布异常复杂的特点，开展水淹层测井评价技术研究，利用核磁共振测井、成像测井等技术对老油田储层的微观特征和不同时期的水淹层特征进行定性评价，与油藏管理模式相结合，利用生产测井、区块注水情况分析等技术，评价剩余油分布状况，服务开发方案调整在新钻井中广泛应用，解释符合率达90%以上。

（五）老井测井资料复查

1998—2021年，电成像、核磁共振、正交偶极子阵列声波等成像类测井资料的应用，为老井测井资料再评价、区块研究增加了新的手段，中国石化集团各测井单位相继形成一套集岩石物理实验研究、测井资料预处理、储层评价、多井评价和区块研究等多个技术环节组成的老井测井资料再评价体系，提高了老井复查的成功率。2021年，经纬公司完成765口井老井复查，有47口建议井获得采纳。

三、建立非常规油气测井评价技术系列

中国石化集团各测井单位结合勘探部署，开始页岩油气测井评价技术研发。截至2021年，形成海陆相页岩气、陆相页岩油测井评价技术系列，支持页岩油气勘探理论的形成，为页岩油气勘探开发提供重要的技术支持。

（一）页岩气测井评价技术

为配合中国石化集团页岩气勘探工作，胜利、江汉、西南、中原、华东等测井单位相继开展技术攻关，形成各具特色的页岩气测井评价技术并应用于生产，助力服务工区页岩气的发现和商业开发。

2010年，中国石化集团在川渝地区开始页岩气勘查。2012年，部署页岩气专探井焦页1导眼井和焦页1HF水平井，胜利测井公司建立页岩气五类参数解释计算模型，编制处理解释软件，精细评价焦页1导眼井和水平井（焦页1HF）龙马溪组—五峰组页岩气层。焦页1HF解释Ⅰ类页岩气层1132米，分级压裂后放喷日产天然气20.3万立方米，发现礁石坝海相页岩气田，被重庆市人民政府命名为页岩气开发"功勋井"。华东测井分公司承担国家重大专项任务研究"彭水地区五峰—龙马溪组页岩层测井精细刻画研究"，形成"六性"关系分析方法，建立地质和工程参数解释模型，编制测井处理解释软件，并获软件著作权，支持了平桥南、东胜和武隆区块页岩气的勘探和开发建设。中国石化勘探分公司、胜利测井公司联合承担中国石化集团科技攻关项目"四川盆地及周缘页岩气测井评价技术"，形成以"六性"关系分析、数字岩心实验及孔隙网络模型构建、五类地质参数计算模型构建为核心的页岩气测井评价技术，成果支持国内首次页岩气储量申报——中国石化涪陵页岩气田焦石坝区块焦页1—焦页3井区探明储量1067.50亿立方米；成功评价国家能源局部署页岩气重点钻探井安页1井，取得"四层楼式"的油气重大发现。江汉测录井公司立足涪陵焦石坝页岩气田开发，形成包括页岩气储层测井综合解释技术、小层精细对比技术、沉积相测井分析技术，以及水平井井眼穿行轨迹地层分析技术、裂缝评价技术、钻井漏失层测井识别技术、可压性评价技术等测井综合评价技术，截至2021年，完成700井次测井评价。中原测井公司形成四川盆地海相页岩气岩性识别及矿物成分分析方法，构建有机碳含量（TOC）、孔隙度（POR）、含气量（GAS）、脆性指数（BR）等参数评价模型，提出利用"TOC、POR、GAS和BR"的四参数页岩气层划分方法，编制处理解释软件；技术应用于页岩气测井解释评价86口井，解释中原油田部署的风险水平井普陆页1井，对普陆5等25口老井展开复查，落实普光东向斜侏罗系千佛崖组有利页岩气区资源量6500亿立方米。西南测井分公司开展对川南龙马溪组页岩气储层测井综合评价研究，建立川南海相页岩气测井解释模型、储层分类评价标准及有效储层识别方法，形成页岩气水平井压裂分段优化技术和产能预测模型，开发页岩气综合处理评价软件，满足川南海相页岩气测井处理解释需要，该成果支持川南深层海相页岩气勘探需求。"十三五"期间，胜利测井公司承担"十三五"国家科技重大专项课题"页岩气区带目标评价与勘探技术"的专题研究工作，形成以"七性"关系分析技术、非电法计算含气性参数方法及地质、工程双甜点测井综合评价技术为核心的海陆相页岩气测井评价技术体系。

（二）页岩油测井评价技术

中国石化集团各油田陆相页岩油经过两轮的勘探部署，济阳坳陷、四川盆地、苏北盆地陆相页岩油勘探取得突破。胜利、河南、江汉、华东等测井单位相继开展页岩油测井评价技术攻关，建立以"含油性、储集性、可动性、可压性"四性参数体系（20项）为核心、基于机器学习的综合甜度指数评价页岩油层级别的陆相页岩油综合评价技术，满足页岩油勘探开发的需要。

2010年，胜利油田积极探索勘探页岩油，胜利测井公司先后承担中国石化集团设立的"泥页岩油气层测井评价技术研发"课题，利用罗69井、樊页1井等4口系统取心井的测井资料和岩心分析数据，建立页岩岩相识别技术、"六性"关系评价页岩油的方法，构建五类参数计算模型，形成页岩油类别和级别划分的方法。编制处理解释软件并取得软件著作权，获国家发明专利3件，起草中国石化集团页岩油测井解释标准。2011—2013年，处理解释156口新老井，配合沾化、东营凹陷页岩油资源量计算。由于陆相页岩油地质情况异常复杂，相关工艺条件欠成熟，胜利油田第一轮页岩油勘探未获大的突破。

2011年，河南油田在泌阳凹陷部署页岩油预探井安深1井，勘探开发取得重要突破，河南测井公司开始对泌阳凹陷陆相页岩油气测井评价方法进行研究，形成包含页岩岩相测井自动识别、分流动单元的测井精细建模及可压性分析等方法的页岩油气测井评价技术。泌页HF1井测井评价有利层段25段，经15级大型压裂获最高日产油23.6立方米，标志陆相页岩油勘探取得重大突破。参加的"陆相页岩油勘探重大突破及关键技术"研究成果获河南省科学技术进步奖二等奖、中国石化股份公司2012年度油气勘探（泌阳凹陷非常规油气勘探）重大突破二等奖。

2017年，胜利油田开展第二轮陆相页岩油勘探攻关，胜利测井公司针对济阳坳陷低中成熟度富灰质页岩油特点，生产和科研相结合，开始新一轮技术攻关，形成以"四参数"体系评价为核心的综合评价技术，获国家发明专利4件，软件著作权1项。2019年，完成56口井页岩油复查，樊159井压裂后获工业油流，标志着胜利油田页岩油勘探取得重大突破。成功评价樊页平1井水平段解释Ⅰ类、Ⅱ类、Ⅲ类页岩油层1402.9米，峰值日产油171吨，为中国石化集团陆相页岩油取得突破后产油最高的一口井。累计完成76口专、兼探井及13口水平开发井的页岩油测井处理解释，复查412口老井，配合济阳坳陷页岩油首批上报预测石油地质储量4.58亿吨。

江汉测录井公司针对江汉油田潜江凹陷和复兴区块陆页岩油气特点，建立以"七性"关系分析及地质和工程双甜点靶窗优选技术为核心的页岩油气测井综合评价技术；累计完成潜江凹陷 20 余口井测井评价，精细解释王平 1 井，经测试油峰值产量 50 吨 / 日。

2020 年，为满足苏北盆地阜宁组页岩油气勘探需要，华东测控分公司参与页岩油地质工程一体化项目攻关，综合分析苏北盆地阜二段地层特征，建立阜二段页岩油解释量版及评价标准，编制页岩油测井处理模块，处理解释沙垛 1 井、花页 1 井、花 2 侧井等 10 余口页岩油井测井资料，其中，溱页 1HF 井峰值日产油 65 吨，参加的溱潼凹陷页岩油勘探获中国石化股份公司 2021 年勘探发现特等奖。

（三）煤层气测井评价技术

1998 年以来，中国石化集团各测井单位相继开展煤层气测井评价技术研究，助力国内煤层气资源开发建设。中原测井公司服务市场涉及河南、安徽、内蒙古等 10 余个煤区，共完成 1500 余口煤层气井的测井资料处理解释。2015 年，根据新疆阜康地区、淮南煤矿等煤层特点，测井识别煤层与分析煤层展布，精细刻画煤层特征及煤层顶底板，分析实钻井眼轨迹与煤层的相对位置关系及距离，形成煤层气精准定层分析技术。华东测井分公司承担山西、贵州、新疆等地区煤层气井的测井施工与解释，截至 2021 年，处理解释煤层气井近千口。自主开发煤层气测井资料处理解释软件，形成包括煤阶分析、煤的工业组分评价、煤层孔隙度及割理分析、煤层气含气量分析、煤层气产能评价、变密度资料分析水平井煤层等综合评价技术体系，作为第一起草人完成《煤层气测井资料处理解释规范》行业标准的修订，取得软件著作权 2 项。2009 年，成功评价延川南部署的参数井延 1 井，压裂后求产，峰值日产天然气 2632 立方米，延川南煤层气勘探取得突破。为助力煤层气资源的开发利用，胜利测井公司研发煤层气测井评价技术及评价软件，包括煤层识别、煤层结构评价、工业组分计算、含气量参数计算、煤岩气层分级评价、压裂效果预测和检测、煤层顶底板评价等。截至 2021 年，完成 160 余口井煤层气测井评价。

四、成像测井资料应用于地质和工程评价

20 世纪 90 年代中后期，中国石化集团各测井单位开始利用电成像、声成像、正交偶极子阵列声波等成像类测井信息进行裂缝识别、沉积相研究、井旁构造分析，估算各项岩石力学参数，评价地应力大小和方向，对压裂缝高进行预测和检测，评价低渗透油气层的可压性，为"三北一川"和东部老区油气资源勘探开发提供各项地质和工程评价成果。

（一）构造解释

中国石化集团各测井单位应用高分辨率的成像测井资料进行构造解释，提供完整的地层岩性剖面，使构造分析更加直观精细；拾取地层的层理，进行单井纵向地层产状描

述，可以研究区域产状的变化规律；通过分析地层产状及地层岩石结构的变化，可以精准确定褶曲、断层等地质构造，为标定碳酸盐岩油气藏、火成岩油气藏、致密砂岩油气藏等地震构造解释提供准确的依据。根据孤古斜 25 井采集的电成像测井资料和地层对比在该井解释 7 条发育断层，构造整体为 S 形，由倒转背斜和向斜组成，又被同期形成的断层复杂化，地层出现三段重复，根据成像构造解释成果重新对区块地震资料进行构造解释，对该带的构造演化有了新的认识。

（二）沉积相解释

根据成像测井资料判别层理构造、判断古水流流动方向、分析物源方向、划分和对比地层、恢复地层产状、推断沉积环境、划分沉积旋回，为地质研究提供有效手段。1998 年，根据埕 914 井采集的电成像测井信息，准确划分沙河街组三段砂砾岩的沉积旋回，为研究埕东北带砂砾岩体沉积期次和成藏规律提供依据。2005 年，为追踪牛庄洼陷东部沙河街组四段扇三角洲砂体展布和部署井位，先后在王斜 583 井、王 60 井采集电成像测井信息，解释结果表明物源来自东北方向的青坨子凸起，而不是来自东南方向的潍北凸起，为王斜 583 井等探井的部署提供重要依据。

（三）井眼稳定性评估

2004 年以来，中国石化集团各测井单位利用正交偶极子阵列声波测井资料研究井眼稳定性，计算纵横波速度比、泊松比、体积模量、切变模量和杨氏模量等岩石力学参数。估算各项应力、破裂压力梯度、闭合压力梯度、钻井液安全范围等参数，评价井眼崩落、压裂状况和钻井液漏失层位等，结合破碎模型中地应力，评价井眼稳定性。该技术在利深 1 井等 30 余口井中应用，为保障钻井安全提供了支持。

（四）压裂缝高预测

2004 年以来，中国石化集团各测井单位利用正交偶极子阵列声波测井资料，计算岩石力学参数及地层孔隙压力、上覆压力和破裂压力等应力参数，进一步计算地层破裂压力梯度，有效预测低渗透产层压裂施工时的压力大小、压裂高度与方向，在孤北古 2 井、庄 109 井等应用。2014 年，申报发明专利"基于频率域用偶极横波测井资料计算各向异性方位角的方法"获得授权，该专利实现声波资料由时间域向频率域的转变，克服同类处理软件横波速度各向异性多解性及不稳定性的缺点，先后在中国石化集团各油气田及中国石油冀东油田应用，完成 413 井次的资料处理解释。

（五）压裂缝高检测

2007 年以来，中国石化集团各测井单位为评价致密油气藏压裂效果并提供压裂优化依据，胜利测井公司利用压裂前后采集的正交偶极子阵列声波测井资料评价地层各向异性来进行压裂效果检测，在胜利油田、东北油气分公司 50 余口井中成功应用。西南测井分公司开展偶极声波成像带压测井工作，通过对压裂后套管内偶极声波资料进行分析，根据套管外快慢横波时差，分析射孔井段储层各向异性的特征，检测出压裂缝纵向延伸高度，评价压裂后造缝效果，在川西地区新502井（井口带压21兆帕）、新504井成功应用。江汉测录井公司利用过套管偶极横波对低渗油气层压裂改造效果进行检测，形成时差对比、波形对比法、各向异性对比法等压裂效果监测技术，实现对压裂缝延伸高度、压裂步长和规模的评价，应用16井次。

（六）可压性分析

2010年以来，为满足国内页岩油气和致密油气勘探开发需要，中国石化集团各测井单位相继利用阵列声波、地层元素等计算岩石矿物含量、泊松比、杨氏模量、地层破裂压力梯度、脆性指数等参数，分析岩层主应力方向，形成评价页岩可压裂性的方法，在四川、东部老区等页岩油气勘探开发中广泛应用。胜利测井公司处理解释20余口井，为水平井轨迹设计及分级压裂选层提供准确的参数。2017年以后，随着第二轮陆相页岩油勘探工作开启，利用岩心声学实验数据刻度阵列声波资料，计算岩层三轴应力、破裂压力、泊松比、杨氏模量、岩石力学脆性指数等评价页岩可压性。以济阳坳陷页岩油勘探为例，为义页平1井、渤页平5井等60余口井提供了可压性评价成果。

五、非油气领域测井评价技术

为更好履行国有企业的社会责任，1998—2021年，中国石化集团各测井单位相继承担地下固体矿、可溶性矿物、地质环境工程、地下水热资源、干热岩、盐化工体、水文地质等非油气领域测井评价技术创新和应用工作，为地热资源开发、中国大陆科学钻探工程、汶川地震带科学钻探孔，以及地铁勘察工程、黄金探孔、天然气地下储集库等提供技术支持。

（一）地热资源测井评价

随着国家对地热资源的开发利用力度加大，中国石化集团各测井单位相继形成水地热资源测井评价技术，并应用于山东、河南、河北、山西、四川等地热资源钻孔中，为新型能源的开发利用提供技术支持。中原测井公司利用测井资料评价不同岩性地热资源物性、含水性及孔渗、温度及产能等相关参数，完成400余口测井评价任务，为中原、华北等地区地热资源的开发利用提供了优质服务。华北测井分公司依托承担的中国石化集团和中国石化石油工程公司科研项目，研发不同岩性地热储层测井评价软件，负责起草了国家能源行业地热测井技术规范标准，获国家发明专利2件，软件著作权1项，将该技术应用于山西、河北、山东、河南、陕西等地区，处理解释井350余口，指导地热井开发部署方案，提高地热资源利用率。胜利测井公司先后完成山东、河北、山西等地区100余口测井解释,形成地热井测井评价技术,为地热资源开发提供技术服务。

(二)深部岩层黄金矿产资源评价

2011年,胜利测井公司中标黄金集团ZK1(黄金一井)、ZK96-5黄金探孔测井技术服务,历时3年,完成黄金矿产资源测井评价技术开发和2个钻孔的测井精细评价,划分黄金等固体矿伴生岩石,求取各类物理参数,指导矿藏开采,为胶西北金矿富集区的深部采矿工程设计提供前瞻性基础资料。2014年3月,刘光鼎、翟裕生2位院士和相关专家听取"胶西北金矿集区超深部综合地质研究与资源预测"项目中测井子课题成果汇报,认为报告创新点突出,对国内金矿深部找矿、地质研究,小口径地球物理测井深部数据采集与解译等都具有重要的现实意义和深远的战略影响。

(三)大陆科学钻探工程

2001年,中国科学院在江苏连云港部署了中国大陆第一口科学钻探井科钻1井(CCSD-1)。2001—2005年,胜利测井公司完成该井8次综合测井资料的处理评价,根据电成像及其他测井资料,识别出超基性岩、榴辉岩和正副变质岩等主要岩性;确定裂缝类型、产状,裂缝发育和分布规律与构造的关系,填补岩心缺失井段岩性,修正岩心地质编录,在国内首次解决利用电成像测井资料进行岩心空间归位的难题。2007年"中国

2001年7月18日,中国第一口大陆科学探索井科钻1井施工

大陆科学钻探工程变质岩测井新技术的应用研究"获国土资源部科学技术进步奖二等奖。

（四）汶川地震带科学钻探孔

汶川地震断裂科学钻探（WFSD）项目是国务院批准实施的国家科技支撑计划专项，由国土资源部会同科学技术部和中国地震局组织实施的汶川地震断裂带科学钻探工程。2009年5月，胜利测井公司先后中标汶川地震断裂带科学钻探2号孔（WFSD-2）、3号孔（WFSD-3）测井服务工程项目，截至2010年，完成2个孔的测井施工和测井资料精细解释，提供断裂分布、走向、断裂面等要素特征及研究成果报告，对研究地震成因及预防地震灾害具有重要指导意义。

（五）地下天然气储集库建设

土耳其 Tuz Gölü 天然气地下储库项目是中国天辰工程有限公司通过国际招标方式承建的 EPC 项目，由世界银行投资，也是中国石化集团海外第一个盐穴储气库总包工程。胜利测井公司承担地下储库项目测井施工和解释任务，项目一期共部署12口注采气井，2012—2015年，解释完成12口井、83井次测井资料评价，包括盖层封盖性评价、库体品质评价、盐体内有害气体 CO_2 的位置与规模评价、储气库固井质量评价，为世界上最大天然气储库项目顺利投入使用提供重要的技术支持。

文23储气库是我国中部地区目前在建、最大的天然气储气库，也是中国石化集团乃至国家层面的储气库示范工程。2017—2018年，中原测井公司先后承担"文23储气库测井评价及清洁射孔技术"和"枯竭砂岩储气库动态监测解释技术研究"攻关，形成文23枯竭砂岩气藏储气库盖层封盖性评价、枯竭气层精准识别、气层品质分级评价、固井质量评价、注采效果评价及动态监测评价等关键技术，为中原储气库群的建设提供了技术借鉴和经验指导。

（六）干热岩热能测井评价

2019年以来，中国石化集团各测井单位相继为国内干热岩热能勘查提供技术服务，利用测井资料评价岩性、岩层孔洞裂缝，推算岩体温度、岩石机械特性参数，为后续工程压裂施工以及先导试验开展提供重要技术支持和依据。2019年7月，胜利测井公司完成中国石化集团在青海省共和县布署的第一口干热岩参数井 GR1 的测井施工，该井完钻井深3705米，井底温度193.8℃，解释干热岩开发有利裂缝层段46.0米/17层。2019—2021年，中原测井公司联手河北地质调查局，依托唐山马头营凸起区干热岩科考项目开展干热岩的测井评价研究，解释评价4口井，提供裂缝层段、岩层温度、岩石力学等参数。

六、全面提升测井处理解释能力

进入21世纪，中国石化集团各测井单位处理解释能力提升走上快车道。随着测井资料采集信息的"爆炸式"增长，各测井单位不再仅依靠常规测井资料开展油气藏评价和地质、工程应用研究，开始着眼于结合电成像、核磁共振、阵列声波等成像测井信息，开展复杂油气藏的测井综合评价，逐渐形成一整套裸眼井、套管井测井评价技术系列，同时，自主研发相应的测井评价软件系统，这些技术成果为隐蔽油气藏、多样性潜山等勘探开发理论的形成提供重要的技术支持，也为油气田的发现、产能建设贡献力量。

（一）形成完善的测井精细评价技术系列

"十一五"开始，中国石化集团各测井单位通过主持和参与国家科技重大专项、中国石化集团和各油气田分公司的重点攻关项目（课题），在服务油气的同时，实现处理解释能力的快速提升。截至 2021 年底，形成技术门类齐全、多种专项技术先进、综合评价技术及生产服务能力强大的测井资料处理解释技术体系（表 6–1）。

表 6–1　中国石化测井精细评价技术体系

5 类技术系列	40 项精细评价技术
储层测井评价	常规碎屑岩评价、致密碎屑岩评价、天然气层评价、碳酸盐岩储层评价、火成岩与变质岩复杂岩性储层评价、薄互层评价、低电阻率油气层评价、水淹层评价、页岩气评价、页岩油评价、煤岩气层评价 11 项测井评价技术
地层测井评价	井旁构造分析、沉积相分析、烃源岩评价、盖层评价、断层识别与评价、黏土矿物类型评价、地应力评价、油藏精细描述 8 项测井评价技术
地质工程应用	井眼稳定性评价、地层压力测井预测、固井质量评价、储层压裂前缝高预测、水平井井眼轨迹咨询、储层压裂后缝高检测、套损及射孔效果检测、地层压力测试 8 项测井评价技术
套管井测井处理解释	注入剖面评价、产液剖面评价、套管内储层评价、套管状况检测等工程评价、水平井产液剖面评价、井间监测、分布式光纤、压后微地震检测 8 项测井评价技术
非油气领域测井评价	地热资源评价、固体矿产勘查、地震断裂带研究、水文勘查、基础建设地质研究 5 项测井评价技术

测井精细评价技术应用全面支持渤海湾、四川、松辽、准噶尔、塔里木、柴达木等盆地高质量勘探和效益开发，为四川盆地普光、元坝等海相碳酸盐岩大型气田发现和投入开发提供了准确的解释成果，助力国内首个投入商业开采页岩气田生产建设；为鄂尔多斯致密砂岩气藏、准噶尔盆地山前带火成岩油藏、济阳坳陷陆相低熟页岩油等油气资源发现和评价、储量申报、开发部署等提供技术支持。胜利测井公司解释评价工作支持胜利油田在东、西部探区发现富台、桥东、三合村、阿拉德等 11 个油气田，新增探明储量 15.21 亿吨。中原测井公司先后为准噶尔盆地春光油田、拐子湖油田以及普光陆相页岩气藏发现提供支持。江汉测录井公司在支持江汉油田鄂西渝东涪陵焦石坝页岩气田一期、二期、三期开发的基础，发现红星、复兴地区的陆相页岩油气田，为油气增储稳产奠定基础。西南测井公司在四川盆地应用复杂储层测井评价技术，先后为发现川西新场

气田、川西海相彭州气藏、内—威—荣页岩气藏以及川东南璧山—永川断褶带页岩气藏提供技术支持。华东测井分公司为江苏老区致密油、页岩油勘探开发提供准确测井评价成果，为中国石化集团延川南深层煤岩气田的商业开发，以及南川、武隆、彭水等地区常压页岩气勘探开发提供技术支持。多家测井单位依靠技术优势"搭船出海"，为缅甸、蒙古国、伊朗等国家提供技术服务，获得国际市场的认可。

（二）建立一体化处理解释软件系统

20世纪90年代开始，中国石化集团测井处理解释系统研发"百花齐放"，各测井单位开始相继开发基于计算机工作站、微型计算机的处理解释软件系统，同时购置Forward、LogVision、DPP、eXpress、Techlog等国内外公司开发的处理解释软件。2017—2021年，中国石化集团着手统筹一体化测井处理解释系统研发，形成复杂储层人工智能专家系统（SLLES）、中石化一体化测井解释软件平台（LogPlus）。

1. 生储盖综合评估系统 SWAWS 2.0

SWAWS 2.0为胜利测井公司自主研发的主力处理解释系统，1996年投产。1999—2008年，先后购置4台SUN系列服务器和54台SUN计算机工作站，配备SWAWS2.0以及DPP、eXpress等测井处理解释系统。2000—2003年，实现CLS-3700、SL-3000型测井系统采集地层测试资料、SL-6000型和ECLIPS-5700系统采集测井信息的处理解释；2004年，在SUN Enterprise 5500服务器上开发基于网络的勘探开发一体化测井综合数据库系统1.0版本，2007年2.0版本投产，完成从Solaris2.6、Solaris2.8系统到Solaris9系统下的移植。2010—2020年，开发系列配套模块与软件。截至2021年，基于SWAWS系统共处理解释16.5万余口井的测井资料。

2. 测井资料处理解释系统 Logik

Logik为河南测井公司研发的测井资料处理解释平台。1993年，基于wwsys 1.0升级形成wwsys 2.0版，实现窗口化菜单式操作，支持常规、地层倾角和全波列资料处理。1994年3月，在新疆和陕北等外部市场投产应用。1996—2006年，河南测井公司将wwsys 2.0系统移植到ALPHA工作站上，随后在微机Windows操作系统下研发wwsys 3.0，首次实现利用鼠标在屏幕上移动曲线校深、鼠标滑动分层解释。在此基础上，2010年，正式推出Logik 3.0版，实现在用测井数据格式自动识别与解编，涵盖裸眼井、套管井测井资料处理，核磁、声电成像和阵列感应等处理模块72个。2010年，软件系统获中国石化集团科学技术进步奖三等奖，取得2项国家发明专利。2014年开发Logik 4.0版，在中国石化集团内部投入使用。

3. 一体化开放解释平台 PetroSight

1998年开始，中原测井公司与北京石大石油勘探数据中心基于Forward.NET平台联合研发 PetroSight 一体化多功能测井资料处理解释平台，主要用于常规测井资料处理解释，在中原油田、新疆、内蒙等市场为油田生产提供技术支持。

4. 测井地质综合解释系统 Geologist

2000 年，胜利测井公司在 PC 机 Windows 环境下完成 Geologist 1.0 开发并投入运行，该系统是以单井精细评价为主、面向多井解释的测井综合地质评价和测井数据库管理信息系统。2005 年，Geologist 2.0 版本投产。2006 年，获中国石化集团科学技术进步奖二等奖。在胜利油气区、新疆、四川、冀东等国内油田，以及伊朗、蒙古国、阿塞拜疆等国外油田测井服务中得到了广泛应用。截至 2021 年，累计处理解释 2000 余口井。

5. 薄层数据处理软件 Logsys

Logsys 是江苏石油勘探局重点科研攻关项目成果之一。2005 年，江苏油田地质测井处在 PC 机 Windows 环境下完成 Logsys 1.0 开发并投产。Logsys 提高了自然伽马、声波时差和深感应电阻率测井曲线的分辨率，在薄储层处理评价、老井复查广泛应用。截至 2021 年，累计处理解释 1000 余口井。

6. 复杂储层测井评价人工智能专家系统 SLLES

2012 年，以复杂储层处理解释为目标，胜利测井公司主导研发复杂储层测井评价人工智能专家系统 SLLES，集成砂砾岩、滩坝砂、致密砂岩、低电阻率、裂缝性储层（碳酸盐岩、火成岩、变质岩）、页岩油气等评价技术，通过人工智能逻辑推理，实现全时"专家会诊"。截至 2021 年底，该系统获国家发明专利 6 项、实用新型专利 4 项，取得软件著作权 5 项，在国内东部（胜利、冀东、大港）、东北、西南（四川、重庆、贵州）、西北（新疆、青海）及蒙古国等市场服务区域推广应用，年平均处理评价单井 167 井次，年平均开展区块研究 6 个，年平均评价难动用区块 18 个，成功解释和评价董 701 井、敦 1 井、花古斜 101 井、胜顺 7 井等一批重点探井，为花古 101 区块上古生界优质油藏的发现和开发提供技术支持。

7. 一体化测井软件平台 LogPlus

2010—2011 年，中国石化集团科技部开始着手打造自主测井软件品牌，委托中国石化石油工程技术研究院调研，并提出研制具有融合地震信息能力的一体化测井软件平台规划。2013 年，形成《一体化测井软件平台设计方案》，提出全新思路：在数据上，与地震、试油、录井和钻井实现多专业数据一体化融合；在解释技术上，基于区域数据实现自动建模与初始自动解释；在处理方法上，整合中国石化集团原有的 LogiK、SWAWS 软件及系列处理方法，实现优选移植与新研发并重；在开发语言上，采用 QT/C++ 在源代码级兼容 Windows、UNIX、Linux 和 MAX 的跨平台研发；在开发技术上，采用"平台 + 业务插件 + 基础插件"模式开发。2014 年，中国石化集团正式启动了一体化测井软件平台研制工作，2015年底正式定名，推出 LogPlus 1.0版，在南阳油田和华北油气分公司进行测试和应用。2019年，启动 LogPlus 2.0 的研制工作，由中国石化石油工程技术研究院牵头，联合中国石化集团多家测井单位和中国石化石油勘探开发研究院共同研发。中国石化石油工程技术研究院负责 LogPlus 1.0 版平台优化提升，中国石化石油勘探开发研究院负责一、二维核磁处理解释模块改造研发，胜利测井公司负责专家子系统和元素测井子系

中国石化一体化测井软件平台 LogPlus2.0 版

统研发及测试与应用；中原测井公司负责固井质量评价子系统研制及测试与应用，华北测井分公司负责电成像处理子系统研制及测试与应用。新平台强化区域化解释联动作用，增加多井处理能力、水平井咨询系统、三维交会图分析和地质导向子系统，实现测井与地质、工程的联动应用，增加了智能解释接口，为3.0版智能化开发打下基础。2020年10月，该系统率先在胜利测井公司进入试运行。2021年10月，开始工业化应用，当年完成300余口裸眼、套管井测井资料的处理解释任务。

第七节　奋力打造世界领先地质测控技术公司

2020年，经纬公司成立以来，按照中国石化集团公司"建设具有强大战略支撑力、民生保障力、精神感召力中国石化"部署，锚定"再立新功、再创佳绩"总目标，经过

一年多的探索实践，确定"4344"发展纲要。即扛稳"四大责任"：服务油气、支撑钻探、做实保障勘探开发是经纬公司的主责主业，也是党组实施测录定专业化重组的初衷，这是必须扛稳的政治责任；技术是经纬发展的生命线，关乎公司发展、关乎员工利益，坚定不移地特色发展、打造一流，这是必须扛稳的发展责任；树立"在经济领域为党工作"的理念，贯彻落实深化改革三年行动，确保国有资产保值增值，深化改革提质增效，这是必须扛稳的经济责任；作为国资央企，坚持党的领导、加强党的建设是独特的政治优势，纵深推进全面从严治党，以高质量党建引领保障高质量发展，这是必须扛稳的主体责任。确立"三个阶段"：对标华为、斯伦贝谢等知名企业，整体有一定基础，储备了部分特色技术，但是在研发能力和部分关键技术上有一定差距，必须按照补齐短板、特色发展、打造一流"三个阶段"接续推进。第一个阶段是聚焦勘探开发实际需求，补上关键短板；第二个阶段是着眼优势技术特色发展；第三个阶段是掌握核心技术，打造一流，建成世界领先地质测控技术公司。实施"四大战略"：实施价值引领战略，推动一切工作向价值创造聚焦，一切资源向价值创造流动，让每个基层单位成为利润中心，每个班组成为创效单元，每名员工都能创造价值；实施创新驱动战略，坚持把科技创新作为发展的第一动力，深化科技体制机制改革，全力攻关核心技术，搭建科技创新平台，推动科技自立自强；实施合作共赢战略，推进社会化大科技，坚持开放式、联合式创新，实现更大范围、更宽领域、更深层次战略合作，开创协同联动、资源共享、合作共赢新局面；实施安全绿色战略，狠抓体系管理，强化正向激励，推进科技强安，促进碳达峰碳中和，构建安全生产长效机制。打造"四个一流"：就是建设一流技术、一流装备、一流管理、一流队伍。实现"四个一流"，打造世界领先地质测控技术公司，是贯彻党组"全球视野、国际标准、石化特色、高端定位"要求，更是打造国家战略科技力量，推进石油工程高质量发展的需要。

  基于"4344"发展纲要的顶层设计，经纬公司形成"11342"发展思路。明确发展目标，在中国石化"打造世界领先洁净能源化工公司"的目标引领下，放眼全球、找准定位，明确以高质量党建引领保障高质量发展、建设世界领先地质测控技术公司的发展目标。构建矩阵管理架构，针对公司1000支队伍、近1.2万员工，分布在国内19个省（自治区）和海外13个国家，涉及放射源、火工品作业多，服务区域油气藏需求差异大、技术含量高、要求基层队独立作战能力强的现实情况，构建"公司管总、区域管战、项目主战"的矩阵运营架构，形成各级协调联动、条块结合，各司其职、密切配合的管理体系。建立3条业务线，面向现场、面向需求、面向高端，建立科技研发线、技术服务线、运营管理线。配套"四项机制"，对标现代企业管理制度，配套建立研产服用一体化、市场化考核、弹性用工和资源统筹优化4项管理机制，挖潜力、激活力、创效益。

坚持"两条路径",坚持社会化大科技发展之路,引智借力实施大兵团联合作战;坚持一体化大运行发展之路,立足集团利益最大化,与油公司、地区工程公司通力配合,助力上游高质量发展大循环,打通经纬公司高质量发展内循环。

扛稳勘探开发支撑保障的政治责任。贯彻习近平总书记视察胜利油田重要指示精神,落实"七年行动计划"要求,构建经纬公司和上游企业难点同题共答、专业同向发力、施工同频共振的一体化大运行机制。经纬公司明确将质量安全环保工作放在最突出位置来抓,全面落实中国石化集团"总经理2号令",狠抓体系运行、科技强安。建立数据采集、解释评价、工具仪器、施工服务和方案设计"五位一体"质量管理体系。针对西北工区等存在的"下不去、测不全、控不准、说不透"等难题,发挥资源统筹优势,集中配套高温旋导、高温方位伽马、休斯敦高温定向及Techlog、Petrel等高端仪器软件;按照"三个必须调剂""三个优先配置"原则,统筹高端仪器装备;对旋导实施"四统一"管理,有效解决现场"高温、高压、高冲击、高震动、长时间"等难题,创造新纪录高指标41项,其中塔深5井、顺北56X井、顺北16X井分别创亚洲直井最深、定向井最深、测井温度最高纪录。将服务保障重心进一步向单井高产、少井高产等地质目标前移,推动经纬公司服务能力由简单维护再生产的工程作业向精准拿储量、有效提产量的地质技术手段转变。覆盖所有油气田分公司逐个成立处理解释分中心,搭建地质研究、联合作战、技术交流和老井复查"四个平台",构建"技术一小时保障圈",实施重点井巡回问诊、驻井把关。着眼发挥定测录导专业互补优势、满足不同区块差异化技术需求、消除区域公司服务能力差距,让各区域、各队伍技术能力都具备经纬水平;坚持以地质思想为核心,工程主导、定测录导一体化运行,推动定录协同提高储层钻遇率、测录融合提升解释符合率、钻录结合减少钻探遭遇战;搭建专家远程会诊网络平台、"两地四方"决策平台,将现场决策提升到经纬专家水准。

扛稳特色攻关打造一流的发展责任。对标学习斯伦贝谢、贝克休斯、中海油服、中国石油集团测井公司、华为及中科院、中国石油大学等企业院所,深刻认识到基础研发能力和部分关键核心技术存在的明显差距。面对中国石化集团超高难度的勘探开发对象,坚持面向需求、面向现场、面向高端,构建社会化大科技,集智引力,擦亮油气发现的眼睛、担当勘探尖兵。利用专业化重组集聚效应和每年上万井次的服务规模,广泛聚合合作伙伴,签订战略协议,实施战略合作,打造联合攻关、高端技术互联互通、产研深度融合3个合作平台,充分聚集国际前沿资源、一流科研资源和一线制造资源。2021年,申请专利178件(发明94件),授权专利87件(发明26件),取得软件著作权授权22项,获省部级以上科技奖励6项,其中国家专利银奖1项,中国石化集团科学技术进步奖特等奖1项,1项技术获美国专利授权。与中国石化石油工程技术研究院联合开展钻井液在线核磁、随钻大透距远探测等4项集团公司重点项目研发；与中国石化物探技术研究院合作开展断控体精细成像技术攻关；与贝克休斯、斯伦贝谢实现旋转导向等高端仪器装备互联互通；与中科院地质与地球物理所、声学所联合申报国家重点实验室和国家重点研发计划；与中国石油大学（华东）成立石大经纬产教融合研究院；牵头组织浙江大学等单位承担集团公司随钻高速数据传输关键技术"揭榜挂帅"项目；与中国电子科技集团公司第二十二研究所、航天18所等加强高端制造合作。立足需求牵引，有所为有所不为，按照"补齐短板、特色发展、打造一流"3个阶段，统筹内部资源，分类推进各类技术研发。针对关键核心技术，实施"大集中"研发，设立地质测控技术研究院，整合各地10个实验室、6个刻度井群、55个科研项目，建设方法研究、大数据研究、软件研究、机械研究、电子研究、总装工艺研究等6个研究所，配套建设1个实验中心、3个修造基地和1个实钻基地，形成贯通方法研究、仪器研制、采集处理、解释评价和推广应用的完整创新链条，实现快速突破和规模应用；针对区域特色技术，坚持扶优扶强，出台政策鼓励区域公司加快迭代和公司层面推广应用。全面梳理服务保障现状，从紧迫需求和长远发展出发，明确攻关重点。攻关特色处理解释技术，研发深部碳酸盐岩、致密碎屑岩、页岩油气和高含水油气藏等复杂储层测录井融合处理解释技术，形成特色处理解释软件和测井解释专家系统等特色模块。攻关旋转地质导向，自主研制IA型旋导国产化率94%，实现技术和功能定型，现场试验迭代38口井，其中"一趟钻"在胜利、涪陵等油田分别创出"一趟钻"进尺1535米、1980米，连续无故障作业241小时、276小时新纪录，超中国石化集团"十条龙"项目计划6口井、96小时，具备同

2021年4月16日，中石化经纬有限公司与中国石油大学（华东）、山东科技大学、中国科学院声学研究所、中国电子科技集团公司第二十二研究所、斯伦贝谢、贝克休斯等单位签署战略合作协议

时施工 3～5 口井能力；IB 型旋导应用页岩油气开发，最大造斜率达到 11.5 度 /30 米。攻关提速提效，面对西北、西南高温高压复杂井测录定服务世界级难题，创新应用高温直推存储式测井技术，3 年全面替代湿接头钻输测井工艺，顺北地区资料采集率由 2019 年 75% 提升到 2021 年底 92%，累计缩短钻井周期 5000 小时以上；自主研制过钻头测井单井减少通井 1～2 次，提速 43% 以上，破解胜利页岩油示范区高温长水平段资料采集难题。落实中国石化集团公司党组"科改示范行动"部署，坚持以"改"促"建"，做实测控院研发责任主体，建立产权清晰、权责明确、管理科学的法人治理结构，打造企业所属研究院所科改样板，支撑牵引经纬公司转型升级。遴选旋转地质导向等 15 项关键核心技术，实施"揭榜挂帅"、项目化管理，赋予科研团队成员配备、物资采购、绩效分配等自主权；建立以成果质量为导向的科研投入综合评价制度和"上不封顶"的成果转化创效奖励机制，激励"多出成果、多创收入"；制定出台"五加大、一核增、一不变"激励办法和"两否决"约束机制，借鉴风险投资、众筹模式，搭建区域公司与测控院科研攻关责任共担、利益共享平台，引导区域公司积极参与科技研发，促进研产服用一体化；对经理层实施任期制和契约化管理，对科研人员分三类、七级进行岗位分类定级，逐岗建立指标体系严考核，实现"能上能下"；对社会化选聘人员实行市场化管理，对内部人员打通与经纬公司流动渠道，实现"能进能出"；对项目组和员工，实行市场化"业绩＋薪酬"双对标，考核确定工资总额和岗位薪酬，实现"能增能减"；对经理层和核心骨干建立中长期激励机制，实现人企风险共担、利益共享。牢牢把握习近平总书记"科技创新，一靠投入，二靠人才"重要论述，面向全球公开招聘 4 名"双百计划"人才，选聘"石大经纬学者"5 名顶尖人才，设立博士后创新实践基地，引进博士 3 名，面向社会招聘维保技师等 4 名成熟人才，打造随钻测控、高温测井等优秀创新团队 11 支，形成了硕士及以上学历占 57.3%、覆盖测录定专业和机械、电子、声波等各学科近千人的高素质研发队伍，建设定测录导专业重要人才集聚中心和创新高地。

扛稳深化改革提质增效的经济责任。牢牢把握专业化重组带来的改革机遇期，深入贯彻国企改革三年行动和专业化重组方案要求，实施 2021 年打基础、2022 年强提升和 2023 年抓深化"三年行动"，通过改革化解痛点、挖掘潜力、提升盈利能力。建立新公司管理框架，构建"6 个管理部门 +2 个专业机构"的精简机构和"公司管总、区域管战、项目主战"的矩阵运营架构，建设科技研发、技术推广和运营管理 3 条业务线，配套研产服用一体化、市场化考核、弹性用工和资源统筹优化 4 项管理机制，坚持社会化大科技、一体化大运营两条发展路径。按照补齐短板、特色发展和打造一流三个发展阶段，制定"两个 2 年、一个 5 年"的"三步走"发展规划，明确"定测录导 4 大主营业务，旋导、随钻测控、电缆测井、爬行器 4 条亿元级产品服务线，处理解释、物资装备、安全、信息、培训5个专业支持中心"的"445"产业格局，有序推进业务、市场、装备、队伍结构调整等转化升级，推动改革成效转化为治理效能。构建以工时考核为基础，以激励创新、提质增效为目标，自下而上、层级挂钩联动的市场化考核体系，贯通项目效益和员工利益，考核分配向基层一线、创效单位和关键岗位倾斜。向人力资源深度优化要价值，压减项目部，盘活流向一线机关后勤人员。实施以"三定"为统领，外委转自营、"人才池"建设等机制为支撑的"1+N"配套政策，压减机构，基层干部向一线及创效岗位流动，优化用工人员。实施全员成本目标管理，成立"9+3"挖潜增效项目组。坚持技术拓市不动摇，已有市场规模持续巩固，新拓市场开发势头良好。做强中国石化集团内部，坚持一家人、一起干，围绕"四提一降"，支撑保障高质量勘探效益开发；做优国内外部，坚持效益导向、评估先行，做实区域公司市场开拓主体地位，加大市场奖励力度，形成多元市场开拓体系；做大海外市场，力争上规模、上层次，依托国勘、国工等资源项目，实施"借船出海"，建立中东基地，形成以中东为主、以中亚和美洲为辅的海外市场布局，加强国际对标，学习先进技术和管理经验，稳步扩大海外市场规模，提升高端市场份额。

扛稳全面从严治党的主体责任。经纬公司党委贯彻落实中国石化集团公司党组"1355"党建工作总体思路，凝练形成"1357"党建工作思路，发挥党委把关定向和支部党员堡垒先锋作用。扎实开展党史学习教育，部署推进"牢记嘱托、再立新功、再创佳绩，喜迎二十大"主题行动，聚焦治理能力提升，以高质量党建引领保障经纬高质量发展。严格落实"两个一以贯之"，制定党委研究决定和前置审议清单，多次召开党委会研究落实党组专业化重组方案的措施办法，切实把好改革发展的政治关、方向关和政策关。经纬公司筹备期间，第一时间成立机关8个临时党支部，严格组织生活，激励鼓舞斗志，形成了独特的经纬筹备精神，创出20天组建机关、30天建成运营中心、35天健全骨干制度、95天完成队伍划转的经纬速度。发挥组织监督作用，构建"五位一体"监督体系，加强"四种形态"实践运用，一体推进"三不"机制建设，守住"国有资产不流失"的底线。坚持将党支部设置到实验室、课题项目上，搭建党员科研责任区、示范岗和攻关突击队等党员发挥作用平台，连续选树"十佳示范堡垒""十佳科研先锋"先进典型，引领党员骨干在技术攻关中当先锋、做表率。跨区域交流干部，配备总工程师、总会计师，公开招聘定向井工程总监，确保专业结构覆盖测录定和技术经营全业务；成立3个重点工区党工委和33个定测录导一体化项目部党总支，引领定测录导一体化延伸落实到基层一线。大力选拔年轻有魄力优秀干部，开展领导班子全覆盖考察，干部年龄结构持续改善。实施党建"三基本"、企业"三基"、现场"三标"融促工程，从党的组织和党的工作两个维度同步推动党建融入中心、促进发展。指导基层党组织与油公司开展党建联建共建，实现从"党建联建"到"市场联动"良性循环。大力传承"苦干实干、三老四严"石油精神，弘扬"精细严谨、求真务实、家国情怀"石化传统，构建"经纬智汇、测控视界"特色文化，健全"报、刊、网、端、微、屏"媒体矩阵，成立中国石化报经纬记者站，创办《石化经纬》报、"经纬V视"电视栏目，增强广大干部员工认同感，推动"机构合、人员合"向"理念合、力量合"转变。

"十四五"乃至今后一段时期，经纬公司将认真学习习近平新时代中国特色社会主义思想，深入贯彻习近平总书记视察胜利油田重要指示精神，按照"两个两年、一个五年"分三步走的思路，全力建设世界领先地质测控技术公司。第一步，到2023年建设国内领先地质测控技术公司。利用两年时间开展管理提升年、管理深化年行动，全面固底板、补短板、强弱项，夯基础、强基层、谋长远。全新体制机制成熟定型，部分关键核心技术取得较大突破，定测录导一体化、高温直推存储式测井、声波远探测和井震结合应用局部领先，高端录井装备基本自给自足，测录井相协同的五类复杂储层综合评价系统完成构建，Ⅰ型旋转导向自主可控、应用尽用，随钻测井、高温电成像测井、高温定向、高速脉冲传输技术取得突破性进展，缩小与国内同行差距；业务结构、市场结构、装备结构、队伍结构不断优化，盈利能力持续提升。第二步，到2025年建成国内领先地质测控技术公司。再利用两年时间，在研发、技术、人力、市场、装备等方面全面对标国内领先企业，逐步实现整体并跑、部分领跑。高造斜率旋转导向全面应用，随钻测井系列齐全，超高温测井、定向、智能化随钻录井实现跨越发展，井场智能采集决策一体化、复杂油气藏智能评价等技术成熟定型，为实现透明储层奠定基础；测控产品产业化、系列化，测控大数据商业化发展，成为新的效益增长极；市场布局更加优化，集团外部和海外市场形成重要支撑。第三步，到2030年建设世界领先地质测控技术公司。科技基本实现自立自强，主体技术与国际同行并跑，部分技术国际领跑。智能采集技术取得较大进展，数据模拟和人工智能有效应用，以井筒大数据为中心，测井、录井、随钻、地震、地质等多专业协同、数据融合应用，形成智能实时综合处理评价技术体系，实现透明储层；"三新"市场、海外高端市场具备较大规模；拥有行业卓越技术品牌，能够以技术驱动产业转型升级、以技术扩大国际化合作空间、以技术深度影响行业走向。

第七章

中国海油测井定向井五位一体发展道路

1998—2021 年

第七章　中国海油测井定向井五位一体发展道路

自1983年中国海油成立，40年来，海洋测井的发展和进步一直沿着"五位一体"的发展道路前进。长期的实践证明，作业、解释、研发、制造及销售5个环节的相互融合与支撑是中国海油测井定向井事业快速发展的法宝。研发、制造不断结出硕果，纵向已经突破高端，横向已经成族，应用已具规模。电缆测井系统已经形成了包括声电核大满贯、多维成像、地层测试和大直径旋转井壁取心等完整的技术体系，技术性能实现了从常温到高温、从中高渗透到低渗透的全覆盖。旋转导向钻井和随钻测井系统功能不断增加、规格不断完善、技术日趋成熟，基本建成了完整的旋转导向钻井和随钻测井技术产品体系，产品规格实现475规格、675规格、950/800规格全覆盖，可满足6英寸井眼至$12\frac{1}{4}$英寸井眼定向钻井作业需求。高端电缆测井和随钻定向装备成为中国海油科技自立自强的代表作，并入选国家自主创新产品名单。作业与解释依靠自主研发技术，逐步走向独立自主之路，伴随着中国海油不断加大的勘探开发力度挺进深层、深海及海外，中海油田服务股份有限公司（简称中海油服）成为比肩国际一流的能源服务公司。

2001年，中海油服油田技术事业部燕郊基地

第一节　从集成创新走向自主创新

2005年3月，中海油服ELIS-I测井系统在渤海海域进行测井作业

2000年11月，中国海洋石油测井公司机电设备所承担的"井下成像探测处理系统"科研项目通过国家科技部验收，该项目突破了八臂液压推靠器、多种声波换能器、井下256道能谱分析及能谱稳定自动控制、长电缆数字遥测等一系列创新技术，完成了"多极子阵列声波测井仪"等5种井下仪器的研制任务，项目成果集成为具有整装测井服务能力的系统，命名为海洋石油成像测井系统，英文名称ELIS（Enhanced Logging Imaging System）。随后的3年间，ELIS进行了现场测试与改进完善。中海油服的科研人员足迹遍及国内辽河、大港、胜利、华北、中原和长庆等6大陆地油田，先后测试与商业化作业18口井。2005年3月，开始进入渤海海域油田作业。

2001年底，中国海洋石油测井公司划入中海油田服务股份有限公司，成为主营业务的测井事业部，不久进一步改革为油田技术事业部（简称油技事业部）。油技事业部领导班子认为技术竞争已成为国际油田服务行业竞争的核心，并在中海油服确定的四大核心战略中，把"技术驱动"放在第一位，从横向、纵向两个维度制定科学的发展规划。

在横向的业务维度，围绕"电缆测井技术的创新者、随钻测井技术的占领者、定向工程技术的拥有者、套管井技术的整合者"的定位，坚持自主创新与集成创新，以打造与提升"四大"核心技术体系平台为重点，提高自主创新能力，加快应用研究和科研成果产业化。在一些高端技术装备上，对已有技术和资源进行集成和优化配置，形成有市场竞争力的产品。

在纵向的时间维度，按照"商业一代、投产一代、研发一代、储备一代"的科研理念，确立核心技术体系的发展定位，全面推动技术发展。

2004年，中海油服技术中心启动海洋石油成像测井系统ELIS-Ⅱ型科研项目，旨在改进技术、增加服务功能、研制新型测井仪器。经过3年时间攻关，研发出新的ELIS-Ⅱ型地面系统，以及配套的测井资料处理软件，改进和开发了包括井周声波成像、岩性密度、数字声波、补偿中子、高温补充中子和增强型双侧向等一批测井仪器，功能显著增强，性能得到大幅度提高，技术体系和工艺更加完善，更能满足海上测井服务需要。2006年，在阿联酋的首次亮相便赢得了第一个国际测井服务合同，继而在中东油田技术服务市场上占据了一席之地。

2007年底，2套ELIS在印度尼西亚完成约40个井次作业任务。随着ELIS渐渐赢得国际用户信任，中海油服也随之在国际测井服务市场上树立了ELIS测井技术品牌。

2008年，海洋石油测井系统具备声电核大满贯测井、地层测压取样、钻进式井壁取心和固井质量成像测井等完善的作业能力并实现产业化应用。"海洋石油测井系统（ELIS）研制与产业化"成果获2008年国家科学技术进步奖二等奖。

2009年4月13日，中共中央政治局常委、中央书记处书记、国家副主席习近平到中国海洋石油总公司调研学习实践科学发展观活动开展情况，参观中国海洋石油科技成果展板、油样展台及科技成果实物。其中，中海油服的海洋石油成像测井系统、交叉偶极阵列声波仪、钻井中途测试仪、高分辨率阵列感应测井仪、旋转井壁取心仪以及导向钻井系统等成为受关注的科技成果实物。

2009年5月，国家科技部发文，发布首批"国家自主创新产品"名单，海洋石油测井系统ELIS-Ⅱ上榜，并获颁"国家自主创新产品证书"。科技部认定243项国家自主创新产品，海洋石油测井系统ELIS-Ⅱ位列其中。

第二节　自主研发成像系列仪器

2010年，中海油服将原技术中心拆分整合，测井和定向井研发团队并入油技事业部，成立油田技术研究院，这是一次成功的机构整合，从此实现了技术研发和生产应用的紧密结合。油技事业部基于形势发展需要，提出了新的五位一体发展战略，即"研发、制造、作业、解释、销售"，与原五位一体战略相比，主要是把已经常态化的"培训"一环改为"销售"一环，同时提出加大测井定向井技术攻关，使自主技术研发进入快速发展的新阶段。

2011年，由中国石油集团测井公司牵头，中海油服参加的国家"十二五"科技重大专项"油气测井重大技术与装备"立项，油田技术研究院承担了课题3"模块式地层动态测试系统"、课题5"三维声波、油基泥浆电成像、二维核磁成像测井技术与装备"，以及课题6"油气田开发动态监测测井系列技术与装备"中的任务5。依托国家项目，在中国海油集团及中海油服的全力支持下，加快推进现代测井技术装备的研发。

通过"模块式地层动态测试系统"课题研制了聚焦式地层测试技术，采用双流道同时抽吸形成聚焦效果，有效提高了取样时效与样品纯度；研制了双封隔器模块，可应用于低孔渗、稠油和缝洞性储层等复杂油气藏；研制了随钻地层压力智能测试技术及精密定量抽吸控制技术，填补了中国在随钻地层测试技术方面的空白；创新设计了异向推靠解卡装置，有效解决了长期困扰地层测试作业的仪器吸附卡难题，应用效果得到油田公司高度认可。

通过"三维声波、油基泥浆电成像、二维核磁成像测井技术与装备"课题，突破了声波三维剖面成像和远探测技术、二维核磁测量序列设计、油基泥浆电成像极板设计3项创新技术。研制了三维声波成像测井仪、油基泥浆电成像测井仪、二维核磁成像测井仪工程样机各2支，开发了配套的测井数据解释评价软件。这些高新技术设备在塔里木油田、山西煤层气田和海上油田成功应用，三维声波测井技术在水力压裂井中对压后井周裂缝的缝高、产状以及方位进行了定量描述，实现了井眼附近地层压裂效果评价；油基泥浆电成像测井技术在油基泥浆环境下得到清晰的井壁地层图像，直观显示了地层特征；二维核磁成像测井技术在碳酸盐岩、泥岩地层中得到了泥质束缚水及各种孔隙度的精细评价成果。

2013年，地层测试仪首次进入伊朗作业，仪器井下工作时间60小时，测量压力点85个，取PVT样品6个，创造了该仪器海外单次作业时间最长、取样数最多、测压点最多3项新纪录。同时，核磁共振测井仪在湛江、印度尼西亚应用成功并逐步推广；电阻率成像测井仪在湛江、渤海和山西及海外也得到广泛应用。

2014年，ELIS常规及高端测井仪器已经可满足海上油田测井服务市场90%以上的服务需求，成为持续拓展测井服务市场、保持可持续发展的利器。截至2014年底，油技事业部已经组建33个ELIS测井队，有地层测试仪EFDT、核磁共振测井仪EMRT、电阻率成像仪ERMI和旋转井壁取心仪ERSC等164台套的高端测井设备应用于国内外的各个作业区域。

"十二五"期间，ELIS功能不断完善，投产应用了地层测试、三维声波、核磁共振、电成像、多功能超声成像、六臂井径等高端测井仪器，打破进口设备的垄断地位。仅核磁共振、多功能超声成像、电成像和地层测试作业量合计330井次，其中地层测试海上油田市场占有率从11.59%增加到42.37%。ELIS作业区域覆盖中国海上、塔里木油田、山西致密气、煤层气等区域，成为海洋石油测井作业的主力装备，同时实现对加拿大、印度、印度尼西亚等客户销售。

2017年，"十三五"国家重大科技专项"大型油气田及煤层气开发"所属"高精度油气测井技术与装备研发及应用"项目启动，油田技术研究院承担课题3"海洋深水高性能测井技术与仪器"和课题4"超低渗地层测试技术与装备"，吹响了加快高温测井、超低渗透地层测试技术与装备研发的号角。

通过"海洋深水高性能测井技术与仪器"课题，研制高温高压高速测井系统，电缆传输速率1兆比特/秒，达到了国际先进水平；研制232℃/175兆帕声电核满贯系列测井仪，打破了高温井作业长期被国外垄断的局面；研制204℃/140兆帕声电核磁成像系列测井仪，耐温性能达到国际领先水平。形成高速地面系统1套，研制了高温高速遥测传输和方位测井仪、伽马能谱测井仪、侧向电阻率测井仪、微柱形聚焦测井仪、补偿中子测井仪、岩性密度测井仪、交叉偶极声波测井仪、阵列感应测井仪、阵列侧向测井仪、声波井周成像测井仪、六臂井径测井仪、水泥胶结成像测井仪、高温高压核磁共振测井仪、多维核磁共振测井仪、高温高压水基电成像测井仪、高温高压油基电成像测井仪和多频电成像测井仪等全套高温系列测井装备。实现了测井装备耐高温高压性能指标的重大提升，破解了海洋深水深层高温高压井测井作业长期依赖进口仪器的被动局面，有效保障了中国海上渤中区块、乐东区块等高温高压油气田的勘探开发，增强了中国测井技术的国际竞争力。

通过"超低渗地层测试技术与装备"课题，研制了超低渗地层测试仪，解决了超低渗地层测压取样的难题；研制了地层流体精准实时分析仪，实时决策取样时机，为精准获得地层流体提供技术保障；开发了模块化随钻测压取样仪，打破国外垄断，提高中国随钻测井技术水平，助力油气勘探开发；首创了取心测压一体化测井仪，实现了取心测压一体化作业模式，提高了作业时效。研究成果为复杂油气勘探开发提供了技术支撑。

2019年，高温高压电缆测井系统ESCOOL（Ethernet-based System for China Offshore Oilfield Logging）推出并在渤海油田连续应用4口井，最高作业温度178℃。该系统由网络化地面系统和井下测井仪器构成，支持声电核满贯测井、成像测井、地层测试和井壁取心等作业服务，具有模块化、标准化、网络化、高温高压、高速传输的技术特点。

2020年，耐温235℃、耐压175兆帕的超高温声电核大满贯系列ESCOOL电缆测井系统研制成功，并承担渤海油田所有高温声电核测井作业。

2021年2月，ESCOOL电缆测井系统在渤海油田作业中创造5572米井深、193℃井温的作业纪录。在陆地油田创造了最高作业温度206℃、最高作业压力163兆帕、最大作业井深8340米等一系列纪录。

经过40年的技术攻关，中国海油电缆测井技术攻克了超高温声电核大满贯测井、多维成像、地层测试、大直径井壁取心、超声兰姆波和可控源储层饱和度等关键技术，在总体技术水平快速迈向国际一流的同时，部分技术产品如高温阵列侧向测井仪、超高温

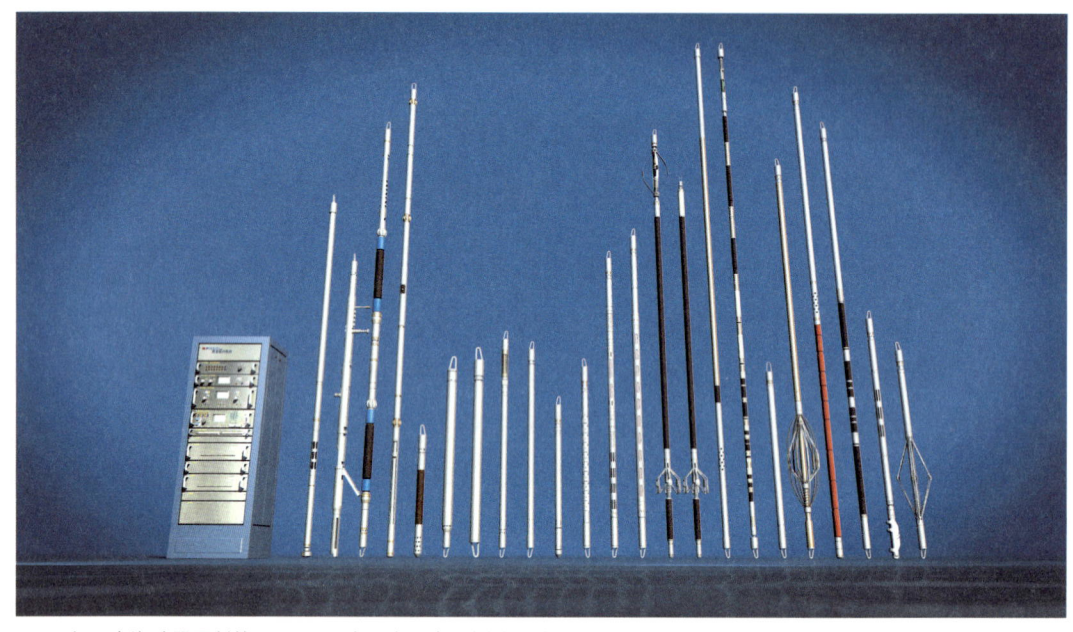

2019年，中海油服研制的ESCOOL高温高压电缆测井系统

2002年，中海油服研制的第一代生产测井正压防爆拖橇02系列

高压声电核磁成像测井仪、大直径井壁取心仪、地层测试异向解卡等达到了国际领先水平。技术性能实现了从常温（175℃）到超高温（235℃）、从高压（140兆帕）到超高压（170兆帕）、从中高渗（100毫达西以上）到特低渗（1～10毫达西）储层的全覆盖，技术能力可以满足中国90%以上的油气勘探开发需要。

第三节　高端电缆测井产品发展成族

一、地层测压取样测试仪

2001年，中海油服技术中心成立地层测试项目组，依托两期国家"863计划"项目，经过连续8年技术攻关，研发出国内第一支地层测压取样测试仪，主要包含电源节、电子线路短节、液压动力短节、双探针短节、泵抽短节、流体识别短节、PVT样桶短节和大样桶短节，2008年9月投入试作业，并转入产业化批量制造。2012年，地层测压取样测试仪在南海作业成功，取得合格的压力数据和地层流体样品，打破了国外公司对南海测压取样技术服务市场的长期垄断。同年，该成果"钻井中途油气层测试仪"获中国海洋石油总公司科学技术进步奖一等奖。中海油服在国内应用推广的同时也积极开拓海外市场，2011年2月，地层测压取样测试仪在缅甸C2区块成功作业两口井，拉开了海外作业的序幕；2016年，在俄罗斯苏尔古特石油公司进行测试应用，首次采用PCL传输成功完成测压取样作业。此外，地层测压取样测试仪在伊拉克、伊朗、印度尼西亚和阿联酋等海外市场也实现商业应用。

"十二五"期间，中海油服依托国家"十二五"油气重大专项"大型油气田及煤层气开发"项目20"油气测井重大技术与装备"课题3"模块式地层动态测试系统"，地层测压取样测试仪在原有基本功能的基础上，实现了多PVT、光谱分析、双封隔器和异向推靠解卡等高低端技术搭配，形成了覆盖各种地质条件的模块化组合。

"十三五"期间，中海油服借助国家、集团公司等科技项目持续攻关，开发出智能化地层流体成像测试仪，主要涵盖探针双挂技术、光谱组分识别技术、宽频调速泵抽技术、系列化PVT样桶技术等，并将耐温耐压指标提升至175℃、140兆帕。仪器的探针类型更加丰富、泵速控制更加精准、地层适应性更加广泛、流体性质识别手段更加完备，已经与国际水平并肩，光谱组分识别技术累计完成20余口井作业任务，市场反应良好。2021年，"智能化地层流体成像测试仪"获中国海油集团科学技术进步奖一等奖。

二、旋转井壁取心仪

2003年，根据海上油田勘探开发的需要，中海油服在中国海洋石油集团有限公司支持下，开展钻进式旋转井壁取心仪的研制，在温度175℃、压力140兆帕环境下，一趟下井可获取直径25毫米、长度50毫米的岩心25颗。2006年11月投入试作业，2008年转入产业化批量制造，陆续在中国海上进行应用。2008年1月，钻进式旋转井壁取心仪在印度尼西亚PDT-25井首次作业成功，开启海外取心作业服务。

2012年，中海油服开展模块式大直径岩心旋转井壁取心仪研究，在温度175℃、压力140兆帕环境下，一趟下井可获取直径38.1毫米，长度70毫米的岩心60颗。2016年6月，仪器研制成功，首次在中联煤层气有限责任公司取心成功；2017年11月，在渤海区域首次作业成功。2018年，模块式大直径岩心旋转井壁取心仪转入产业化制造，并陆续在中国海上得到广泛应用，多次与国外同类型仪器进行背靠背对比作业，表现优异，获得油公司的高度认可。

2019年9月，在中国海洋石油集团有限公司的支持下，开展205℃高温大直径岩心旋转井壁取心仪的研制工作。2021年6月，205℃高温大直径旋转井壁取心仪研制成功并在南海得到应用。2022年1月，205℃高温大直径旋转井壁取心仪实现产业化制造并在中国海上得到广泛应用。期间，同步开展205℃高温小井眼大直径岩心旋转井壁取心仪研制工作，能够在6英寸井眼中获取直径38.1毫米、长度50毫米的大直径岩心。

截至2021年底，大直径旋转井壁取心仪已经在中国海上作业应用超过200口井，创造了单趟收获岩心56颗、最高井温188℃、最大地层压力差超过5000磅/英寸^2、最大井斜46度、最大地层声波时差148.3微秒/英尺等5项中国海上最优大直径取心作业纪录，岩心收获率、岩心完整性和取心效率等关键技术指标超越国外同类产品。"模块式大直径岩心旋转井壁取心仪研制及应用"先后获2019年度中国海油集团技术发明奖一等奖和2020年度天津市技术发明奖一等奖。

三、电成像测井仪

2007年，中海油服开始立项研究电成像测井技术；2009年，研制成功水基电成像测井仪器。随后在渤海、南海、新疆、缅甸、印度尼西亚、伊拉克等地实现商业应用。2012年，水基电成像仪器实现了定型量产，形成了年产10支仪器的制造能力。同年，水基电成像测井仪器销售到加拿大，实现了国产高端测井装备进入北美市场的突破。2015年，油基电成像仪器研制成功，在新疆克深506井、苏2井测得优质成像资料。2016年，高温小井眼水基电成像仪器研制成功，在国际科探计划（ICDP）松科2井完成作业，测量段4500～5900米，井底温度近200℃，仪器在井下持续工作13小时，测得优质图像，为研究白垩纪陆相沉积规律提供了宝贵资料。2020年，超高压水基电成像仪器研制成功，在四川元坝高压气藏实现商业应用。2021年，创造了163兆帕的电成像测井仪器全球最高压力作业纪录。2021年，超高压油基电成像仪器研制成功，在新疆顺北区块实现商业应用。同年，具有12个成像测量极板的高覆盖率水基电成像仪器研制成功，该仪器可以在8.5英寸井眼中测得全井周的地层电导率图像。

四、各类声波测井仪

2001年，中海油服开始研制声波测井仪器，先后推出数字声波、多极子阵列声波、超声波井周成像、交叉偶极阵列声波、多功能超声波成像和三维声波等系列测井仪器。声波测井技术产品逐步实现了系列化。2018年，中海油服首次实现向国际知名油田服务公司销售具有自主知识产权的高端声波测井仪器，标志着中海油服的电缆测井技术产品研发达到新高度。

2007年，中海油服启动井周超声成像测井技术研究。2008年，完成定型并小批量制造，并在同年实现外销。外销仪器在新疆库车区域稳定作业，成像效果达到国际同类产品水平，获得用户认可。2016年，对仪器进行技术升级。2019年，成功完成4井次作业。2018年，启动205℃高温井周超声成像测井技术研究。2020年，205℃高温井周超声成像测井仪成功商业化作业，彻底打破国外仪器垄断，并在中国海上高温井区块全面替代国外声成像仪器作业，仪器作业稳定，均一次入井成功，取得优质成像资料，获得了用户高度评价。

五、核磁共振测井仪

2008年，中海油服开始立项研究核磁共振测井技术。2011年11月，研制成功2串科研样机。2012年4月，在渤海4号平台首次海上试作业成功，并逐步实现产业化应用。"十二五"期间，在国家科技重大专项的支持下，中海油服研制二维核磁共振测井仪器。"十三五"期间，研制高温高压多维核磁共振测井仪器。2019—2021年，205℃/140兆帕多维核磁共振测井仪器实现了产业化，整体技术水平达到国际先进水平。

电缆测井要重点突破超低渗地层测试、高分辨率成像和无化学源测井等核心技术，同时拓展测井地质理论与井筒数据一体化评价技术，实现地质与工程一体化采集与评价目标。

第四节　自主研发随钻测井和旋转导向系统

旋转导向钻井技术和随钻测井技术能够在钻井过程中实现地层参数实时测量和井眼轨迹调整，可大幅提高储层钻遇率、大幅降低复杂油气藏的勘探开发成本。

2006年，中海油服技术中心成立随钻测井技术专项研究室，开始随钻测量、旋转导向钻井技术探索与研发。

2007年，中海油服技术中心研发团队经过系统性调研和论证后，编制了技术设计方案和研发路线图，中海油服正式立项，开展技术攻关。

2010年，中海油服随钻测井原理样机通过实验室调试，先后在大港油田和渤海油田进行试验。2011年，旋转导向钻井和随钻测井两大系统先后在渤海油田进行2次实钻试验，实现指令闭环控制，稳定性增强，轨迹控制能力得到验证。至此，项目组完成了关键技术研究，研制形成了包括旋转导向工具、随钻伽马/电阻率测井仪、随钻测量仪和配套地面系统在内的科研样机。

2012年9月12日，中海油服燕郊科技园落成仪式举行，国家科技部和中国海油领导为科技园揭牌。燕郊科技园占地45000平方米，建筑面积12000多平方米，总投资接近2亿元。按照研产用一体化定位及需求，整个科技园分为研发、制造、测试3个板块，研发制造板块在A楼，测试板块按照不同的目的和功能，分为可靠性测试、准确性测试、整机模拟测试、质控及标定4个部分，分别位于B、C、D、E共4个楼内。包括刻度井群、水平钻机及模拟井下循环系统等8个功能区域，可为测井和定向钻井研发提供从方法研究到可靠性实验的基本条件。科技园投入使用后，加快了旋转导向钻井和随钻测井的研发进程。

2012年，位于河北燕郊的中海油服科技园

2012年9月—2013年5月，旋转导向钻井和随钻测井系统先后在新疆维吾尔自治区轮台县实钻试验基地进行11口井试验。新疆实钻试验基地分为生活区、办公区、仪器调试区和试验区4个部分，生活区可以为100多人提供食宿，仪器调试区可以进行仪器的拆卸装配、联调测试及故障排查。试验区配置1台30D钻机，具备3000米井深作业能力，3台F1600泥浆泵，可以模拟现场真实的循环工况。

2012年，中海油服新疆实钻试验基地

2013年11月，675规格随钻伽马电阻率测井仪在大庆油田成功完成了首次下井作业。仪器耐温150℃、耐压140兆帕，采用四发双收全对称线圈系结构，400千赫兹/2兆赫兹双频发射，能够测量得到8条补偿电阻率曲线，同时配备双伽马探管，实现8扇区方位伽马成像。2015年，800规格随钻伽马电阻率测井仪研制成功并量产。2种规格的仪器累计量产110余支，在渤海、东海、南海、新疆、山西和伊拉克等地开展作业，累计成功作业800余井次，仪器成熟稳定，作业成功率和测井资料质量媲美国外同类产品。2019年，675规格随钻方位电磁波电阻率测井仪研制成功，配合自主研发的实时边界成像反演算法，在渤海油田实现了首次探边地质导向作业。该仪器创新设计双斜正交阵列线圈系仪器结构，结合微弱信号检测技术，实现了业界领先的6.8米边界探测能力，并在实井中得到了验证。2020年，800规格随钻方位电磁波电阻率测井仪器研制成功并现场应用。2021年，475规格随钻方位电磁波电阻率测井仪器研制成功。随钻方位电磁波电阻率测井全系列仪器量产20余支，在渤海、南海、新疆、山西，以及印度尼西亚等地实现商业化作业130余井次，入井成功率96%以上，应用效果得到用户高度认可。"随钻边界探测地质导向技术与应用"获中国海洋石油集团有限公司2021年度技术发明奖一等奖。

2014年11月，旋转导向钻井和随钻测井系统在辽东湾旅大油田完成1口定向井作业，一趟钻完成813米定向井段作业，成功命中1613.8米、2023.28米及2179.33米3处靶点。标志着自主技术打破了国外公司的长期垄断。

随钻中子测井仪和密度测井仪分别于2014年和2016年在新疆实钻试验成功。2017年，随钻中子密度测井仪在南海作业成功，随后开始在渤海、南海大规模商业应用，仪器最高作业温度146℃，最长单井进尺903米，仪器技术指标达到国外同类产品先进水平。2019年，随钻中子密度测井仪实现产业化制造，年产仪器10支，能够有效为中国海上油田提供作业保障。

2015年，随钻单极子声波测井仪器研制成功，该仪器采用单极子换能器发射信号、4个阵列接收器接收的方式，可实时采集地层的单极全波信号，可在钻井过程中实时计算出地层声速并上传到地面。该仪器在中国海上、中东地区实现商业化应用。2019年，推出第二代随钻声波成像测井仪器——675规格随钻四极子声波测井仪，该仪器把单极全波测量技术和四极子螺旋波测井技术结合在一起，可以测量任意地层中的纵波、横波及斯通利波慢度。利用随钻四极子声波资料可以实时提供岩石力学参数，优化钻井作业，确定最佳钻进方向，识别具有更好完井特征的岩层。该仪器在海上成功应用10井次作业，测量效果获得用户高度认可。

2015年1月17日，中海油服"探索者"号钻机在新疆科研试验基地安装完成。该钻机是为了提升科研实钻试验支持能力、满足员工技能培训而建造的定制型钻机，采用全变频数字控制、单轴齿轮绞车、一体化司钻控制房、自升式套装井架。钻台结构与海上钻井平台结构相同，采用上下滑移底座，可以覆盖井口区 24 个井槽，配备顶驱，具有 7000 米井深的钻井能力。"探索者"钻机建成后，新研发的技术产品进行实钻试验时可提前计划并按期实施，无需再与油田现场作业队伍"排班上井"，大大加快了产业化进程，同时通过实钻形式加快了技能型人才的培养。截至 2021 年底，共开展 11 次实钻试验，加速了旋转导向钻井和随钻测井系统的研制进程。

2015 年 8 月，旋转导向钻井和随钻测井系统在陆地首次商业化应用，成功完成 4 口井作业。2016 年 6 月，大直径旋转导向钻井和随钻测井系统东海作业成功。2016 年 10 月，675 规格高速泥浆脉冲器在新疆试验成功，传输速率 12 比特/秒。2017 年 12 月，随钻 4 条线（伽马、电阻率、中子、密度）海上首次作业成功，标志着中海油服随钻测井系统产业化取得重要突破。2018 年 12 月，675 规格随钻地层测压仪器海上作业成功。2019 年 3 月，近钻头测量仪作业成功。同年 7 月，675 规格随钻探边工具海上作业成功。2020 年，675 规格随钻四极子声波和高速泥浆脉冲器海上作业成功。2021 年，研制完成 475 规格旋转导向钻井和随钻测井系统，并投入商业化应用，实现自主旋转导向钻井和随钻测井全井眼规格技术能力；研制完成全球首款 800 规格随钻储层探边仪和全球第二款 800 规格高速泥浆脉冲器，大幅提升了地质导向着陆的准确性和时效性。同年，随钻测井系统在伊拉克米桑油田应用成功，成功进入国际市场。

"十三五"期间，中海油服油技事业部坚持科技自立自强，

中海油旋转导向和随钻测井系统作业现场

始终将"科技创新"和"技术驱动"贯穿始终，加快科技团队建设，加大资源投入，自主技术快速进步，海洋测井定向井技术进入良性循环和快速发展阶段。技术能力实现全尺寸规格"高速传输＋伽马电阻率中子密度4条线＋旋转导向"，并突破储层探边、随钻测压、随钻声波等高端功能。在产品种类方面，随钻测井形成了基本两条线（伽马、电阻率）、常规4条线（伽马、电阻率、中子、密度）、高端（随钻探边、随钻地层测压、随钻声波等）三代产品系列。旋转导向钻井形成了常规和高造斜两代产品，造斜能力有了大幅提升。在产品性能方面，形成1.0和2.0两代产品，产品可靠性、稳定性有了长足进步，逐步接近世界领先水平。在产业化和系列化方面，配齐475规格、675规格、800规格3种主流尺寸规格，同时开发了非标准产品，市场覆盖度逐步提升。旋转导向钻井和随钻测井系统功能不断增加、规格不断完善、技术日趋成熟，建成了较完整的技术产品体系。旋转导向钻井和随钻测井技术能力已经全面迈上功能成族化、性能高端化、应用规模化的加速发展轨道上，建立了完整的研发、制造、作业、解释评价体系。"中国海油旋转导向与随钻测井技术与装备"和"超高温高压电缆测井系统"入选国务院国资委《中央企业科技创新成果推荐目录（2020年版）》。大直径旋转导向和随钻测井系统入选2021年度能源领域首台（套）重大技术装备项目。475规格旋转导向钻井设备作为中国石油行业高新技术装备的代表入驻国家博物馆"科技的力量"展馆永久展览。

中海油服将继续深耕旋转导向钻井和随钻测井技术领域，瞄准市场需求和客户痛点，提升产品可靠性和用户满意度，在高温高压、随钻前探远探、随钻可控中子源测井和智能化钻井等方面不断开拓进取，形成全尺寸、全功能、全地层适用的完整技术装备体系，总体技术指标和智能化水平达到国内领先水平。

第五节　一体化发展有力支撑海洋油气勘探走向深层深海

2001年底，中国海油石油测井公司重组形成中海油服油田技术事业部，测井作为海上油气勘探开发的主要技术支撑，始终仍然沿着五位一体化的道路前行。

一、作业解释依靠自主科技创新走向独立自主之路

中海油服测井作业与资料解释一体化发展，从宏观的视角看，由于直接面对客户，既可及时掌握用户需求、为用户提供满意答案，也可反馈用户对技术的需求。仪器研发的发展速度更快，已经与世界一流比肩前进，为海洋油气的发展提供了支撑。仪器制造

与销售后来居上，成为测井技术自主产业化发展的根本保障。最近20年的发展再次证明，测井技术五位一体化发展的道路是正确的，自主科技研发制造的不断创新发展是支撑测井作业解释走向独立自主和海油石油逐步发展并走向深层深海的关键举措。

（一）自主研发装备的应用

海上测井作业长期依靠引进的国外先进设备，这与海上油气勘探的高标准严要求有关。1996年，海上测井作业开始应用引进ECLIPS-5700成像测井系列。2000年之后，国外的声电成像测井、核磁共振测井等高端设备引进应用，为海上油气勘探作出贡献。2005年上半年，中海油服自主研发的ELIS测井系统首次圆满完成了自营勘探的渤海绥中36-1油田和秦皇岛32-6油田3口总包井的常规测井作业任务，打破了进口整装测井装备在中国海上油田20多年的技术垄断。2006年，ELIS测井系统开始在中国海上油田进行大规模作业，并在海洋油气勘探开发的测井服务市场站稳脚跟。

2008年，海上发现大型油气田——垦利10-1油田。现场作业人员在完成电缆测井常规项目基础上，自主研发的电缆地层测试仪FET/ERCT进行了成功作业，收获了优质的资料；解释人员根据资料开展创新性应用，如利用阵列声波资料有效识别凝析气层、成像测井资料识别储层的有效性等，为该大型油气田的发现作出了贡献。与此同时，随着中海油服走向海外，作业人员借助自主研发的测井设备也开启海外技术服务之旅，从2006年起，中国海洋测井自主技术服务走向印度尼西亚、阿联酋、缅甸、伊拉克和加拿大等地。特别是2012年之后，电成像、核磁共振、阵列声波和地层测试等高端设备逐步研发成功，更是助力油技事业部测井走向一体化发展的快车道，不断向深层、深水、高温高压禁区挺进。

2019年，渤海渤中19-6气田天然气探明地质储量超千亿立方米，凝析油探明地质储量超亿立方米。面对渤中19-6区块潜山高温井资料录取难题，中海油服油技事业部塘沽作业公司利用高温/超高温声电核测井仪器、高温电成像等自主研制测井技术装备，安全、优质、高效完成渤中19-6区块12口超高温高压重点探井作业任务，其中5711米的井深、202℃井温，创渤海油田"双高"作业纪录。同年12月，南海西部琼东南盆地深水东区，探井YL8-3-1井，经测试获百万立方米优质天然气流，创造了中国海域潜山天然气测试产能新纪录，油技事业部湛江作业公司使用自主研发高温高压仪器收获优良的测井资料，经解释分析，完成该井潜山复杂岩性储层的解释评价任务，为特大气田勘探发现发挥关键作用。2020年，自主研发的高温超高压电成像在四川元坝某井作业成功，该井井底温度高达160℃、压力163兆帕，获得了清晰电成像图像，为该井地层划分、沉积相分析、储层有效性评价等提供重要技术依据，受到用户好评。到2021年，随着电缆测井攻克高温声电核大满贯测井、多维成像、大直径井壁取心、地层测试新功能模块、超声兰姆波成像和可控源储层饱和度等 28 种电缆测井关键核心技术突破，已经建设作业队伍近 100 支，国内四海自主作业占比超过 90%。

2020 年 5 月，随钻探边工具 DWPR 在渤海湾开发井项目中首秀成功，创造纯钻 10 小时、进尺 260 米的作业纪录。同年 12 月，随钻高速率脉冲器 HSVP 在渤海南堡区块首次完成海上应用，仪器数据传输速率高达 6 比特／秒，解码成功率 100%，有效提高实时数据分辨率和钻井时效。多年来的持续努力，Drilog 随钻测井系统和 Welleader 旋转导向钻井系统功能不断增加、规格不断完善、技术日趋成熟，基本建成了完整的随钻测井和旋转导向技术产品体系，由最初的两尺寸规格"低速＋两条线＋旋导"发展至全尺寸规格"高速＋四条线＋高性能旋导"，并突破储层探边、随钻测压和随钻声波等高端功能。截至 2021 年，随钻测井与旋转导向钻井陆续在渤海、南海、东海和陆地主要油气田应用，累计完成 809 井次作业，钻进 81 万米，作业队伍将近 40 支，国内四海自主作业占比达到 50%。

（二）解释评价技术的发展

本着"不让平台多等一分钟、不漏掉一个油气层、不放过一个有商业价值的发现"的服务准则，测井解释服务团队继湛江、塘沽建立测井解释工作站后，在 2001 年、2002 年，相继在上海和深圳建立起测井解释工作站，实现了全海域贴近用户服务的目标。2005 年，陆地新疆塔里木油田在时隔多年后，再次邀请中海油服测井解释站提供现场解释服务。2006 年以后，海外印度尼西亚、阿联酋、缅甸和伊拉克等测井解释工作站也相继建立，在为测井作业提供有力支持的同时，测井资料处理解释服务也已经成为用户信赖的品牌型服务。

在完成现场测井资料及时处理解释服务的同时，创新性开展测井资料地质应用研究解决勘探中遇到的难题，是测井服务的重要任务之一。2003 年，引进的成像测井技术开始大量用于油气勘探中，特别是在 JZ25-1S 油田的发现过程中，通过声电成像测井与生产测井结合，创新性地解决了潜山性储层中裂缝识别、有效性分析与定量计算油气层分层产量的难题。随着勘探程度深化，为解决复杂油气藏中流体性质识别的难题，2008 年，油技事业部资料解释中心在地层流体现场分析技术方面取得重大突破，有效解决了海上地层测试取得的样品送回陆地分析，带来的样品分析不及时、样品混含钻井液滤液无法区分而导致的样品性质难以准确判断等一系列问题，满足了海上油气层快速评价的需求，为勘探开发实时决策提供了重要依据。同年，油气层出砂预测技术应用效果良好，全年完成了测井出砂分析 40 层，与测试结果符合率 100%。2009 年，解释团队创新性开发出基于目标储层反演的开发井随钻地质导向现场服务技术，首先在渤海展开应用，当年就高质量完成作业 26 井次，着陆段导向中靶率 100%，水平段导向钻遇率 96%，之后该技术通过用户组织的技术鉴定，在渤海及其他海域得到广泛应用。

2008年12月，中海石油（中国）有限公司引进帕拉代姆公司的Geolog测井软件；2015年10月引进斯伦贝谢公司的Techlog测井软件。这两款软件是中国海油测井人员使用的代表性引进软件，其强大的数据管理功能和良好的人机交互界面，使原工作站测井资料处理与解释系统逐步被微机系统所替代，测井人员的工作效率大幅提升。

2010年，中海油服油技事业部提出资料解释服务要主动实施战略转型，从单纯的生产服务转变为生产服务与软件产品打造并进的发展道路。当时，资料解释中心已经面临在用软件工具的严重短板，即从外方引进的软件连续几年内不再给予升级，而随着仪器的不断升级换代，已有软件难以满足高时效和精度处理要求。而自主研发的EDA常规测井软件，由于缺乏平台系统支撑，即使拥有一些特色地质应用软件模块，也难以实现有效扩充和持续应用。

2014年8月，中海石油（中国）有限公司湛江分公司研发人员主导开发的首个具有自主知识产权的基于岩石物理知识库的多用户一体化测井解释评价专家系统AECOLog软件平台正式投入运行。该平台在711口新钻井的测井资料处理解释与有效储层评价中，测井解释结果符合率达94%以上，并为乌石16-1、乌石16-1W、乌石23-5、涠洲6-9、涠洲6-10、文昌9-7、文昌19-1和乐东10-1等油气田的储量研究通过国家储量委员会的审定提供技术支持；获11件发明专利授权，1件实用新型专利授权；登记软件著作权13件；发表论文约20篇。

2016年，中海石油（中国）有限公司深圳分公司测井研究人员，使用C#语言开发出随钻快速测井评价软件IWD。该软件将南海东部区域地质、储层认识规律、随钻解释流程及井壁取心，测压取样设计等功能融合到软件中，解释结果快速、准确，在后续所有的探井和评价井随钻过程中应用，有效缓解了南海东部海域测井解释人员不足的紧迫局面。

根据当时形势，为快速打造自主软件产品系统，中海油服将软件平台系统专家从油田技术研究院调到资料解释中心工作。同时基于当时形势，提出"现场服务与软件产品齐发力，党建与生产密切融合"的发展新思路。到2014年12月12日，中海油服集成常规测井技术与电成像、核磁共振、阵列声波以及电缆测压取样等高端技术的裸眼井测井处理解释软件系统EGPS研制成功，并在深圳成功举办专项软件产品发布会，来自中国海油系统内勘探、开发、钻完井以及研究团队的领导与专家参加会议，与会专家对EGPS软件的功能与应用效果给予高度评价。EGPS测井软件的成功推出，体现了中海油各级领导的高度重视和正确决策，也标志着中国海油在测井软实力建设中迈出了里程碑的一大步。2015年4月，首届"海油杯"全国大学生测井技能大赛在燕郊举办，EGPS软件被指定为大赛专用软件，助力大赛取得圆满成功，其优异的表现也赢得中国石油学会测井专业委员会的书面表扬。2016 年，EGPS 裸眼井测井处理解释系统获中国海油集团科学技术进步奖二等奖及网络安全与信息化优秀成果奖一等奖。2018 年 12 月，EGPS 软件首次成功实现海外销售。

2021 年，经过持续的应用与完善，EGPS 系统平台已经集成数据管理、基础算法、通用预处理及常用功能控件库等功能，共有 48 个程序集，实现接口 126 个，各类符号、绘图等组件及控件 582 个，源程序代码共 287 万行；EGPS 系统应用层已经具备常规测井解释、非常规测井解释、高端测井数据处理、套管井测井解释、综合地质导向及特色地层评价技术共 6 大类 311 个应用模块，源程序代码共 537 万行。EGPS 系统拥有软件著作权 27 项和授权发明专利 21 项。

EGPS 系统可分析处理裸眼井常规测井、非常规测井、阵列感应、阵列声波、远探测声波、电成像、核磁共振和电缆地层测试等测井资料；可分析处理套管井剖面测井、饱和度测井、氧活化测井和固井质量及井筒完整性测井等资料；能利用地震（反演）、地质建模等数据，进行井轨迹、导向模型设计，支持随钻成像、电阻率探边等仪器，进行实时跟踪、导向模型调整及实时轨迹预测，开展地质导向工作；能生成井位图，实现连井对比分析、等值预测及油藏剖面，可实现油藏内储层的岩性、物性以及含油气特性等地质参数的横向和纵向对比等多井分析评价；拥有一系列诸如砂岩产层出砂预测、电阻率反演、煤层气分析、测井沉积相分析、电缆式地层测压分析、储层产能预测以及远探测声波成像等特色地质应用分析技术。

EGPS 系统凭借其完善的平台功能和丰富的应用模块，已逐步取代国外商业软件，成为中海油服主要的测井资料处理解释工具。同时，在国内各海域和海外伊拉克、阿联酋、印度尼西亚、印度和缅甸等地区也得到了广泛应用。

中海油服油田技术事业部解释团队攻坚克难，创新成像测井地质油藏工程应用，攻克行业内多个关键技术，在成像测井储层评价技术创新与实践、EGPS 裸眼井测井处理解释系统及工业化应用、储层成像评价及综合预测技术、核磁共振测井装备研制与应用、致密砂岩气岩石物理研究与测井评价关键技术创新及应用等方面取得优异成绩，累计获中国海油集团公司及省部级以上科技奖项 7 项。资料解释队伍不断发展演化，已经建成一支 120 多人组成的能够完成各种测井资料处理解释、油藏动态分析、储层产能预测、综合地质导向、流体现场分析以及测井地质应用研究的高素质人才队伍，形成了燕郊总部和各区域解释中心共同发展的局面，服务区域遍布国内外。

二、橇装设备制造为海洋石油测井提供作业保障

随着海洋油气开发发展壮大，石油公司对平台作业橇装设备提出更高的要求。2002

年，为了配合生产井平台作业，射孔器材制造厂开始研发测井橇装防爆设备。同年成功研发出由中国船级社（CCS）认证的 02 系列生产测井正压防爆拖橇和 02 系列非正压生产测井工房，首次在渤海使用就得到用户肯定，运行稳定，质量可靠，可以全面替代同时期的同类进口产品。

测井拖橇的规模化生产需要有相关的产品规范。2004 年，中国海油第 4 个产品企业标准《测井拖橇组技术规范（Q/HS 6004—2004）》发布实施，为测井拖橇设计、制造提供依据。同年 5 月，中海石油（中国）有限公司发出通知要求，凡是上生产井作业平台作业的橇装设备必须具备防爆功能，同时，中海石油（中国）有限公司天津分公司与中国船级社（CCS）合作，出台《防爆房验收要求》，进一步明确了防爆橇装设备设计、制造要求，为射孔器材制造厂防爆设备研发制造提供指导性纲领文件。

2007 年底，射孔器材制造厂成功研发了陀螺测井防爆拖橇和随钻测井防爆工房，同时配套的还有井中地震 VSP 工房和地层测试 FET 工房，为测井作业提供了可靠的配套保障。

随着测井作业的需要，测井橇装设备每年都进行着不同程度的技术升级。对于测井拖橇，在规模化制造后，一直存在一个缺陷，即无法模拟井下工况测试设备性能，只能在试验井中测试正常的拉力和速度，对于遇卡后最大拉力及设备的最高速度的性能测试，无法在试验井中实现。为了解决此问题，技术人员于 2014 年底成功开发出了测井拖橇动力性能测试装置。该装置的成功应用，标志着测井拖橇设计性能可以通过试验得到验证。

2016 年，渤海小平台作业由于吊机能力小、摆放空间有限，需要微型生产测井防爆拖橇配套测井作业。当时国外制造厂家 ASPE 公司有同类测井拖橇，制造中心技术人员与用户交流后决定自己研发。2017 年底，成功完成制造并交付用户使用和肯定，后期又陆续制造了 3 台（套）。

2017 年，Drilog 随钻测井系统和 Welleader 旋转导向钻井系统（简称 D+W）开始批量化应用。为了配合工程师操作井口地面系统，技术人员历经调研、方案设计、样机制造到船级社正压防爆认证，2018 年底成功开发出 D+W 随钻测井工房，并首次实现英国劳式船级社（Lloyd's Register Group）DNV2.7-1《Offshore containers》认证。截至 2021 年，已配套生产 D+W 随钻测井工房 50 多套，为现场作业工程师提供了舒适的作业环境。

随着海外测井业务的发展，作业配套对测井橇装设备提出新的要求，在海上平台吊装的设备，需取得 DNV2.7-1《Offshore containers》认证，为此中海油服技术人员历经两年时间对测井橇装设备进行技术升级。2020 年，实现测井橇装设备全系列 DNV2.7-1 船级社认证。其中生产测井拖橇取得挪威船级社（DNV-GL）认证，勘探测井拖橇取得英国劳氏船级社（Lloyd's Register Group）认证。

截至 2021 年，由中海油服生产制造的橇装设备，在海洋石油测井作业过程中，质量稳定可靠，在行业中树立了良好口碑。

三、测井仪器制造有力支撑海洋油气勘探开发

中国海油集团的测井仪器制造源于中国海油石油测井公司研究所，历经从样机制造到小批量生产，真正批量制造开始于中海油服技术中心机电设备工程所。2010 年，中海油服制造中心成立后，测井仪器制造进入崭新的阶段。

2006—2010 年，中海油服技术中心机电设备工程所开始批量制造 ELIS 电缆测井系统，包括测井地面系统和井下测井仪器，拥有多条生产线，除常规电缆测井设备外，还具备钻进式井壁取心仪、钻井中途油气层测试仪等高端测井仪器生产的能力。典型井下测井仪器包括：

（1）井下传输及辅助仪器，有温度/张力/电阻率短节（ERMT）、井斜方位测井仪（EORT）、套管接箍测井仪（ECCL）、八臂倾角测井仪（EODT）、套管测斜仪（CORT）、三臂井径测井仪（ECAL）、四臂井径测井仪（FCAL）、六臂井径测井仪（HCAL）。

（2）放射性和电法仪器，有自然伽马测井仪（EGRT）、数字伽马能谱测井仪（EDST）、岩性密度测井仪（EZDT）、补偿中子测井仪（ECNT）、双侧向测井仪（EDLT）、数字微球聚焦测井仪（EMSF）。

2019 年，中海油服研制的 ESCOOL 声电核大满贯测井仪

2020年，中海油服研制的地层测试仪器

（3）声波类仪器，有数字声波测井仪（EDAT）、多极阵列声波测井仪（EMAT）、固井质量仪器（CMBT）。

（4）地层测试、取心仪器，有地层评价仪（EFET）、钻进式井壁取心仪（ERSC）。

（5）高端仪器，有正交偶极阵列声波测井仪（EXDT）、增强型微电阻率扫描成像测井仪（ERMI）、扇区水泥胶结成像测井仪（CBMT）、井周声波成像测井仪（CBIT）、高分辨率阵列感应测井仪（EAIL）、多功能超声波成像测井仪（MUIL）、钻井中途测试仪（ERCT）。

2007年4月13日，中海油服技术中心生产制造的钻进式井壁取心测井仪（ERSC）销往江苏华扬石油天然气勘探开发总公司，这是中海油服成套测井装备首次对外销售，为科研成果由内部使用走向外部市场迈出了第一步。

2010年，中海油服制造中心成立前，ELIS电缆测井系统已经生产制造28套并应用于国内外测井作业。国内包括中国海油的渤海、东海、南海，以及陆地的新疆塔里木、山西，国外包括印度尼西亚、缅甸和阿联酋等。同年，向印度Focus公司交付首套ELIS声电核大满贯测井仪，是ELIS测井系统首次供应国外客户。

2011年，ELIS测井系统全系列开始大规模生产应用。中国海油制造的ELIS电缆测井系统常规测井仪及部分高端测井仪已全面取代进口产品，基本满足海洋油气勘探开发测井需求。同年，EFET地层评价仪、小直径旋转井壁取心仪ERSC销往江苏油田，助力陆地油田测井作业。

2011—2012年，自主研发的水平井工具EasyPCL，在中海油服制造中心进入产业化制造，成功解决水平井测井故障率高、作业难度大等问题。EasyPCL除应用于海洋石油与塔里木油田测井作业，还首次在加拿大Tucker公司成功应用，受到用户好评。2012年，中海油服生产的增强型微电阻率扫描成像测井仪（ERMI）首次外销加拿大Tucker公司，成功打入北美市场。仪器在后期使用过程中，得到用户高度评价和肯定。

2013年，中海油服开始批量制造ELIS-Ⅱ增强型成像测井地面系统。该系统包括核磁共振测井仪（ERMT）、双感应八侧向测井仪（EDIT）、遥测传输测井仪（ERTT）、钻井中途油气层测试仪（EFDT）、地层评价仪（Basic-RCT）。仪器性能指标达到国际先进水平，制造中心被授予国家海洋高新技术领域成果产业化基地。

2014年，地层评价仪（Basic-RCT）首次向中油测井、西安格威销售，助力陆地测井作业。同年，Drilog随钻测井系统和Welleader旋转导向钻井研制成功，基本建成海洋测井定向井技术体系，开始向产业化制造迈进。

2017年，Drilog随钻测井系统和Welleader旋转导向钻井开始产业化制造。主要仪器有基本型675型D+W成串设备和800型成串设备，典型仪器包括随钻伽马电阻率测井仪（ACPR）、旋转导向（RSS）、随钻中控测井仪（DSM），实现随钻测井设备部分替代进口的新突破。

2018年，产业化制造的多功能超声波成像测井仪（MUIL）销售美国贝克休斯（BHGE），实现高端测井装备出口国际一流测井服务公司的里程碑式跨越。截至2021年，共销售47支仪器。客户在购买仪器设备的同时，也在不断购买培训、软件以及研发服务，实现了软技术与硬技术的整体输出。

2019年，标准型675型D+W设备、标准型800/950型D+W设备、标准型D+W地面系统开始大规模产业化生产制造，全面替代同类进口设备。典型仪器有675/800型随钻方位电磁波电阻率测井仪（DWPR675、DWPR800）、675型随钻中子孔隙度测井仪（INP 675）、675型随钻密度测井仪（LDI 675）、675/950型旋转导向（Welleader675、Welleader950）。

2020年，在与贝克休斯仪器合作制造中，以优质服务、质量过硬获贝克休斯全球优质供应商CARE大奖。同年，475型随钻方位电磁波电阻率测井仪（DWPR 475）、675型近钻头井斜与方位伽马测量仪（NBIG 675）、675型随钻地层压力测井仪（IFPT 675）等开始产业化制造，替代同类进口设备。

截至2021年，中海油服已经建立了两个测井仪器制造车间，电缆测井仪器制造车间和随钻测井仪器制造车间，其中电缆测井仪器制造拥有系统综合、电法、声波、放射性、井壁取心及地层测试6条生产线，具备年产ELIS及ECAS地面系统各10套、井下声电核大满贯仪器10~12串、地层测试仪器8~10串及井壁取心8~10串生产能力；随钻测井仪器制造车间拥有随钻仪器、旋转导向、随钻电阻率、随钻高能和随钻遥传5条生产线，具备年产不同型号D+W仪器40~50串生产能力。

四、产业化制造加速升级的新模式探索

2017年开始，随着测井设备产业化制造大规模展开，仪器机械零部件出现了加工瓶颈，与仪器产业化制造进度不能很好匹配。为解决问题，中海油服油技事业部提出了制造产能提升新模式——机加工托管，即走合资公司模式破解高端装备自主制造的难题。

2018年，中海油服制造仪器加工车间

2018年，中海油服制造中心开启测井仪器机械加工部件产能提升探索历程。测井仪器制造机加工车间托管佛山市南海中南机械有限公司，并在燕郊成立三河肯达精密机械有限公司。

2019年，三河肯达精密机械有限公司在中海油服制造中心全方位帮扶下，步入了正常工作模式。公司按民营制造业模式运行，解决用工、薪酬和流程等问题，效率大幅提升，为测井仪器产业化大规模制造打下基础。

三河肯达精密机械有限公司运作模式的探索，为合资公司的成立奠定基础。2020年11月5日，由中海油服和佛山市南海中南机械有限公司共同发起，联合南海盈天、佛山市产业发展基金，共同出资注册的广东中海万泰技术有限公司正式成立，佛山市南海中南机械有限公司负责公司运营，开启了中国海油制造业高端装备自主制造的新探索。

2021年12月19日，中海万泰技术有限公司在佛山市南海区狮山镇举行投产启动仪式，佛山市委相关领导和中海油服领导参加启动仪式。

2008—2021年，中国海洋测井装备制造走过了从依赖进口到部分替代、全面替代到高端技术出口的辉煌历程。

第六节　射孔技术快速发展保障海洋油气勘探开发

中国海油射孔技术诞生于中国最早的测井服务合营公司LCC。40年来，伴随着中国海洋石油工业的蓬勃发展，射孔技术在解决中国海油勘探开发射孔需求的过程中不断发展壮大。针对中国海油所面临的射孔完井工艺复杂、油气藏类型复杂多样、深水深层、稠油热采和高温高压等诸多挑战，中国海油射孔从业人员坚持从"本质安全、提高效率、降低成本"的理念出发，不断加快射孔新技术、新工艺以及新产品的引进和自主研发，2004年全面实现了射孔器材的国产化和标准化，发展了等孔径、硬地层、自清洁和无碎屑等射孔器，后效射孔、超级射孔弹与LWD/TCP联作、大斜度井水平井射孔与MWD/TCP联作定向射孔等射孔工艺技术，处于国际先进水平。2004—2021年，中国海油射孔队伍在海上平台共完成TCP射孔作业4500余井次，使用各类射孔枪50余万米、射孔弹900余万发、射孔工具6万余套，节约了大量的射孔器材直接进口成本，而且有力地保证了油公司射孔完井的工期，为中国海洋石油勘探开发作出了巨大贡献。

中国海油1998年以来的射孔技术发展历程，大致可分为3个阶段，即射孔器材与射孔技术引进阶段、射孔器材国产化与射孔技术跟随阶段以及自主技术与器材高速发展阶段。在此期间，射孔技术为中国海油绥中36-1、蓬莱19-3等海上大型油气田的开发以及中国海油勘探开发走向深水深层，提供了有力支撑，随之形成具有中国海油特色的代表性射孔技术体系。

一、射孔器材与射孔技术引进阶段（1998—2004年）

TCP（油管传输射孔）射孔技术诞生于20世纪70年代美国的范恩公司，相较于以前广泛使用的电缆输送射孔技术，TCP射孔技术具有射孔效率高、井控安全以及可以实现大负压射孔等诸多优点，因此迅速取代了电缆射孔成为当时主流的射孔技术。中国海油自1990年全面引进美国哈里伯顿和欧文公司的TCP射孔技术以及配套的射孔弹、射孔枪、安全机械点火头、压力延时点火头以及负压阀等TCP工具。2000年前后，为解决绥中36-1和秦皇岛32-6大型油田所面临的疏松砂岩砾石充填完井工艺射孔需求，又从欧文公司引进159型大孔径射孔弹（穿深220毫米、孔径19.6毫米）和114型大孔径射孔弹（穿深180毫米、孔径17.8毫米）约20万发，射孔枪5万米，以及导爆索、传爆管、TCP工具，较好支撑了当时绥中36-1以及秦皇岛32-6等油田的开发。

国内射孔器材行业的发展相对缓慢，1998年基本处于刚刚起步阶段，国内射孔弹厂生产的射孔器材产品的可靠性和一致性很难满足中国海油完井工艺和安全性的要求，TCP射孔的起爆技术与器材更是只能依赖进口。中国海油射孔枪加工制造工艺起步较早，1998年成立射孔枪厂，开启射孔枪自主设计与自主制造的国产化，此后3年内，在攻克射孔枪弹夹架加工、盲孔加工及螺纹数控加工、键槽加工等难题后，加工精度、自动化程度及效率大幅提升，使射孔枪产品系列化与批量化生产进入新阶段，先后推出技术成熟的114型和178型射孔枪。2002年起，射孔枪开始大批量生产，全面替代进口产品，主要射孔枪规格型号有178枪、159枪、127枪、114枪、102枪、89枪、86枪和73枪等；孔密有8孔/米、10孔/米、13孔/米、16孔/米、20孔/米、25孔/米、36孔/米、40孔/米，这些产品在南海、东海以及合营区块的油田开发中大规模使用。2003年，中国海洋石油总公司《射孔枪技术规范（Q/HS 6001—2003）》标准发布实施，为射孔枪设计、制造到出厂检验实现了全流程质量控制，有效保障了产品的质量。同时，以航天科技集团川南机械厂和兵器工业部二一三研究所为代表的军工科研所开始涉足TCP起爆系统及其配套工具的研发，陆续推出安全机械点火头和压力延时点火头开始现场试用，2003年趋于成熟，完全替代同类进口产品。

二、射孔器材国产化和射孔技术跟随阶段（2004—2014年）

在国内相关科研机构的联合攻关下，射孔器材的国产化在2004年取得突破，主要标志是以航天科技集团川南机械厂适用于油井的导爆索自动化生产线建成。中国海油射孔器材实现全面国产化也离不开多方面的合作与攻关，其中最具代表性的是与航天科技集团川南机械厂合作完成起爆（撞击雷管）、传爆（导爆索、传爆管、隔板传爆）以及TCP工具的研发；与航天科技集团川南机械厂和四川石油射孔器材有限公司合作完成超深穿透和大孔容射孔弹的研发。中国海油射孔枪的制造在能力与质量方面更进一步，2008年获美国API Q1质量体系认证证书，射孔枪的生产规模达到年产4万米产能，可以满足海洋石油需求，出口到哈里伯顿、OILTECH等国外大型油田服务公司，其中超高孔密（40孔/米、60孔/米）178射孔枪作为国内独家生产的产品，供应国内、国外用户，赢得了质量可靠的口碑。射孔器材的国产化有力支撑了中国海油大型油气田渤中25-1、旅大10-1、渤中34-1、锦州25-1、涠洲11和蓬莱19-3等的开发，有效降低了开发成本，经济效益显著。

为解决射孔弹碎屑留井导致的完井工具遇卡问题，利用API 19B射孔弹碎屑收集与粒度分析程序，通过预置破片技术，推出首款射孔碎屑控制射孔弹，使射孔弹碎屑留井量大幅度减少80%。通过借鉴无碎屑射孔弹，采用爆炸焊接技术，推出无碎屑射孔弹，使射孔弹碎屑留井量降为原来的1%，实现了真正意义的无碎屑，保证了下部完井工具入井的安全，在WC13-2-B19H井完井射孔作业中，射孔总长722米，实射437米，使用无碎屑射孔弹10611发，射孔后完井工具下入顺利。同时，API 19B射孔弹碎屑收集与粒度分析程序在国内的首次使用，对于国内射孔器材的评价和检测具有重要的借鉴意义。

为满足渤海大型油田开发中疏松砂岩砾石充填完井工艺对于大孔径和高孔密的要求，在原大孔径深穿透GH射孔器孔密40孔每米的基础上，将射孔孔密成功提高到60孔每米，推出178型超高孔密大孔径射孔器（穿深320每米、孔径23毫米、孔密60孔/米）与127型超高孔密大孔径射孔器（210毫米、孔径18每米、孔密60孔/米）；新型射孔器创造性采用18相位布弹，有效克服了高孔密射孔器常见的弹间干扰问题，保证了抗外挤套管强度，且其穿孔性能指标优于原40孔每米的GH射孔器，增加了泄油面积，减少了砾石充填完井近井地带的表皮系数。新型射孔器材大量应用于渤海蓬莱9-3油田二期完井中，共使用超高孔密射孔弹30余万发，作业创造直接经济效益近1亿美元，为用户有效开发创造经济效益更是极其显著。此外，新型射孔器在渤海油田的稠油热采中也得到很好的应用，如在LD5-2-N2井（地面原油黏度超20000毫帕/秒）TCP-DST测试中，采用178型超高孔密大孔径射孔器，在经过注热、焖井、开井后喜获高产油流，证明这种新型射孔器能够有效增加注热效率、增加油流通道、减少近井地带的压降，真正实现"热注得进、油流得出"。

针对深层低孔渗储层的应用，为有效清洁射孔孔眼，减少由于射孔挤压成孔造成的射孔压实损伤。2004年，研究出动态负压射孔工艺，实现孔道的清洁及表皮系数的下降。建立了具有中国海油特色的涵盖射孔器材、井下高速P-T采样仪以及射孔全过程模拟软件的动态负压射孔工艺技术，在四海油田老井补孔、衰竭储层以及低渗储层射孔中共应用50余井次，动态负压幅度预测准确，射孔清洁效果显著，多井配产超出预期。

2009年，中国海油引进GEODynamics114型超深穿透自清洁射孔弹，应用于重点探井测试作业中，中国海油通过与大庆射孔器材有限公司联合攻关，在2012年成功开发出114型和127型超深穿透自清洁射孔弹（穿深1350毫米、孔径12.7毫米），射孔弹穿深指标优于进口射孔弹约30%。超深穿透自清洁射孔技术在渤海东营组和沙河街组、东海花港组、南海东部文昌组与韩江组以及南海西部珠江组低孔渗油气藏的勘探测试和开发作业中，共应用49井次，尤其在渤中34-9项目沙河街油组的25井次作业应用，取得良好效果，平均超配产约1.9倍。

三、射孔技术高速发展阶段（2014—2021年）

自2014年起，中国海洋石油测井经充分评估多年来投棒点火在TCP射孔作业中造成的险情和事故，考虑到TCP射孔作业的本质安全，射孔点火方式必须有所改变，即应摒弃传统的安全机械点火头，采用全液压点火方式。经过持续攻关，实现的液压点火头方式有压力开孔点火头、投球压力开孔点火头、单级及多级负压开孔装置等。这一技术成果有效解决了在国际投标中常见的卡脖子技术，如液压延时点火头、钢丝投捞点火头等。随着液压点火技术研发和成熟应用，中海油服TCP射孔下井一次起爆成功率保持在99.7%左右。

在射孔器材技术发展方面，针对疏松砂岩砾石充填完井需求，应用超大孔径、等孔径、无碎屑、自清洁射孔器材，在渤海KL16-1优快项目与南海LS17-2深水气田压裂充填射孔作业中应用效果显著。针对深层如孔店组低孔渗储层、致密砂岩以及潜山花岗岩与灰岩储层，研发出适应硬地层（UCS120兆帕以上）的射孔弹和硬地层自清洁射孔弹穿孔性能指标较超深穿透射孔弹提高30%以上。射孔枪的制造能力达到年产8万米。

针对海上油气田勘探开发走向深水、深层以及边际油气田，大位移井、大斜度水平井的占比持续攀升，钻完井的难度不断加大等问题，中国海油创新性将MWD/LWD随钻测量和TCP射孔有机结合起来，利用MWD/LWD-TCP联作射孔工艺技术一趟管柱下井，实现大位移、大斜度井和水平井射孔校深定位和射孔作业。不仅大大节省了大位移大斜度井和水平井校深的时间，提高了作业效率，而且校深时GR仪器无钻具的衰减，测得的GR对比更为清晰明显，提高了射孔的准确性。同时，通过定向井管柱安全性分析软件，优化联作管柱，有效降低事故发生概率，MWD/LWD-TCP射孔联作已经成为应对大位移大斜度井和水平井射孔作业的有效手段。

自主射孔技术应用创造了多项纪录。2018年，文昌10-3-A1S1井水平井射孔作业中，射孔跨度段1200米，实射1037米，创造了中国海油射孔跨度以及射孔实射纪录。2019年，旅大3-2油田，单井净射孔540米，装弹19960发，创造单井单次射孔弹最多纪录。2021年7月深水大气田陵水17-2-A7井压裂充填砾石防砂完井射孔中成功使用等孔径超高孔密大孔容射孔弹技术。2021年，在KL16-1优快完井射孔作业中，硬地层自清洁射孔技术在沙河街组以及自清洁等孔径大孔容射孔技术在馆陶组成功应用，提高了作业时效。超大孔径自清洁射孔技术在LD6-2-A18井稠油压裂充填完井中成功应用，效果明显；WC19-1-B4S2井使用MWD/TCP联作射孔技术实施空心斜向器定向射孔，成功沟通主井眼和分支井眼，作业时效高，且定向精度优于传统的陀螺定向。

和七章　中国海油测井定向井五位一体发展道路

第七节　自营勘探中测井助力建成"海上大庆油田"

一、自营勘探成果丰硕

1998—2021年，中国海油已经在经济、技术、油气田综合开发能力方面有了长足进步；拥有现代化的企业管理水平、优秀的员工人才队伍、良好的国际国内合作伙伴，初步建成了一套完全自给自足的海洋石油工业体系。

随着自营和合作油气田的大规模投产，中国海油油气产量稳步上升。2003年，中国海油国内外油气产量达到3173万吨油当量，其中国内产量2601万吨油当量。2004年，中国海油国内油气总产量首次突破3000万吨，达到3023万吨油当量，包括石油2472万吨、天然气55亿立方米，提前一年实现国内油气产量上产3000万吨的目标。其中，渤海海域成功上产1000万吨，成为继南海东部海域后，第二个实现上产千万吨的海域。南海东部海域从1996年成功上产1000万吨后，一直保持着千万吨级的产量；南海西部海域成为海上天然气的主要生产基地，天然气产量超过全海域天然气产量的3/4；东海海域在平湖油气田投产后，结束了该海域不生产石油和天然气的历史。

2002年5月6日，南海东部海域第一个获得商业发现的自营探井PY30-1-1井，测井作业由中海油服采用ECLIPS-5700测井系统完成，测井项目主要有阵列感应（HDIL）、自然伽马（GR）、岩性密度（ZDL）、补偿中子（CNL）、全波列测井（MAC）、电缆地层测试（FMT）、垂直地震测井（VSP）以及井壁取心（SWC）。解释工程师在珠江组解释气层4层，厚度73.5米。后续在PY30-1-3井对应的气层进行DST测试，获得高产油气流。番禺30-1气田测井资料的录取和测井解释结果为测试层位选取提供了很好的依据，番禺30-1气田的成功钻探极大鼓舞了南海东部勘探人员的信心，为后续自营勘探吹响了强劲的号角。

2002年7月15日，锦州25-1南构造东南部完钻第一口潜山探井JZ25-1S-1井。该井测井作业由斯伦贝谢公司用MAXIS-500测井系列完成，主要测井项目有高分辨率阵列侧向测井（HRLA）—偶极声波成像（DSI）—中子、密度测井—自然伽马（GR）—井径（CAL）—自然电位（SP）、电成像测井（FMI）、井壁取心（SWC）以及水泥胶结测井（CBL）。解释工程师在沙河街组解释油层2层，厚度8.8米。在元古界潜山解释裂缝段9层，厚度26米。后在潜山进行测试，采用12.7毫米油嘴求产，日产油365.8立方米、气19664立方米。JZ25-1S-1井建立了基于电成像和阵列声波测井的潜山储层测井评价技术组合，为后续渤海潜山的勘探奠定了良好的基础。

2004年2月11日，在北京召开的中国海洋石油总公司工作会议上提出，中国海油到2008年要实现国内产量4000万吨油当量，并在此基础上保持较长时间稳产，争取到2010年国内实现5000万~5500万吨油当量，海外实现权益油2000万吨油当量。正式明确了中国海油建设"海上大庆油田"的宏伟目标。2010年12月19日，中国海油国内油气年产量，从1982年的9万吨，跃升到5000万吨。中国海油国内年产石油天然气首次超过5000万吨油气当量，"海上大庆油田"宣告建成。

2012年底，中海石油（中国）有限公司开始在鄂尔多斯盆地东北缘临兴和神府区块开展致密砂岩气勘探。SM-2井于2013年3月13日开钻，2013年4月8日完钻，该井测井作业由中国石油集团测井有限公司华北事业部用EILog测井系列施工完成，主要测井项目有自然伽马、自然电位、双井径、阵列感应电阻率、深浅侧向电阻率、微球形聚焦电阻率、体积密度、声波时差和补偿中子等常规测井项目及多极子阵列声波、核磁共振、微电阻率扫描成像、井壁取心、垂直地震和固井质量。中国海油研究总院测井团队解释工程师在二叠系太原组解释气层2层3.8米。2013年9月9日开展水力压裂测试，采用6毫米孔板求产，获稳定日产气12815立方米，实现中国海油陆上致密气勘探零的突破。

LX-6井于2013年3月8日开钻，2013年5月3日完钻，该井测井作业由中海油服油技事业部用ELIS测井系列完成，主要测井项目有自然伽马、自然电位、双井径、阵列感应电阻率、岩性密度、声波时差和补偿中子等常规测井项目及交叉偶极阵列声波、核磁共振、微电阻率扫描成像、井壁取心、垂直地震以及固井质量。中国海油研究总院测井团队解释工程师在二叠系上石盒子组解释气层2层4.9米，深感应电阻率仅13.5欧姆·米，2013年10月27日开展水力压裂测试，采用20毫米孔板求产，获稳定日产气量20880立方米，揭开了上石盒子组低阻气层勘探新领域。SM-2井和LX-6井测井解释与测试成功拉开了中国海油陆上致密砂岩气勘探的序幕。

南海西部海域的莺琼盆地蕴藏着丰富的油气资源，一直承载着中国海油湛江分公司实现"万亿大气区"的梦想，但莺琼盆地同样是世界三大海上高温高压并存的地区之一，地质环境复杂，地层温度最高达251.8℃，地层压力系数最高超过2.20。因此，高温高压井对测井仪器的耐温性能以及仪器外壳的抗压强度提出了更高的要求。莺琼盆地恶劣的作业环境给勘探作业带来诸多困难，严重影响了的天然气勘探进程。

2010年之前，莺琼盆地共钻高温高压井17口，其中10口井未能取全设计要求资料，无法准确进行地层评价；3口井部分井段未取任何测井资料，直接抢下套管或水泥封固裸眼井眼；3口井未钻达目的层位提前完钻，未达到勘探目的；3口井测试表皮系数过高导致基本无产能，严重影响商业发现。

经过不断地总结经验和积极探索，为消除随钻放射性测井作业在高温高压井中的作业风险，中国海油集团测井引入随钻无源测井仪器 NeoScope。NeoScope 仪器不需要使用放射源进行测量，消除了以往随钻测井放射源在井下作业以及在地面操作的风险。为解决高温高压井储层污染严重的问题，引入能够快速突破储层污染、获取地层真实流体样品的速星探针模块。速星探针模块具有泵抽效率更高、过流面积更大、承受压差更大、泵抽流度下限更低（小于 0.1mD/cp）等优势。2013 年 3 月 9 日，DF13-1-10 井在南海西部首次应用速星探针，在井筒附近钻井液污染严重的情况下，泵抽 2 小时油气含量已超过 90%，最终成功取得真实的地层流体样品，并恢复得到更可靠的地层压力。

2014 年 7 月 13 日，南海东部海域古近系发现第一个中型油田的探井 LF14-4-1d 井完钻，测井作业由中海油服采用 ELIS 测井系统完成，电缆测井主要项目有阵列感应（RTEX）—自然伽马（GR）、密度（ZDEN）—补偿中子（CN）—自然伽马（GR）、阵列声波（XMACII）—自然伽马（GR）、电缆地层测试（XPT）。解释工程师在古近系文昌组解释油层 24 层，厚度 90 米。在 WC510 层进行钻杆地层测试，日产原油 166.2 吨，天然气 6870 立方米。LF14-4-1d 井测井资料的录取和测井解释结果为古近系测试层位选取提供了很好的依据，为南海东部海域古近系深层勘探打开了局面。

2014 年 10 月，中海油服在莺琼盆地的中央峡谷西段钻探 LS25-1-1 井，随钻及电缆测井项目包括井径、自然电位曲线、伽马、深中浅电阻率、声波、中子和密度等常规测井和微电阻率成像、电缆地层测试 MDT、垂直地震等特殊测井项目。在中深层新近系中新统黄流组钻遇两套（分别为 II 气组和 III 气组）厚层、箱状细砂岩砂体共计 149.1 米，为中孔、中渗储层，气测及电测显示良好，气测异常 96 米 /7 层。测井解释工程师解释气层 70.3 米，其中 II 气组气层 27.9 米，III 气组气层 42.4 米，均钻遇气水界面。MDT 测压取样证实气藏具有较高流度，且为高烃类天然气。选定能较好代表本气藏特征的 III 气组进行 DST 测试，初开采用 19.05 毫米油嘴，在 8.487 兆帕的压差下获得日产气 100.79 万立方米，日产油 62.8 吨。高产工业气流的获得证实陵水 25-1 气田良好的储层物性及含气性，落实了 LS25-1-1 井区砂体的储量规模。同时证实乐东凹陷是大型富生烃凹陷，坡折带中新统岩性圈闭具有良好的成藏条件。紧随其后，高温高压井 LD10-1-1、YC27-2-1、LS13-2-1、LS13-2-1 的勘探成功，坚定了南海西部海域"万亿大气区"建立的信心。

2015 年 9 月，南海东部海域第一口水合物探井 LW3-H4-1A 井完钻，测井作业由中海油服采用 ELIS 测井系统完成，测井项目主要有自然伽马、声波、电阻率，由于仪器下放过程中在 1436.5 米处遇阻，导致仪器下放失败，没有在水合物层段取得测井资料。

2016年7月8日，南海东部海域浅层第一个自营勘探发现的低阻油田探井EP15-1-1井完钻，该井测井作业由中海油服采用ELIS测井系统完成，电缆测井主要项目有阵列侧向测井（EALT）—微侧向（MFSL）—自然伽马（GR）、密度（ZDL）—补偿中子（CNL）—自然伽马（GR）、电缆地层测试（MDT）、井壁取心（RSWC）。解释工程师在EP15-1-1井中浅层解释油层16层，厚度25米；气层1层，厚度2.2米；CO_2层1层，厚度23.5米。在17个深度点进行MDT取样成功，测井作业和资料解释的成功，确定了低阻复杂流体性质的纵向分布规律，为南海东部浅层疏松砂岩低对比度油气藏的勘探开发奠定了基础。

2017年4月，海洋石油708深水勘探船完成LW3-H4-2A井钻井，该井由中海油服采用自主研发的Drilog测井系统完成，测井项目主要有自然伽马、密度、中子、声波、电阻率。解释工程师解释水合物层2层63.4米。2017年4月15日，采用胜利油田钻井工艺院自主研发的密闭取心工具，在1428～1508米取得水合物样品。LW3-H4-2A井测井作业的成功和测井资料的准确解释，为南海东部海域水合物的勘探开发拉开了序幕。

2019年6月6日，南海东部海域钻遇地层温度最高（203.8℃）的BY5-2-2井完钻。该井测井作业由中海油服采用ELIS测井系统完成，测井项目主要有高速岩性密度（HLDS）—中子孔隙度（HAPS）—高速自然伽马（HNGS）、小井眼阵列感应（QAIT）—高速自然伽马（HNGS）、偶极声波成像（DSI）—高速自然伽马（HNGS）、井壁取心（MSCT）。解释工程师在该井共解释气层45层238.3米，在200℃以上的井温条件下，电缆测井作业的成功和资料的准确解释为南海东部海域向深层深水超压高温油气勘探提供了保障。

2020年1月8日，南海东部海域第一个发现的大中型潜山油气田的探井HZ26-6-1井完钻。该井测井作业由中海油服采用ELIS测井系统完成，测井项目主要有阵列侧向测井（EALT）—微侧向（MFSL）—自然伽马（GR）、密度（ZDL）—补偿中子（CNL）—自然伽马（GR）、全波列测井（XMACII）—自然伽马（GR）、成像测井（FMI）—自然伽马（GR）、核磁共振测井（MREX）—自然伽马（GR）、元素测井（ECS）—自然伽马测井（GR）、电缆地层测试（MDT）、垂直地震测井（VSP）、井壁取心（RSWC）。解释工程师在潜山风化带地层测井解释气层1层169米；内幕带测井解释凝析油层1层123米。对风化带测井解释气层进行钻杆地层测试，日产气43.5万立方米、油321.1吨；对内幕带测井解释油层进行钻杆地层测试，日产气22296立方米、油25.2吨。HZ26-6-1井潜山层段所录取的丰富测井资料为潜山内部结构划分、流体性质识别和储层参数准确性计算提供了良好的物质基础，该井测井资料的成功解释应用掀开了南海东部海域挺进潜山油气藏勘探的新篇章。

二、深水勘探取得突破

面对深水的"三高"挑战，面对与发达国家的百年差距，胸怀祖国、勇担重任的中国海油人迎难而上，开启了向深水进军的艰辛历程。

2006年4月，由中国海油与加拿大哈斯基公司合作开发的荔湾3-1区块第一口超千米的探井LW3-1-1开钻，8月完钻，水深1480米。测井作业由斯伦贝谢公司完成，其中随钻测井项目包括电阻率（ARC）、方位密度中子（ADN）和自然伽马（GR）；电缆测井项目包括高分辨率阵列侧向测井（HNGS）、岩性密度测井（TLD）、中子测井（HNGS）、偶极声波成像（DSI）和模块动态测试（MDT）。

由于荔湾3-1气田是南海东部第一个发现的中型深水气田，珠江组为深水浊积扇沉积，岩性以砂岩为主，为了加强对深水浊流沉积体的研究，在LW3-1-2、3、4井采用了油基泥浆电阻率成像测井，核磁成像测井和常规钻井取心，为准确评价荔湾3-1气田储层地质参数计算地质储量和编制开发方案，提供了坚实的基础。

2014年1月—2014年2月，海洋石油981钻井平台在1500米水深的陵水17-2构造峡谷水道钻探了LS17-2-1井，气测及电测显示良好。测井作业项目包括斯伦贝谢公司的高分辨率GVR随钻电阻率系列、SonicScope随钻声波系列和随钻密度中子SADN系列；电缆测井项目包括中海油服的声电核大满贯测井系列和斯伦贝谢公司的FMI电成像测井。解释工程师在五套厚层箱状细砂岩测井解释气层47.4米。其中Ⅰ气组解释气层38.1米，未钻遇气水界面；Ⅱ气组解释气层4.1米，Ⅳ气组解释气层5.2米，均钻遇气水界面。对LS17-2-1井Ⅰ气组进行DST测试，射开厚度30米，初开采用25.4毫米油嘴，在0.167兆帕的压差下获得日产气160.62万立方米，日产凝析油78.4吨，获得高产工业气流，证实陵水17-2气田良好的储层物性及含气性，同时也创下了中国海油自营气井单层测试日产量最高纪录。该井测井解释和测试的成功，为陵水17-2千亿立方米气田（深海一号气田）的发现提供了重要支撑。

第八章

延长测井纵向深入横向拓展坚定高质量发展

第八章 延长测井纵向深入横向拓展坚定高质量发展

1905年3月，清政府外务部批准陕西省自办延长油矿。1907年，清政府正式成立延长石油厂，在延长开钻中国大陆第一口近代油井——"延一井"。

1935年4月，延长石油厂归属陕甘宁边区政府。1944年5月25日，毛泽东为当时的厂长陈振夏亲笔题词"埋头苦干"，以示鼓励。1950年11月，延长石油厂更名为延长油矿。 1985年10月，时任国务委员康世恩为"延一井"题词："中国陆上第一口油井"，在庆祝延长油矿建矿80周年之际，竖碑纪念。1986年11月，撤销延长油矿，成立延长油矿管理局。1998年，中国石油工业开始大重组，为顺应新形势，中共陕西省委、省政府决定将原来属于延安市的延长油矿管理局、延炼实业集团公司和原来属于榆林地区的榆林炼油厂合并，组建为省政府直属的国有独资企业。1999年2月4日，陕西省延长石油工业集团公司在延安成立。2005年9月14日，经再次扩充重组为陕西延长石油（集团）有限责任公司（简称延长石油集团）。

延长油田作为中国陆上发现和开发最早的天然油矿，测井技术在油田勘探开发过程中起到了重要作用。1950年9月，西北石油管理局成立陕北勘探大队，下设延长油矿地质室地球物理电测站。1978年3月，延长油田电测组正式组建，隶属延长油矿地质科。1984年12月，延长油田电测组更名为延长油矿测井站。1993年3月，延长油矿管理局成立油田开发工程公司，延长油矿测井站归入油田开发工程公司。2009年，延长油矿测井站更名为测井大队。现测井大队隶属于延长油田井下作业工程公司。2021年底，延长测井有16个测井小队。

延长测井历经风雨坎坷，在摸索中前进、探索中发展、学习中壮大、新形势下转型升级，从模拟测井到数控测井再到成像测井，已成为一支具有竞争力和主导力的油气田测井技术服务专业化队伍，能够为延长油气田勘探开发提供水平井、天然气井、常规完井的测井、生产测井和射孔等工程技术服务，具备在各种复杂地质、工艺条件下的测井、射孔作业能力。

第一节　延长测井专业化发展道路

延长测井作为延长油田内部唯一的测井专业化队伍，发扬埋头苦干、自力更生的延安精神，敢打敢拼，自己动手，自主创造，为测井事业的发展冲锋在前。

一、发展延长测井

1978年3月，延长油矿重建电测组，购置2套JD-581多线测井仪，组建了延长油田首支测井小队。1985年，引进1套JD-581多线测井仪，挂接声感系列下井仪器。随着钻井口数不断增加，已有设备不能够满足日常的生产需求，后经石油工业部协调，1987年华北、大庆、胜利等油田支援延长油矿管理局4套JD-581多线测井仪，至此电测组有7套JD-581多线测井仪。1992年，延长测井应用SJD-581多线式测井仪，实现地面采集数字化。

1997年3月，延长油矿测井站购置第一套XSKC-92小数控测井设备。1999年，购置2套DF-1小数控测井设备，挂接JSB-801双感应—八侧向仪器和FG-91型大晶体自然伽马测井仪，作业效率和测井质量得到明显提高。2000年，购置RS232码传输连续测量井斜方位仪，结束了延长测井点式测量井斜与方位的历史。

1999—2003年，延长测井相继购置6套DF-1小数控测井设备和1套数控射孔仪，自此，JD-581多线式测井仪逐渐被淘汰，DF-1型小数控测井仪成为延长测井的主要设备。

2008年，延长测井车辆设备

2007年12月17日，延长油田整合后原油产量首次突破千万吨大关，延长测井一次性购置测井车辆和小数控仪器设备11套。截至2008年底，延长测井队数量扩充到18支，成为延长油田测井、射孔的主力军。

2002年，引入JWT029-Ⅰ井径仪，与95型微电极组合测井。2006年4月，购置JWT029-Ⅱ井径微电极仪器。2007年5月，购置ZH-PCM型组合测井仪，实现长电极、微电极及连续测斜组合测井，之后又购置GFCDV型、GFC23DV型、HS2003A型固放磁—变密度组合测井仪，开始为延长油田提供声波变密度测井服务。

二、标准井与模拟井的建设

长期以来，延长测井一直在长庆油田安塞区标准井标定深度磁记号。随着油田生产规模的扩大，建标工作刻不容缓，2006年10月，开始筹建1口测井深度标准井和2口测井电法模拟井。

测井深度标准井，位于延安市宝塔区李渠镇杨山村。2007年4月26日开钻，10月竣工。井深3300米，直井，套管完井，未射孔。按照深度标准井建井要求，先后分析处理8个小队传递的测量数据，得到套管节箍标准深度数据值。12月19日，建井深度标准达到技术要求，称为"延标1井"。

测井电法模拟井，位于延长油田股份有限公司崖里坪生产基地。2006年10月筹建，2007年9月21日开钻，11月建成并通过初步测试，称为模拟1井和模拟2井。2008年初，选用四川测井公司506小数控测井队和5700数控测井队以及延长测井数9队和数18队进行建标测量，检测参考标准曲线，完成建标工作。7月，模拟1井、模拟2井投入试运行。该模拟井达到国家二级刻度井标准，推动了延长测井管理标准化。

三、射孔技术的探索

无枪身射孔。1991年，延长电测站重新组建射孔队伍，购置1套SQ-691射孔仪，9月，在子长油矿5212井使用73陶瓷弹进行无枪身射孔，试验成功。

有枪身射孔。1992年，延长电测站开展射孔工艺研究，针对无枪身射孔弹穿孔深度浅、射孔后孔眼分布不均，对套管损害严重，改试有枪身89弹射孔（弹孔直径9毫米）。经验证，89弹有枪身射孔的准确性和射孔弹穿深及后续压裂成功率明显高于直径6毫米无枪身射孔弹的射孔，实现预期试验目标。1996年12月，有枪身射孔工艺在七里村油矿延41井首次正式使用。2000年5月，深穿透复合射孔技术在甘谷驿油矿射孔试验成功。2001年，引进超正压射孔加砂压裂联作工艺，9月1日，在川口油矿丛5-6井试验成功。2002年，DF-1小数控测井设备整合了测井射孔功能，测井小队同时兼起射孔作业,大大提升了作业效率,2002—2008年,累计射孔作业10176口。2012年,应用小数控设备选用直径108毫米枪、同轴随进式射孔弹,进行射孔试验,有效降低地层破裂压力,对提升压裂效果、提高采收率有促进作用。

第二节 测井新工艺助力油田勘探开发

2015年12月,延长测井购置国产成像测井设备3套,2017年通过推广验证。该设备在自然伽马、声波、电极系、双感应—八侧向等常规测井项目的基础上增加了自然伽马能谱、双侧向、阵列感应、岩性密度、补偿中子,配接湿接头水平井测井工具,可满足延长油田复杂区域和疑难井的测井需求。

2016年,延长测井引进CPK5000快速测井平台,可一次下井完成0.5米、2.5米、4米梯度电极系及自然电位、连斜、微电极、井径、声波时差、自然伽马、双感应—八侧向及钻井液电阻率、电缆头张力、井筒温度等测井项目,测井成功率和时效性得到明显提高,有效减少因井壁垮塌、掉块特殊情况造成的遇卡遇堵现象,最大限度地保护地层和井下仪器。

2016年4月,延长测井在永宁采油厂永848平2井应用湿接头水平井测井工艺完成测井作业。至此延长测井开始为油田提供水平井完井测井技术服务。

2017年,延长测井开展了光纤陀螺测井业务。2018年7月,延长测井在西安市完成地热井测井作业。

2018年10月,延长测井在延2105-4井成功实施首次天然气井测井作业。该井使用放射性源测量了岩性密度、补偿中子。

延长测井坚持多元化发展,整合内部资源、发展内部潜力的同时,致力于进一步开拓外部市场。2020

2018年10月,延长测井在延2105-4井施工作业

年，延长测井赴山西进行煤层气水平井测井作业，这是延长测井首次在外部市场作业。

第三节　科技创新助力延长测井高效发展

一、存储式测井技术应用

2018年，延长测井为解决水平井固井测井时效低、成本高的难题，开展"存储式固井质量测井仪的技术改造"试验，12月正式投入生产。2019年，为解决延长油田东部区域垂深浅、位垂比较大的水平井和西部区域井下地质情况复杂、坍塌严重的水平井测井作业难题，开展"CPK6000存储泵出型测井平台在水平井测井中的试验"，2020年试验成功，该技术高成功率、高时效性和低成本的特点备受甲方认可和欢迎。

二、声电成像测井技术引进

2020年，延长测井以科技项目形式引进偶极子阵列声波测井仪器，应用于致密油层或页岩油层测井。同年，通过技术合作开展微电阻率扫描成像和核磁共振测井业务，提高了延长测井在地层岩性识别、沉积构造识别裂缝、孔洞识别与裂缝发育程度分析、储层孔隙流体性质识别等方面的解释精度。2021年，延长测井在页岩油水平井中应用偶极子阵列声波、阵列感应、侧向和中子密度等测井技术，助力延长油田页岩油水平井勘探开发。

第四节　精准解释助力油气田增储上产

2011年，延长测井资料解释中心统一测井数据格式规范和交接要求，规范解释技术标准、成果内容和格式，实行延长油田测井数据统一解释，建立"一个中心四个站"的管理体系，即油田测井解释中心和吴起、定边、子长、甘泉4个解释站，派驻技术人员进行质量把关。2016年，测井资料解释中心完成水平井测井业务统一解释，开始对注入剖面同位素、能谱、产出剖面、油井静压、油井压力恢复、注水井压降等6项测试数据进行统一解释。2018年，将注入剖面连续示踪、电位法、微地震法裂缝监测、示踪剂测试、水井调配、剩余油测试、井下管柱检测等数据纳入统一解释。

第五节 打造一流绿色可持续发展测井队伍

经过几代延长测井人艰苦创业和不懈努力，延长测井成为一支具有竞争力和主导力的油气田测井技术服务专业化队伍，为延长油田勘探开发、产能建设，提供重要的技术支持。认识的深化、理论的实践，促使新的领域不断扩大，新的油田不断发展，新的层系不断开发，单井产量不断提高，百年油田迸发出新的活力，创造了巨大的经济和社会效益，为保障国家能源供应、陕北老区人民脱贫致富和陕西经济发展作出重要贡献。2021年，延长测井提出争取延长石油集团政策支持，整合井下作业市场，引进先进测井仪器，提升装备核心竞争力；做精做强解释板块，发挥整体优势，集中精力解决延长油气田测井解释难题，创建延长测井解释品牌，打造延长石油级解释服务中心；利用自身优势，进入测井高端市场，加大推广引进前沿测井工艺，拓宽测井范围为油气田勘探开发提供更加优质服务，创造更大价值；加快人才引进培养力度，创建一支高素质的测井人才队伍，不断加大人才交流力度，为不同层次的人才提供施展才华平台；紧跟未来油气发展趋势，加强对外技术合作，共享优势资源，抓住历史机遇，实现跨越发展；不断提高精细化、信息化、标准化管理水平，提升服务质量与效率；营造延长测井文化，奠定长远发展基石。

第九章

石油院校的改革与测井学科发展

1998—2021 年

"九五"时期，国家颁布《中国教育改革和发展纲要》，指出逐步建立适应社会主义市场经济体制和政治、科技体制改革需要的教育体制，教育应以地方政府办学为主；高等教育逐步形成以中央、省（自治区、直辖市）两级政府办学为主、社会各界参与办学的新格局；职业技术教育和成人教育主要依靠行业、企业、事业单位办学和社会各方面联合办学。2000年之后，随着国家教育管理体制改革措施的出台，石油教育进入深化改革时期，石油教育管理体制和机构发生了很大变化。石油院校全部由行业管理改为由教育部或地方管理。除石油大学划归教育部管理，其他石油院校均由所在省市管理，部分石油院校更名或与当地其他院校合并，石油院校的测井学科得到全面建设，教学工作稳步推进，配套设施日臻完善，相关实验室有序建立。石油院校与多方开展测井科学研究和人才培养合作，加强仪器制造、解释方法、软件研发和人工智能等方面交流，科研转化成果的能力进一步提升，有效助力油田勘探开发，服务国家能源战略。

第一节　石油院校的管理体制改革

石油院校是中国石油工业发展的产物和重要组成部分，一直归国家能源部门主管。随着石油企业的改革，从石油工业部到中国石油天然气总公司，再到中国石油天然气集团公司，其政府管理职能越来越少，制约了石油院校的发展。随着《中国教育改革和发展纲要》的实施，石油院校进行管理体制改革。扩大办学面，大量增加面向社会的非石油类专业；进行毕业生就业改革，由统一分配改为"面向社会、双向选择"就业制度；推进教学内容体系改革，提高毕业生适应社会能力。为满足石油工业对人才的需求，石油院校启动"面向21世纪，石油行业类主干专业人才培养方案及教学内容体系改革的研究与实践"项目，直接参加教学改革项目的教师达560多人。体制的变化，带来了联合办学和产、学、研联合工作的突破性进展，石油院校在石油企业建立了稳定的教学实践基地，聘请企业专业技术人员任兼职教师。石油院校形成了各自的科研、人才和培训优势，为油田解决专业技术人才短缺和勘探开发技术难题提供了支持。

第二节　石油院校的机构变化

2000年，根据《国务院办公厅转发教育部等部门关于调整国务院部门（单位）所属学校管理体制和布局结构实施意见通知》精神，按照"中央与地方共建、地方管理为主"的管理体制，对石油院校进行机构改革。当时设有测井专业或学科的高校：石油大学转由教育部管理，大庆石油学院转由黑龙江省政府管理，西南石油学院转由四川省政府管理，江汉石油学院转由湖北省政府管理，西安石油学院转由陕西省政府管理。原有石油中等职业技术专科学校布局不再适应需要，做出相应调整，不再有独立的石油中等专科学校，大港、华北的石油学校立足油田，面向社会，转为成人高等学校，新疆石油学院改为企业培训中心，承担企业员工培训任务。

2003年，西安石油学院更名为西安石油大学；江汉石油学院与湖北农学院、荆州师范学院、湖北省卫生职工医学院合并，成立长江大学。2005年，石油大学更名为中国石油大学，保持北京市和山东省东营市两地办学，分别为中国石油大学（北京），中国石油大学（华东）；西南石油学院更名为西南石油大学。2010年，大庆石油学院更名为东北石油大学。

第三节　石油院校测井学科的建设

1998年，教育部重新调整高等院校专业目录，石油院校将原有应用地球物理专业改为勘查技术与工程专业，设立测井和物探两个方向，当时全国有48所高等院校设置了该专业。应用地球物理工学硕士专业更名为地球探测与信息技术。勘查技术与工程专业以地质学、地球物理学、工程地质学、地质工程等为基础，在应用地球物理专业基础上内容进一步完善，是适用于国土资源勘查与评价、各种建设工程勘察、基础工程设计与施工、工程技术管理和科学研究的学科。"九五"期间，通过国家统一管理和布局高等院校专业目录，各石油院校勘查技术与工程专业在学科建设、人才培养、教学工作、师资队伍及实验室建设等方面都取得了可喜成绩。

一、中国石油大学（北京）

1998年4月，石油大学总校应用地球物理专业"产学研教育合作模式"作为

"九五"期间29个国家级项目之一,正式启动;8月,应用地球物理学科所在的一级学科地质资源与地质工程获国家一级学科博士学位授予权;12月,石油大学测井教研室被评为石油天然气集团公司测井重点实验室。2000年,二级学科更名为地球探测与信息技术。2001年,石油大学(北京)地球科学系与盆地中心合并成立资源与信息学院,设地球物理与信息科学系(测井、物探),开始招收信息与计算科学专业本科生,同年获批建立地球探测与信息技术北京市重点实验室。2002年,学校引进长江学者特聘教授肖立志,创立核磁共振测井实验室。2003年,石油大学(北京)成立测井研究中心。2005年,石油大学(北京)更名为中国石油大学(北京),同年恢复测井专业方向本科招生,专业名称为勘查技术与工程,培养测井、物探专业方向本科生。在211工程、985优势学科创新平台和企业支持下,先后建立电法测井研究室、声波测井研究室、核磁共振测井研究室、核测井研究室、岩石物理实验室、测井数据处理应用研究室和数字岩石研究中心,建立一批在国际上有影响力、在国内有较高水平的科研教学平台。2006年,地球探测与信息技术入选国家重点培育学科,同年设立固体地球物理二级学科硕士点。2007年,油气资源与探测国家重点实验室获得批准立项建设,油气测井理论与方法是其5个支撑方向之一。2010年,成立地球物理与信息工程学院,测井研究中心更名为测井系,与物探系共同建设勘查技术与工程本科专业。同年,中国石油大学(北京)勘查技术与工程专业入选教育部高等学校特色专业建设点。2011年,设立地球物理学一级学科硕士点,测井系开始培养地球物理学理学硕士。2013年,获国家"111"高等学校学科创新引智基地建设项目,测井学科国际化进入国家支持体系。2016年,勘查技术与工程专业通过教育部中国工程教育专业认证;10月,国际岩石物理学家和测井分析师协会(SPWLA, Society of Petrophysicists and Well Log Analysts)中国石油大学学生分会成立;11月,测井及岩石物理学为主体,同哈佛大学工程与应用科学学院建立联合实验室,即Harvard SEAS-CUP国际合作联合实验室。2017年,地球物理学一级学科博士点经国务院学位委员会批准设立,测井专业等支撑的"地质资源与地质工程"一级学科在全国第四轮学科评估中获得A+,入选国家"双一流"学科。2018年,中国石油大学(北京)创建人工智能学院。2019年,勘查技术与工程专业入选首批国家一流本科专业;同年,以测井等学科为基础的非常规油气国际合作联合实验室获教育部批准立项。

二、中国石油大学(华东)

1998年4月,石油大学启动"九五"国家级项目应用地球物理专业"产学研教育合作模式"。8月,该专业所在的一级学科地质资源与地质工程获国家一级学科博士学位授予权。9月,该专业所在的二级学科"地球探测与信息技术"通过山东省重点学科验收。

同年，该专业调整为勘查技术与工程专业。2005年，中国石油大学（华东）勘查技术与工程专业于青岛校区首次招生，测试计量技术及仪器专业获批二级学科硕士点。2007年，地球探测与信息技术学科入选国家重点培育学科，勘查技术与工程专业获批山东省品牌专业。2008年，勘查技术与工程专业获批国家特色专业。2010年，学校引进首位国家特聘专家唐晓明，对测井学科起到了很大的提升带动作用。2012年，勘查技术与工程专业师资团队获评山东省勘查技术与工程核心课程教学团队。2017年，勘查技术与工程专业所在一级学科地质资源与地质工程第四轮学科评估A+，入选国家"双一流"建设学科。2018年，勘查技术与工程专业通过教育部工程教育认证。2019年，勘查技术与工程专业首批入选国家级一流本科专业。2021年，经教育部批准，学校东营校区调整为东营科教园区，办学主校区调整到青岛。

三、东北石油大学

1998年，根据教育部颁布的新专业目录，大庆石油学院应用地球物理专业调整为勘查技术与工程专业。1999年6月，地质工程领域获工程硕士专业学位培养权，在地质工程领域开始培养测井方向工程人才。同年，应用地球物理工学硕士专业更名为地球探测与信息技术。2001年，学校机构改革，石油勘探系更名为地球科学学院。2002年，招收首届地球物理学专业本科生。2003年，成立地质系和地球物理系，地球物理系下设勘查技术与工程和地球物理两个教研室，测井专业归属勘查技术与工程教研室管理。2006年1月，获批地质资源与地质工程硕士学位授权一级学科，地球探测与信息技术为硕士授权二级学科。同年，地球探测与信息技术被批准为省级重点学科，支撑了测井学科的发展，促进了学术水平的提高。2007年，地质资源与地质工程博士后科研流动站通过专家评审。同年，勘查技术与工程专业获批黑龙江省重点专业，形成了"厚基础、宽口径、重实践、分方向"专业办学特色。2010年，大庆石油学院更名为东北石油大学。国务院学位委员会批准地质资源与地质工程增列为博士学位授权一级学科点，地球探测与信息技术为博士授权二级学科。相继建立国家非常规油气成藏与开发重点实验室培育基地和教育部陆相页岩油气成藏及高效开发重点实验室，助力古龙页岩油的勘探开发。2012年1月，地质资源与地质工程获批"十二五"黑龙江省重点学科博士学位授权一级学科。2017年，获批地球物理学硕士学位授权一级学科。2018年，勘查技术与工程系和地球物理系合并为勘查技术与工程系。2019年，勘查技术与工程获黑龙江省一流专业。同年，地球物理学专业停止招收本科生。2020年，线上线下混合式《测井原理与解释》课程被评为国家级一流本科课程。2021年1月，勘查技术与工程专业通过中国工程教育专业认证。

四、西南石油大学

1999年，西南石油大学勘探系与石油工程学院、油建工程系整建制撤销，勘查技术与工程专业划归新组建的石油工程学院。2002年，学校再次进行机构重组，成立了资源与环境工程学院，勘查技术与工程专业及其所在的二级学科地球探测与信息技术和一级学科地质资源与地质工程均划归资源与环境工程学院建设。2003年3月，经国务院学位办公室备案批准，学校在石油与天然气工程一级学科范围内自主设置石油工程测井等5个二级学科博士学位授权点；9月，经全国博士后管理委员会审批，新增"地质资源与地质工程"博士后科研流动站。2004年5月，"地球探测与信息技术"被认定为省级重点学科。2005年12月，教育部批准学校更名为"西南石油大学"。2006年地质资源与地质工程学科获得一级学科博士学位授予权。2008年10月22日，"地质资源与地质工程"成为四川省一级学科省级重点学科。原有的四川省重点学科"地球探测与信息技术"顺利通过重新认定成为新一轮二级学科省级重点学科。2009年，勘查技术与工程专业获批国家级特色专业。与中国石油川庆钻探公司共建中国石油"页岩气地球物理"重点实验室。2015年，地质资源与地质工程博士后流动站参加人力资源和社会保障部及全国博士后管理委员会2015年度博士后综合评估，获得"良好"评估结果；获批国家级"油气地质与勘探实验教学示范中心"；与中国石油天然气集团公司共建工程测井研究室。2016年，在第二届全国大学生测井技能大赛中，西南石油大学代表队获一等奖。2017年9月，西南石油大学入选为国家首批"双一流"大学世界一流学科建设高校；12月，"地质资源与地质工程"在第四轮学科评估中获评为B档，与同济大学、南京大学、西北大学并列进入全国前8。2019年，勘查技术与工程专业入选省级一流专业建设点。2020年12月21日，地质资源与地质工程博士后科研流动站通过2020年度博士后综合评估，被评为"良好"。2021年，勘查技术与工程专业入选为国家级一流本科专业，同时通过工程教育专业认证。

五、长江大学

1998年，根据教育部颁布的新专业目录，江汉石油学院将原有应用地球物理专业调整为勘查技术与工程专业，设立测井和物探两个方向。同年，应用地球物理工学硕士的专业更名为地球探测与信息技术。10月，"矿产普查与勘探"学科被批准为第二批省级重点学科。1999年5月，国务院学位办批准江汉石油学院为在职同等学力人员申请硕士学位授予单位，可开展接受地球探测与信息技术硕士学位授予学科专业点的学位授予工作。2000年，地球物理勘探系更名为地球物理系。2000年11月，地球物理学、地球探测与信息技术成为湖北省首批"楚天学者计划"特聘教授岗位学科。2001年4月，地球探测与信息技术相继通过增列博士学位授权单位整体条件省级评估和重点学科省级验收。2003年，长江大学勘查技术与工程专业被评为湖北省本科品牌专业；教育部重点实验室油气资源与勘探技术获立项建设；地球物理系改为地球物理与石油资源学院。2006年，地球探测与信息技术获博士学位授予权，至此，长江大学测井专业形成了完整的人才培养体系；地球探测与信息技术、地球物理学学科被评为湖北省重点学科。2008年，勘查技术与工程专业被评为国家特色专业；《生产测井原理》课程被评为国家精品课程。2009年，《勘查技术与工程品牌专业的建设与改革》获湖北省高等学校教学成果一等奖；地质资源与地质工程一级学科获批博士后科研流动站，学校办学层次再上新台阶。2011年，新增地球物理测井博士学位授予权。2012年，湖北省教育厅、财政厅批准长江大学牵头建设"非常规油气湖北省协调创新中心"，经过5年建设，被教育厅验收评估"优秀"；2018年被教育部认定为省部共建协同创新中心。2013年，勘查技术与工程专业获批国家"卓越工程师教育培养计划"。2015年，以勘查技术与工程为主导的"石油天然气"获批"十三五"湖北省高等学校优势特色学科（群）建设。2018年，长江大学被湖北省批准为国内双一流建设高校。2019年，勘查技术与工程专业通过工程教育专业认证；勘查技术与工程专业获批湖北省一流专业建设。2020年，勘查技术与工程专业获批国家一流专业建设。2021年，以地球物理学牵头的"智能油气勘探"获批"十四五"湖北省高等学校优势特色学科（群）建设；地球物理学获批国家一流本科专业建设点。

六、西安石油大学

1998年，西安石油学院电磁测量技术及仪器专业调整为测试计量技术及仪器二级学科；"石油地球物理仪器"专业调整为"测控技术与仪器"专业，培养从事石油勘探（测井、物探）仪器研究、制造和设计的高级工程人才。2001年，西安石油学院建立与测井方法相关的资源勘查技术与工程专业。2005年，西安石油大学增加精密仪器及机械和地球探测与信息技术2个硕士学位授权二级学科。2010年，获批仪器仪表工程领域专业硕士学位授权；测控技术与仪器本科专业获批国家级特色专业。2014年，西安石油大学建成教育部重点光电油气测井与检测实验室和油气钻井技术国家工程实验室井下测控研究室。在井下智能测控技术与工具、油气储层探测与生产参数监测、阵列感应测井技术、井下可视化测井技术、过套管电阻率测井技术与装备、油气田动液面检测技术、长输管线无损检测技术等领域形成了明显的行业特色和稳定的研究方向。2021年，石油地球物理仪器专业扩展到包括测控技术与仪器、自动化、电气工程及其自动化、电子信息工程、安全工程和人工智能6个专业，有教职工121人，其中测控技术与仪器25人，教授6

人，副教授 10 人，博士学位教师 18 人。勘查技术与工程专业 25 人，教授 7 人，副教授 5 人，博士学位教师 20 人。

七、中国石油勘探开发研究院

中国石油勘探开发研究院是经国务院批准的石油行业上游领域唯一具有博士和硕士学位授予权的科研机构，是经国家人事部批准成立的石油系统唯一的博士后流动站，被誉为"油气科学家的摇篮"。1999 年，国家人事部和全国博士后管委会联合下文决定，增设"石油与天然气工程"学科博士后流动站。2010 年，勘探院成为全国首批与高校联合培养博士生试点单位，并与北京大学签署协议联合招生培养。2012 年，开始与中国石油大学（北京）联合招生培养，实现了高等院校和科研机构的战略合作，研究生教育进入新的发展时期。作为石油系统内唯一的高学历、高层次、高水平科技人才的教育、培养和输出基地，中国石油勘探开发研究院培养了以中国工程院李宁院士为代表的测井优秀人才 56 人（含硕士、博士及博士后），成为中国石油测井高端战略决策、重大油气突破发现、理论技术创新等的中坚力量，成为推动测井理论技术发展的主力军。

第四节　校企合作的科研成果

石油院校通过与石油企业和科研单位的技术合作交流，形成了多层次、全方位的科研创新和校企合作平台。

一、中国石油大学（北京）

中国石油大学（北京）全面推进"产、学、研、用"协同发展，积极融入石油企业和科研单位的创新合作。2005 年 12 月，中国石油大学（北京）与新疆石油管理局在新疆油田测井公司联合成立岩石物理研究中心，与北京环鼎科技有限责任公司在科学研究、人才培养等方面开展全面合作。2006 年，以中国石油集团测井公司、北京环鼎科技有限公司为支持单位申报的复杂油气藏勘探开发教育部工程研究中心获准建设。2010 年，与中国石化石油工程技术研究院合作建立研究生工作站。2011 年 3 月，壳牌石油公司在中国石油大学（北京）地球物理与信息工程学院设立优秀博士奖学金，支持物探、测井、数字岩石方向的博士开展科学研究。中国石油大学（北京）与中国石油渤海钻探工程公司合作建设博士后科研工作站联合培养博士后；与中国石油集团长城钻探工程有限公司开展测井领域的科技研究和人才培养；与中国石油集团测井公司加强测井基础研究、前沿理论研究、测井新方法研究、测井先进仪器和软件研究。2013年8月19日，中国石油大学（北京）与中国石油集团测井公司共建研究生工作站和大学生实践基地。2014年中国石油大学（北京）与荷兰皇家壳牌集团签署数字岩石联合实验室合作备忘录。2016年8月，联合中国石化石油工程技术研究院共同承担国家自然科学基金委国家重大科研仪器研制项目"极端环境核磁共振科学仪器研制"获得立项。2019年4月，中国石油大学（北京）和中国石油集团签署全面战略合作协议，开展物探、测井、钻完井人工智能理论与应用场景关键技术研究，与中国石油集团测井有限公司签订人工智能研究中心共建方案，成立人工智能研究中心；9月，与中法渤海地质服务有限公司共建录井人工智能研究中心；11月，中国石油大学（北京）与斯伦贝谢中国公司签订合作协议。2020年6月，中国石油大学（北京）与中国石油勘探开发研究院、中国石油大学（华东）签署协议，共建中国石油测井校企协同创新联合体。2021年4月，中国石油集团测井公司借给中国石油大学（北京）一套常规测井仪器，支持学校开展教学、培训工作。自2001年，重新开始测井专业本科生培养以后，中国石油勘探开发研究院、中国石油集团测井有限公司、斯伦贝谢公司等企业先后为学校捐赠CIFLog、LEAD、Techlog等软件，为学校的教学、科研提供重要支持。

中国石油大学（北京）与各企业加强测井技术合作研究，获教育部科学技术进步奖1项、北京市科学技术奖一等奖2项、行业省部级协会一等奖10余项；参与获国家科学技术进步奖二等奖1项，新疆维吾尔自治区科学技术进步奖一等奖2项，陕西省科学技术进步奖等奖1项，全国性行业协会一等奖10余项。2019年，与中国石油集团测井公司共同完成"高性能成像测井关键技术创新与规模化应用"项目获北京市科学技术奖二等奖。在井下油气探测关键技术创新及应用、核磁成像测井、远探测相控阵声波成像测井等测井技术研究方面取得重要突破，助力中国石油集团测井公司、中海油田服务技术股份有限公司等形成大型国产成套测井装备。

二、中国石油大学（华东）

中国石油大学（华东）以复杂储层油气识别为核心，在复杂储层测井响应机理及评价、储层远探测与井间预测、随钻测井与地质导向技术等方面具有科研特色，形成具有内在联系的学科体系。中国石油大学（华东）是较早进入西部地区开展科学研究的院校之一，对西部油气田开发作出重要贡献。"九五"期间，承担国家"九五"科技攻关项目"塔里木盆地石油地质研究"和中国石油集团的"九五"重大基础研究项目"柴达木盆地石油地质综合研究"，在理论和技术上都取得重要进展。1998年12月，石油大学（华东）测井教研室被评为中国石油天然气集团公司测井重点实验室，研究侧重点为井间物理场测井。2000年，石油大学（华东）自制教学设备并升级电阻率、感应和声波测井等教学设备，占实验室设备60%以上，并被引进到江汉石油学院、西南石油学院等院校。相继建立应用地球物理软件工程实验室和多井物理场研究实验室。2001年4月，石油大学（华东）完成的"渤海歧口17-2油田低阻油气层解释方法"和"低阻油气层解释机理、试验和解释方法研究"被鉴定为国际先进水平；5月，承担的中国石油集团"九五"重点攻关项目"探井保护油气层技术"中的"非连续沉积盆地岩性、物性和敏感性预测方法探索"子课题成果被鉴定为国内外首创，在塔里木库车地区推广应用；11月，成功完成中国石油股份"九五"重点科技攻关项目"高含水、特高含水期剩余油分布的测井机理与测井新方法研究"。2002年9月，承担中国石油集团"九五"重大科技攻关项目"声速和声衰减测井仪（VAT）研究"。2005年，中国石油大学（华东）在211工程、985优势学科创新平台和企业支持下，建立了高温高压及气驱岩心多参数测量与数据处理系统、多井地球物理模拟实验自动测量系统、软硬地层模型井测量系统、激发极化及薄膜电位实验测量系统等一批国内较高水平的科研实验系统。

2009年，学校搬迁青岛后，获捐赠CLS-3700、Unilong8000、EILog06等硬件设备，以及CIFLog、LEAD、Forward、Techlog等软件，为学生校内实验和实践教学提供了重要保障。同年，中国石油大学（华东）与中国石化胜利测井公司共同建立复杂储层测井联合实验室。2011年3月，与中国石化胜利测井公司共建大学生实践基地。2012年，针对我国低产油田注水驱油提高采收率问题，建立了剩余油动态监测的同位素石油测井关键技术，提高测井效率和准确性，成果获河南省科学技术进步奖一等奖。同年，与中海油服联合成立声学测井联合实验室。2013年，研制成功国内首套致密砂岩储层钻井液侵入模拟装置；8月，与中国石油集团测井公司共建研究生工作站和大学生实践基地。2015年，研制完成国内首个邻井探测方法的远探测测井标准井；5月，与中电集团第二十二研究所共建大学生实习基地和研究生工作站。2016年，针对致密碎屑岩储层孔隙结构复杂、核磁测井噪声大、流体识别符合率低等难题，建立了致密碎屑岩储层核磁测井新技术和新体系，成果获山东省科学技术进步奖一等奖；针对水泥胶结质量差条件下套管后地层波测量问题，提出双源反激过套管声波测井技术，解决套后地层波速度测量难题。同年，因偶极横波远探测测井技术，唐晓明获SPWLA杰出科技成就奖。2019年，获立项中国石油集团科技管理部重大项目"塔里木盆地深层油气高效勘探开发理论及关键技术研究"课题"声波远探测测井技术研究"。同年1月，与俄罗斯彼尔姆国立大学建立联合实验室。2020年6月，中国石油大学（华东）与中国石油勘探开发研究院、中国石油大学（北京）签署协议，共建中国石油测井校企协同创新联合体；与中国石化胜利测井公司共同建立复杂储层测井联合实验室。"十三五"期间，在学科建设经费和企业支持下，中国石油大学（华东）共建设完成25口各向异性、地质导向等模拟井，以及成像测井地面系统、消声水池等大型设备，测试能力大幅提升，形成独有特色。共获国家科学技术进步奖二奖1项、三等奖2项，省部级科学技术进步奖一等奖17项；获山东省高等教育教学成果奖1项。

三、东北石油大学

东北石油大学加强重点科研平台建设与管理，扎实推进科研平台与科研团队建设，科研创新能力和水平大幅提升，一些具有鲜明特色的研究基地及科研平台先后获批建设。2002年，获批油气藏形成机理与资源评价黑龙江省高校重点实验室；2005年，获批油气藏形成机理与资源评价黑龙江省重点实验室；2009年，获批油气资源勘查省级实验教学示范中心、石油工程与地质国家级实验教学示范中心；2010年，获批非常规油气成藏与开发省部共建国家重点实验室培育基地。通过科研平台建设，开展"页岩油储层导电机理及精细评价技术、时间驱动剩余油预测测井评价技术、储气库封闭性测井评价、非常规储层人工智能测井评价技术、测井响应正反演处理技术、水平井电阻率数值模拟及测井评价技术、基于测井解释的油藏精细描述与剩余油分布预测、测井资料地质解释与应用、多尺度融合储层表征技术、数字井筒三维表征技术"等特色研究和"非常规油气、天然气水合物、铀矿、二氧化碳封存、地热资源评价"等5个重点领域研究，逐步建立一系列高水平科研平台体系。2017年，参与组建并成立非常规油气研究院。2018年，获批黑龙江省油气藏及地下储库完整性评价重点实验室、黑龙江省油气藏压裂改造与评价重点实验室、黑龙江省石油大数据与智能分析重点实验室。2019年，获批陆相页岩油气成藏及高效开发教育部重点实验室、CNPC重点实验室—东北石油大学非常规页岩储层开发实验室。2020年，获批黑龙江省地热资源高效开发与综合利用协同创新中心；组建并成立环渤海能源研究院。2021年，获批页岩油气现代产业学院。实验室有覆压孔隙度渗透率测量仪、高温高压岩心电阻率测量仪、高精度台式核磁共振非常规岩心分析仪、纳米X射线数字岩心分析系统、全自动比表面积及孔径分析仪、场发射扫描电镜、全自动压汞仪、34节点GPU高性能计算集群、岩石三轴压缩试验机等高端实验设备。

经过长期发展和建设，地球物理测井学科逐步形成集油气勘探开发领域理论创新、技术研发、人才培养、产学研用一体化、国际合作交流研究基地和成果转化基地。地球物理测井学科坚持油气地质及地球物理测井特色，瞄准世界石油科技前沿，解决油气勘探关键核心技术问题，致力于泥页岩油气、致密砂岩油气、煤层气、火山岩油气、碳酸盐岩油气、天然气水合物、地热领域的基础理论、核心技术研究和关键设备的研发。立足全国各大油田，通过承担或参加国家"973"项目、国家油气重大专项、国家自然科学基金、省部基金、国际合作和油田科技攻关项目，逐步形成从基础理论到油田应用技术完整的油气资源勘探、评价、开发体系。科研攻关岩石导电机理及导电模型、复杂岩性储层解释与评价、水淹层测井评价研究方向，形成了鲜明研究特色和优势。岩石导电机理及导电模型研究工作处于国际先进水平；水淹层测井评价、复杂岩性储层解释与评价研究工作处于国内先进水平。瞄准陆相页岩油储层表征方法、成藏机理及高效开发技术等科技前沿问题，依托非常规油气成藏与开发省部共建国家重点实验室培育基地，创新形成了页岩油气储层"单样联测"、页岩油可动性实验等国际先进水平的实验室测试技术，以及页岩储层表征、评价与页岩油赋存、流动机理实验测试及研究方法，创新提出了陆相页岩油高效开发地质工程一体化方法，有效支撑松辽盆地页岩油调查取得突破性进展，成果获中国地质调查局和中国地质科学院 2017 年度地质科技十大进展。在助力大庆页岩油勘探开发中，围绕应用基础理论领先、关键技术突破、引领学科发展 3 个重点，开展应用基础和前瞻共性技术研究与成果应用，形成了页岩油气地质工程一体化和非常规油气地球物理等优势特色研究方向，在页岩油勘探开发基础理论研究、实验室平台建设和运行管理模式等方面均取得了重要进展。以教育部重点实验室"陆相页岩油气成藏及高效开发"为依托，实施非常规油气勘探开发战略，成立了非常规油气研究院，全程参与松页油 1 井、松页油 2 井、松页油 3 井、古页油 1 井的页岩油勘探部署和开发方案制订。与沈阳地质调查中心、大庆油田完成"松辽盆地页岩油调查"成果，承担大庆油田高端合作研究项目。

四、西南石油大学

西南石油大学测井学科始终坚持产学研用相结合，形成室内高温高压岩石物理实验装置研发、复杂储层高温高压岩石物理实验、碳酸盐岩储层测井评价、非常规储层测井评价等特色优势，创新形成裸眼井工程测井学科新方向。2004 年，获批工程测井四川省高校重点实验室。2014 年，与中国石油川庆钻探公司共建中国石油"页岩气地球物理"重点实验室。2015 年 9 月，中国石油在西南石油大学设立了工程测井重点实验室。

学校测井团队先后成功研发高温高压岩心多点电阻率渗透率测量仪、高温高压三轴岩心多参数测量仪、高温高压全直径方岩心裂缝与宽度测量仪、全自动孔隙度渗透率测量仪、高温高压声电测量仪、高温高压张量电阻率测量仪、高温高压毛管压力测量仪、天然气水合物声电测量仪、高温高压长岩心声电测量仪等岩石物理实验装置，并推广应用到中国石油集团四川测井公司、新疆测井公司、辽河测井公司、勘探开发研究院，中国石化集团江汉测井公司、胜利测井公司，中国海油集团天津非常规实验中心、湛江实验中心、深圳实验中心等单位，以及北京大学、同济大学、中国石油大学（北京）、中国石油大学（华东）、成都理工大学、长江大学、西安石油大学等高校。同时测井团队与企业合作也取得了一批科技成果奖，代表性的有2014年参与完成的"大型复杂储层高精度测井处理解释系统CIFlog及其工业化应用"成果获国家科学技术进步奖二等奖；2018年，参与完成的新疆油田"凹陷区砾岩油藏勘探理论技术与玛湖特大型油田发现"成果获国家科学技术进步奖一等奖；2020年，联合中国石化集团胜利油田公司、中国石油集团测井公司等企业共同完成的"低渗透砂岩油气藏测井评价关键技术及产业化应用"成果获得中国发明协会发明创业奖成果奖一等奖。此外，1999年，研发"高温高压岩心多点电阻率渗透率测量仪和高温高压三轴岩心多参数测量仪"；2004年，完成的"水敏性泥页岩地层井壁稳定性现场评价方法研究"；2012年，完成的"水敏性泥页岩地层稳定井壁技术及应用"和"四川盆地东部三叠纪海相钾盐成矿预测与技术突破"；2019年，联合中国石油集团川庆钻探工程有限公司、塔里木油田公司等单位共同完成的"硬脆性页岩地层井壁稳定性定量评价研究与应用"，联合塔里木油田公司等企业共同完成的"塔里木盆地超深层构造理论技术方法创新及应用"，联合中国石油集团测井公司等共同完成的"低渗透油气藏生产测井动态监测关键技术及应用"；2021年，联合中石油煤层气有限责任公司、四川省煤炭产业集团有限责任公司等企业共同完成的"地面井与钻场孔协同抽采薄互层煤层气关键钻采技术及应用"，联合中石化经纬有限公司等企业共同完成的"天然气水合物藏岩石物理参数检测与井下探测关键技术"均获省部级奖。

五、长江大学

长江大学通过优化配置、整合资源，发挥石油与其他学科交叉优势，以重点学科、重点实验室和博士点为依托，以勘查技术与工程和地球物理学2个国家一流专业建设点、1个湖北省优秀教学团队和科研团队、ATLAS中国地学培训中心为支撑，建成了具有资源共享、优势互补、集中管理的油气勘探开发实验教学中心。与中海油田股份有限公司在武汉校区建成长江大学"测井实践基地"。1999年，地球物理勘探实验室通过国家计量认证考核，具备了对岩石声波速度等4个检测项目进行检测的能力。2000年，测井重点实验室通过中国石油天然气集团公司组织的计量认证，获国家计量局颁发的计量认证许可证，为测井与油田的科技合作起到巨大推动作用。2003年，油气资源与勘探技术实验室获批教育部重点实验室；长江大学完成的"声波全波列测井资料处理解释应用研究"获湖北省科学技术进步奖一等奖。2014年1月，建设完成大型装置"水平井大斜度井多相流动模拟试验装置"。完成的"复杂储层生产测井动态监测方法研究"获湖北省科学技术进步奖一等奖，依托该项研究，《生产测井原理》被教育部评为"国家精品资源课程

（2008年）"，2016年批准为"国家精品资源共享课"。2020年，与中国石油勘探开发研究院签署战略合作协议，专注创新驱动，提升科技成果转化。2021年，与中国石油集团测井公司共建企校协同创新联合体，专注创新驱动，提升科技成果转化。

六、西安石油大学

2005年，西安石油大学研制出拥有完全自主知识产权的电磁探伤仪，攻克探头和信号处理方法，为国内数万口套损井的诊断提供急需的检测仪器。2013年，与中国石油集团测井公司联合研制出注入电流法过套管测井装备TCFR。2017首次提出并实现基于阵列感应测井的各向异性水平电阻率、垂直电阻率和地层倾角反演方法。同年，基于"测井电缆网络高速传输技术"的全新一代测井电缆彩色全帧率高清井下电视问世，实现了彩色全帧率网络视频在普通铠装测井电缆上的实时传输，系统命名为VideoLog可视化测井系统，打破了国外公司对可视化测井技术的垄断。

大事记

中国石油测井发展大事记

1939 年

12 月 20 日　中央大学教授、著名地球物理学家翁文波带领助教高淑哿在四川巴 1 井（石油沟 1 号井）进行国内第一次测井试验，开创中国测井之先河。

1940—1946 年

翁文波、赵仁寿等人利用自制的简易电测仪，先后在玉门油矿 10 余口油井中开展电法测井。

1947 年

6 月　翁文波率刘永年、孟尔盛和刘德嘉在玉门油矿成立我国第一个电测站——老君庙电测站。此间，刘永年研制出我国第一台电位差式手动电测仪和同轴直流放大器式电测仪。

1948 年

王曰才从日本留学归来，途径台湾运回一台美国产的电动绞车和一根 1000 米长的四芯麻包电缆。

1949 年

3 月　刘永年、王曰才利用同轴直流放大机、照相示波仪和旧汽车发电机改装的电动机，带动一个电流换向器，组成一台"同轴直流放大机式多线电测仪"。这台电测仪下井一次可同时测量 2 条电阻率曲线和 1 条自然电位曲线。

4 月　四川油矿筹建石油沟电测站，这是中国第二个电测站。

1950 年

3—4 月 刘永年等在四川省隆昌县圣灯山隆 4 井根据测井曲线上有明显的"重复段"现象，解释了嘉陵江碳酸盐顶界位置及断层位置。

11 月 西北石油管理局在西安建立陕北电测站，这是中国第三个电测站。

本年 王曰才成功研制电测仪直流放大器，直流放大倍数从 15 倍提升至 150 倍，并可以调节倍数。

本年 燃料工业部石油管理总局负责组织从苏联引进 ЛКС–50 型半自动电测井仪，这是我国首次引进国外测井装备。

1951 年

1 月 石油管理总局在西安召开第一次全国性测井会议。石油管理总局局长徐今强、苏联专家莫西耶夫和翁文波、沈晨、王纲道、刘永年、张俊等人参加会议。会上提出了自己制造地球物理勘探仪器的设想，并决定由陕北电测站兼搞仪器研制工作。

5 月 中苏石油股份公司在独山子成立电测站，开始矿场地球物理测井。

8 月 经燃料工业部批准，石油管理总局直属的北京材料管理训练班、上海地球物理勘探训练班、锦州炼油专修班合并组成北京石油工业专科学校，是新中国成立初期全国院校中唯一设有地球物理勘探专业的学校。

1952 年

本年 相继成立延长电测站、四郎庙电测站、枣园电测站和永坪电测站等，并在甘肃成立永昌电测站。

本年 陕北电测站更名为西安地球物理试验室，专门从事测井仪器的研制工作。

1953 年

1 月 西南石油勘探处成立四川第一个测井队——601 电测队。西北石油管理局分为石油地质局和石油钻探局，石油钻探局下设电测室，负责管理国内各油田的测井工作。

3 月 西安地球物理试验室更名为地球物理测井仪器修造所。

10 月 1 日 北京石油学院正式成立，是新中国第一个石油高等学府。

本年 燃料工业部石油管理总局从苏联进口 AKC–51 全自动电测仪，开展了横向电测井工作，同时首次进行了射孔和井壁取心。

本年 西北石油钻探局在延安枣园举办了我国第一个测井训练班，招收学员 40 余人，为我国培养了第一批测井操作人员。

1954 年

3 月　燃料工业部石油管理总局西北石油钻探局召开第一届钻探地质电测会议，制定我国第一个测井操作规程，以指导测井工作。

同月　刘永年等研制出我国第一台多线电测仪样机，制造出轻便半自动电测仪、井温仪和井内流体电阻测量仪等仪器。刘永年和兰家通在四川隆 1 井进行我国第一次热测井（又称温度测井）。

5 月　地质部物探局煤田测井队在重庆市中梁矿区成立，后更名为内蒙古石拐沟矿区 107 测井队，这是地质部第一支专业测井队伍。

9 月　北京石油工业专科学校更名为北京石油地质学校。

1955 年

6 月　西北石油钻探局地球物理测井仪器修造所与西北石油地质局仪器修造室合并成立的西安地球物理仪器制造所，与迁入西安的北京地球物理实验室合并，实现石油勘探仪器制造队伍的第一次整合。

9 月　北京石油学院创立我国高校第一个矿场地球物理（石油测井工程）专业，苏盛甫、王曰才分别为第一任地球物理教研室主任、副主任。

10 月 29 日　克拉玛依黑油山 1 号井（克 1 井）试油获高产油气流，克拉玛依油田诞生。该井完井电测 9 月 30 日开始，10 月 1 日完成，由 ЛКС 半自动测井仪测量井温、井径、自然电位和全套横向电阻率曲线。

11 月　四川隆昌气矿建立我国第一个气测队，首次使用气测井方法勘探石油与天然气。

1956 年

1 月　石油工业部决定，西安地球物理仪器修造所更名为石油工业部西安地球物理仪器制造所。

2 月　青海石油勘探局茫崖钻井处成立测井站。

7 月　地质部和玉门矿务局联合在老君庙油田进行放射性测井试验，这是我国首次运用核辐射原理探矿。

9 月 11 日　中子测井试验在老君庙油田 725 井取得成功，这是我国第一次开展放射性和中子测井。

9月　新疆石油管理局克拉玛依矿务局成立电测站。

10月23日　我国首次放射性同位素测井在老君庙油田676注水井试验成功。

10月　石油工业部西安地质调查处华北石油钻探大队电测队成立；同年11月2日，完成华北地区第一口基准井——华1井。

1957年

2月　石油工业部决定，西安地球物理仪器制造厂更名为石油工业部西安地球物理仪器修造厂。

3月　石油工业部与一五二厂共同仿制的103型聚能射孔弹试制成功。

4月　"57-103型"射孔枪试制成功。此前射孔弹和射孔枪主要从苏联进口。

10月　石油工业部在克拉玛依召开全国矿场地球物理测井工作现场会。

12月　西安地球物理仪器修造厂改建完成一套新型多线式电测仪（后称JD-571）。

1958年

2月　在格·亚·车列明斯基教授指导，王曰才副教授、赵仁寿副教授协助指导下，中国矿场地球物理专业第一届3名研究生李舟波、尚作源、王冠贵毕业。

3月　地质部在长春组建东北石油物探大队，开始在松辽盆地从事石油普查测井工作。

同月　青海石油管理局成立冷湖钻井处电测站。

6月23日　石油工业部组织技术鉴定委员会，在玉门试验现场，对多线电测仪进行全面鉴定，命名为"JD-581型多线式自动井下电测仪"，1次可测5条曲线。

7月　石油工业部决定，以西安石油学校为基础，成立西安石油学院。

9月20日　石油工业部会同教育部报国务院批准，新建四川石油学院。

本年　西安地球物理仪器修造厂试制成功JD-582型轻便全自动电测仪。

1959年

9月26日　松辽石油管理局黑龙江省大队测井一队完成了松辽盆地松基3井测井，解释了1357～1382.5米高台子组油层，经试油获日产12.5吨工业油流。该井是大庆油田发现井。

本年　北京石油科学研究院地球物理室研制出第一台单发双收声速测井仪，仪器首次在四川试验，建立了我国声测井方法。

1960 年

8 月　四川石油学院设立地球物理测井专业并招收新生。

9 月　东北石油学院在黑龙江省安达市建校,成立石油勘探系,次年建立测井实验室。

本年　西安石油仪器仪表制造厂研制生产的小井眼放射性测井仪在四川通过下井试验。JJ601 井径仪、WD601 微电极系、JC601 磁定位器试制,相继投入生产。

本年　大庆地球物理研究所建立岩石电性实验室,开展"岩石浸出水法确定束缚水电阻率、岩石扩散吸附电位""地层孔隙度、含水饱和度图版研制"等实验研究。

本年　赵仁寿教授、王曰才教授开始招收矿场地球物理专业第二批研究生(姜绍仁、李忠荣等 5 人),也是中国石油测井专业自主培养的第一届研究生。

1961 年

2 月 22 日　在大庆油田用自然伽马仪首次开展同位素吸水剖面测井试验。

4 月 2 日　华北石油勘探处电测队完成华 8 井测井任务,解释储集层 61 层,其中油层 17 层,厚度 32.2 米,有效厚度 21.4 米。在 1207～1631 米井段 8 层 16.4 米油层射孔,日产油 8.1 吨。该井是胜利油田发现井。

1962 年

9 月 23 日　在营 2 井钻至 2738～2758.37 米井段时,华东石油勘探局电测队气测组录井过程中发现油气显示,随即发生强烈井喷卡钻。用钻杆代替油管试油,日产油 555 吨。该井是当时国内日产油最高的一口井。

本年　大庆油田首次建立了生产测井。

本年　我国首次派遣测井专家去阿尔巴尼亚工作。

1963 年

6 月　华东石油勘探局电测站成立第一个新方法测井队——侧向测井试验队。

1964 年

7 月　北京市委授予北京石油学院测井教研室为高校先进单位,测井党支部为北京市优秀党支部。

8 月　石油工业部部长、党组书记余秋里在大港油田听取大港测井研制成功的自动式深井大颗取心器工作汇报,该成果 1978 年获国家第一届科学技术大会奖。

12月8日 对华北地区第一口碳酸盐岩地层井——港 1 井奥陶系测井解释的 2096.6 ~ 2104.6 米井段试油,获工业油气流。

本年 西安石油仪器仪表制造厂试制生产额为 2.5 亿中子/秒的折管式小型脉冲中子发生器。

本年 首次出口国产 JD-581 型多线电测仪。

1965 年

2月 JD-581 型多线式自动井下电测仪通过国家科学技术委员会评审,获国家发明奖,国务院副总理、国家科学技术委员会主任聂荣臻签发发明证书。

5月 华北石油勘探会战总指挥部矿场地球物理站副主任工程师赖维民,攻关组区金焕、薛俊杰、顾龙荪、霍仲辉和陈延禄等研制成功 GSQ-651 型跟踪射孔取心仪,结束了中国油气井射孔取心无专用地面仪器的历史。

7月16日 辽河油田第一口勘探发现井——辽 2 井获工业油气流,测井准确识别出油气层,解释油层 7 层 19.2 米,气层 5 层 13.6 米。

10月7日 石油工业部在大庆油田召开技术革新技术革命座谈会,华北石油勘探会战总指挥部矿场地球物理站研制的 GSQ-652 型跟踪射孔取心仪获技术革新重大项目奖,陈延禄、区金焕、赖维民获"技术革新技术革命能手"称号。

1966 年

11月 华北石油勘探会战总指挥部钻井指挥部电测站研制成功自动丈量电缆装置,能够自动完成电缆深度记号标定,并建成胜利油田第一口电缆深度标定标准井。

1967 年

6月14日 对渤海海域第一口探井——海 1 井新近系明化镇组测井解释的 1615 ~ 1630 米油层钻杆测试,获日产原油 49.15 吨。该井是中国近海第一口发现井。

6月 华北石油勘探会战总指挥部钻井指挥部电测站率先在国内推广应用声波测井仪和感应测井仪,形成声—感组合测井系列。

1968 年

7月 大庆油田射孔技术研究室("大庆射孔弹厂"的前身)研制成功文革 1 号无枪身射孔弹(后改为 WD67-1 型),是国内自行设计的第一种无枪身射孔弹。

本年 华北石油勘探会战总指挥部钻井指挥部电测站仪表厂建成我国首座用以检验井下仪器的高温高压试验装置，温度 200℃，压力 80 兆帕。

1969 年

7 月 石油工业部军管会决定，将西安石油学院改建，成立西安石油仪器二厂，研制生产测井仪器。

10 月下旬 北京石油学院整体向山东省东营市搬迁，更名为华东石油学院。

1970 年

9 月 26 日 长庆测井连对庆 1 井侏罗系延九段测井解释的 3.6 米储层进行试油，获日产油 36.3 吨。该井是长庆油田发现井。

1971 年

2 月 四川石油管理局井下作业处组成射孔弹试制组，开始研究试制玻璃壳射孔弹。

本年 西安石油仪器二厂在陕西省礼泉县建立射孔弹车间；胜利油田钻井指挥部电测站组建射孔弹车间。

1972 年

3 月 陕西省委决定，西安石油仪器一厂和二厂党的工作归西安市领导，业务主管归陕西省燃料化学工业局。

4 月 江汉石油会战指挥部一分部测井独立营 486 人调入胜利油田，组建河口指挥部电测站。

5 月 1 日 南阳石油勘探指挥部成立，原电测连改建为南阳石油勘探指挥部钻井大队电测站。

6 月 四川石油管理局井下作业处试制出火炬 - Ⅰ型玻璃壳无枪身射孔弹并正式投产。

1973 年

3 月 燃料化学工业部成立地球物理会战指挥部，组织全国力量进行地球物理仪器和方法攻关，参与测井设备及技术引进工作。

本年 胜利测井在国产 DJS-121 型计算机上研究完成测井资料数字处理解释方法和软件。

本年 江汉测井攻关中队研制的双源距补偿密度测井仪通过鉴定并投入生产。

本年 西安石油仪器一厂试制成功脉冲中子测井仪,通过燃料化学工业部鉴定。

1974 年

9 月 燃料化学工业部引进 10 台法国地质录井服务公司（Geoservices）生产的综合录井仪。

本年 江汉电测站攻关中队开展电法测井轴对称电极系数学模型和计算方法研究,并首次在 150 计算机上编制程序实现方法计算。

本年 大庆勘探开发研究院地球物理研究所成功研制锂玻璃闪烁体中子—中子测井仪,使用镅—铍中子源,以及锂玻璃晶体与光电倍增管配合组成闪烁探测器。

1975 年

5 月 胜利油田测井公司与华东石油学院合作处理出我国第一张测井数字处理成果图。

7 月 东北石油学院更名为大庆石油学院,同年石油勘探系成立测井教研室。

11 月 胜利油田会战指挥部测井总站攻关队郑星斋、肖玉馥、毕应泉等研制成功 SDC-1 型曲线数字转换仪。

同月 西安石油仪器二厂试制出我国第一台电缆地层测试器,在大港油田一口套管井内从地层中取出了油样。

1976 年

6 月 江汉测井研究所成立,成为国内首家专门从事测井技术方法和仪器研究的科研单位。

7 月 胜利油田会战指挥部测井总站综合绘解室欧阳健、吕建儒、何登春等在 IRIS — 60 机上研制成功泥质砂岩地层测井资料数字处理程序,并对孤岛油田的新中 34-6 井进行处理,绘制出中国第一幅测井数字处理解释图。

1977 年

1 月 《测井技术》杂志在西安创刊,邱玉春为创刊人。

1978 年

2 月 陕西省委决定,将陕西省西安石油仪器一厂和陕西省西安石油仪器二厂合并,成立西安石油勘探仪器总厂。

3月31日 在全国科学大会上，胜利油田会战指挥部测井总站、大庆油田井下地球物理站和江汉石油管理局等单位研制的测井曲线数字转换仪、SMD-76型双源距密度测井仪、油井四参数综合测试仪和找水仪等13项成果获全国科学大会成果奖。

3月 张庚骥在《华东石油学院学报》上发表题为《非均匀介质电场的逐次逼近解法及直流电测井几何因子》的论文，首次对几何因子给出严格数学定义，国际称"张氏几何因子"。

4月 教育部批准在原江汉石油地质学校的基础上建立江汉石油学院，开设有矿场地球物理本科专业。

同月 石油工业部引进的12套3600测井系统和测井资料数据处理专用计算机完成验收，其中INTERDATA—85型计算机是中国测井行业第一台专门用于数据处理的计算机。

1979年

4月15日 3600测井资料数字处理解释系统率先在胜利油田正式投入使用。

9月 胜利油田会战指挥部测井总站完成的"SDC-3型曲线数字转换仪的制造技术"获1979年国家技术发明奖三等奖。

1980年

1月 曾文冲撰写的《评价油（气）水层的一种有效测井分析方法——可动水法》在美国刊物《测井分析家》1980年第1期发表，并被列为国际石油测井分析家学会（SPWLA）第22届年会正式论文。

3月16日 华北油田成立全国首家测井公司—华北石油会战指挥部测井公司。

3月 胜利油田会战指挥部测井总站研制的"GSQ-652型跟踪射孔取心仪"获1980年国家技术发明奖二等奖。

9月 胜利油田会战指挥部测井总站研制的"泥质砂岩地层测井数字处理"获1979年度石油工业部重大科技成果奖一等奖。

1981年

1月14—17日 华北石油会战指挥部测井公司完成冀中地区皇二井完井测井任务。该井井深6001米，井底压力800大气压，井底温度200℃，是当时华北地区历史上井深压力最大、井底温度最高的一口井。

11月1日 我国石油工业第一家对外合资经营公司——中国海洋石油测井公司（China Offshore Oil Logging Corporation）在北京成立，段康任总经理。

12月 辽河石油勘探局测井总站射孔小队在井深5168米的双深3井井壁取心，创当时全国最深井壁取心纪录。

本年 江汉石油管理局测井攻关队研制的"FJZ-801井壁中子测井仪"获石油工业科技成果奖一等奖。

1982年

6月 西安石油勘探仪器总厂牵头，组织江汉测井研究所、胜利测井总站、华北测井公司和四川石油管理局重庆仪修厂5家单位，横向联合、协作试制的SJD-801数字测井系统通过石油工业部技术鉴定，标志着中国测井装备进入数字化系列化阶段。

12月 石油工业部测井专业标准化委员会成立。

1983年

3月 胜利油田会战指挥部测井总站勘探测井研究所研制的中深井测井系列仪器获石油工业优秀科技成果奖一等奖。系列仪器包括SWJ-79微球形聚焦测井仪、SSC-79双侧向测井仪、79型补偿密度测井仪、井壁超热中子测井仪和WJC-JT-2型双臂推靠器。

6月 西安石油勘探仪器总厂和宝鸡石油机械厂共同研制的"SJD-801数字测井地面仪器"获1982年度石油工业部优秀科技成果奖一等奖；西安石油勘探仪器总厂、江汉石油管理局测井研究所、胜利油田测井总站、华北测井公司和四川石油管理局重庆仪修厂共同研制的"SJD-801数字测井仪下井仪器"获1982年度石油工业部优秀科技成果奖一等奖。

12月7日 华北石油会战指挥部测井公司研制成功GWY-A型高温高压实验装置。

1984年

5月 SJD-801数字测井系列仪器通过部级鉴定并投入生产，获国家经济委员会金龙奖。

本年 在SJD-801数字测井仪进行简化改进基础上，对JD581-A型多线电测仪进行改造，形成SJD-83测井系列。

本年 核工业部原子能研究所和大庆油田地球物理研究所共同研制的锗（锂）探测器伽马能增测井仪，获国家三等发明奖。

1985 年

12 月 4—6 日 全国石油测井专业标准化委员会在胜利油田会战指挥部测井公司召开第一届全体会议。

12 月 9 日 胜利油田会战指挥部测井公司研制"核测井标准刻度装置"通过石油工业部科技司技术鉴定。该装置包括 1 口自然伽马标准刻度井、1 口中子标准刻度井和 10 口科学试验井。

1986 年

5 月 27 日 中国石油学会测井专业委员会在沈阳成立，同时召开第一届测井学术年会并出版年会首期论文集。

1987 年

7 月 由大庆石油管理局、胜利石油管理局、大港石油管理局、辽河石油勘探局、中国原子能科学研究院、江汉石油管理局和河南石油勘探局共同完成的"放射性同位素示踪技术在油田开发中的应用"获 1987 年国家科学技术进步奖二等奖。获奖人员为乔贺堂、马明月、施锷、陶润琛、滕征森、刘有信、薛忠、朱建英和徐恩。由华北石油管理局、大港石油管理局、大庆石油管理局、胜利石油管理局、中原石油勘探局和四川石油管理局共同完成的"防止油（气）层损害的射孔新技术及其推广应用"获 1987 年国家科学技术进步奖二等奖。获奖人员为廖周急、侯世俊、刘永湖、王志信、陈国章、杨锡江、佟以臣、曲焕春、蔡景瑞。

本年 辽河石油勘探局测井公司"开鲁盆地陆家堡凹陷陆参 1 井综合评价报告"获中国石油天然气总公司科学技术进步奖一等奖。

本年 经湖北省批准，由江汉测井研究所主办出版《国外测井技术》刊物，杨清明为创刊人。

1988 年

7 月 胜利石油管理局测井公司和沈阳自动化研究所研发的"砂泥岩地层测井解释专家系统"获国家科学技术进步奖三等奖。获奖人为伊广林、吴付东、吴金丽、吕建儒。

11 月 长庆测井研究完成第一个气层定量解释方法——低渗透砂岩气层的气测判别方法。

1989 年

1 月 翁文波院士和谭廷栋先生培养的博士研究生李宁通过博士论文答辩,成为我国测井专业领域首位博士学位获得者。

1 月 5 日 玉门油田地质录井处完成台参 1 井测井,解释侏罗系三间房组 2934.0～2972.0 米井段,经试油获日产油 35.4 吨。该井是鄯善油田发现井,拉开吐哈石油会战序幕。

6 月 11 日 长庆测井公司完成陕参 1 井测井,解释马五$_1$、马五$_2$ 段 6 层 13.2 米气层,经试气获日产气 13.9 万立方米。该井是靖边气田发现井。

12 月 华北石油管理局测井公司在任 91 井建立测井二级刻度井群,建有自然伽马、中子二级刻度标准井、孔隙度、密度试验井和井下电视模型井。

本年 中国石油天然气总公司从美国西方·阿特拉斯公司引进 CLS-3700 数控测井仪生产线,分配给西安石油勘探仪器总厂。

1990 年

7 月 中国石油天然气总公司在华北石油管理局测井公司设立测井软件中心。

10 月 华北石油管理局测井公司与华中理工大学合作研制的"数字式井下超声电视测井系统"获中国石油天然气总公司科学技术进步奖一等奖。

11 月 我国首条 SKC3700 数控测井仪生产线在西安石油勘探仪器总厂投产。

1991 年

2 月 中国石油天然气总公司科技局刘凤惠,勘探局陆大卫、安涛牵头组织中国石油勘探开发科学研究院和相关油田启动实施国内首次大规模测井处理解释软件系统的集中攻关研发。

7 月 陕西省西安石油勘探仪器总厂划归中国石油天然气总公司管理。

同月 中海石油测井服务公司研制的"HCS-87 地面测井系统及配套仪器"获国务院颁发的重大技术装备成果奖二等奖。

11 月 由西安石油勘探仪器总厂、中原石油勘探局、郑州解放军信息工程学院和西安电子科技大学共同研制的"数字采集及井下系列配套测井仪"获 1991 年国家科学技术进步奖二等奖。获奖人员为林峰、王志刚、曾玉昌、贺利洁、陈阿乾、李明春、陆立民、龚厚生、陈志常。

1992年

10月27日 因首次提出非均质各向异性测井解释模型并推导出电阻率—孔隙度、电阻率—含油（气）饱和度一般形式（广义通解方程），李宁获第三届中国青年科技奖。

1993年

2月 中国海洋石油测井公司引进国内首套ECLPIS-5700成像装备。

8月26日 大港油田集团测井公司将3700测井仪器车吊装到大港油田张巨河"中华第一岛"上，成功完成大港油田第一口海上裸眼井——张参1井测井。

本年 四川石油管理局测井公司研究的"深穿透低伤害射孔弹"被评为中国石油天然气总公司1993年十大科技成果之一。

1994年

1月5日 胜利石油管理局测井公司的测井队伍赴秘鲁开展测井技术服务，这是国内测井队伍首次走出国门服务。

6月7日 长庆石油勘探局测井工程处人员解释陕196井马五$_5$新气层，日产气5.3万立方米，被中国石油天然气总公司列为1994年度全国新含油气区的十大重要发现之一。

8月18日 中油测井有限责任公司（CNLC）成立。丁贵明任名誉董事长，吴铭德任总经理。

12月 华北石油管理局测井公司研制成功8900-A型综合数控测井仪，同时还研制成功SKS-92多功能生产测井地面仪和SK-88-4同位素采集系统。

本年 四川石油管理局测井公司研制的"深穿透射孔及地层测试技术"和西安石油仪器总厂研制的"固井质量检测仪"分别获中国石油天然气总公司1994年十大科技成果。

1995年

1月3日 中国石油天然气总公司组建石油测井仪器质量监督检测中心，开展石油测井仪器质量监督检测工作，挂靠在西安石油勘探仪器总厂。

9月 四川石油管理局测井公司"深穿透射孔工艺技术"获中国石油天然气总公司重大科技成就奖。

12月 胜利石油管理局测井公司与兵器工业部西安204研究所合作完成的"油井切

割弹系列产品的研制"获国家科学技术进步奖三等奖。

同月 石油天然气总公司勘探局组织全国测井力量开发的具有独立自主版权的测井解释统一平台、Forward 单井解释系统 1.0 版和 Gif 多井评价系统 START 2.0 版研制成功。

1996 年

9月18日 胜利石油管理局测井公司王志信、蔡景瑞设计的"多级自控型安全起爆器"和王志信设计的"放射源狱控装置"2 项专利成果，获 1996 年北京国际发明展览会金奖。

11月 大港石油测井公司通过国际 ISO9002 质量体系认证，成为全国测井行业首家通过质量体系认证的企业。

12月7日 国务院以原地质矿产部石油地质海洋地质局及其所属石油系统的普查勘探、科研队伍为基础，成立中国新星石油有限责任公司，所属测井专业队伍同步划转。

12月 西安石油勘探仪器总厂、江汉石油管理局测井所、华北石油管理局测井公司、海洋测井公司和宝鸡石油机械厂共同研制的"SKC-A 型数控测井系统"获 1996 年中国石油天然气总公司科学技术进步奖一等奖。

1997 年

5月18日 长庆测井工程处解释人员在梁 108 井非目的层延$_7$层解释 5.7 米新油水层，并提出射孔试油建议，该层经试油获日产油 16.8 吨。这是延$_7$层的发现井。

1998 年

3月9日 中油测井有限责任公司与苏丹大尼罗河公司签订苏丹 1/2/4 区块测井服务合同。这是中油测井公司第一次在国际竞争性招标中标海外测井服务合同。

7月27日 中国石油化工集团公司成立，胜利、中原、河南、江汉、江苏、安徽、滇黔桂等油田的 7 个测井专业公司（处）从原中国石油天然气总公司划入中国石化各石油管理局（勘探局）。

10月 中国海油集团测井公司联合中国科学院长春光机所研制成功国内第一台弹架管激光切割机，实现弹架管的自动化切割。

12月 谭廷栋等人主编的我国第一部《测井学》出版。

同月 西安石油勘探仪器总厂研制成功的 SKC-A 数控测井系统获国家科学技术进步奖三等奖。

同月 华北石油管理局测井公司成功研制 BLS-2000 型综合数控测井系统，该系统可配接裸眼井 3700 全套、生产测井全套和井下电视成像测井系统，并集成射孔、取心和固放磁功能。

1999 年

9月9日　中国新星石油公司华北石油局数字测井站解释的花 1 井流三段 6 层 13.2 米油层，试油获日产油 49.7 吨、日产气 8024 立方米。该井是福山油田发现井。

11月3日　石油勘探开发研究院完成"核磁共振岩性测试系统研制"，成果获 1999 年中国石油天然气集团公司科学技术进步奖一等奖。

本年　四川石油管理局测井公司研制的"射孔弹壳体及模具自动检测仪"获四川省 1999 年度科学技术进步奖一等奖。

2000 年

2月29日　中国新星石油有限责任公司整体并入中国石油化工集团公司，更名为中国石化新星石油有限责任公司，所属测井专业队伍同步划转。

3月17日　国家石油和化学工业局将"中国石油天然气集团有限公司石油测井仪器计量站"更名为"石油工业测井计量站"，授权承担石油天然气测井行业质量监测、计量检定（校准）和标准化技术归口任务。

7月30日　长庆测井工程处完成长庆油田苏里格苏 6 井测井，在盒 8 段解释 2 层 9.5 米气层，经试气获无阻流量 120.16 万米^3/日。该井是苏里格气田的发现井。

8月24日　第一届中俄测井国际学术研讨会在俄罗斯乌法市召开，中国石油学会测井专业委员会主任陆大卫带领中方代表团参会。

11月28日　中油技术服务有限责任公司子公司金龙油气测试技术开发公司和北京地质系井技术公司重组并入中油测井技术服务有限责任公司，李越强任总经理。

2001 年

1月3日　大庆石油管理局测井公司、石油勘探开发科学研究院和辽河石油勘探局测井公司共同完成的"测井解释工作站系统"获 2000 年度国家科学技术进步奖二等奖。主要完成人为常明澈、李宁、于亚娄、杜贵彬、童晓玲、张玲、陆阳、王建强、邱汉强、乔德新。

1月　西安石油仪器总厂研制的微电阻率扫描成像测井系统获 2000 年中国石油十大科技进展。

12月　中国海洋石油总公司对专业技术公司实施重组，中国海洋石油测井公司重组为中海油服测井事业部，陈为民任总经理。

同月 中国石化新星石油有限责任公司西南石油局测井站参与完成的"九五"国家重点科研攻关课题"川西碎屑岩大中型气田勘探目标及气田开发研究"，获2001年度国家科学技术进步奖二等奖。

2002 年

1月 四川石油管理局测井公司完成的"油气井射孔增产技术研究"获中国石油天然气集团公司2001年技术创新奖一等奖。

12月6日 中国石油集团公司实施专业化重组，中国石油集团测井有限公司成立，饶永久任董事长，李剑浩任总经理。由长庆石油勘探局测井工程处、华北石油管理局测井公司、吐哈石油勘探开发指挥部录井测井公司、青海石油管理局地质测井公司、西安石油勘探仪器总厂测井公司和研究所、中国石油集团科学技术研究院江汉测井研究所等单位测井业务组成。

2003 年

1月 西安石油勘探仪器总厂研制的"ERA2000成像测井地面仪"获2002年中国石油十大科技进展。

3月 中国石油集团测井有限公司依托中国石油集团公司科研项目"综合测井采集地面系统研制""HCT组合测井工业化系统研制"，开始研制国产化测井成套装备。

6月 中国石化新星石油有限责任公司地区石油局划归中国石化总部管理，所属测井专业队伍隶属中国石化地区石油局。

7月10日 石油工业标准化技术委员会批复同意石油测井专业标准化委员会秘书处挂靠单位由原江汉测井研究所调整为中国石油集团测井有限公司。

12月 长江大学和塔里木油田公司共同完成的"声波全波列测井资料处理解释应用研究"获湖北省科学技术进步奖一等奖。

2004 年

1月 中国石油集团测井有限公司研制的"阵列感应成像测井技术"获2003年中国石油十大科技进展。

6月18日 中国石油集团测井有限公司依托的中国石油集团公司"高性能测井系统研制"科研项目完成项目设计，开始研制国产高精度测井成套装备。

10月 中国石油集团测井有限公司完成测井成套装备样机试验定型，正式定名为

EILog-100 快速与成像测井系统（Express and Image Logging System）。

12月 长江大学完成的"复杂储层生产测井动态监测方法研究"获湖北省科学技术进步奖一等奖。

2005 年

1月 中国石油集团测井有限公司研制完成具有自主知识产权的"成套测井装备 EILog-100 快速与成像测井系统"获 2004 年中国石油十大科技进展。

1月8日 大庆油田有限责任公司完成的"阵列阻抗相关产液剖面测井技术研究与应用"获 2004 年度国家科学技术进步奖二等奖，主要完成人为谢荣华、王玉普、刘兴斌、齐振林、胡金海、计秉玉、张玉辉、程杰成、吴世旗、王金钟。

2月 中国石油集团测井公司依托中国石油集团国际合作项目，与美国休斯敦苏恩测井公司（SunLoggingInc.）及中国石油大学（北京）开展核磁共振测井仪关键技术合作研究。

本月 石油大学（华东）勘查技术与工程专业"4+1"培养模式与实践项目获山东省高等教育成果奖一等奖。

9月25日 中国石油集团测井有限公司长庆事业部 60101 作业队应用 EILog-100 快速与成像测井系统完成长庆油田庄检 1 井测井作业，标志着中国石油集团测井有限公司自主研制的 EILog 测井装备正式投产。

12月 中海油田服务股份有限公司完成的"海洋石油测井系统 ELIS-1 研制"获 2004 年度中国海洋石油总公司科学技术进步奖一等奖。

2006 年

1月 大港油田集团公司测井公司研制的"远探测声波反射波测井技术"获 2005 年中国石油十大科技进展。

3月29日 中国石油集团公司决定将西安石油勘探仪器总厂测井装备制造业务、相关资产和人员划入中国石油集团测井有限公司。

5月 中国第一部大型石油科普系列丛书《走进石油》正式出版发行。其中测井分册的书名是《井下看油气藏—石油地球物理测井》，由尚作源、楚泽涵、黄隆基和冯启宁等人编著。

8月4日 中国石油集团公司测井有限公司研发的测井资料处理解释软件 LEAD2.0 正式发布。

12月28日 中国石油集团公司在北京市召开产品发布会，宣布中国石油测井有限公司 EILog 测井成套装备研制成功，该装备依托"高性能测井系统研制"项目研究，传输速率 43 万比特/秒，被命名为 EILog-06 快速与成像测井系统。

12 月 中国石油天然气股份有限公司勘探开发研究院完成的"低阻油气层测井识别与评价方法研究及其应用"获 2006 年中国石油天然气集团有限公司科学技术进步奖一等奖。

本年 中海油服技术中心海洋石油成像测井系统 ELIS–II 型研制成功。

本年 中国石油集团测井有限公司研究完成的 EILog-05 快速与成像测井系统项目获中国石油集团技术创新奖一等奖。

2007 年

1 月 16 日 中国石油集团测井有限公司研制的"EILog-06 测井成套装备"取得重要技术突破，获 2006 年中国石油十大科技进展。

3 月 31 日 中国石油天然气集团有限公司科技发展部张国珍、勘探与生产分公司李国欣负责组织启动实施国内首次针对重点探区的系列规模化测井重大技术攻关。

6 月 6 日 中国石油集团测井有限公司研制的阵列感应测井仪（MIT）在长庆油田白 285 井取得合格资料，标志着该仪器研制成功。

8 月 7 日 中国石油集团测井有限公司研制的 HSR 生产测井组合仪通过中国石油集团公司科技发展部产品鉴定。

10 月 7 日 中国石油集团测井有限公司首次在冀东油田 5 号钻井平台 NP132 井承担并完成海上测井作业。

2008 年

1 月 中国石油天然气股份有限公司勘探开发研究院、大庆石油管理局和大庆石油有限责任公司共同完成的"酸性火山岩测井解释理论与方法"获 2007 年中国石油十大科技进展。

2 月 25 日 中国石油天然气集团公司决定将中油测井技术服务有限责任公司重组合并到中国石油集团测井有限公司，成为中国石油集团测井有限公司北京分公司。

9 月 2 日 中国石油集团测井有限公司青海事业部 L11105 作业队历时 1 年多，创造当时国内陆上最高海拔井——红山 1 井录井纪录，该井位于柴达木盆地北缘东段，地面海拔 3676 米，井深 4400 米。

9 月 长江大学《生产测井原理》课程被评为国家精品课程，后获得第一批"国家级精品资源共享课"称号。

同月　国家油气重大专项中的测井重大装备和软件项目"复杂油气藏测井综合评价技术、配套装备与处理解释软件"正式启动。

12月3日　中国石油天然气股份有限公司勘探开发研究院、大庆石油管理局和大庆石油有限责任公司共同完成的"酸性火山岩测井解释理论、方法与应用"获2008年度国家科学技术进步奖二等奖，主要完成人为李宁、陶宏根、卢怀宝、王宏建、李庆峰、赵杰、乔德新、周灿灿、刘传平、董丽欣。

同日　中海油田服务股份有限公司完成的"海洋石油测井系统（ELIS）研制与产业化"成果获2008年度国家科学技术进步奖二等奖，主要完成人为郭云、卢涛、孟悦新、刘西恩、冯永仁、李健、尚景玉、宋公仆、庞希顺、欧阳剑。

本年　中国石油集团测井有限公司研究完成的"测井综合应用平台LEAD2.0开发"项目获中国石油天然气集团公司科学技术进步奖一等奖。

本年　中国石油集团钻井工程技术研究院、中国石油集团测井有限公司研究成功的"地质导向钻井技术研究及应用"项目获中国石油和化学工业联合会科学技术进步奖一等奖。

2009年

1月12日　中国石油集团测井有限公司研制的"成像测井、数字岩心、处理解释一体化技术"获2008年中国石油十大科技进展。

1月14日　中国石油天然气集团公司决定自2009年1月1日起，将中国石油集团测井有限公司北京分公司划转到长城钻探工程有限公司。

6月22日　中国石油集团测井有限公司的方位伽马感应电阻率随钻测井仪研制成功。

9月　长江大学"勘查技术与工程品牌专业的建设与改革"获湖北省高等学校教学成果奖一等奖。

10月12日　中国石油集团测井有限公司在北京市举行中国石油测井新技术展示会，展示EILog测井成套装备、FELWD地层评价随钻测井系统、数字岩心技术和LEAD3.0统一软件等5大类42种测井设备及系列测井新技术。

12月26日　中国石油集团测井有限公司与中国石油大学（北京）合作研制成功的多极子阵列声波测井仪成果入选2009年度中国石油十大科技进展。

本年　中国石油集团测井有限公司研究完成的"多极子阵列声波测井仪研制"项目获中国石油天然气集团公司科学技术进步奖一等奖。

2010 年

7月19日 中国石油集团测井有限公司研制的可控源中子孔隙度随钻测井仪在长庆油田2口井取得合格资料，成为国际少数掌握自然伽马、感应电阻率、脉冲中子孔隙度三参数地层评价随钻测井技术的公司。

10月15日 胜利石油管理局测井公司完成的"超高温深穿透定方位射孔技术研究与应用"获中国石油和化学工业联合会科学技术进步奖一等奖。

本年 中国石油集团测井有限公司"多极子阵列声波测井仪"项目获国家能源科学技术进步奖一等奖。

2011 年

1月11日 中国石油天然气股份有限公司勘探开发研究院研制的"新一代一体化网络测井处理解释软件平台—CIFLog"获2010年中国石油十大科技进展。

4月 中海油田服务股份有限公司完成的"地层评价测试仪（EFET）产业化与应用"获2010年度中国海洋石油总公司科学技术进步奖一等奖。

5月1日 "中国石油新一代测井软件 CIFLog"项目组获中华全国总工会"全国工人先锋号"称号。

5月6日 中国石油新一代测井软件 ClFLog 在北京发布。这是全球首个基于 Java-NetBeans 前沿计算技术理念建立的第三代测井处理解释系统，是国家油气重大专项首个向国内外发布的标志性成果。9日，国务委员、副总理刘延东批示："向参与 CIFLog 软件开发的科技工作者表示热烈祝贺！感谢同志们打破国外技术封锁，把我国测井软件技术推向新高度"。

6月21日 中国石油天然气集团公司授权中国石油集团测井有限公司 EILog 测井成套装备使用"中国石油装备"背书品牌，产品使用商标 EILog。

11月16日 中国石油集团测井有限公司生产测井中心完成长庆油田高平1井中子寿命测井和水平井过环空产液剖面测井作业，是国内首次在抽油机采油水平井过环空产液剖面测井。

12月 中国石油天然气股份有限公司勘探开发研究院、塔里木油田分公司和西南油气田分公司等单位共同完成的"礁滩储层测井解释技术与规模应用"成果获中国石油天然气集团公司科学技术进步奖一等奖。

2012 年

1月10日　中国石油集团测井有限公司研制的"随钻测井关键技术与装备"获2011年中国石油十大科技进展。

1月16日　中石化中原测井公司在普光气田大湾404-2H井，采用102型射孔器、油管输送射孔方式射孔施工，创造当时国内射孔井一次入井发射炮数最多（11994孔）、射孔跨度最长（1215.5米）、一次射开油层厚度最大（941.8米）纪录。

4月20日　中海油田服务股份有限公司完成的"钻井中途油气层测试仪"获2011年度中国海洋石油总公司科学技术进步奖一等奖。

9月8日　中国石油集团测井有限公司自主研发成功"EILog15米一串测"快速测井平台，正式投产应用后测井时效提高40%。

12月28日　中国石化集团成立中石化石油工程技术服务有限公司，各测井单位隶属石油工程公司地区公司。

12月　中国石油天然气股份有限公司勘探开发研究院、中国石油集团测井有限公司和长城钻探工程有限公司等单位共同完成的"中国石油新一代测井软件CIFLog"获中国石油天然气集团公司科学技术进步奖一等奖和国家能源局科学技术进步奖一等奖。

同月　中原石油勘探局地球物理测井公司参与完成的中原油田分公司"特大型超深高含硫气田安全高效开发技术及工业化应用"项目获2012年国家科学技术进步奖特等奖。

本年　中国石油长庆油田分公司、中国石油大学（北京）、低渗透油气田勘探开发国家工程实验室、中国石油低渗透油气田勘探开发先导试验基地、中国石油勘探开发研究院、中国石油集团川庆钻探工程有限公司、中国石油集团测井有限公司研究完成的"长庆超低渗透油气田规模上产关键技术及应用"项目获中国石油天然气集团公司科学技术进步奖特等奖。

2013 年

1月21日　中国石油集团测井有限公司自主研制的"成像测井装备系列"获2012年中国石油十大科技进展。

1月　中原石油勘探局地球物理测井公司与河南省科学院、中国石油大学（华东）等多家单位完成的"同位素石油测井关键技术研究与应用"获2012年河南省科学技术进步奖一等奖。

4月1日　中国石油集团测井有限公司建成首条4.75英寸、6.75英寸电磁波电阻率随钻测井仪组装生产线。

12月18日　塔里木油田分公司测井中心完成的"缝洞型碳酸盐岩测井新技术及工业化应用"项目获新疆维吾尔自治区科学技术进步奖一等奖。

本年　中国石油集团测井有限公司研究完成的"数字岩心技术研究与应用"项目获中国石油天然气集团公司科学技术进步奖一等奖。

本年　中国石油大港油田分公司、中国石油勘探开发研究院、中国石油集团东方地球物理勘探有限责任公司、中国石油集团渤海钻探工程有限公司、中国石油集团测井有限公司研究完成的"歧口富油气凹陷大油气田勘探及综合配套技术研究"项目获中国石油天然气集团公司科学技术进步奖一等奖。

2014年

1月16日　中国石油集团测井有限公司研制的"地层元素测井仪器"获2013年中国石油十大科技进展。

4月21日　中海油田服务股份有限公司完成的"核磁共振测井装备研制与应用"成果获2013年度中国海洋石油总公司科学技术进步奖一等奖。

5月14日　中国石油集团测井有限公司向中国石油大学（华东）捐赠1套EILog快速与成像测井系统。

6月22日　中国石油集团测井有限公司研发的"多频核磁共振测井仪器MRT6910"和"地层元素测井仪器FEM6461"2项科技成果通过中国石油天然气集团公司鉴定。

12月1日　中国石油集团测井有限公司建成具备测井、钻井、录井、试油、岩心、分析化验和油藏等数据存储与应用功能的测井资料库系统。

12月12日　中国石油天然气股份有限公司勘探开发研究院、中国石油集团长城钻探工程有限公司、中国石油天然气股份有限公司西南油气田分公司、大庆石油管理局、大庆油田有限责任公司、东北石油大学和西南石油大学等单位共同完成的"大型复杂储层高精度测井处理解释系统CIFLog及其工业化应用"成果获2014年度国家科学技术进步奖二等奖，主要完成人为李宁、王才志、刘乃震、赵路子、王宏建、杨景海、伍东、武宏亮、石玉江、伍丽红。

12月13—15日　胜利测井公司主持研制井间电磁成像测井系统样机，该样机主工作频率5~1000赫兹。

本年　中海油服自主研发成功我国首套Drilog随钻测井系统和Welleader旋转导向钻井（简称D+W）。

本年 中国石油集团测井有限公司研究完成的"视电导率函数和地层电导率计算新方法及成像测井含油饱和度快速解释新技术"项目获中国石油天然气集团公司科学技术进步奖一等奖。

本年 中国石油集团测井有限公司研究成功的"阵列侧向成像测井仪器研制与应用"项目获中国石油和化学工业联合会科学技术进步奖一等奖。

2015 年

1月23日 中国石油集团测井有限公司、中国石油大学(北京)和中国石油天然气股份有限公司勘探开发研究院共同研制的"多频核磁共振测井仪器"获2014年中国石油十大科技进展。

4月27—29日 由中国石油学会石油测井专业委员会主办,中海油田服务股份有限公司承办的首届全国大学生测井技能大赛在河北燕郊举行。CIFLog软件成为唯一指定软件。

4月28日 中国石油集团测井有限公司李梦春获全国劳动模范。

8月31日 全国政协副主席、科技部部长万钢到中国石油集团测井有限公司视察国家重大科技专项重点项目"油气测井重大装备与技术"实施情况,考察国家油气重大专项标志性成果EILog快速与成像测井成套装备生产线。

8月 中海油服油田技术事业部研制的旋转导向钻井和随钻测井系统在陆地首次商业化应用。

10月28日 塔里木油田分公司测井中心完成的"超深层碳酸盐岩成像测井配套技术与应用"获中国石油和化学工业联合会科学技术进步奖一等奖。

12月8日 大庆油田有限责任公司和中国石油集团测井有限公司大庆分公司共同完成的"大庆油田深层火成岩测井评价与射孔工艺配套技术"获黑龙江省科学技术进步奖一等奖。

12月 中国石油大学(北京)完成的"井下核磁共振探测关键技术与规模化应用"获北京市科学技术进步奖一等奖。

本年 中国石油集团测井有限公司研究完成的"15米一串测测井仪研制与应用"项目获中国石油天然气集团公司科学技术进步奖一等奖。

本年 中国石油天然气股份有限公司塔里木油田分公司、中国石油集团测井有限公司、长江大学、中国石油天然气股份有限公司勘探开发研究院、中国石油大学(北京)研究成功的超深层碳酸盐岩成像测井配套技术与应用项目获中国石油和化学工业联合会科学技术进步奖一等奖。

2016 年

1月8日 中国石油集团测井有限公司参加完成的"5000万吨级特低渗透—致密油气田勘探开发与重大理论技术创新"项目获国家科学技术进步奖一等奖。

1月20日 中国石油集团测井有限公司研制的"随钻电阻率成像测井仪器"获2015年中国石油十大科技进展。

1月28日 中国石油集团测井有限公司研制的多频核磁共振测井仪MRT6910入选中国石油2015年度工程技术新产品，EILog快速与成像测井系统入选中国石油"十二五"十大工程技术利器。

6月28日 中国石油大学（华东）唐晓明教授获国际岩石物理和测井分析家协会（SPWLA）杰出科技成就奖，这是我国国内测井界首次获此殊荣。

11月10日 中国石油天然气股份有限公司勘探开发研究院、西南油气田分公司、大庆油田有限责任公司、长庆油田分公司和北京航空航天大学共同完成的"复杂岩性与非常规储层含气饱和度定量计算方法及工业应用"，中国石油大学（华东）、中海油田服务股份有限公司、保定宏声声学电子器材有限公司完成的"随钻声波测井关键技术及其应用"获中国石油和化学工业联合会技术发明奖一等奖。

12月7日 中国石油天然气股份有限公司勘探开发研究院李宁、王克文、乔德新、冯庆付和武宏亮等人的发明专利"裂缝储层含油气饱和度定量计算方法"获2016年度中国专利金奖。

12月8日 中国石油天然气股份有限公司勘探开发研究院完成的"应用CT分析及核磁测井预测储层产气量的新方法"获中国石油天然气集团有限公司技术发明奖一等奖。

同日 中国石油川庆钻探工程有限公司测井公司完成的"105兆帕/200℃深井完井试油配套技术"获中国石油天然气集团有限公司科学技术进步奖一等奖。

同日 中国石油集团测井有限公司、中国石油大学（北京）、中国石油天然气股份有限公司勘探开发研究院廊坊分院共同完成的"多频核磁共振测井仪研制与应用"获中国石油天然气集团公司科学技术进步奖一等奖。

本年 中国石油集团测井有限公司、中国石油大学（北京）、廊坊中石油科学技术研究院研究完成的"多频核磁共振测井仪研制与应用"项目获中国石油天然气集团公司科学技术进步奖一等奖。

2017 年

5月24日 中国石油集团测井有限公司与中国石化集团华北石油局有限公司、中国石油大学（北京）联合承担的"十二五"国家"863计划"项目"先进测井技术与装备"通过国家科技部专家组验收。

5月 中国石油大学（华东）、中国石油勘探开发研究院、中国电子科技集团第二十二研究所，苏州纽迈分析仪器股份有限公司完成的"致密碎屑岩储层核磁共振测井新技术及产业化应用"项目获山东省科学技术进步奖一等奖。

9月 中国石油大学地质资源与地质工程专业（包含地球物理测井学科方向）进入首批国家"双一流"学科建设名单。

11月10日 中国石化集团公司中原测井公司完成羌参1井（后更名为羌科1井）四开测井任务。该井位于西藏高原羌塘盆地腹地，藏北无人区，井场海拔5030米，是当时海拔最高的井。

11月30日 大庆油田有限责任公司完成的"多种驱替方式下储层动态监测系列技术开发与应用"获中国石油和化学工业联合会科学技术进步奖一等奖。

12月6日 中国石化集团江汉石油工程有限公司江汉测录井公司参加完成的"涪陵大型海相页岩气田高效勘探开发"，获国家科学技术进步奖一等奖。

12月12日 中国石油天然气股份有限公司勘探开发研究院"中国石油测井李宁创新团队""中国石油大学（北京）成像测井创新团队"获2017年度中国石油和化学工业联合会创新团队奖。

12月19日 中国石油川庆钻探工程有限公司测井公司在美国石油学会完成4种先锋射孔器产品注册检测，其中127型超深穿透射孔器在API标准混凝土靶上的平均穿孔深度达1986毫米，创当时同类射孔弹穿深世界纪录。

12月26日 中国石油集团公司在北京市举行工程技术业务改革重组交接签字仪式。大庆钻探工程公司测井公司、渤海钻探工程有限公司测井公司、西部钻探工程有限公司测井公司、川庆钻探工程有限公司测井公司，以及长城钻探工程有限公司的国内测井业务重组划入中国石油集团测井有限公司。

本年 中国石油集团测井有限公司、中国石油天然气集团公司休斯敦技术研究中心研究完成的方位侧向电阻率成像随钻测井系统研发与应用项目获中国石油天然气集团科学技术进步奖一等奖。

2018年

1月24日 中国石油集团测井有限公司研制的"方位远探测声波反射波成像测井系统"获2017年中国石油十大科技进展。

4月 中海油田服务股份有限公司服完成的"海洋石油旋转导向钻井系统研制与产

业化"获2017年度中国海洋石油集团有限公司科学技术进步奖特等奖。

10月17日　中海油服研制的多功能超声成像测井仪（MUIL）成功销售给美国通用电气贝克休斯公司，这是中国高端测井技术装备首次向国际一流油田服务公司规模化销售。

11月6日　中国石油天然气股份有限公司勘探开发研究院、塔里木油田分公司和大庆油田有限责任公司等单位共同完成的"全新一代高端测井处理解释系统CIFLog2.0及其规模化应用"获中国石油天然气集团有限公司科学技术进步奖特等奖。

11月22日　中国石油集团测井有限公司首次向陕西省紫阳县东木镇燎原村捐赠帮扶脱贫攻坚项目资金227.1万元。

2019年

1月8日　中国石油集团测井有限公司参加完成的新疆油田"凹陷区砾岩油藏勘探理论技术与玛湖特大型油田发现"项目获国家科学技术进步奖一等奖。

1月15日　中国石油大学（北京）、厦门大学、中国石油集团测井有限公司和北京环鼎科技有限责任公司共同完成的"油气井探测关键技术与工程应用创新"获教育部科学技术进步奖一等奖。

1月16日　中国石油天然气股份有限公司勘探开发研究院完成的"地层元素全谱测井处理技术"获2018年中国石油十大科技进展。

2月　中国石化集团西南石油工程有限公司测井分公司完成塔河油田顺北鹰1井测井施工，创当时定向井钻具输送对接深度最深（8005米）、测井深度最深（8570米）、测井垂深最深（8482米）纪录。

4月11日　中国石油集团测井有限公司研制的等孔径深穿透射孔器入选2018年度中国石油天然气集团有限公司自主创新重要产品目录。

4月17日　中国石油集团测井有限公司与中国石油大学(北京)签订协议，共建人工智能研究中心。

7月7日　中国石油集团测井有限公司用EILog国产装备完成塔里木油田轮探1井8882米井深常规系列、电阻率成像和阵列声波测井采集作业；11月7日，在该井8737~8750井段用自主研发的超高温、超高压射孔器材和工艺技术完成射孔，获高产工业油气流。创当时亚洲陆上第一深井测井、射孔最大井深纪录。

9月11日　中国石油集团测井有限公司西南分公司研制成功存储式测井仪可控大功率电缆。

10月31日　中国石油集团测井有限公司应用金属三维打印技术，完成第一块温度

175℃，压力140兆帕高温高压微电阻率成像测井仪器极板，其机械、电学性能均满足设计指标。

11月20日 中国石油集团测井有限公司辽河分公司首次应用光纤代替传统测井元器件完成光纤测量注入剖面测井试验。

11月 中国石油天然气股份有限公司勘探开发研究院李宁教授当选中国工程院院士。

本年 中国石油集团测井有限公司西南分公司、西南石油大学、中国石油天然气股份有限公司西南油气田分公司勘探开发研究院、中国石油天然气股份有限公司西南油气田分公司储气库管理处共同研究的"丘滩储集体多尺度缝洞融合建模理论与技术创新及规模应用"项目获重庆市科学技术奖。

本年 中国石油集团川庆钻探工程有限公司、西南油气田分公司、中国石油集团测井有限公司研究完成的"四川盆地复杂深井超深井钻完井关键技术与工业化应用"项目获中国石油天然气集团有限公司科学技术进步奖一等奖。

2020年

1月9日 新疆油田完成的"陆相页岩油测井评价关键技术"获2019年中国石油十大科技进展。

5月29日 中国石油测井企校协同创新联合体在北京成立。首批由中国石油天然气股份有限公司勘探开发研究院与中国石油大学（北京）、中国石油大学（华东）签署协议，次年3月12日，长江大学加入创新联合体。

5月 中国石油大学（北京）肖立志教授获国际岩石物理学家和测井分析家协会（SPWLA）科技成就奖。

同月 中海油田服务股份有限公司完成的"致密砂岩气岩石物理研究与测井评价关键技术创新及应用"获2019年度中国海洋石油集团有限公司科学技术进步奖一等奖。

同月 中海油田服务股份有限公司完成的"模块式大直径岩心旋转井壁取心仪研制及应用"获2019年度中国海洋石油集团有限公司技术发明奖一等奖。

9月28日 中国石油集团测井有限公司新疆分公司在浙江油田YS132H井完成套管外光纤定位测井作业，实现该项技术在国内首次应用。

9月 中国石油集团测井有限公司建成国内首条测井装备机械加工自动化生产线、自动焊接生产线、3D打印生产线和测井芯片封装车间。

10月31日 中国石油天然气集团有限公司党组研究并商得中共陕西省委同意，决定金明权任中国石油集团测井有限公司党委书记、执行董事，胡启月任总经理、党委副书记。

11月5日　中国石油集团测井有限公司研制成功注采同测远程测控与决策系统，该系统可实现注入井与采油井生产动态的同步测量和控制。

11月24日　中国石油集团测井有限公司李鹏获全国劳动模范。

12月7日　中国石油新疆油田分公司孙中春、王振林、于静和瞿建华等人的发明专利"一种岩石脆性的测井方法和装置"获2020年度中国专利金奖。

12月30日　中国石油集团油田技术服务有限公司决定将长城钻探工程有限公司国际测井业务和机构整建制划入到中国石油集团公司测井有限公司。

本年　中海油服油田技术事业部高温高压大满贯系列ESCOOL（Ethernet-based System for China Offshore Oilfield Logging）电缆测井系统研制成功。

本年　中国石油长庆油田分公司、低渗透油气田勘探开发国家工程实验室、中国石油勘探开发研究院、中国石油集团川庆钻探工程有限公司、中国石油集团东方地球物理勘探有限责任公司、中国石油集团测井有限公司研究完成的"鄂尔多斯盆地源内非常规庆城大油田勘探突破与规模开发"项目获中国石油天然气集团有限公司科学技术进步奖特等奖。

本年　中国石油勘探开发研究院、中国石油西南油气田分公司、中国石油集团东方地球物理勘探有限责任公司、中国石油集团测井有限公司、中国石油集团工程技术研究院有限公司研究完成的"深层高过成熟油气富集规律关键技术创新与应用"项目获中国石油天然气集团有限公司科学技术进步奖一等奖。

本年　中国石油集团测井有限公司研究成功的"EILog快速与成像测井系统研制及工业化应用"项目获中国石油和化学工业联合会科学技术进步奖一等奖。

2021年

1月4日　中国石油集团测井有限公司开发的具备测井作业任务，两书一表任务，风险管控及隐患排查，车载数据中心、设备、放射源和市场管理等功能的测井生产智能支持系统（EISS）研制成功正式投入使用。

1月22日　中国石油集团测井有限公司研制的"三维感应成像测井仪"获2020年中国石油十大科技进展。

3月1日　中国石油集团测井有限公司首次采用SLM（激光选区融化）3D打印技术完成全尺寸岩性密度探头整装加工，主要端面孔精度指标检验合格。

3月25日　中国石油天然气集团有限公司在测井科技创新大会上，发布中国石油集团测井有限公司研发的CPLog多维高精度成像测井装备。

3月　中海油田服务股份有限公司完成的"智能化储层流体成像测试仪研制与应用"

获 2020 年度中国海洋石油集团有限公司科学技术进步奖一等奖。

4 月 16 日 中国石油化工集团有限公司整合测井、录井和定向井的相关专业业务，在青岛成立中石化经纬有限公司，吴柏志任执行董事、党委书记、总经理。

9 月 14 日 中国石油测井建成中国石油集团重点实验室射孔技术研究实验室，通过四川省国防科学技术工业办公室验收。该实验室是国内首个射孔技术研究实验室，具备实施 200℃/200 兆帕高温高压环境下射孔弹穿孔实验、350 兆帕极限高压射孔管材实验，以及闪光 X 光工业 CT 扫描射孔弹射流等能力。

9 月 22 日 中国石油集团测井有限公司在北京中国石油科技园建立"中国石油测井院士工作站"，中国工程院院士苏义脑、周守为、赵文智、王双明、邹才能、孙金声、李宁等出席揭牌仪式。

9 月 23 日 中国石油集团测井有限公司研发的 CPLog 多维高精度成像测井系统入选中国石油天然气集团有限公司"十三五"十大科技成果，并与超高温超高压超深穿透射孔技术一同在中国石油天然气集团有限公司"十三五"科技与信息化创新成就展上展出。

10 月 21 日 中国石油集团测井有限公司研发的 CPLog 多维高精度成像测井系统在国家"十三五"科技创新成就展上展出。

11 月 27 日 中海石油（中国）有限公司海南分公司、中海油田服务股份有限公司和中法渤海地质服务有限公司等单位共同完成的"深海油气录测试一体化评价关键技术与重大成效"获 2020 年度海南省科学技术进步奖一等奖。

12 月 15 日 中国石油集团测井有限公司完成首块高速采集测井芯片组装封测，实现测井芯片自主制造新突破。

12 月 中国石油集团测井有限公司建成测井装备制造智能化机械加工生产线，正式投产运行。

同月 中国石油大庆油田有限责任公司、勘探开发研究院、长庆油田分公司、新疆油田分公司、吐哈油田分公司、青海油田分公司、塔里木油田分公司和冀东油田分公司等单位共同完成的"低饱和度油气层测井评价技术创新突破增储上产效果显著"获 2021 年中国石油十大科技进展。

同月 中国石油大学（华东）、中国电子科技集团公司第二十二研究所、中国石油冀东油田分公司等完成的"软硬双驱高分辨率小型化电测井关键技术与产业化应用"项目获中国石油和化学工业联合会科学技术进步奖一等奖。

本年 中国石油华北油田分公司、中国石油集团东方地球物理勘探有限责任公司、中国石油集团测井有限公司研究完成的蒙西新区石油勘探理论技术与河套盆地重大突破研制项目获中国石油天然气集团有限公司科学技术进步奖一等奖。

参考文献

[1] 王志明. 翁家石油传奇[M]. 北京：石油工业出版社，2014年5月.

[2] 【法】路易·A.阿洛德，莫里斯·H.马丹. 石油测井技术发展史[M]. 北京：石油工业出版社，1982年6月.

[3] 中国石油玉门油田公司. 石油摇篮·印迹——玉门油田80年历史珍存概览[M]. 石油工业出版社，2019年7月.

[4] 中国石油玉门油田公司. 石油摇篮·讲述——玉门油田80年口述历史文集[M]. 石油工业出版社，2019年7月.

[5] 地质部书刊编辑部. 地球物理测井工作规范[M]. 北京：中国工业出版社，1964年3月.

[6] 阎敦实. 中国典型石油测井解释图集[M]. 北京：石油工业出版社，1993年10月

[7] 闫建文. 回望石油发现井[M]. 石油工业出版社、地质出版社，2019年11月.

[8] 本书编委会. 大庆勘探开发测井技术回顾与展望（1958—2012）[M]. 北京：石油工业出版社，2014年1月.

[9] 本书编写组. 中国石油工业百年发展史[M]. 北京：中国石化出版社，2021年7月.

[10] 焦力人. 当代中国的石油工业[M]. 北京：中国社会科学出版社，1988年8月.

[11] 傅成玉，罗汉. 当代中国海洋石油工业[M]. 北京：当代中国出版社，2008年12月.

[12] 肖立志，等. 核磁共振测井资料与应用导论[M]. 北京：石油工业出版社，2001年10月.

[13]《石油师人》新疆油田编委会. 石油师人：在新疆油田纪实[M] 北京：石油工业出版社，1998年8月.

[14] 余世诚. 石油大学校史（1953—1988）[M]. 北京：春秋出版社，1989年8月.

[15] 郝志兴. 苏联七十年代石油测井水平和发展方向[J]. 测井技术，1978年第4期.

[16] 王继贤. 测井技术发展概况[J]. 测井技术，1979年第1期

[17] 刘永年. 我国地球物理测井发展历史的回顾 [J]. 测井技术，1982 年第 1 期.

[18] 林峰，徐华生. 我国石油测井技术装备的现状及其发展 [J]. 测井技术，1982 年第 1 期.

[19] 谭廷栋. 测井的回顾与展望——纪念我国测井诞生 50 周年 [J]. 地球物理测井，1989 年第 3 期.

[20] 陈延禄. 开拓前进的中国海油石油测井 [J]. 中国海上油气（地质），1992 年第 6 卷，第 2 期

[21] 谭廷栋. 中国油气勘探测井技术的更新换代 [J]. 测井技术，2000 年第 3 期 163—167.

编 后 记

2021年12月，为巩固拓展党史学习教育成果，学史力行，中国石油集团测井有限公司党委书记、执行董事金明权提议在中国石油集团测井公司成立20周年之际，联合中国石化集团、中国海油集团、延长石油集团，以及科研院所和石油高校等，组织编纂一部《中国石油测井简史》，全面、客观地记述中国石油工业测井行业发展的重大历史事件和辉煌历史成就，传承石油测井人创业、奋斗、奉献的精神和文化，共同开创新时代中国测井事业高质量发展的新局面。12月8日，中国石油集团测井公司起草编写工作方案，中国石油学会测井专业委员会组织启动资料收集工作，并邀请李宁院士指导工作。

2022年2月，为加强《中国石油测井简史》编写组织力度，中国石油集团测井公司向中石化经纬公司、中海油服、延长油田、大庆油田、中国石油勘探院、中国石油大学（北京）、中国石油大学（华东）、东北石油大学、长江大学、西南石油大学、西安石油大学等单位和国内测井界70多位知名领导、专家发出编纂《中国石油测井简史》倡议函，并征求编写大纲意见，得到了各方热情响应和大力支持。

4月13日，中国石油集团测井公司组织召开《中国石油测井简史》编委会成立暨编纂工作启动视频会，宣布了编委会、编写组人员名单和职责，要求系统总结中国测井行业83年的发展史、奋斗史和奉献史，把《中国石油测井简史》作为全体测井工作者向党的二十大的一份献礼。

在编委会的精心指导和统筹协调下，编写组建立每两周组织召开一次视频会讨论工作机制，按照编写大纲分工协作，开始整理前期收集的290余万字资料及2000余张照片。中国石油集团测井公司从所属单位抽调8名骨干人员集中攻关，梳理浩繁、分散、零碎的资料，搜集购买了大量有关测井的历史书籍，边学习边研究，进行全面补充完善、系统印证和考证，去伪存真、去粗取精，确保资料的真实性、完整性和准确性，在此基础上编写初稿。中国石油勘探院测井技术研究所组织收集整理大事记。6月13日，中石化经纬公司3人来西安共同讨论调整各章的节目设置和修改初稿。6月20日，编写组压茬开展第一至四章初稿的意见征求工作，并专门到刘永年的女儿刘成志女士家里进行访谈，收集到珍贵的资料和照片392张。7月初，编纂《中国石油集团测井公司志》的5位编辑支援编写组，加快编写进度。7月27日，中国石油集团测井公司完成第五章初稿，向中国石油集团有关单位的各位编委和咨询专家寄送征求意见稿。中石化经纬公司组织所属各单位编写人员在青岛集中办公编写第六章初稿20余万字，8月中石化经纬公司5名人员和中海油服2名人员先后来西安汇稿并讨论修改。8月30日，编写组将《中国石油测井简史》初稿样书寄送各位顾问、主编、副主编和编委广泛征集意见。9月16日，编委会以现场＋视频形式在西安、北京两地3个会场召开工作研讨会，李宁院士和30位编委、专家对编纂工作给予充分肯定，并提出了宝贵的修改意见和建议。通过深入交流、广泛征集意见和充分评审，编写组再次对初稿进行全面、系统地修改、校对后，交石油出版社编审。

本书编写组由中国石油集团、中国石化集团、中国海油集团、延长石油集团和各石油高校的人员组成。马东明负责编写组的日常组织运行工作，设计、修订《中国石油测井简史》编写大纲，李华溢负责编务工作。各章的具体编写分工如下：马东明负责撰写编写说明、第一至五章章下序及全书统稿，李勇江编写第一章，宗立民编写第二章，刘立军、阚玉泉编写第三章，王恩德、刘祥文、罗菊兰编写第四章。第五章由马东明、罗菊兰、刘友光、刘国华、王新龙、张春丽共同编写；付代轩编写第二章至第五章有关射孔的全部内容，张思琪参加第一、二、九章和大事记初稿修改、校对工作。第六章由李吉建、李国良、刘增、李绍霞、韩永军、鲁德英、王长光、陈志强、刘树勤、陈松、张世懋、龚诚实等编写。第七章由杨玉卿、吴兴方、秦瑞宝、王明辉、姜东、张秋松、王猛、盛达、盛廷强等编写。第八章由周鹏、王晶朴编写。第九章由廖广志、谭宝海、邓瑞、张庆国、陈猛、仵杰分别编写，董占桥统稿完成。田瀚负责大事记的整理和编写工作。李勇江、王恩德负责本书照片、图片收集和整理工作。

在初稿编写过程中，编写组先后到11个档案馆、图书馆查阅档案资料2300余份，收集有关单位的史志、年鉴和大事记30本，查阅《测井技术》所有合订本及中国石油"一五"至"十二五"科技概览丛书，在有关网站查阅500余小时，购买有关测井的历史书籍107本，整理有关文档资料2600余份240余万字、照片3000余张，收集科研成果印证件113个。访问、咨询有关老领导、专家230余人次，召开编写组全体讨论会9次，9批次征求690人次意见建议800余条，开展10轮次稿件修改、校对和审核工作。各单位编写组人员加班加点、放弃节假日休息，夜以继日地辛勤工作，本书从动议到交稿仅用10个月时间，凝聚着大家共同的智慧和心血！

本书在编写出版过程中，得到了测井界各位领导、专家和离退休老领导、老专家的大力支持和指导；得到中国石油集团、中国石化集团、中国海油集团、石油院所等有关各单位领导的大力支持和帮助；各位顾问、主编、副主编、编委全程给予精心指导，并亲自审核书稿内容；各单位参加编写的有关专家和骨干人员不辞辛苦、共同努力、精心

编后记

工作，使得我国第一部《中国石油测井简史》能在较短的时间内完成编写并出版，完成了我国测井行业几代人共同的心愿！为党的二十大的献上了我国测井工作者的一份厚礼！本书特附咨询专家、执笔编写人员和提供资料人员名单，以此向所有为本书顺利编写出版的测井同仁们表示衷心的感谢！本书所用照片大多数为各单位提供，未能考证和标注拍摄者，敬请谅解。

我们怀着高度的责任感、使命感和荣誉感，非常荣幸地参加编写工作，虽倾心竭力，期望能更好地记述中国测井辉煌历史、传承石油精神、展现测井人丰功伟绩，但由于本次编写时间紧迫、历史资料纷杂、编写经验不足和能力有限，书中有不足之处，敬请测井前辈、同仁和广大读者批评指正！

编写组

2022 年 9 月 26 日

《中国石油测井简史》提供资料人员

(按姓氏笔画排列)

中国石油集团测井有限公司

于 华	王 涛	王 媛	王 韬	王 磊	王江波
王志兴	王枭煌	王振华	付 鹏	代永革	邢 帅
吕 达	刘 青	安慰东	孙 瑞	孙利国	严 磊
苏林杰	李 凯	李 勇	李 淼	李大鹏	李璟华
杨金琼	杨洪明	肖承文	张 刚	张 宏	张 峰
张佑伟	张庭敏	张婷婷	陈 辛	罗红梅	郑群芝
赵清艺	胡彦峰	姚韦萍	班文博	高 波	郭梦莹
唐小梅	崔启慧	麻 超	鬼 勇	惠志星	谢银珍
鄢 宁	雷蕊西	蔡成定	樊庆毅		

中石化经纬有限公司

丁 静	王 磊	王永杰	王守星	王振负	王致达
开金舟	文 霞	石 锦	石元会	白玉印	吕新珍
任 兴	刘 军	刘 沧	刘 虎	刘 涛	刘云刚
刘兴春	刘静海	齐真真	闫文超	关脉凌	汤 玉
许志东	孙建军	李 芳	李凤琴	李宗伟	李继春
李群德	杨志强	何庆钰	何艳华	宋宗全	张 丽
张 涛	张建军	张保伟	张洪民	陈树村	陈炫璇
林 楠	林绍文	季运景	周建辉	郇光辉	郑伟林
孟宪涛	赵 莉	赵 宾	赵开良	赵宏伟	胡景伍
咸会雨	姜诚琳	姚卫东	贾春华	高 敬	高佳慧
郭素俊	唐胜超	黄书坤	龚君实	龚劲松	章黎腾
葛学义	曾保林	谭 判	潘秀萍		

中海油服油田技术事业部

王仡仡　白玉涛　刘耀伟　余　强　张玉霖　武志峰
周　悦　赵　龙　贾立柱　樊官民　滕　蔓

延长油田

冯丽娟　杨生玉　贺亚飞

大庆油田

邓　荣　石　前　庄　严　汤德育　杨晓玲　梁　飞

中国石油勘探开发研究院

王才志　王克文　冯　周

石油高校

王　兵　王向公　邓少贵　毕轶慧　刘诗琼　李　玮
李雪英　李鹏举　沈鸿雁　张　锋　张福明　陈海峰
邵才瑞　赵军龙